高等学校电子与电气工程及自动化专业系列教

开关电源基础与应用

(第二版)

主　编　辛伊波　陈文清

副主编　韩　英　庄淑君

参　编　郭向阳　布　挺　李小光　何　墉　张　垓

西安电子科技大学出版社

内 容 简 介

本书全面介绍了现代开关电源基本理论、应用技术、设计基础及其使用要点等。全书共 10 章，内容分别为开关电源基本原理、自激式开关电源、它激式开关电源、单片式开关电源、大功率变换电路、开关电源设计、UPS 电路原理与应用、多电平直流变换、变频电源原理与应用以及提高电源质量的新技术。本版书是在原书第一版的基础上修订而成的，新增了"多电平直流变换"和"提高电源质量的新技术"两章内容。本书可作为电子技术、电气工程及其自动化、计算机信息、机电一体化等专业以及其他相关专业的大学本科教材，也可作为从事电源设计开发、应用维修的工程技术人员的参考资料。

图书在版编目（CIP）数据

开关电源基础与应用/辛伊波，陈文清主编.
—2 版. —西安：西安电子科技大学出版社，2011.11(2024.7 重印)
ISBN 978-7-5606-2682-6

Ⅰ. ① 开⋯　Ⅱ. ① 辛⋯　② 陈⋯　Ⅲ. ① 开关电源—高等学校—教材　Ⅳ. ① TN86

中国版本图书馆 CIP 数据核字(2011)第 194188 号

策　　划　毛红兵
责任编辑　孟秋黎　毛红兵
出版发行　西安电子科技大学出版社(西安市太白南路 2 号)
电　　话　(029)88202421　88201467　　邮　　编　710071
网　　址　www.xduph.com　　　　　电子邮箱　xdupfxb001@163.com
经　　销　新华书店
印刷单位　西安日报社印务中心
版　　次　2011 年 11 月第 2 版　　2024 年 7 月第 7 次印刷
开　　本　787 毫米 × 1092 毫米　1/16　　印　张　19
字　　数　450 千字
定　　价　50.00 元

ISBN 978-7-5606-2682-6/TN
XDUP 2974002-7
如有印装问题可调换

第二版前言

本书自 2009 年出版以来，被许多学校和培训机构选为教材，并受到读者的好评。但是随着电源技术的快速发展，以及教育改革的不断深化，原书的有些内容已显得比较陈旧，而且在课程体系及教学方法方面也需做必要的调整。因此我们在第一版的基础上进行了修正和补充，同时增加了多电平直流变换技术和提高电源质量的新技术等章节，以充分体现开关电源的工程性和应用性。

近几年开关电源技术发生了不小的变化，但是作为大学教材尤其是作为专业教材，需要保持教学特色和知识的相对稳定，不宜变化过快，因此本次修订保留了第一版的编写特点及部分内容。本书以作者多年的教学和科研为基础，结合大量电源电路的实例，并以实用电路的设计为主，系统地介绍开关电源的基础理论和发展改进过程。本书力求简化理论、通俗易懂、循序渐进、深入浅出，使初学者对开关电源有一全面了解，内容包括基本的自激式电源、它激式电源、集成电源、UPS 电源、变频电源等。本书既有新技术的分析，又有实用电源的设计方法，读者通过本书可以系统地了解和掌握开关电源的工作原理和设计方法。

本书的修订工作由辛伊波主持完成并担任主编，韩英、庄淑君担任副主编。参加本书编写和修订工作的有辛伊波(第 9 章)，韩英(第 5、6 章)，庄淑君(第 1、2 章)，郭向阳(第 7、10 章)，布挺(第 3 章)，李小光(第 4 章)，何墉、张垓(第 8 章)。本书在修订过程中得到陈文清教授的关心和支持，并提出了建设性意见。

本书编写过程中参阅一些单位和个人提供的珍贵资料文献，在此对这些文献的作者一并表示诚挚的感谢。另外还要感谢在本书的编辑出版过程中给予大力支持与协助的西安电子科技大学出版社的毛红兵编辑以及其他工作人员。

限于自身的学术水平，书中不足之处在所难免，恳请广大读者及时指正，以帮助我们不断改进。

编　者
2011 年 10 月

第一版前言

电源是实现电能变换和功率传递的主要设备。在信息时代，各行业的迅猛发展对电源产品提出了更多、更高的要求，如节能、节电、节材、缩体、减重、环保、可靠、安全等，这就迫使电源工作者在电源研发过程中不断探索，寻求各种相关技术，做出最好的电源产品。开关电源是一种新型电源设备，较之于传统的线性电源，其技术含量高、能耗低、使用方便。

开关电源技术作为电力电子学的一个重要组成部分，目前国内的相关资料较少，使得在一定程度上影响了这一新技术在我国的推广及应用。本书不采用教科书传统的以理论分析为主、大量公式图表充斥的编写方法，而是以作者多年的教学和科研经验为基础，结合大量实例来分析开关电源的理论和应用。本书以实用电路分析设计为主，系统地介绍了开关电源的基础理论和发展过程，力求简化理论、通俗易懂、循序渐进、深入浅出，使初学者对开关电源有一个全面了解。本书内容包括基本的自激式电源、它激式电源、集成电源、UPS 电源、变频电源等的典型电路、工作原理以及设计方法。

本书由洛阳理工学院辛伊波和陈文清进行规划、组织和统编。其中第 1 章由辛伊波编写，第 2 章由张波编写，第 3 章由蒋健虎编写，第 4 章由陈文清编写，第 5 章由薛亚宾编写，第 6 章由李明伟编写，第 7 章由姬宣德编写，第 8 章由张刚编写。

本书的编写工作得到了华中科技大学博士生导师方华京教授的指导，也得到了洛阳理工学院相关部门的支持。

在本书的编写过程中，我们参阅了大量文献，这些文献包括一些单位和个人提供的珍贵资料、本书末列出的参考文献以及书中未能提及资料来源的文献。我们在此对方华京教授和这些文献的作者一并表示诚挚的感谢。另外还要感谢西安电子科技大学出版社的毛红兵编辑、张梁编辑以及其他工作人员，他们在本书的出版过程中给予了大力支持与帮助。

由于编者水平有限，疏漏和不当之处在所难免，敬请读者批评指正。

编　者

2009 年 4 月

目　　录

第1章　开关电源基本原理 1

1.1　开关电源的组成与工作原理 1
- 1.1.1　开关电源工作原理 1
- 1.1.2　开关电源的构成 2
- 1.1.3　开关电源的特点 2

1.2　开关电源主要类型 3
- 1.2.1　控制方式 3
- 1.2.2　连接分类 3
- 1.2.3　输出取样方式 4

1.3　开关电源主要结构 5

1.4　开关电源辅助技术 9
- 1.4.1　多输出电源 9
- 1.4.2　倍压/桥式整流切换 10
- 1.4.3　微处理器控制 11
- 1.4.4　防干扰技术 13

1.5　开关器件的选择与驱动 16
- 1.5.1　开关器件的特征和类型 16
- 1.5.2　电力二极管 17
- 1.5.3　电力场效应晶体管 18
- 1.5.4　绝缘栅双极晶体管 19
- 1.5.5　集成门极换流晶闸管 20
- 1.5.6　缓冲电路 21

1.6　整流电路 22
- 1.6.1　恒功率整流 22
- 1.6.2　倍流整流 23
- 1.6.3　同步整流 23

1.7　电源指标测试与电源管理 24
- 1.7.1　开关电源技术指标 24
- 1.7.2　电源管理 25
- 1.7.3　技术指标测试 26

1.8　电磁兼容技术与噪声 27
- 1.8.1　电磁兼容性标准 27

- 1.8.2　开关电源的电磁兼容性 28

思考与复习 30

第2章　自激式开关电源 31

2.1　自激式开关电源的结构和保护电路 31
- 2.1.1　自激式降压电源的结构和工作原理 31
- 2.1.2　降压型电源保护电路 33

2.2　自激电源的优化 34
- 2.2.1　增大降压比控制 34
- 2.2.2　自激电源的同步控制 35

2.3　自激式降压型集成电源 38
- 2.3.1　直接取样电源电路 38
- 2.3.2　间接取样电源电路 39

2.4　升压式自激电源 39

2.5　开关电源的隔离 40
- 2.5.1　隔离电源基本电路 41
- 2.5.2　提高隔离电源稳压性能 43
- 2.5.3　双PWM控制 44
- 2.5.4　两路正反馈控制 47

2.6　自激开关电源应用设计 48
- 2.6.1　办公设备电源 48
- 2.6.2　显示器电源 50

2.7　典型设备开关电源 52
- 2.7.1　原理框图 52
- 2.7.2　启动与振荡 52
- 2.7.3　稳压原理 54
- 2.7.4　遥控电路 55
- 2.7.5　保护电路 56

思考与复习 57

第3章　它激式开关电源 58

3.1　它激式开关电源 58
- 3.1.1　MC1394构成的开关电源 58

3.1.2　UC3842 控制的开关电源..........60
3.1.3　升压型开关电源 63
3.1.4　充电器专用控制电路 MC712..........64
3.1.5　反激式开关电源 65
3.2　集成驱动器及其应用..........66
3.2.1　半桥控制电路 L6598..........66
3.2.2　主从式开关电源..........67
3.2.3　单周期控制电路..........70
3.2.4　大电流电源..........75
3.3　STR 系列集成变换电路..........77
3.3.1　STR-S67 系列电路..........78
3.3.2　STR-M65 系列电路..........80
3.3.3　STR-M6811A 电路..........81
3.4　TOP 系列集成电源..........84
3.4.1　TOPSwitch 系列集成电源..........84
3.4.2　TinySwitch 系列集成电源..........86
3.4.3　取样电路..........88
3.4.4　设计实例..........90
3.5　DC/DC 变换电路..........90
3.5.1　升压式 DC/DC 变换电路 90
3.5.2　倍压式 DC/DC 变换电路..........91
思考与复习..........92

第 4 章　单片式开关电源 93
4.1　典型单片电源电路..........93
4.1.1　单片开关电源 LM25 系列..........93
4.1.2　单片开关电源 L4962 95
4.1.3　低压它激式单片电源 MC78S40..........97
4.1.4　低压单片开关电源 MC34063..........98
4.2　同步整流技术的低电压大电流电源.....100
4.2.1　UC3842 控制的同步整流电路..........101
4.2.2　具有同步整流功能的电路..........102
4.3　移动电子设备电源..........105
4.3.1　MAX744A 电源..........105
4.3.2　MAX767 电源..........106
4.3.3　模式控制 CMOS 低功耗电源..........107
4.3.4　MAX782 和 LTC1149 的应用..........108
4.4　特殊开关电源..........111
4.4.1　显示设备的超高压电源..........111
4.4.2　行脉冲驱动超高压电源..........113

4.4.3　基于 TPS54350 的 DC/DC 电源.....114
思考与复习..........115

第 5 章　大功率变换电路..........116
5.1　基本变换电路..........116
5.1.1　基本变换电路原理..........116
5.1.2　不同电路的特点..........121
5.2　半桥变换电路的应用..........122
5.2.1　降压电路..........122
5.2.2　振荡超声波电路..........123
5.3　推挽变换电路的应用..........124
5.3.1　基于 UC3524 的低压电源..........124
5.3.2　基于 UC3524 的高压电源..........126
5.3.3　逆变电源..........127
5.3.4　TL494 及其应用..........128
5.4　典型应用电路..........131
5.4.1　自激多输出电源..........131
5.4.2　节能灯控制器..........133
5.4.3　500 V 降压电源..........135
5.4.4　基于 IR2112 的半桥电路..........137
5.4.5　自激振荡半桥驱动电路..........138
5.5　谐振开关电源..........141
5.5.1　低通滤波式谐振变换器..........141
5.5.2　并联谐振电源..........141
5.5.3　串联谐振电源..........144
5.5.4　谐振电源的应用..........147
思考与复习..........148

第 6 章　开关电源设计..........149
6.1　小功率开关电源..........149
6.1.1　50 W 电源设计..........149
6.1.2　120 W/24 V 电源设计..........154
6.2　大功率开关电源..........155
6.2.1　技术指标..........155
6.2.2　功率变换部分..........156
6.3　逆变电源..........157
6.3.1　系统设计..........157
6.3.2　PWM 控制..........158
6.3.3　输出电压控制..........160
6.4　便携式开关电源..........162
6.4.1　结构与系统设计..........162

6.4.2 主要元件参数计算 163

6.4.3 机载小型电源的设计 166

6.4.4 机载三相交流电源的设计 167

6.5 多输出高精度直流电源 170

6.5.1 系统的结构与原理 171

6.5.2 控制单元原理 172

6.6 通信系统电源 176

6.6.1 线性调节器输出低压 176

6.6.2 升压型 DC/DC 变换器 177

6.6.3 降压型开关电源 177

6.6.4 DC/DC 变换器设计 178

思考与复习 180

第 7 章 UPS 电路原理与应用 181

7.1 UPS 的电路结构及性能特点 181

7.1.1 后备式 UPS 182

7.1.2 在线互动式 UPS 182

7.1.3 双变换在线式 183

7.1.4 双向变换串/并联补偿在线式 184

7.2 新型 UPS 变换技术 185

7.2.1 新型 UPS 电源电路 186

7.2.2 双向 DC/DC 变换器的
工作原理 187

7.2.3 双向 DC/DC 电路主要
参数设计 188

7.2.4 在线式 UPS 的控制和保护技术 191

7.3 UPS 专用免维护蓄电池 192

7.3.1 免维护蓄电池的工作原理与
应用 193

7.3.2 利用双向 DC/DC 电路实现
蓄电池的充放电 194

7.4 UPS 的性能指标与测试 195

7.4.1 UPS 的技术指标 195

7.4.2 UPS 系统的测试 198

7.4.3 UPS 的安全运行 200

7.5 大功率 UPS 干扰原因与抑制方法 202

7.5.1 UPS 干扰来源 202

7.5.2 抗干扰措施 204

7.6 专用电池充电电源设计 205

7.6.1 电路组成及工作机理 205

7.6.2 PWM 控制器电路 205

7.6.3 监控系统设计 207

7.6.4 通信功能 208

7.7 UPS 功率因数 208

7.7.1 整流电路的理想状态 208

7.7.2 相控整流电路存在的问题 210

7.7.3 决定功率因数的主要因素 211

7.7.4 功率因数的提高 212

7.7.5 滞环电流变换器及其在 PFC 中的
应用 215

思考与复习 218

第 8 章 多电平直流变换 219

8.1 多电平变换的基本原理 219

8.1.1 多电平变换器的特点 219

8.1.2 多电平变换器主电路拓扑结构 219

8.1.3 多电平变换器的控制方法 222

8.2 单管直流变换器三电平拓扑变换 227

8.2.1 Buck 电路三电平变换 227

8.2.2 Boost 电路三电平变换 228

8.2.3 Buck-Boost 电路三电平变换 228

8.2.4 Cuk 三电平电路变换 229

8.3 推挽变换器三电平拓扑变换 230

8.4 全桥直流变换器的三电平拓扑变换 231

8.5 三电平直流变换器的控制方法 232

8.5.1 移相角与输出电压的关系 232

8.5.2 移相角与电感电流脉动的关系 235

8.5.3 Buck 变换器的电感电流
脉动值分析 235

8.5.4 Boost 变换器的电感电流
脉动值分析 237

8.5.5 Buck-Boost 变换器的电感电流
脉动值分析 239

8.5.6 其他类型电路的电感
电流脉动分析 242

思考与复习 243

第 9 章 变频电源原理与应用 244

9.1 变频电源 244

9.1.1 变频电源技术 244

9.1.2 VVVF 的基本调制方法 244

9.2 变频电源硬件电路设计 247
  9.2.1 变频电源设计要点 247
  9.2.2 DC/DC升压模块设计要求 248
  9.2.3 直流升压原理 248
  9.2.4 反激直流升压电路设计 249
  9.2.5 DC/AC逆变模块设计 250
  9.2.6 电路模块设计 252
9.3 系统软件设计 256
  9.3.1 系统软件设计流程 256
  9.3.2 系统中断程序设计 256
9.4 变频技术的应用 258
  9.4.1 PWM双桥叠加交流
      电压调节方式 258
  9.4.2 采用PWM斩波方式的
      交流电压调节器 259
  9.4.3 串联电压源模式的交流
      电压调节器 260
  9.4.4 三种方案的对比 261
9.5 大功率变频技术及其对负载的影响 261
  9.5.1 器件串联方案 261
  9.5.2 多电平控制方案 262
  9.5.3 变频器对电动机的影响 264
  9.5.4 中压变频器技术发展 266
9.6 实现电动机带载启动的AC/AC
    变频技术 266
  9.6.1 系统原理与组成 267

9.6.2 系统构成 268
9.6.3 系统软件 270
9.6.4 应用方案 271
思考与复习 272

第10章 提高电源质量的新技术 273
10.1 交错并联技术 273
  10.1.1 交错并联结构 273
  10.1.2 设计方案 275
10.2 多重变换在电源中的应用 276
  10.2.1 多重变换器技术的优点 276
  10.2.2 多重级联变换器的结构 277
  10.2.3 变换电路工作原理及
      数学模型 277
  10.2.4 单元级联型变换电路的
      数学模型 281
  10.2.5 三相单元级联功率变换电路 283
10.3 多电平变换器的控制方法 285
  10.3.1 基于离散自然采样法的
      PWM控制方法 285
  10.3.2 变换器的均衡控制技术 287
思考与复习 288

附录1 国家与行业电源标准 289
**附录2 开关电源常用英文标识与
    缩写** 291
参考文献 296

第 1 章　开关电源基本原理

开关电源中的功率调整管工作在开关状态，具有功耗小、效率高、稳压范围宽、温升低、体积小等突出优点，在通信设备、数控装置、仪器仪表、视频音响、家用电器等电子电路中得到广泛应用。

1.1　开关电源的组成与工作原理

1.1.1　开关电源工作原理

开关电源的工作原理可以用图 1-1 进行说明。图中输入的直流不稳定电压 U_i 经开关 S 加至输入端，S 为受控开关，是一个受开关脉冲控制的开关调整管。开关 S 按要求改变导通或断开时间，就能把输入的直流电压 U_i 变成矩形脉冲电压。这个脉冲电压经滤波电路进行平滑滤波就可得到稳定的直流输出电压 U_o。

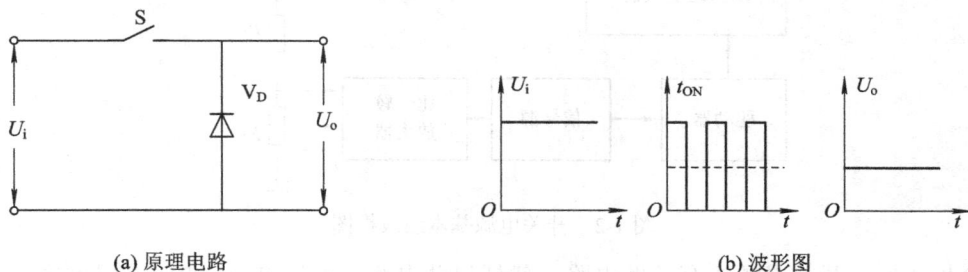

(a) 原理电路　　　　　　　　　　　　　　(b) 波形图

图 1-1　开关电源的工作原理

定义脉冲占空比如下：

$$D = \frac{t_{on}}{T} \tag{1-1}$$

式中，T 表示开关 S 的开关重复周期；t_{on} 表示开关 S 在一个开关周期中的导通时间。

开关电源直流输出电压 U_o 与输入电压 U_i 之间具有如下关系：

$$U_o = U_i D \tag{1-2}$$

由式(1-1)和式(1-2)可以看出：

(1) 若开关周期 T 一定，改变开关 S 的导通时间 t_{on}，即可改变脉冲占空比 D，达到调节输出电压的目的，这种保持 T 不变而只改变 t_{on} 来实现占空比调节的方式，称为脉冲宽度调制(PWM)。由于 PWM 式的开关频率固定，输出滤波电路比较容易设计，易实现最优化，因此 PWM 式开关电源用得较多。

(2) 若保持 t_{on} 不变，利用改变开关频率 $f=1/T$ 来实现脉冲占空比调节，从而实现输出直流电压 U_o 稳压的方式，称为脉冲频率调制(PFM)。由于开关频率不固定，所以 PFM 方式的输出滤波电路的设计不易实现最优化。

(3) 既改变 t_{on}，又改变 T，从而实现脉冲占空比的调节的稳压方式，称做脉冲调频调宽方式。

在各种开关电源中，以上三种脉冲占空比调节方式均有应用。

1.1.2　开关电源的构成

开关电源由以下四个基本环节组成(见图 1-2)：

(1) DC/DC 变换器：用以进行功率变换，是开关电源的核心部分。DC/DC 变换器有多种电路形式，其中控制波形为方波的 PWM 变换器以及工作波形为准正弦波的谐振变换器应用较为普遍。

(2) 驱动器：开关信号的放大部分，对来自信号源的开关信号放大、整形，以适应开关管的驱动要求。

(3) 信号源：产生控制信号，由它激或自激电路产生，可以是 PWM 信号，也可以是 PFM 信号或其他信号。

(4) 比较放大器：对给定信号和输出反馈信号进行比较运算，控制开关信号的幅值、频率、波形等，通过驱动器控制开关器件的占空比，达到稳定输出电压的目的。

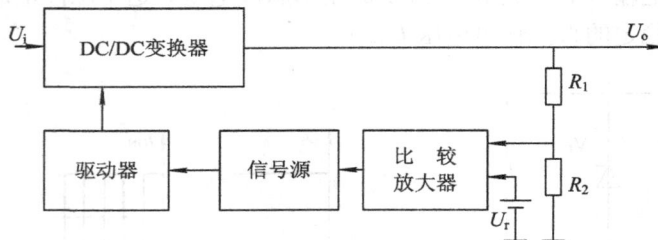

图 1-2　开关电源基本组成框图

除此之外，开关电源还有辅助电路，包括启动电路、过流过压保护、输入滤波、输出采样、功能指示等。

开关电源与线性电源相比，输入的瞬态变换比较多地表现在输出端，在提高开关频率的同时，由于反馈放大器的频率特性得到改善，开关电源的瞬态响应指标也能得到改善。负载变换瞬态响应主要由输出端 LC 滤波器的特性决定。所以可以通过提高开关频率、降低输出滤波器 LC 的值的方法改善瞬态响应特性。

1.1.3　开关电源的特点

开关电源具有以下特点：

(1) 效率高。开关电源的功率开关调整管工作在开关状态，所以调整管的功耗小、效率高。调整管的效率一般为 80%～90%，高的可达 90% 以上。

(2) 重量轻。由于开关电源省掉了笨重的电源变压器，节省了大量的漆包线和硅钢片，所以电源的重量只是同容量线性电源的 1/5，体积也大大缩小。

（3）稳压范围宽。开关电源的交流输入电压在 90~270 V 范围变化时，输出电压的变化在 ±2% 以下。合理设计电路还可使稳压范围更宽，并保证开关电源的高效率。

（4）安全可靠。在开关电源中，由于可以方便地设置各种形式的保护电路，所以当电源负载出现故障时，能自动切断电源，保护功能可靠。

（5）元件数值小。由于开关电源的工作频率高，一般在 20 kHz 以上，所以滤波元件的数值可以大大减小。

（6）功耗小。功率开关管工作在开关状态，其损耗小；电源温升低，不需要采用大面积散热器。采用开关电源可以提高整机的可靠性和稳定性。

1.2　开关电源主要类型

为了使读者能够更好地设计和使用开关电源，下面从电路的控制方式和输出取样方式两方面对开关电源作一大致的分类。

1.2.1　控制方式

1．脉冲宽度调制式

由开关电源输出直流电压表达式(1-2)可知，控制开关管的导通时间 t_{on}，可以调整输出电压 U_o，达到输出稳压的目的。脉冲宽度调制(PWM)方式是采用恒频控制，即固定开关周期 T，通过改变脉冲宽度 t_{on} 来实现输出稳压。开关器件的开关频率 f 由自激或它激方式产生。

2．脉冲频率调制式

脉冲频率调制(PFM)方式是利用反馈来控制开关脉冲频率或开关脉冲周期，实现调节脉冲占空比 D，达到输出稳压的目的。

3．脉冲调频调宽式

这种控制方式是利用反馈控制回路，既控制脉冲宽度 t_{on}，又控制脉冲开关周期 T，以实现调节脉冲占空比 D，从而达到输出稳压的目的。

4．其他方式

若触发信号利用电源电路中的开关晶体管、高频脉冲变压器构成正反馈环路，完成自激振荡，使开关电源工作，则这种电源称为自激式开关电源。

它激式开关电源需要外部振荡器，用以产生开关脉冲来控制开关管，使开关电源工作，输出直流电压。它激式电源大多数需要专用的 PWM 触发集成电路。

1.2.2　连接分类

电源以功率开关管的连接方式分类，可分为单端正激开关电源、单端反激开关电源、半桥开关电源和全桥开关电源；以功率开关管与供电电源、储能电感的连接方式以及电压输出方式分类，可分为串联开关电源和并联开关电源。

串联开关电源、并联开关电源、单端正激、单端反激、半桥及全桥开关电源的工作原理将在以后章节分别讨论。

1.2.3 输出取样方式

取样电路是电源反馈电路的重要部分，取样方式对系统的稳定性有决定作用。取样方式是开关电源电路设计的重点工作之一。

1. 直接取样电路

图 1-3 为直接输出取样电路在开关电源中的应用实例。光电耦合器中三极管集电极电流 I_C 的大小与发光二极管电流 I_F 及光电耦合系数 h 成正比例关系，即

$$I_C = hI_F \tag{1-3}$$

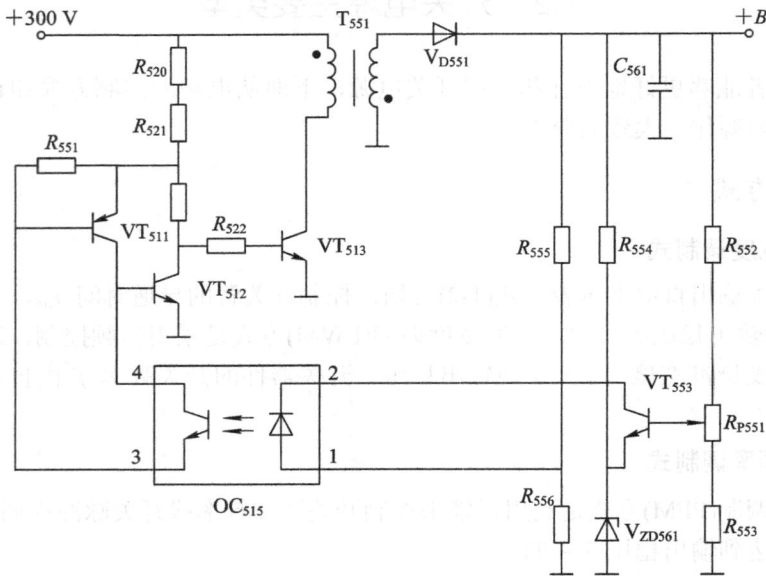

图 1-3 直接输出取样电路

当开关电源的输出电压因输入电压升高或负载减轻而升高时，开关电源 $+B$ 滤波电容 C_{561} 两端升高的电压一路经取样电阻 R_{555}、R_{556} 取样，光电耦合器 OC_{515} 的 1 脚电压升高，即发光二极管正极电位升高；另一路经取样电阻 R_{552}、R_{P551}、R_{553} 取样，误差放大管 VT_{553} 的基极电位升高，由于 VT_{553} 发射极接有稳压管，其发射极电位不变，所以 VT_{553} 加速导通，集电极电位下降，于是 OC_{515} 内的发光二极管发光强度增大，OC_{515} 内的光电三极管内阻下降，脉宽调节电路的 VT_{511}、VT_{512} 相继导通，开关管 VT_{513} 导通时间减小，使输出电压下降到正常值。

采用直接输出取样方式的开关电源安全性好，且具有便于空载检修、稳压反应速度快、瞬间响应时间短等优点。

由误差取样电路与误差放大电路组成的三端误差取样放大器电路如图 1-4 所示。该电路不但简化了结构，而且提高了电路的可靠性。

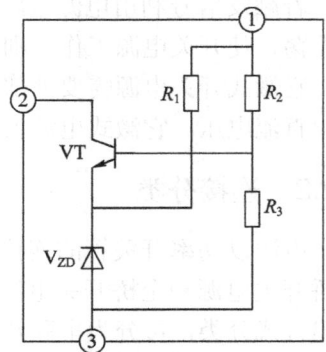

图 1-4 三端误差取样放大器电路

2．间接取样电路

图 1-5 是一个开关电源的间接输出取样电路。在开关变压器上专门设置有取样绕组(即①、②绕组)，取样绕组感应的脉冲电压经 V_{D811} 整流，在滤波电容 C_{815} 两端产生供取样的直流电压。由于取样绕组与次级绕组采用了紧耦合结构，所以滤波电容 C_{815} 两端电压的高低就间接反映了开关电源输出电压的高低。

间接输出取样方式的缺点是响应慢，当输出电压因输入电压等原因发生突变时，输出电压的变化需经开关变压器磁耦合才能反映到取样绕组两端，所以稳压的动态效果一般。

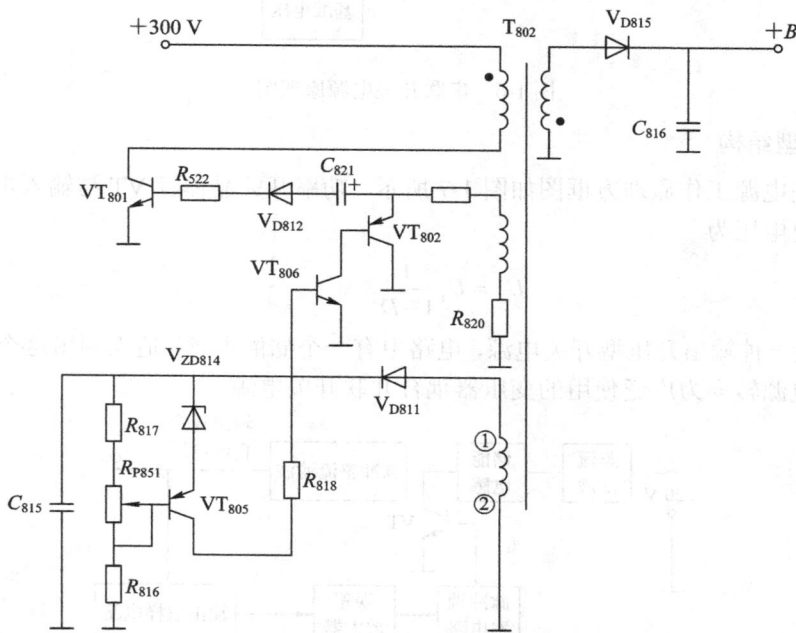

图 1-5　间接输出取样电路

1.3　开关电源主要结构

1．串联型结构

串联开关电源工作原理方框图如图 1-6 所示。功率开关晶体管 VT 串联在输入与输出之间，正常工作时，它在开关驱动控制脉冲的作用下周期性地在导通和截止之间交替转换，使输入与输出之间周期性地闭合与断开。输入不稳定的直流电压通过功率开关晶体管 VT 后输出为周期性脉冲电压，再经滤波后就可得到平滑的直流输出电压 U_o。U_o 与功率开关晶体管 VT 的脉冲占空比 D 有关，见式(1-2)。输入交流电压或负载电流的变化将引起输出直流电压的变化，通过输出取样电路将取样电压与基准电压相比较，误差电压通过误差放大器放大，去控制脉冲调宽电路的脉冲占空比 D，就可达到稳定直流输出电压 U_o 的目的。

串联开关电源中的功率开关管 VT 串在输入电压 U_i 与输出电压 U_o 之间，因此对开关管耐压要求较低。但是由于输入电压和输出电压共用地线，故电源输入与输出间不隔离。

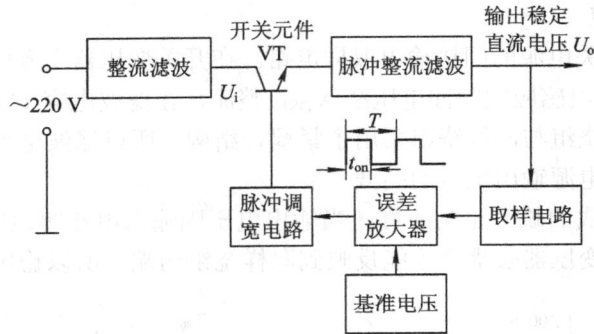

图 1-6　串联开关电源原理图

2．并联型结构

并联开关电源工作原理方框图如图 1-7 所示。功率开关晶体管 VT 与输入电压、输出负载并联，输出电压为

$$U_{\mathrm{o}} = U_{\mathrm{i}} \frac{1}{1-D} \tag{1-4}$$

图 1-7 是一种输出升压型开关电源，电路中有一个储能电感，适当利用这个储能电感可将并联开关电源转变为广泛使用的变压器耦合并联开关电源。

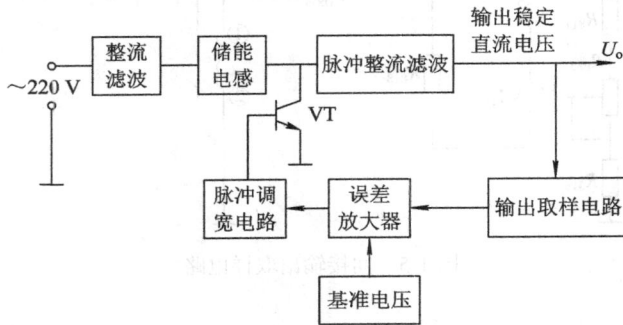

图 1-7　并联开关电源原理图

变压器耦合并联开关电源原理图如图 1-8 所示。

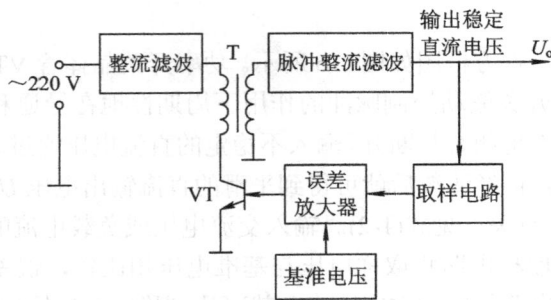

图 1-8　变压器耦合并联开关电源原理图

功率开关晶体管 VT 与开关变压器初级绕组串联，连接在电源供电输入端，它在开关脉

冲信号的控制下周期性地导通与截止。集电极输出的脉冲电压通过变压器耦合在次级得到脉冲电压，这个脉冲电压经整流滤波后得到直流输出电压 U_o。经过取样电路将取样电压与基准电压 U_E 进行比较，误差电压通过误差放大器放大后输出至功率开关晶体管 VT，通过控制 VT 的导通与截止达到控制脉冲占空比的目的，从而稳定直流输出电压。由于采用变压器耦合，所以变压器的初、次级相互隔离，使初级电路地与次级电路地分开，做到次级电路地不带电，使用时很安全。同时由于变压器耦合，可以使用多组次级绕组，在次级得到多组直流输出电压。

3. 正激式结构

正激式开关电源电路如图 1-9 所示，是一种采用变压器耦合的降压型开关稳压电源。加在变压器 N_1 绕组上的脉冲电压振幅等于输入电压 U_i，脉冲宽度为功率开关管 VT 导通时间 t_{on} 的开关脉冲序列，变压器次级开关脉冲电压经二极管 V_{D1} 整流变为直流。电源中功率开关管 VT 导通时变压器初级绕组励磁电流最大值为

$$I_{N1} = \frac{U_i}{L_{N1}} DT \tag{1-5}$$

式中：L_{N1} 表示变压器初级绕组 N_1 的电感量；D 表示脉冲占空比；T 表示脉冲开关周期。

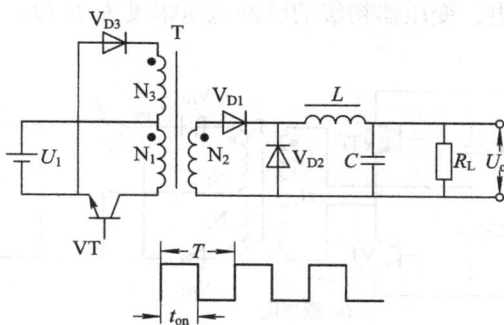

图 1-9　正激式开关电源电路

图 1-9 中的二极管 V_{D2} 为续流二极管，用以在二极管 V_{D1} 由导通变为截止时将储存在电感 L 中的磁能按原电流方向释放给负载。二极管 V_{D3} 和绕组 N_3 用以在功率晶体管 VT 断开时对变压器进行消磁。功率开关管 VT 断开时，N_3 绕组同名端脉冲信号极性变负，这时励磁能量便经 V_3、N_3 绕组回馈到电源输入端。功率开关管 VT 断开，绕组 N_1 中存储的能量就转移到 N_3 绕组，并经 N_3 绕组回馈到电源输入端。

正激式开关电源的特点是：当初级的功率开关管 VT 导通时，电源输入端的能量由次级二极管 V_{D1} 经输出电感 L 为负载供电；功率开关管 VT 断开时，由续流二极管 V_{D2} 继续为负载供电，并由消磁绕组 N_3 和消磁二极管 V_{D3} 将初级绕组 N_1 的励磁能量回馈到电源输入端。

4. 反激式结构

反激式开关电源电路如图 1-10 所示。功率开关管 VT 导通时，输入端的电能以磁能的形式存储在变压器的初级绕组 N_1 中，依据图中次级 N_2 同名端标注，二极管 V_{D1} 不导通，负载没有电流流过。功率开关管 VT 断开时，变压器次级绕组以输出电压 U_o 为负载供电，并对变压器消磁。

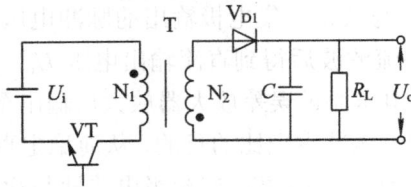

图 1-10 反激式开关电源电路

反激式开关电源电路简单，输出电压 U_o 既可高于输入电压 U_i，又可低于 U_i，一般适用于输出功率为 200 W 以下的开关电源中。

5. 半桥型结构

当要求电源输出功率较大时可采用半桥型开关电源，其工作原理和波形如图 1-11 所示。两个功率开关晶体管 VT_1 和 VT_2 在开关驱动脉冲的作用下，交替地导通与截止。当开关管 VT_1 导通时，在输入电压 U_i 作用下，电流经 VT_1、变压器初级绕组 N_1 和电容 C_2 给变压器初级绕组 N_1 励磁，同时经次级二极管 V_{D1}、绕组 N_2 给负载供电。当开关管 VT_1 截止、VT_2 导通时，输入电源经 C_1、变压器初级绕组 N_1、开关管 VT_2 给变压器初级绕组 N_1 励磁，同时经次级二极管 V_{D2} 给负载供电。所以，电源通过功率开关管 VT_1、VT_2 交替给变压器初级绕组 N_1 励磁并为负载供电。变压器初级的脉冲电压幅度为 $U_i/2$。同样，电容 C_1、C_2 上的电压也分别为 $U_i/2$。

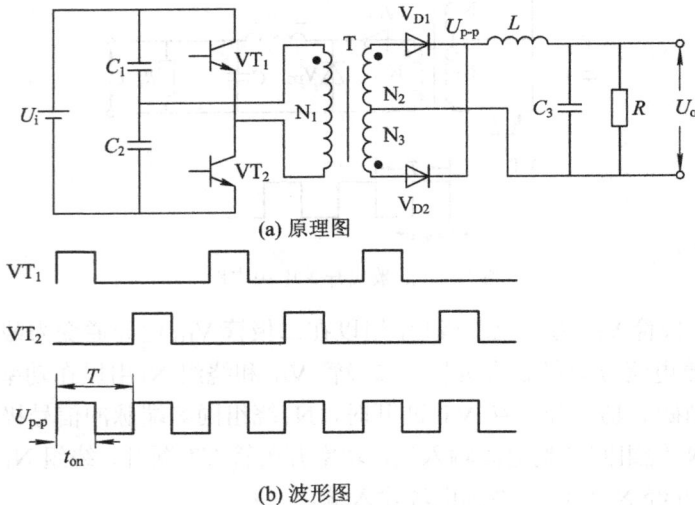

(a) 原理图

(b) 波形图

图 1-11 半桥型开关电源原理图和波形图

半桥型开关电源的自平衡能力强，不易使变压器由于 VT_1、VT_2 的导通时间不一致而产生磁饱和现象，导致功率开关管 VT_1、VT_2 损坏。当 VT_1、VT_2 导通时间不一致时，变压器初级 N_1 绕组的励磁电流大小不一样，致使电容 C_1、C_2 上的电压不相等，励磁电流越大，则对应的电容器电压越小，从而起到自平衡对称作用。由于每个功率开关管上的电压只有输入电源电压 U_i 的一半，所以要输出同样的功率，每个功率开关管中流过的电流就要增大一倍。半桥型开关电源中需要避免功率开关管 VT_1、VT_2 的同时导通，需使 VT_1、VT_2 功率开关管的导通时间相互错开，相互错开的最小时间称为死区时间。

6．全桥型结构

全桥型开关电源工作原理图如图 1-12 所示。该电源由 4 个功率开关管 VT_1、VT_2、VT_3、VT_4 组成桥式电路，由 VT_1 和 VT_4、VT_2 和 VT_3 分别组成两个导通回路。当 VT_2、VT_3 的触发控制信号有效时，VT_1、VT_4 的触发控制信号无效。VT_2、VT_3 导通时，输入电源 U_i 经 VT_2、变压器的初级绕组 N_1 和开关 VT_3 形成电流回路，加至变压器初级绕组的电压幅度为电源电压 U_i，并经次级二极管 V_{D1} 整流、滤波后输出，为负载供电。同理，当 VT_2、VT_3 关断，VT_1、VT_4 导通时，输入电源 U_i 从与 VT_2、VT_3 导通时电流相反的方向为变压器初级绕组 N_1 励磁，并通过次级绕组 N_2 和整流二极管 V_2 为负载供电，这样在次级得到如图 1-12(b) 中 $U_{p\text{-}p}$ 所示的脉冲波形。

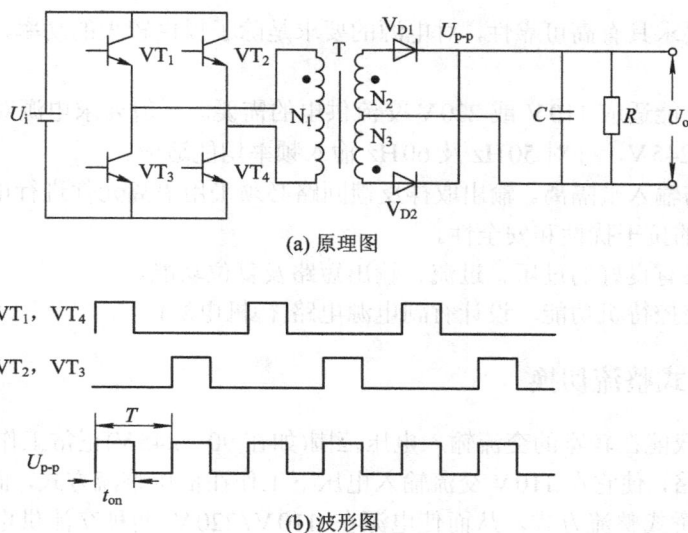

(a) 原理图

(b) 波形图

图 1-12　全桥型开关电源原理图和波形图

和半桥型开关电源相比，由于加在全桥型变压器初级绕组上的电压和电流比半桥开关电源的各大一倍，在同样的电源供电电压 U_i 下，全桥开关电源的输出功率比半桥开关电源大 4 倍。同样，在全桥开关电源中也存在 4 个功率开关管 VT_1、VT_2、VT_3、VT_4 共态导通问题，这点也可以通过设置死区时间的方法来克服。

1.4　开关电源辅助技术

1.4.1　多输出电源

多输出是大功率电源的特点之一，多输出电源包含主开关电源、副电源等。

1．主开关电源

主开关电源的输出功率较副电源、行输出级二次电源的输出功率大。主开关电源主要为主负载电路提供 110～145 V 的直流电压。主开关电源将 220 V 交流输入电压直接整流、滤波为 300 V 左右的直流电压，经过开关稳压调整环节中的开关调整管、开关变压器、稳压控制电路、激励脉冲产生电路对 300 V 左右的直流电压进行 DC/DC 开关变换，产生各种所需的稳定直流电压输出。主开关电源停止工作，则相应的功率放大级也将停止工作，主负载将失去直流供电。

2．副电源

副电源的主要作用是为微处理器等控制电路提供低电压(+5 V)。由于负载小，副电源电路可采用简易开关电源或线性稳压电源。无论负载处于正常工作状态还是待机状态，副电源都处于连续工作状态。

3．多电源电路的主要特点

(1) 负载均要求具有高可靠性，对电源的要求是除了提供较大的功率，还要求有较高的效率。

(2) 电源输入能适应 110 V 或 220 V 交流供电的需要。一般要求电源对交流输入电压的适应范围为 90～245 V，并对 50 Hz 及 60 Hz 输入频率均能适应。

(3) 输出端与输入端隔离。输出取样反馈回路必须采用隔离元件进行电源初、次级的隔离，以提高设备的抗干扰性和安全性。

(4) 电源电路有良好的过压、过流、输出短路及复位功能。

(5) 可实现遥控待机功能，设计有副电源电路(待机电源)。

1.4.2　倍压/桥式整流切换

为了保证负载能在较宽的交流输入电压范围(如在 90～245 V)正常工作，需要倍压/桥式整流自动切换电路，使它在 110 V 交流输入电压下工作在倍压整流方式，而在 220 V 交流输入电压下工作在桥式整流方式，从而使电源在 110 V / 220 V 两种交流供电情况下都能正常工作。

倍压/桥式整流自动切换电路的原理图如图 1-13 所示。

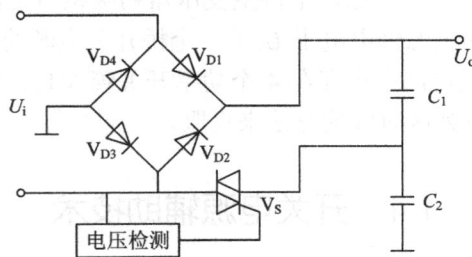

图 1-13　倍压/桥式整流自动切换电路

当输入 220 V 交流电压时，通过电压检测电路使双向晶闸管 V_S 截止，这时电容 C_1、C_2 相串联，整流电路为普通桥式整流工作方式，整流输出电压 U_o 为 300 V 左右的直流电压。

当交流输入电压为 110 V 时，通过电压检测电路使双向晶闸管 V_S 导通，整流电路工作在倍压整流方式。

倍压整流的工作原理如下：在交流电压的正半周时，交流电经二极管 V_{D1}、电容 C_1、

双向晶闸管 V_S 形成回路，并给电容 C_1 充电；在交流电压的负半周时，交流电经双向晶闸管 V_S、电容 C_2 和二极管 V_{D4} 形成回路，并给电容 C_2 充电，输出电压 U_o 为电容 C_1、C_2 上电压之和，形成倍压整流。

1.4.3　微处理器控制

现代设备需要微处理器对电源系统进行控制，包含实现待机、遥控、显示等功能。正常状态时设备整机功耗为 $200\sim350\,\text{W}$；待机状态即休眠状态时仍需继续保持微处理器控制电路的 $+5\,\text{V}$ 供电，整机功耗可下降到 $10\,\text{W}$ 以下。

待机工作方式分为三种：第一种是手动待机方式，通过待机键使设备在工作状态与待机状态间转换；第二种是定时待机方式，利用定时键设定所需的定时待机时间；第三种是无信号自动待机方式，微处理器通过信号检测判定电路为无信号时，延时后设备自动进入待机状态。

典型的微处理器控制电路主要有以下几种。

1．待机控制电路(一)

如图 1-14 所示，微处理器在待机状态下输出的高电平使 VT_1 饱和导通，VT_2 截止，将行振荡电路的供电电压切断，整机处于无声、无光的待机状态。为了降低待机状态下的整机功耗，微处理器还要使开关电源由正常振荡转变为低频弱振荡，使 $+B$ 输出电压减小到正常值的 1/2，但仍为微处理器控制电路提供 $+5\,\text{V}$ 电压。这种待机控制电路的特点是整机必有一个电源，并且待机状态下整机功耗较小，所以使用较多。

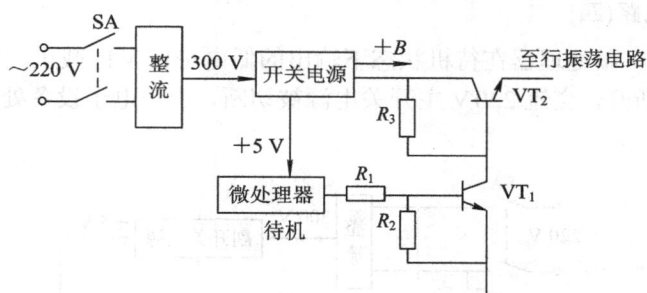

图 1-14　待机控制电路(一)

2．待机控制电路(二)

如图 1-15 所示，微处理器在待机状态下输出的待机控制信号使主开关电源停止工作，从而使负载处于静止的待机状态。这种待机控制电路的特点是，必须有一个副开关电源，它为微处理器提供 $+5\,\text{V}$ 电压。

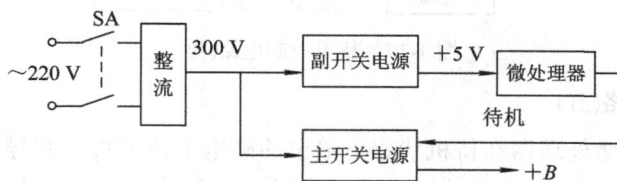

图 1-15　待机控制电路(二)

由于在待机状态下主开关电源完全停振,所以整机功耗很小,一般只有 4W 左右。这种待机控制电路的主、副电源共用一个整流电路。

3. 待机控制电路(三)

如图 1-16 所示,微处理器在待机状态下输出的高电平使 VT_1 饱和导通,继电器 RY_1 绕组中有电流通过,绕组产生的电磁力使交流触点开关断开,将负载电源切断。在这种待机控制电路中,一旦进入待机状态后,微处理器也失去了 +5 V 供电,无法再利用遥控器等使负载进入正常运行状态,所以这种待机控制电路又称做交流关机控制电路。

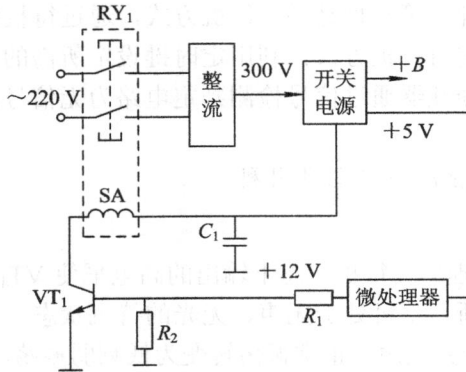

图 1-16 待机控制电路(三)

4. 待机控制电路(四)

如图 1-17 所示,微处理器在待机状态下输出的低电平使 VT_1 截止,继电器 RY_1 线圈断电流,继电器开关断开,交流 220 V 主开关电源被切断,于是电子设备处于无声、无光的待机状态。

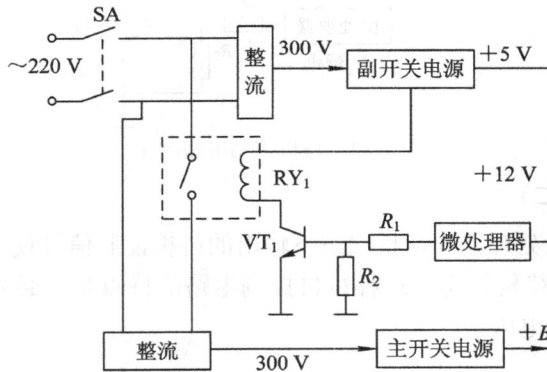

图 1-17 待机控制电路(四)

5. 待机控制电路(五)

如图 1-18 所示,微处理器在待机状态下输出的高电平使 VT_1 饱和导通,将行驱动管 VT_2 基极上的驱动脉冲由 VT_1 的 c-e 极短路,使行扫描电路停止工作。这种待机控制电路中,微处理器所需的 +5 V 供电电压和行输出所需的 +B 电压都由同一开关电源提供,省掉了副电源电路，但是开关电源在待机状态下仍正常工作，待机状态下整机的功耗约为 10 W。

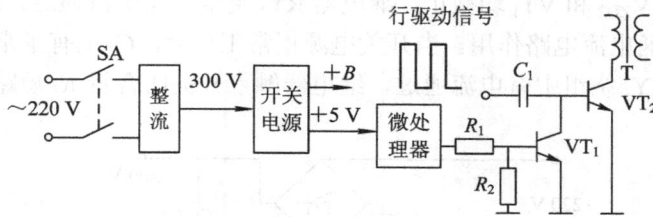

图 1-18　待机控制电路(五)

1.4.4　防干扰技术

防开机浪涌电流电路如图 1-19 所示。在设备开机瞬间，由于滤波电容 C_1 上的初始电压为零，所以 C_1 的起始充电电流很大。传统电路简单地用大功率电阻 R_1 来限制开机浪涌电流，但是此电阻在负载进入正常工作状态后，仍串接在电路中，这会使整机功耗增大，同时也易引起整机温升。

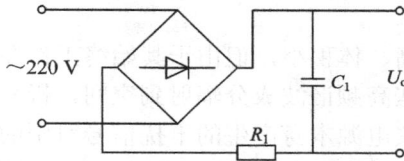

图 1-19　防开机浪涌电流电路

开关电源防开机浪涌电流电路有以下两种：

(1) 晶闸管控制电路。

晶闸管控制的防开机浪涌电流控制电路如图 1-20 所示。由于开机瞬间浪涌电流很大，所以在电阻 R_1 上的压降也很大，使 V_{ZD3} 击穿导通并引起 VT_1 导通。VT_1 的 c、e 极导通使晶闸管 V_{S2} 的触发极被短路，V_{S2} 处于截止态，开机浪涌电流全部从限流电阻 R_1 中流过。当滤波电容 C_1 充电结束，负载进入正常工作状态后，流经电阻 R_1 的电流为正常工作电流，限流电阻 R_1 两端的电压下降，V_{ZD3} 和 VT_1 恢复截止，晶闸管 V_{S2} 的控制极经电阻 R_2 获得触发电压，使晶闸管 V_{S2} 导通，整机电流不再流经电阻 R_1，而经晶闸管 V_{S2} 旁路，电阻 R_1 不再消耗功率。

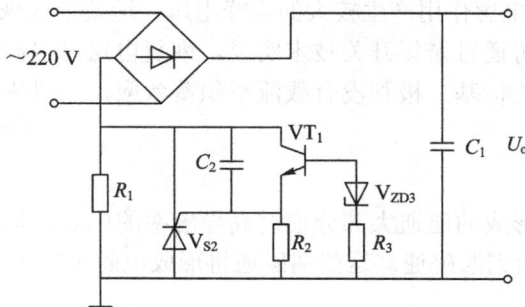

图 1-20　晶闸管控制的防开机浪涌电流控制电路

(2) 继电器控制电路。

图 1-21 为采用继电器控制的防开机浪涌电流电路。开机瞬间开关电源还未正常工作，电容 C_2 上无电压，V_{ZD2} 和 VT_1 均截止，继电器 RY_1 绕组中无电流通过，RY_1 的触点开关断开，所以防开机浪涌电流电路作用。当开关电源正常工作后，C_2 上有正常电源电压，这时，V_{ZD2}、VT_1 导通，RY_1 绕组中有电流通过，继电器触点开关闭合将 R_1 短路，电阻 R_1 不再消耗功率。

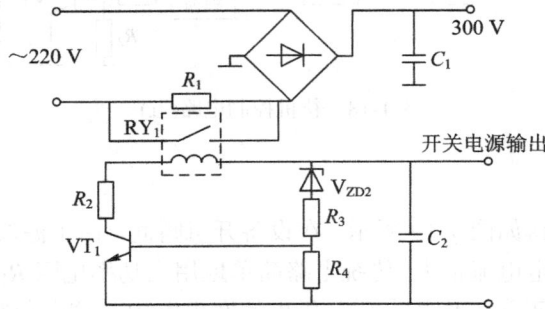

图 1-21   继电器控制的防开机浪涌电流电路

1. 电磁干扰

开关电源的优点是效率高、体积小，但由于其始终工作在高频开关状态，所以会产生极大的高频谐波成分，而这些高频谐波成分辐射到空间，极易干扰其他设备正常工作。干扰有两方面的含义，一是开关电源本身产生的干扰信号对别的机器正常工作的影响；二是开关电源本身抗外界干扰，保证自身正常工作的能力，即所谓抗干扰性。

1) 开关管的工作状态

开关电源中的开关管在工作时会产生较大的脉冲电压和脉冲电流，而脉冲电压、电流中包含有许多高次谐波。同时，在开关管导通时，由于开关变压器漏感和输出整流二极管的恢复特性形成的电磁振荡，在二极管上会产生浪涌电压；在开关管断开时，变压器漏感也会产生浪涌电压，这些都将成为噪声干扰源。

2) 二极管的恢复特性

硅二极管进行高频整流时，由于存在结电容，正向电流所积蓄的电荷在加反向电压时不能马上消失。这种载流子积蓄效应使二极管流过反向电流，这段时间称做反向恢复时间。在反向恢复时间内，由于反向电压较大，会产生较大损耗。如果反向电流恢复时的电流上升率 di/dt 较大时，由于电感作用产生较大的尖峰电压，这就形成恢复噪声。恢复噪声既可通过吸收回路实现，也可通过谐振开关技术实现。恢复电路对提高开关电源的可靠性及减小干扰有很大的作用。肖特基二极管没有载流子积蓄效应，所以恢复噪声很小，在恢复电路中应用较多。

3) 变压器

变压器绕组中电流形成的磁通大部分通过高导磁率的磁芯，但仍会有少部分通过绕组与间隙辐射出去，成为所谓漏磁通，这些漏磁通将形成电磁感应干扰。

4) 整流滤波电容

由于交流输入的开关电源在输入端接有整流滤波电路，使整流二极管的导通角很小，整流电流的峰值很大，这种脉冲状的二极管整流电流也会产生干扰。

2．干扰的抑制方法

1) 抑制干扰发生源的电平

干扰的来源为电流、电压急剧变化的部分，是由功率开关管、整流二极管和周围电路引起的。为此应尽量降低电流和电压波形的变化率。利用吸收电路可以降低浪涌电压，并减少开关变压器的漏感。

2) RC 吸收回路

如图 1-22、图 1-23 所示的 RC、RCD 吸收回路可以起到减少脉冲电流、电压变化率的效果，改善开关电路的工作条件，从而减少干扰，保护功率开关管。

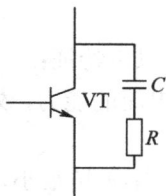

图 1-22　RC 吸收回路　　　　　　　　图 1-23　RCD 吸收回路

图 1-22 所示的 RC 吸收电路中，当开关管 VT 断开，积蓄在寄生电感中的能量对开关管的寄生电容充电时，通过吸收电阻 R 对吸收电容 C 充电，吸收电容等效地增加了开关的并联电容容量，因而抑制了开关管断开时的尖峰电压。开关管导通时，吸收电容 C 通过吸收电阻 R 放电，电阻起着限制放电电流的作用。

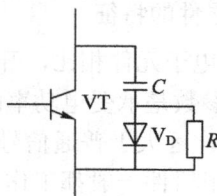

图 1-23 所示的 RCD 吸收电路中，当开关管 VT 断开时，积蓄在漏感中的能量在对开关管寄生电容充电的同时，只要吸收电容 C 上的电压低于脉冲尖峰电压，二极管 V_D 就导通，脉冲尖峰电压对开关管寄生电容和吸收电容充电，由于充电等效电容是开关管寄生电容和吸收电容的并联，等效充电电容加大，可以平缓脉冲尖峰电压；反之，当开关管 VT 导通时，吸收电容 C 通过开关管 VT 和吸收电阻 R 放电，由于吸收电阻的作用，又限制了放电电流的大小。二极管 V_D 的存在使 VT 上的电压不会大于吸收电容 C 上的电压，二极管 V_D 起着钳位作用。

由于 RC、RCD 吸收电路结构简单，保护效果明显，所以在开关电源中广泛使用。

3) 利用 LC 干扰抑制电路

LC 干扰抑制电路如图 1-24 所示，可以起到电源供电输入端与开关电源端干扰信号的双向抑制作用。图中的电抗器 T 的匝数比为 1，同名端如图所示，是一种共模干扰抑制电感，它对电源输入端或开关电源端产生的共模干扰信号等效阻抗很大，从而起到共模干扰信号的抑制作用。

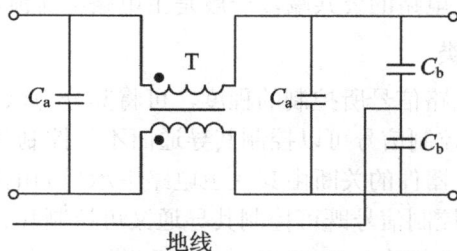

图 1-24　LC 干扰抑制电路

1.5 开关器件的选择与驱动

电力半导体器件的特性及其驱动是开关电源电路中关键的问题。对电力电子器件的认识和了解是电源设计和使用的基本知识。

1.5.1 开关器件的特征和类型

1. 电力电子器件的特征

与处理信号的电子元件相比，开关电源的开关器件具有以下特征：

(1) 最主要的参数是承受电功率的大小，即承受电压和电流的能力，处理电功率的能力从毫瓦级至兆瓦级，远大于普通信号电路中的电子器件。

(2) 电源用电子器件一般都工作在开关状态。导通时(通态)阻抗很小，接近于短路，管压降接近于零，而电流由外电路决定；断开时阻抗很大，接近于开路，电流几乎为零，而管子两端电压由外电路决定。电力电子器件的动态特性和参数，是其特性的重要方面，有时甚至上升为第一位的重要问题。作电路分析时，可用理想开关来代替电子器件。

(3) 电路中电源电子器件需要由信息电子电路来控制。在主电路和控制电路之间，需要驱动电路对控制电路的信号进行隔离放大。

(4) 在器件开通或关断的转换过程中产生的开通损耗和关断损耗总称开关损耗，而通态损耗是器件功率损耗的主要成因。器件开关频率较高时，开关损耗会随之增大，成为器件功率损耗的主要因素。为保证不发生因损耗散发的热量导致器件温度过高而损坏的问题，不仅在器件封装上要注意散热的设计，在其工作时还要安装散热器。

2. 电源电子器件的系统组成

电源系统由控制电路、驱动电路和以电力电子器件为核心的主电路组成。

(1) 控制电路按系统的工作要求形成控制信号，通过驱动电路去控制主电路中电力电子器件的通或断，来完成整个系统的功能。附加的一些保护电路、检测电路也属于控制电路。

(2) 驱动电路位于主电路和控制电路之间，将大电压和大电流的主电路与小电压和小电流的控制电路进行电气隔离，而通过其他手段如光、磁等来传递信号。

(3) 开关器件一般有三个端子，其中两个连接在主电路中，而第三端被称为控制端或称控制极。器件通断是通过在其控制端和一个主电路端子之间加一定的信号来控制的，这个主电路端子是驱动电路和主电路的公共端，一般是主电路电流流出器件的端子。

3. 电源电子器件的分类

按照器件能够被控制电路信号所控制的程度，可将其分为以下三类：

(1) 半控型器件：通过控制信号可以控制其导通而不能控制其关断。晶闸管及其大部分派生器件均属于此类器件，器件的关断由其在主电路中承受的电压和电流决定。

(2) 全控型器件：通过控制信号既可控制其导通又可控制其关断。例如，绝缘栅双极型晶体管 IGBT，电力场效应晶体管 MOSFET，门极可关断晶闸管 GTO 等。

(3) 不可控器件：不能用控制信号来控制其通断，因此也就不需要驱动电路。例如电力二极管等，器件的通和断是由其在主电路中承受的电压和电流决定的。

按照驱动电路加在器件控制端和公共端之间信号的性质，可将其分为两类：

(1) 电流驱动型：通过从控制端注入或者抽出电流来实现导通或者关断的控制，如大功率晶体管 GTR 等。

(2) 电压驱动型：仅通过在控制端和公共端之间施加一定的电压信号就可实现导通或者关断的控制，如 IGBT 等。电压驱动型器件实际上是通过加在控制端上的电压在器件的两个主电路端子之间产生可控的电场来改变流过器件的电流大小和通断状态，所以又称为场控器件，或场效应器件。

1.5.2 电力二极管

电力二极管的结构和原理简单，工作可靠，其中的快恢复二极管和肖特基二极管分别应用在中、高频整流和逆变，以及低压高频整流的场合。电力二极管的基本结构和工作原理与信息电子电路中的二极管一样，是以半导体 PN 结为基础，由 PN 结和两端引线以及封装组成。电力二极管和普通二极管的区别是：前者正向导通时要流过很大的电流，其电流密度较大，因而额外载流子的注入水平较高，电导调制效应不能忽略，承受的电流变化率 di/dt 较大，因而其引线和器件自身的电感效应也会有较大影响。

1. 电力二极管的基本特性

1) 静态特性

电力二极管的静态特性指其伏安特性，当电力二极管承受的正向电压达到一定值，即门槛电压 U_{TO} 时，正向电流才开始明显增加，处于稳定导通状态。与正向电流 I_F 对应的二极管两端的电压 U_F 即为其正向电压降。当电力二极管承受反向电压时，只有微小而数值恒定的反向漏电流。

2) 开通过程

电力二极管的正向压降先出现一个过冲 U_{FP}，经一段时间才接近稳态压降，如图 1-25 所示。其中，u_F 表示二极管压降，i_F 表示二极管正向电流，t_{fr} 为正向恢复时间。电流上升率越大，U_{FP} 越高。

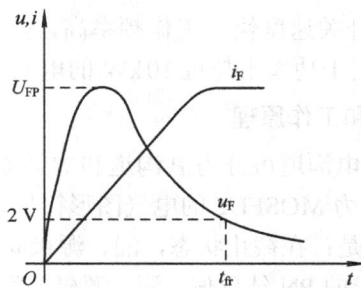

图 1-25 开通过程

3) 关断过程

电力二极管经过一段短暂的时间才能重新获得反向阻断能力，进入截止状态。在关断之前有较大的反向电流出现，并伴随有明显的反向电压过冲。如图 1-26 所示，U_{RP} 为最大反向电压，I_{RP} 为最大反向电流，t_{rr} 为反向恢复时间（t_{rr} 越小越好）。

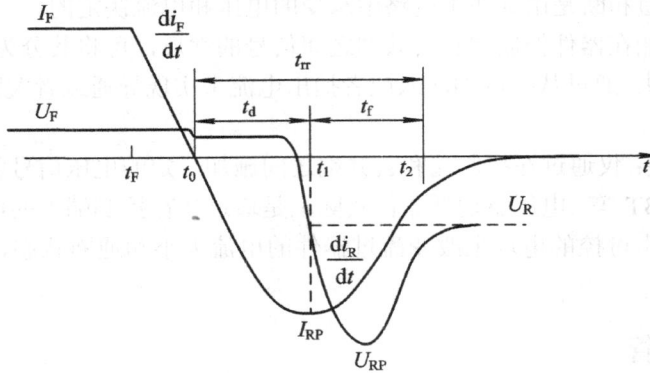

图 1-26 反向恢复过程中电流和电压波形

2. 电力二极管的主要类型

(1) 整流二极管：该类二极管一般用于开关频率不高(1 kHz 以下)的整流电路，其反向恢复时间较长，一般在 5 s 以上，正向电流额定值和反向电压额定值很高，分别可达数千安和数千伏以上。

(2) 快恢复二极管(FRD)：指恢复过程很短，特别是反向恢复过程很短的二极管，也称快速二极管。该类二极管的反向恢复时间短(可低于 50 ns)，正向压降也很低(0.9 V 左右)，但其反向耐压多在 400 V 以下。超快恢复二极管的快速恢复时间甚至仅为 20～30 ns。

(3) 肖特基二极管：该管的反向恢复时间很短(10～40 ns)，正向恢复过程中也不会有明显的电压过冲。在反向耐压较低的情况下，肖特基二极管的正向压降也很小，明显低于快恢复二极管。其开关损耗和正向导通损耗都比快速二极管还要小，故效率较高。肖特基二极管当反向耐压提高时其正向压降也会高，因此多用于低压条件下。

1.5.3 电力场效应晶体管

1. 电力场效应晶体管的特点

电力场效应晶体管简称电力 MOSFET，其特点是用栅极电压来控制漏极电流，驱动电路简单，需要的驱动功率小，开关速度快，工作频率高，热稳定性好。但由于该管的电流容量小，耐压低，因此它一般用于功率不超过 10 kW 的电源电子装置。

2. 电力 MOSFET 的结构和工作原理

电力 MOSFET 的种类按导电沟道可分为 P 沟道和 N 沟道，图 1-27(a)所示为 N 沟道电力 MOSFET 的结构，图(b)为电力 MOSFET 的电气图形符号。

电力 MOSFET 的工作原理是：在截止状态，漏、源极间加正电源，栅、源极间电压为零，P 基区与 N 漂移区之间形成的 PN 结反偏，漏、源极之间无电流流过；在导通状态，即当 U_{GS} 大于开启电压或阈值电压 U_T 时，栅极下 P 区表面的电子浓度将超过空穴浓度，使 P 型半导体反型成 N 型而成为反型层，该反型层形成 N 沟道而使 PN 结消失，漏极和源极导电。

电力 MOSFET 的开关时间在 10～100 ns 之间，工作频率可达 100 kHz 以上，是电力电子器件中最高的。由于电力 MOSFET 是场控器件，静态时几乎不需输入电流，但在开关过程中需对输入电容充、放电，故仍需一定的驱动功率。开关频率越高，所需要的驱动功率越大。

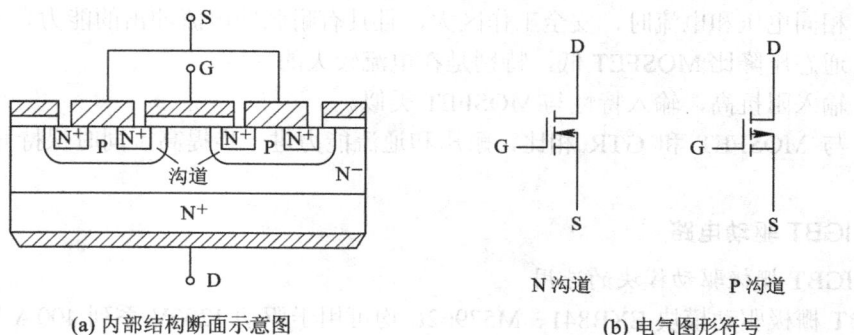

(a) 内部结构断面示意图　　　　　　　　　　　(b) 电气图形符号

图 1-27　电力 MOSFET 的结构和电气图形符号

因为电力 MOSFET 开关频率可达到 100kHz，采用专用驱动芯片最为理想。IR2011、IR221× 系列均可工作在 100kHz 以上。同类型的高压板桥驱动 IC 有很完善的保护机制，可以很好地应用于半桥、全桥、三相全桥等拓扑结构。

1.5.4　绝缘栅双极晶体管

电力晶体管(GTR)的特点是电流驱动，有电导调制效应，通流能力很强，开关速度较低，所需驱动功率大，驱动电路复杂；MOSFET 的优点是电压驱动，开关速度快，输入阻抗高，热稳定性好，所需驱动功率小而且驱动电路简单。将这两类器件(GTR 和 MOSFET)复合，结合其优点而成的器件就是绝缘栅双极晶体管(IGBT)。目前 IGBT 已经取代了 GTR 和一部分 MOSFET 的应用，成为电源中小功率电力电子设备的主导器件。

1．IGBT 的结构和工作原理

IGBT 为三端器件，分别为栅极 G、集电极 C 和发射极 E，如图 1-28 所示。IGBT 的驱动原理与电力 MOSFET 基本相同，是场控器件，通断由栅、射极电压 U_{GE} 决定。导通状态：U_{GE} 大于开启电压，MOSFET 内形成沟道，为晶体管提供基极电流，IGBT 导通；关断状态：栅、射极间施加反压或不加信号，MOSFET 内的沟道消失，晶体管的基极电流被切断，IGBT 关断。

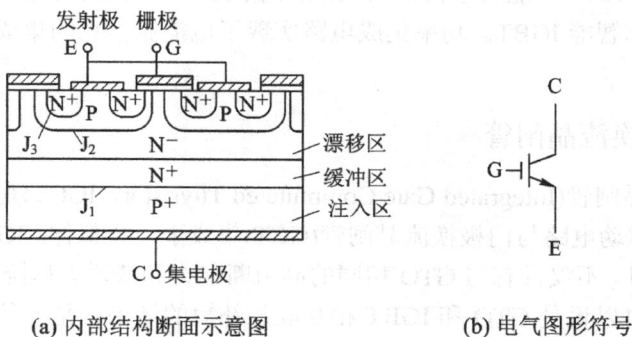

(a) 内部结构断面示意图　　　　　　　　　　(b) 电气图形符号

图 1-28　IGBT 的结构和电气图形符号

2．IGBT 的特性和参数特点

(1) 开关速度高，开关损耗小。

(2) 相同电压和电流时，安全工作区大，且具有耐脉冲电流冲击的能力。

(3) 通态压降比 MOSFET 低，特别是在电流较大的区域。

(4) 输入阻抗高，输入特性与 MOSFET 类似。

(5) 与 MOSFET 和 GTR 相比，耐压和通流能力进一步提高，同时保持开关频率高的特点。

3．IGBT 驱动电路

1) IGBT 栅极驱动模块的选用

IGBT 栅极驱动模块 EXB841、M57962L 均可用于驱动 1200V 系列 400A 以内的 IGBT 模块，且具有过流检测及保护功能。

2) 驱动模块外围电路

IGBT 在关断时，管子的集电极、发射极之间产生的电压上升率 du/dt 高达 30 000 V/μs。过高的 du/dt 会产生较大的位移电流，并导致产生较大的集电极脉冲浪涌电流，很容易使 IGBT 发生动态擎住现象。为了避免 IGBT 发生这种误动作，必须在 IGBT 栅极加负偏压。

3) IGBT 模块与滤波电容的连接

IGBT 的输入特性与 MOSFET 类似，输入阻抗较高。如果驱动电路失去电压，则 IGBT 的栅极失去负偏压，对发射极呈高阻态。此时一旦有干扰窜至 IGBT 的栅极，则 IGBT 模块的上、下两管易同时导通。如果 IGBT 模块直接与数千微法的滤波电容连接，那么滤波电容储存的能量会通过 IGBT 模块的上、下管直接释放，易导致 IGBT 模块损坏。因此大功率电源设计时应考虑加入控制电路，以使在开机时先接通控制、驱动部分电路的电源，后将 IGBT 模块与滤波电容连接。在关机时先将 IGBT 模块与滤波电容断开，后关断控制、驱动部分电路的电源。

4．功率模块与功率集成电路

功率模块将多个器件封装在一个模块中，以缩小装置体积，降低成本，提高可靠性。对工作频率高的电路，这样做可大大减小线路电感，从而简化对保护和缓冲电路的要求。

将器件与逻辑、控制、保护、传感、检测和自诊断等信息电子电路制作在同一芯片上，称为功率集成电路(PIC)。智能功率模块(IPM)则专指 IGBT 及其辅助器件与其保护和驱动电路的单片集成，也称智能 IGBT。功率集成电路实现了电能和信息的集成，成为开关变换电路的理想接口。

1.5.5 集成门极换流晶闸管

集成门极换流晶闸管(Integrated Gate Commutated Thyristor，IGCT)是一种新型半导体开关器件，它将门极驱动电路与门极换流晶闸管(GCT)集成于一个整体。IGCT 是基于 GTO 结构的电力半导体器件，不仅具有与 GTO 相同的高阻断能力和低通态压降，而且具有与 IGBT 相同的开关性能，可以说是 GTO 和 IGBT 相互取长补短的结果，是一种较理想的兆瓦级、中压开关器件，非常适用于 6kV 和 10kV 的中压开关电路。IGCT 在不串不并的情况下，二电平逆变器容量可达 0.5～3 MVA，三电平逆变器容量可达 1～6 MVA。若反向二极管分离，不与 IGCT 集成在一起，二电平逆变器容量可扩至 4.5MVA，三电平容量扩至 9MVA，现在已有这类器件构成的变频器系列产品。目前，IGCT 已经商品化，IGCT 产品的最高性能参数为 4.5kV/4kA，最高研制水平为 6kV/4kA。

1. IGCT 的结构与工作原理

图 1-29 所示为 IGCT 的符号，它与 GTO 相似，为四层三端器件，其导通原理与 GTO 一样，但关断原理与 GTO 完全不同。在 IGCT 的关断过程中，可瞬间从导通转到阻断状态，变成一个 PNP 晶体管，所以，它无外加 du/dt 限制；而 GTO 必须经过一个既非导通又非关断的中间不稳定状态进行转换，所以 GTO 需要很大的吸收电路来抑制重加电压的变化率 du/dt。阻断状态下 IGCT 的等效电路可认为是一个基极开路的低增益 PNP 晶体管与门极电源的串联。IGCT 可像 IGBT 一样无缓冲运行，无二次击穿，拖尾电流虽大但时间很短。

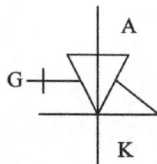

图 1-29　IGCT 符号

2. IGCT 的应用

现有的高压变频器中大多采用低压 IGBT 和高压 IGBT。IGBT 具有快速的开关性能，但在高压变频中其导电损耗大，而且需要许多 IGBT 复杂地串联在一起。相对低压 IGBT 来讲，高压 IGBT 串联的数量相对要少一些，但导电损耗却更高。元件总体数量的增加使变频器的可靠性降低，柜体尺寸增大，成本提高。因此新型高压、大电流变频调速器采用 IGCT，可以实现快速、均衡换流和低损耗。由于 IGCT 像 IGBT 那样具有快速开关功能，像 GTO 那样导电损耗低，所以在高压、大电流各种应用领域中可靠性更高。与其他类型变频器的拓扑结构相比，采用电压源型逆变器的 IGCT 的结构更简单，效率更高。对于 4.16kV 的变频器，逆变器中需要 24 个高压 IGBT，如使用低压 IGBT，则需 60 个，而若采用 IGCT 则只需 12 个。

尽管 IGCT 变频器不需要限制 du/dt 的缓冲电路，但是其本身不能控制 di/dt(这是 IGCT 的主要缺点)，所以为了限制短路电流上升率，在实际电路中常串入适当电抗。

整套逆变器由 11 个元器件组成：6 个 IGCT(带集成反向二极管)，1 个电抗，1 个钳位二极管，1 个钳位电容和 1 个电阻，一套门极驱动电源。一套 3MVA 的逆变器外形尺寸仅为 780mm×590mm×333mm，其结构紧凑，元器件数少，可靠性高，成本低。

有效硅面积小、低损耗、快速开关等优点保证了 IGCT 能可靠、高效地用于 300kVA～10MVA 变流器，而不需要串联或并联。IGBT 与 IGCT 相比，尽管前者具有一些优良的特性，如能实现 di/dt 和 du/dt 的有源控制、有源钳位，易于实现短路电流保护和有源保护等，但因存在着导通损耗高、硅有效面积利用率低、损坏后造成开路以及无长期可靠运行数据等缺点，限制了其在高功率低频变流器中的实际应用。因此在大功率 MCT 问世以前，IGCT 将成为普遍使用的高功率高电压器件。

1.5.6　缓冲电路

1. 缓冲电路的作用

缓冲电路也叫吸收电路，其作用就是抑制器件的内部过电压和 du/dt、过电流和 di/dt，减小器件的开关损耗。

(1) 关断缓冲电路，也称 du/dt 抑制电路，其作用是吸收器件的关断过电压和换相过电压，抑制 du/dt，减小器件的关断损耗。

(2) 开通缓冲电路，也称 di/dt 抑制电路，其作用是抑制器件开通时的电流过冲和 di/dt，减小器件的开通损耗。

将关断缓冲电路和开通缓冲电路结合在一起可形成复合缓冲电路，如图 1-30 所示。

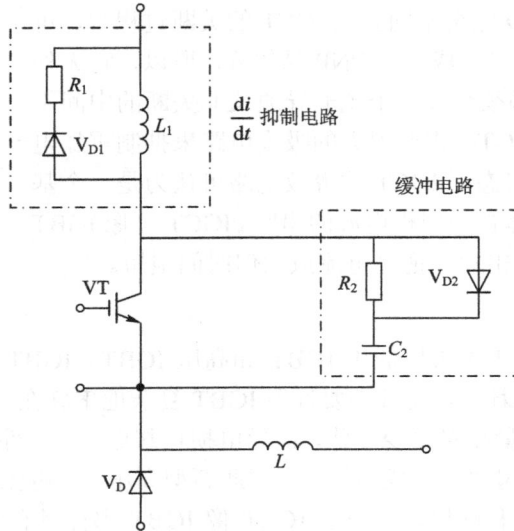

图 1-30　缓冲电路

2. 缓冲电路中的元件设计

C_2 和 R_2 的取值可通过实验确定或参考工程手册，V_{D2} 必须选用快恢复二极管，额定电流不小于主电路器件的 1/10，尽量减小线路电感，选用内部电感小的吸收电容，中小容量场合可只在直流侧设一个 du/dt 抑制电路，对 IGBT 甚至可以仅并联一个吸收电容。晶闸管在实用中一般只承受换相过电压，没有关断过电压，关断时也没有较大的 du/dt，一般采用 RC 吸收电路即可解决。

1.6　整流电路

整流电路是组成基础开关电源的主要部分。整流电路有单相半波、单相全波、单相桥式、倍压整流和多相整流等形式，这些整流电路都可以用于开关电源中。只是开关电源中的整流电路的工作频率要远远高于普通的线性稳压电源的整流电路。

1.6.1　恒功率整流

普通的限流型整流器有恒压型整流器和恒流型整流器之分。在恒压型整流器中，其输出电压保持不变。而在恒流型整流器中，其输出电流保持不变，如果负载电流超过限流值，整流器输出电压将随电流的增加迅速下降，直至整流器过流而关断。在恒流型限流整流器中，其额定电流、限定电流和过流三个电流值相当接近。而恒功率整流器是在交流输入电压和直流输出电压的变化范围内均能给出额定功率。

恒功率整流器与普通限流型整流器的不同之处是它有三个不同的输出阶段，即在恒压阶段和恒流阶段中插入了一个恒功率阶段。恒压阶段和恒流阶段的工作情况与普通限流型整流器完全相同，恒功率阶段是普通限流型整流器所没有的，有了恒功率阶段便可使整流器输出功率保持不变。普通的限流型整流器的输出电流超过限定值时，输出电压会大幅度降低，不能保证输出功率不变。但在恒功率整流器中，随着输出电流超过限定值时，输出电压也会降低，但降低速度较慢，基本保持其输出功率不变，负载设备仍然可以正常工作。所以在采用恒功率整流器的开关电源的设计中，只需考虑电子设备的最大负荷和整流器的冗余，以确定开关电源的额定输出功率，也随之确定了输出电压和输出电流的调整范围。

1.6.2　倍流整流

倍流整流器由高频变压器次级绕组、两个电感器、两个整流二极管和输出电容器组成。倍流整流器的特点是高频变压器次级绕组没有中心抽头，两个滤波电感器绕制在同一个磁芯上，其电感量相等。这样，流过变压器次级绕组和两个电感器的电流只是输出负载电流的一半，因此大大简化了高频变压器和滤波电感器的结构设计，也缩小了倍流整流器的尺寸。倍流整流器的输出电流是两个滤波电感器电流之和，而两个滤波电感器电流的脉动电流可以相互抵消，所以倍流整流器可以得到脉冲电流很小的直流输出。

1.6.3　同步整流

高速数据处理系统、笔记本电脑等需要低电压的超大规模高速集成电路，导致电源的整流损耗变成了主要损耗。以往 DC/DC 变换器采用硅肖特基二极管(Si-SBD)作为输出整流二极管，DC/DC 变换器正常工作时，Si-SBD 的正向压降 U_{nF} 为 0.4～0.6 V，而 DC/DC 变换器的输出电压为 5 V 左右，当输出电流较大时，Si-SBD 上的功耗很大，DC/DC 变换器的效率大大降低。现在高速数据处理系统的电源电压已降到 3 V 左右，甚至降到 1.5～1.8 V，显然用 Si-SBD 作为输出整流二极管时，效率更低。研究显示，大约有 22%的功率消耗在 Si-SBD 输出整流管上。由于 MOSFET 的正向压降很小，因此整流电路中采用具有低导通电阻的 MOSFET 器件整流，可大大提高变换器的效率。

图 1-31 是用 MOSFET 作为整流二极管的整流电路。MOSFET 器件作为开关器件时，驱动信号加在栅极(G)和源极(S)之间，而用于整流器件时，漏极和源极间仍类似一个开关管。该整流电路属于半波整流电路，MOSFET 的 D 极接在变压器的输出同名端，G 极通过电阻 R_1 接在变压器输出的另一端。当 D 为高电位时，G 为低电位，MOSFET 被阻断；当 D 为

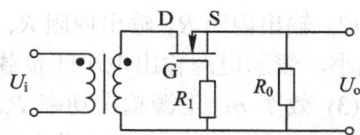

图 1-31　MOSFET 组成的同步整流电路

低电位时，G 为高电位，MOSFET 导通，在负载 R_0 上得到整流输出。由于利用变压器实现了 MOSFET 器件的 G 极驱动信号与 D、S 极间开关的同步，所以将这种方式称为同步整流，用于同步整流的 MOSFET 开关器件称为同步整流管(SR)。

SR 的优点是导通电阻小，可做到毫欧(mΩ)量级，正向压降小，功率变换器的效率高，

同时还有阻断电压高、反向电流小等优点。所以在大功率、低输出电压的功率变换器中有广泛采用。

1.7　电源指标测试与电源管理

电能作为人们广泛使用的能源，其应用程度是一个国家发展水平和综合国力的主要标志之一。在满足工业生产、社会和人民生活对电能需求量的同时，提高对电能质量的要求是一个国家工业生产发达、科技水平提高、社会文明程度进步的表现，是信息时代和信息社会发展的必然结果，是增强用电效率、节能环保、提高国民经济的总体效益以及工业生产可持续发展的技术保证。

电源设备的高质量是负载电源系统优质供电的基础和保障。虽然人们在不断完善检测标准和检测方法，但是在使用和操作过程中难免会产生一些误解或被一些误导所困惑。为此在综合分析、科学判定的基础上，总结了一些规律和经验，在此供从事电源设备研究、生产、使用者参考。

常规指标是指诸如精度、失真度、平衡度、转换时间、动态反应等。目前很多电源产品都已经达到了该产品的较高指标，但过高指标未必就是实际使用所需要的。某一项性能指标的高低，不能成为判定产品品质优劣的标准。判定产品优劣最重要的指标是可靠性，提高可靠性是电源产品永恒的主题，离开可靠性谈先进性和可使用性都是毫无意义的。而可靠性指标一般都是根据可靠性设计和大量的统计数据进行综合评估的，短时间内难以检测校对，但是我们可以通过检测输出能力和效率来评定其可靠性。在同一规格的产品中，① 输出能力强就意味着在正常使用的情况下不是满负荷运行；② 储备的能量多；③ 故障次数比较少；④ 工作效率高则意味着温升低。符合这些要求的产品一般来说可以认为其可靠性高。

1.7.1　开关电源技术指标

开关电源主要技术指标如下：

(1) 输入电压变化范围：表示当稳压电源的输入电压发生变化时，使输出电压保持不变的输入电压变化范围。这个范围越宽，表示电源适应外界电压变化的能力越强，电源使用范围越宽，它和电源的误差放大、反馈调节电路的增益及占空比调节范围有关。目前开关电源的稳压范围已可做到 $90\sim270\,\text{V}$，可以省去许多电器中的 $110\,\text{V}/220\,\text{V}$ 转换开关。

(2) 输出内阻 R_o：输出内阻 R_o 是指输出电压的变化量 ΔU 与输出电流变化量 ΔI 的比值。R_o 越小，表示电源输出电压随负载电流的变化越小，稳压性能越好。

(3) 效率 η：电源输出功率 P_o 与输入功率 P_i 的比值称为电源的效率。效率越高，开关电源的体积越小，同时可靠性也越高。目前开关电源的效率可达到 90% 以上。

(4) 输出纹波电压：开关电源的稳压过程是不断反馈调节的过程，所以在输出的直流电压 U_o 上会叠加一个波动的纹波电压，这个值越小则表示电源的输出性能越好。这个参数的表示有两种方法：输出纹波电压有效值或是输出纹波电压的峰峰值 $U_{p\text{-}p}$。

(5) 输出电压调节范围：电源的输出电压只和基准电压与输出取样电路的元器件参数有关，反映在线性电源上是稳压调整管集电极电流的变化范围，而反映在开关电源上则是开关调整管脉冲占空比 D 的变化范围。

(6) 输出电压稳定性：表示输出电压随负载变化而变化的特性。这个变化量越小越好。这个参数与反馈调节回路的增益及频响特性有关，反馈调节回路增益越高，基准电压 U_E 越稳定，输出电压 U_o 的稳定性也越好。

(7) 输出功率 P_o：表示电源能输出给负载的最大功率。P_o 与负载功率有关，为了保证电源安全，要求该值有 20%～50% 的裕量。

1.7.2　电源管理

1. 集中监控管理系统

当前的电源集中监控管理系统在进一步完善，在建设该系统时应将重点放在直流系统，特别是在基础电源系统为 48 V 的主蓄电池、发电机组的启动电池、UPS 后备电池的智能化管理方面，要加强告警装置的智能设计。

2. 防雷问题

雷电易引起火灾、爆炸，特别是对电力、通信领域危害更严重。全面防雷应采取综合治理、整体防御、多重保护、层层设防的原则，特别是要严格控制雷击点，安全引导雷电流入地、完善低电阻地网、消除地面回路、电流浪涌保护、信号及数据线瞬变保护等是行之有效的防雷措施。

由于雷电的产生受周边环境等多种因素的影响，因此不管采用任何型号的防雷器、过电压保护器、过流型避雷器、过压型浪涌抑制器等，都必须与良好的联合接地系统相配合才能有效发挥作用。

3. 交流不间断电源系统

不间断电源系统的高可靠性是基本要求，其负载主要是信息系统，是全面计算机化的系统，其重要性会越来越高，所以提高不间断电源供电系统的可靠性是一研究重点。

品质好的不间断电源系统设备应该具备以下基本功能：

(1) 能在各种复杂的电网环境下投入运行，在电网电压变化范围较大的情况下仍能正常运行。

(2) 在运行中不会对供电电网产生其他附加的干扰。

(3) 它的输出电性能指标应是全面的、高质量的，能够持续满负荷运行。

(4) 本身具有高效率。

(5) 有高智能化的自动管理功能。

4. 整流器设备

对于整流器设备，我们要选择输出能力强、效率高的产品。由于电子设备多是在开关机的瞬间过程出现故障的，因此在验收设备时最好适量增加开关机的次数。

5. 蓄电池

由于电池使用场所及放电方式不同，对其的要求也是不一样的。

(1) 接入网所用电池应选择适合小电流、长时间深度放电的电池。

(2) 不间断电源系统所用电池应选择适合大电流、短时间深度放电的电池。

(3) 太阳能供电系统配套的电池应选择具有长时间深度放电、回充速度快、充放电效率高、无规律充放电、充电电流可波动等特点的电池。

1.7.3 技术指标测试

1．输出电压调整率

当设计制作开关电源时，基本要求是输出电压需调整至指标之内。此步骤完成后才能确保后续的指标是否符合要求。通常当调整输出电压时，将输入交流电压设定为正常值，并且将输出电流设定为正常值或满载电流，然后测量电源的输出电压值并调整电压值位于所要求的范围内。

2．电源调整率

电源调整率的定义为电源供应器于输入电压变化时能够提供其稳定输出电压的能力。此项测试用来验证电源在最恶劣的电源电压环境下，电源供应器的输出电压的稳定度是否满足需求规定：高温条件下，当用电需求量最大时，其电源电压最低；低温条件下，当用电需求量最小时，其电源电压最高。

3．电压调整率

电压调整率指能提供可变电压的电源所提供的最低到最高的输出电压的范围。测试步骤如下：将待测电源设备以正常输入电压及负载状况下稳定供电时，分别测出最低输出电压 U_{omin}、正常输入电压 U_{onormal} 及最高输出电压 U_{omax}，电压调整率 ρ 定义为

$$\rho = \frac{U_{\text{omax}} - U_{\text{omin}}}{U_{\text{onormal}}} \times 100\% \tag{1-6}$$

4．负载调整率

负载调整率定义为开关电源的输出负载电流变化时能够提供稳定输出电压的能力。此项测试用来验证电源在最恶劣负载环境下，如在负载断开、用电需求量最小、负载电流最低的条件下，以及在负载最多、用电需求量最大、负载电流最高的两个极端下，验证电源的输出电源稳定度是否合乎需求的规格。

所需的测试设备和连接与电源调整率相似，唯一不同的是需要精密的电流表与待测电源的输出串联。测试步骤如下：将待测电源以正常输入电压及负载状况下稳定后，测量正常负载下输出电流值，再分别在轻载、重载负载下，测量并记录其输出电流值。负载调整率通常用额定输入电压下由负载电流变化所造成其输出电流偏差率的百分比表示。当输出负载电流变化时，其输出电压之偏差量须在规定之上下限电压范围内，即输出电压之上下限绝对值以内。

5．综合调整率

综合调整率的定义为电源供应器在输入电压与输出负载电流变化时能够提供其稳定输出电压的能力。这是电源调整率与负载调整率的综合。综合调整率用下列方式表示：当输入电压与输出负载电流变化时，其输出电压的偏差量须在规定的上下限电压范围内。

6．输出噪声

输出噪声(PARD)是指在输入电压与输出负载电流均不变的情况下，其平均直流输出电

压上的周期性与随机性偏差量的电压值。输出噪声是表示在经过稳压及滤波后的直流输出电压中含有不需要的交流和噪声部分，包含低频 50/60 Hz 电源倍频信号、高于 20 kHz 的高频切换信号及其谐波，再与其他随机信号所组成等，通常以毫伏峰峰(mV$_{p-p}$)值电压为单位来表示。一般的开关电源的指标以输出直流电压的 1% 以内为输出噪声规格，其频宽为 20 Hz～20 MHz，或其他更高的频率如 100 MHz 等。一般要求开关电源在恶劣环境，如输出负载电流最大、输入电源电压最低等，其输出直流电压加上干扰信号后的输出瞬时电压仍能够维持稳定的输出电压不超过输出高、低电压界限，否则将可能导致电源电压超过或低于逻辑电路(如 TTL 电路)所承受的电源电压而误动作，进而造成死机的故障。

例如，一个 5 V 稳压电源，其输出噪声要求为 50 mV 以内。此时，包含电源调整率、负载调整率、动态负载等其他条件所有变动，其输出瞬时电压应介于 4.75～5.25 V 之间为合格，不致引起 TTL 逻辑电路的误动作。在测量输出噪声时，负载的 PARD 必须比待测电源的 PARD 值低，才不会影响输出噪声测量。同时，测量电路必须有良好的隔离处理及阻抗匹配。为避免导线上产生不必要的干扰、振铃和驻波，一般都采用在双同轴电缆的端点并联一个 50 Ω 电阻，并使用差动式测量方法，以避免接地回路噪声电流，获得准确的测量结果。

1.8　电磁兼容技术与噪声

1.8.1　电磁兼容性标准

电磁兼容性是指设备或系统在其电磁环境中能正常工作且不对该环境中的任何设备构成不能承受的电磁干扰的能力。

要彻底消除设备的电磁干扰是不可能的，只能通过系统地制定设备与设备之间的相互允许产生的电磁干扰的大小及抵抗电磁干扰的能力的标准，才能使电气设备及系统间达到电磁兼容的要求。国内外大量的电磁兼容性标准为系统内的设备相互达到电磁兼容性制定了约束条件。

国际无线电干扰特别委员会(CISPR)是国际电工委员会(IEC)下属的一个电磁兼容标准化组织，其中第六分会(SCC)主要负责制定关于干扰测量接收机及测量方法的标准。《无线电干扰和抗干扰度测量设备规范》(CISPR16)对电磁兼容性测量接收机、辅助设备的性能以及校准方法给出了详细的要求；《无线电干扰滤波器及抑制元件的抑制特性测量》(CISPR17)制定了滤波器的测量方法；《信息技术设备无线电干扰限值和测量方法》(CISPR22)规定了信息技术设备在 0.15～1000 MHz 频率范围内产生的电磁干扰限值；《信息技术设备抗扰度限值和测量方法》(CISPR24)规定了信息技术设备对外部干扰信号的时域及频域的抗干扰性能要求。其中 CISPR16、CISPR22 及 CISPR24 构成了信息技术设备包括通信开关电源设备的电磁兼容性测试内容及测试方法要求，是目前通信开关电源电磁兼容性设计的最基本要求。

IEC 公布有大量的基础性电磁兼容性标准，其中最有代表性的是 IEC61000 系列标准。美国联邦委员会制定的 FCC15，德国电气工程师协会制定的 OCE0871、2A1、OCE0871、

2A2、OCE0878，都对通信设备的电磁兼容性提出了要求。

我国国标采用了相应的国际标准。如 GB/T17626.1～GB/T17626.12 系列标准等同采用了 IEC61000 系列标准；GB9254—1998《信息技术设备的无线电干扰限值及测量方法》等同采用 CISPR22；GB/T17618—1998《信息技术设备抗扰度限值和测量方法》等同采用 CISPR24。

1.8.2　开关电源的电磁兼容性

1．电磁兼容性

在很多场合，开关电源，特别是通信开关电源要有很强的抗电磁干扰能力，如对浪涌、电网电压波动的适应能力，对静电干扰、电场、磁场及电磁波等的抗干扰能力，保证自身能够正常工作以及对设备供电的稳定性。

一方面，因开关电源内部的功率开关管、整流或续流二极管及主功率变压器是在高频开关的方式下工作，其电压、电流波形多为方波。在高压大电流的方波切换过程中，将产生严重的谐波电压及电流。这些谐波电压及电流一方面通过电源输入线或开关电源的输出线传出，对与电源在同一电网上供电的其他设备及电网产生干扰，使设备不能正常工作。

另一方面，严重的谐波电压和电流在开关电源内部产生电磁干扰，从而造成开关电源内部工作的不稳定，使电源的性能降低。还有部分电磁场通过开关电源机壳的缝隙向周围空间辐射，与通过电源线、直流输出线产生的辐射电磁场一起通过空间传播的方式，对其他高频设备及对电磁场比较敏感的设备造成干扰，引起其他设备工作异常。

因此对开关电源要限制由负载线、电源线产生的传导干扰及有辐射传播的电磁场干扰，使处在同一电磁环境中的设备能够正常工作，互不干扰。

2．电磁兼容的要素

电磁兼容的三个要素为：干扰源、传播途径及受干扰体。

开关电源因工作在开关状态下，其引起的电磁兼容性问题是相当复杂的。从整机的电磁兼容性讲，主要有共阻抗耦合、线间耦合、电场耦合、磁场耦合和电磁波耦合几种。

(1) 共阻抗耦合主要是干扰源与受干扰体在电气上存在共同阻抗，通过该阻抗使干扰信号进入受干扰对象。

(2) 线间耦合主要是产生干扰电压及干扰电流的导线或 PCB 线，因并行布线而产生的相互耦合。

(3) 电场耦合主要是由于电位差的存在，产生的感应电场对受干扰体产生的耦合。

(4) 磁场耦合主要是大电流的脉冲电源线附近产生的低频磁场对干扰对象产生的耦合。

(5) 电磁波耦合主要是由于脉动的电压或电流产生的高频电磁波，通过空间向外辐射，对相应的受干扰体产生的耦合。

实际上每一种耦合方式是不能严格区分的，仅是侧重点不同而已。在开关电源中，主功率开关管在很高的电压下以高频开关方式工作，开关电压及开关电流均为方波，该方波所含的高次谐波的频谱可达方波频率的 1000 次以上。同时，由于电源变压器的漏电感及分布电容，以及主功率开关器件的工作状态并非理想，在高频开或关时，常常产生高频、高压的尖峰谐波振荡，该谐波振荡产生的高次谐波通过开关管与散热器间的分布电容传入内部电路或通过散热器及变压器向空间辐射。用于整流及续流的开关二极管也是产生高频干扰的一个重要原因。因整流及续流二极管工作在高频开关状态，由于二极管的引线寄生电感、结电容的存在以及反向恢复电流的影响，使之工作在很高的电压及电流变化率下，而产生高频振荡，因整流及续流二极管一般离电源输出线较近，其产生的高频干扰最容易通过直流输出线传出。

开关电源为了提高功率因数，均采用了有源功率因数校正电路。同时，为了提高电路的效率及可靠性，减小功率器件的电应力，大量采用了软开关技术。其中零电压、零电流或零电压零电流开关技术应用最为广泛。软开关技术极大地降低了开关器件所产生的电磁干扰。但是，软开关无损吸收电路多利用 L、C 进行能量转移，利用二极管的单向导电性能实现能量的单向转换，因而该谐振电路中的二极管成为电磁干扰的一大干扰源。

开关电源中一般利用储能电感及电容器组成 L、C 滤波电路，实现对差模及共模干扰信号的滤波，以及将交流方波信号转换为平滑的直流信号。由于电感绕组分布电容，导致了电感绕组的自谐振频率降低，从而使大量的高频干扰信号穿过电感绕组，沿交流电源线或直流输出线向外传播。随着干扰信号频率的上升，滤波电容器由于引线电感的作用导致电容量及滤波效果不断下降，直至达到谐振频率以上时，完全失去电容器的作用而变为感性。不正确地使用滤波电容及引线过长，也是产生电磁干扰的一个原因。

开关电源 PCB 布线不合理、结构设计不合理、电源线输入滤波不合理、输入/输出电源线布线不合理、检测电路的设计不合理，这些均会导致系统工作的不稳定或降低对静电放电、快速瞬变脉冲串、雷击、浪涌及传导干扰、辐射干扰及辐射电磁场等的抗扰性能力。

在进行电源电磁兼容性的研究时，一般是运用 CISPR16 及 IEC61000 中规定的电磁场检测仪器及各种干扰信号模拟器、附助设备，在标准测试场地或实验室内部，通过详尽的测试分析，结合对电路性能的理解来进行。

3．提高开关电源的电磁兼容性

从电磁兼容性的三要素讲，要提高开关电源的电磁兼容性，需从以下三个方面进行：

(1) 减小干扰源产生的干扰信号。

(2) 切断干扰信号的传播途径。

(3) 增强受干扰体的抗干扰能力。

对开关电源产生的对外干扰，如电源线谐波电流、电源线传导干扰、电磁场辐射干扰等，只能用减小干扰源的方法来解决。一方面，可以增强输入/输出滤波电路的设计，改善有源功率因数校正(APFC)电路的性能，减少开关管及整流、续流二极管的电压和电流的变化率，采用各种软开关电路拓扑及控制方式等；另一方面，加强机壳的屏蔽效果，改善机壳的缝隙泄漏，并进行良好的接地处理。

对外部的抗干扰能力，如浪涌、雷击应优化交流输入及直流输出端口的防雷能力。对雷击可采用氧化锌压敏电阻与气体放电管等的组合方法来解决。对于静电放电，采用 TVS 管及相应的接地保护，加大小信号电路与机壳等的电距离，或选用具有抗静电干扰的器件来解决。减小开关电源的内部干扰，应从以下几个方面入手：注意数字电路与模拟电路 PCB 布线的正确区分、数字电路与模拟电路电源的正确去耦；注意数字电路与模拟电路单点接地，大电流电路与小电流特别是电流电压取样电路的单点接地，以减小共阻干扰，减小地环的影响；布线时注意相邻线间的间距及信号性质，避免产生串扰；减小地线阻抗；减小高压大电流线路特别是变压器初级与开关管、电源滤波电容电路所包围的面积；减小输出整流电路及续流二极管电路与直流滤波电路所包围的面积；减小变压器的漏电感、滤波电感的分布电容；采用谐振频率高的滤波电容器等。

在传播途径方面，适当地增加高抗干扰能力的 TVS 及高频电容、铁氧体磁珠等元器件，以提高小信号电路的抗干扰能力；与机壳距离较近的小信号电路，应加适当的绝缘耐压处理等；功率器件的散热器、主变压器的电磁屏蔽层要适当接地；各控制单元间的大面积接地用接地板屏蔽；在整流器的机架上，要考虑各整流器间电磁耦合、整机地线布置等，以改善开关电源内部工作的稳定性。

思考与复习

1. 开关电源与线性电源的本质区别是什么？
2. 开关电源反馈信号的取样方式有哪几种？
3. 开关器件的特点是什么？
4. 缓冲电路的作用是什么？
5. 电源的整流电路有哪些类型？
6. 开关电源的主要技术指标有哪些？
7. 减小电源干扰的主要途径是什么？

第 2 章　自激式开关电源

　　自激式开关电源价格低廉，电路简单，目前仍有较多的电子设备采用此类电源完成多种电压输出，包括升/降电压、改变极性等功能。自激式开关电源触发开关管的信号由自激振荡产生，在一定程度上简化了电路。基本的自激式电源是不隔离式的，输入电压经开关管控制后构成输出电压，输入与输出共用负极为公共端。这种前后(输入与输出)不隔离的开关电源，当由输入供电整流输入时，用电设备可能接通交流高压输入，使之应用条件和范围受到一定限制。

2.1　自激式开关电源的结构和保护电路

2.1.1　自激式降压电源的结构和工作原理

1. 基本结构

　　降压型开关电源是最基本的开关电源，图 2-1 是自激式降压开关电源的结构图。输入的直流电压经过开关管通/断控制变成周期性矩形波。设开关周期为 T，开关管导通时间为 t_{on}，开关管截止时间为 t_{off}。

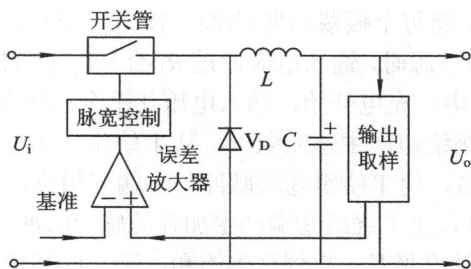

图 2-1　自激式降压型电源结构图

　　当开关管导通时，续流二极管 V_D 反偏截止，输入电压通过电容器 C 加在电感 L 两端，L 中的电流随时间 t_{on} 呈线性增长，与此同时，C 充电电压上升。由于 C 的容量选择范围较大，在 t_{on} 的全部时间内，C 建立的充电电压极小，以保证 t_{on} 期间的电能全部变成 L 的磁场能量。

　　当开关管截止时，L 释放磁能，其感应电压与输入电压极性相反，使 V_D 导通，对 C 充电，使负载上有持续的电流。

　　C 在两次充电过程中，两端建立的充电电压正比于开关管导通时间 t_{on}。为了达到降压的目的，在此类开关电源中，t_{on}/T 的值常小于 0.5，因此 C 两端电压也小于输入电压的 1/2，控制开关管导通时间 t_{on}，即可控制负载两端的电压。

为了控制输出电压，用分压器对输出电压取样，送入误差放大器的正相输入端。误差放大器反向输入端接入稳定的基准电压。当输出电压升高时，误差放大器输出电压升高，通过脉宽控制电路使开关管提前截止，脉冲宽度 T_1 减小，迫使输出电压降低。

2．自激式降压型电源工作原理

图 2-2 所示的不隔离电源为自激式降压型开关电源的基本电路。VT_1 为开关管；T 为储能电感；V_{D1} 为续流二极管；C_2、C_3 分别为输入和输出电压滤波电容；VT_2 为脉宽调制器；VT_3 为误差检出放大器；V_{ZD2}、R_4 构成基准电压；R_5、R_6 为输出电压取样分压器。VT_1 和 T 组成最基本的间歇振荡电路，VT_1 无需外驱动脉冲。T 有两种功能：一是由初级绕组①-②构成储能电感；二是初级绕组①-②和次级绕组③-④构成脉冲变压器，使得 VT_1 可以依靠脉冲变压器的正反馈作用产生振荡。

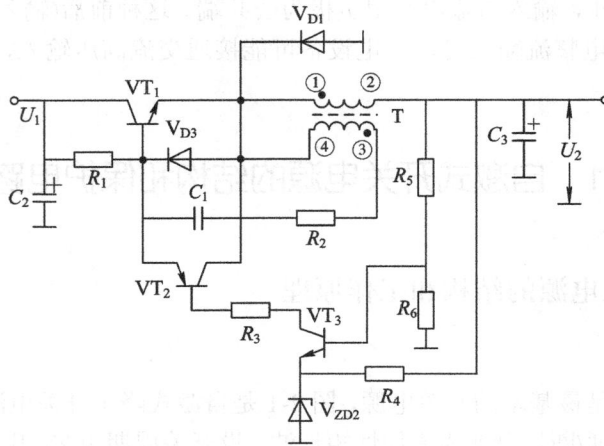

图 2-2　不隔离电源原理图

在振荡的过程中，VT_1 随每个振荡周期通/断一次，完成开关功能。电路中的振荡器为发射极输出反馈电路。接通电源时，输入电流通过 R_1 给 VT_1 基极提供初始偏置电流 I_B，VT_1 产生发射极电流，向 C_3 充电。充电开始，输入电压几乎全部加在 T 绕组①-②两端，线性上升的 T 初级电流在 T 次级绕组产生感应电压，从 T 绕组③端经 R_2、C_1 加到 VT_1 的基极。由于 T 的初、次级相位关系，使 T 绕组③端脉冲与①端同相位，构成正反馈。

VT_1 发射极电流的上升，使 T 绕组③端产生加强的感应脉冲，加入 VT_1 基极使 I_B 上升，使得 I_E 以 $I_E=(\beta+1)I_B$ 倍的速度增长，直到达到饱和，使 VT_1 基极电流失去对 I_E 的控制功能为止，此时 VT_1 进入饱和区。饱和以后 VT_1 基极不能继续控制 I_E，正反馈作用消失，C_1 通过 V_{D3} 放电，I_B 下降，使 $(1+\beta)I_B<I_E$，VT_1 发射极电流开始减小，最终截止。T 绕组③端输出下降的感应脉冲，加到 VT_1 基极，同样的正反馈过程使 VT_1 快速截止，完成一个振荡周期，开关管完成一次通/断过程。

在上述振荡过程中，R_2 构成 C_1 充电电路。同时 R_2 还有限制正反馈电流的作用，以免正反馈电流过大使 VT_1 进入过饱和状态，从而增大 VT_1 基区的存储效应，加大开关管的损耗。V_{D3} 为 C_1 放电通路，C_1 的容量大小对振荡脉冲频率影响较大，即使 VT_1 未进入饱和区，在 VT_1 导通期间的正反馈过程中，C_1 充电电流小到一定程度，将会使 VT_1 正反馈电流减小而开始截止过程，提前进入下一个周期的振荡。

VT₂ 构成 VT₁ 振荡脉宽控制器，具有对 VT₁ 基极电流的可变分流作用。在 VT₁ 振荡过程中，导通状态转为截止状态的转折点是 $\beta I_B < I_C$ 的某一点。在振荡过程中，如果 VT₂ 导通使 VT₁ 正反馈电流被分流，即可减小 VT₁ 的 I_B，使 VT₁ 提前进入转折点。VT₁ 导通期被减小，提前进入截止状态，导致脉冲宽度减小，储能电感的储能减少，开关电源输出电压必然降低。上述即为 VT₂ 的脉宽调制功能。

VT₂ 导通电流的大小受控于 VT₃。VT₃ 为误差检出和电流放大管，其发射极接入简单的稳压电路。输出电压 U_2 经 R_4 限流，使 V_{ZD2} 工作于齐纳区，向 VT₃ 发射极提供稳定的基准电压。当 VT₃ 发射极电压固定以后，VT₃ 的集电极电流受基极电流的控制。当某种原因使输出电压 U_2 升高时，VT₃ 的集电极电流增大，其输出端接入 VT₂ 基极，使 VT₂ 基极电位被拉向 V_{ZD2} 稳压值与 VT₃ 的 c、e 极之间电压之和。VT₂ 发射极电压基本与输入电压近似，因而 VT₂ 始终工作于正向偏置状态的线性区，一旦 VT₂ 饱和导通，VT₁ 将截止，无法持续振荡。若 VT₂ 截止，VT₁ 将失去控制，处于 C_1、R_2 充电过程所设定的最大脉宽状态，使开关管功耗增大而造成热击穿。

为了实现降压作用，此类开关电源 VT₁ 的通断比设定在 0.5 以下，以使 U_1 与 U_2 之降压比在 2：1 以内。但是用此类开关电源完成过大降压比的降压作用是不适合的。因为大幅度地降低电压必然要尽量压缩 VT₁ 的导通期，导通期的过度减小会使 VT₁ 的自激振荡状态处于临界振荡，导致振荡不稳定，使 U_2 的稳定性受到影响。同时 U_2 输出纹波增大，难以滤除。此外，VT₁ 导通期过小，输出电流也无法增大。所以这种电源只适合于对小功率负载的供电。

2.1.2　降压型电源保护电路

降压型开关电源的输出过压保护至关重要，因为输出电压超压，不仅开关电源本身受损，负载电路也同时会损坏。新的过压保护器件的内部电路由一只小型压敏二极管 V_{DVS} 和一只晶闸管 V_S 组成，见图 2-3。小电流的 V_{DVS} 和晶闸管 V_S 封装在同一芯片上，V_{DVS} 击穿后触发大电流晶闸管 V_S，使短路效果更可靠。该器件有 A、K、G 三只脚，外表与晶闸管相同，用于保护电路时，在 G 极和 K 极之间外电路加入 R、C，防止干扰脉冲造成晶闸管误触发。

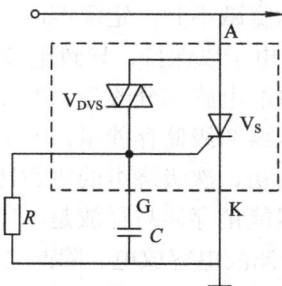

图 2-3　晶闸管过压保护原理

自激式降压型开关电源的过流保护相当重要，因为自激式负载短路保护功能不可能代替负载过流保护。实用中一旦开关电源负载过流引起开关管击穿，将造成严重超压，使开关电源和负载电路同时损坏。

最简单的过流保护可通过在电路中加入负载电流 I_0 取样电路实现，原理见图 2-4。在开关电源稳压输出端,设置负载电流取样电阻R_0,通过R_0将负载电流I_0变成过流电压$U_0=I_0 \cdot R_0$。VT_2作为过流控制管,当$I_0 R_0 > 0.7\,V$时,VT_2导通,稳压管输出电压U_2经VT_2集电极输出,触发晶闸管导通,将开关电源负载短路,实现停振保护。该电路具有自锁功能,一旦负载电流增大的持续时间超过C的充电时间,电路触发后,即使负载电流恢复正常也不能解除保护状态,必须关断电源排除过流因素,晶闸管才能复位。电路中R_0阻值的选择由负载电流保护阈值而定,一般R_0取值极小,在开关电源正常负载电流时其压降小于$0.3\,V$。R_1和C_1构成保护启动延时电路,防止开机瞬间负载电流冲击造成电路误动作。

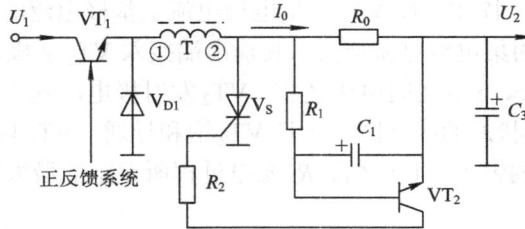

图 2-4　自激式电源过流保护原理

利用晶闸管的短路保护可以实现更精确的过压保护。用分压电阻将U_2分压,将分压点经过稳压二极管接入晶闸管控制极。如果U_2升高,分压点电压使稳压管反向击穿,则触发晶闸管导通。由于稳压管有比较准确的稳定电压值,特性曲线比较陡,反向电流较小,因此这种过压保护精度可以达到输出电压2%以内,优于上述简单的过压保护电路。

2.2　自激电源的优化

2.2.1　增大降压比控制

在图 2-2 所示电路中,当开关管导通时,加在储能电感两端的为全部输入电压。为了使储能电感在能量释放时有较低的电压输出,只有通过压缩脉冲宽度,减小能量存储。但在脉冲幅度不变时,单纯靠减小脉冲宽度有一定限度,即受到开关管可控导通时间的限制和输出纹波增大的限制。因此,当脉宽减小到一定限度时,开关管的振荡处于占空比极小的状态,输出直流电靠滤波电容的放电予以保持,导致电源内阻增大,难以输出较大的电流。

解决上述问题的方法是将原储能电感部分改为脉冲变压器,即对原脉冲变压器进行改型。开关管导通期间通过脉冲变压器初级储存能量,开关管截止时脉冲变压器通过次级向负载释放能量。如果此脉冲变压器初、次级绕组的匝数比增大,次级释放能量形成的感应电压则必然较低。假设脉冲变压器能量存储与释放是相等的,其次级电路将感应出低脉冲幅度、大电流的感应电压向负载及滤波电容放电。除此之外,脉冲变压器代替储能电感后,电路的降压功能不只依靠压缩脉宽,还可以通过改变脉冲变压器初、次级变比的方式得到设定的降压输出。

依此原理设计的自激式降压型开关电源电路如图 2-5 所示。脉冲变压器 T 增设了副绕组④-⑤,在电路的振荡过程中,其元器件的作用与图 2-2 所示的相同。区别是储能电感和开关管的位置被互换,但对储能电路来说作用相同,对电路功能无任何影响。

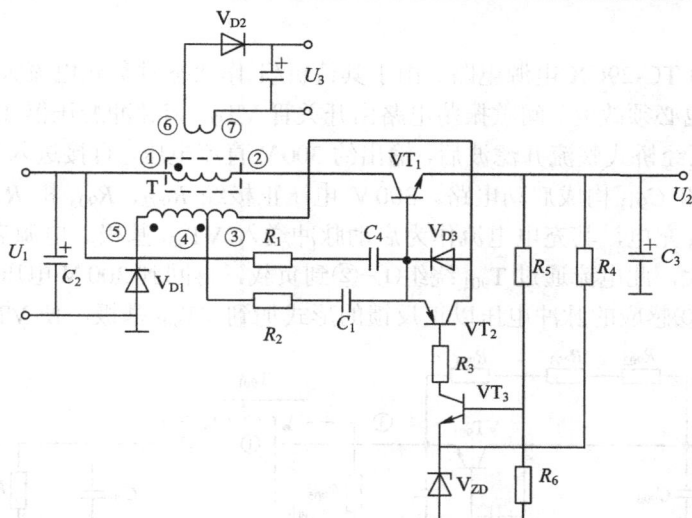

图 2-5　降压比增大电路

电源加电以后，开关管 VT_1 和脉冲变压器 T 组成间歇振荡电路，由 R_1 获得启动偏置，VT_1 导通进入饱和区，T 的初级绕组①-②电感通过 C_3 存储能量。当开关管截止时，T 的磁场突然减小，在 T 绕组③-⑤产生感应电压。其中 T 绕组③-④的感应电压作为正反馈脉冲加到 VT_1 的 b-e 结上，控制 VT_1 的通/断。T 绕组③-⑤之间的感应电压经续流二极管 V_{D1} 整流，加到输出端，向 C_3 充电，并向负载提供电压。该电源的 T 绕组①-②与绕组③-⑤的匝数比小于 1，负载上得到较低的输出电压。采用降压比脉冲变压器的自激式降压型开关电源，可以采用较大的 VT_1 导通脉宽，增大 T 的储能，在降压后的低电压输出时，可以得到较大的负载电流。

在图 2-5 所示的电路中，还可以用增加副绕组的方式获得另一组更低的输出电压，如图中的 U_3，因为开关电源工作在稳压状态，所以 U_3 基本上是稳定的。但是 U_3 输出电压并未经取样反馈到脉宽控制系统，故 U_3 的负载电流的变动将使其输出电压产生相反的变动，即负载调整率极低。此外，U_3 负载电流的变动还影响 T 初级的能量释放过程，使主输出端 U_2 受到影响，使稳压器的稳定度变差。为了避免这个不参与稳压取样控制的输出电压的此类副作用，要求 U_3 的输出功率不能高出主负载端输出功率的 1/4，且 U_3 的负载必须是恒定的。在电器设备中需要小功率低电压副供电电源的情况下，一般采用这种方式，此时输出 U_3 与输入电压是隔离的。

2.2.2　自激电源的同步控制

在某些视听负载如监视器、显示器和电视机中，信号放大器为宽带放大器，其频响从零至几十兆赫，因而对开关脉冲的高次谐波干扰极为敏感。为了防止显示屏上出现这种干扰图像，可以采用行逆程同步的方式，将显示屏行扫描电路的行逆程正脉冲加到开关管的基极和发射极之间，使开关管的自激振荡与显示器的行扫描同步，此时开关管自激振荡频率设计值低于显示器行扫描频率。当行逆程开始时，触发开关管导通，将开关管导通期间的干扰谐波钳位于屏幕显示的回扫期间，显示屏上就看不到干扰图像了。

1. 工作原理

图 2-6 所示为 TC-29CX 电源电路。由于其待机/工作状态时负载电流大幅度变化，因此电源的工作状态也必须改变。间歇振荡电路由开关管 VT_{901} 和脉冲变压器 T_{901} 组成。当电源接通后，输入电压经桥式整流并滤波后，输出约 300 V 直流电压，直接进入 VT_{901} 的集电极。R_{902}、R_{903}、R_{904} 和 C_{903} 构成启动电路。300 V 电压正极经 R_{902}、R_{903} 和 R_{904} 分压，得到约 100 V 电压对 C_{903} 充电，其充电电流作为启动脉冲送入 VT_{901} 基极。电源启动后，VT_{901} 集电极电流开始增大，此电流通过 T_{901} 绕组①-②到负载，再回到 300 V 电压负极。在此过程中，T_{901} 绕组①-③感应的脉冲电压以正反馈的形式加到 VT_{901} 基极，使 VT_{901} 快速饱和。

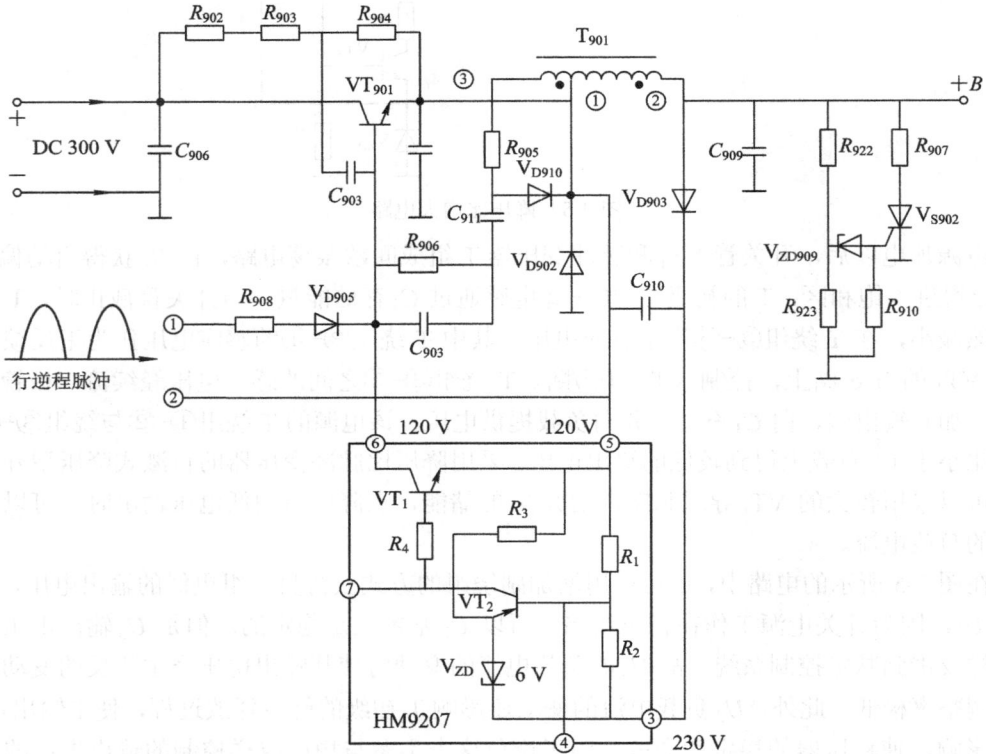

图 2-6   TC-29CX 电源电路

2. 电路特点

TC-29CX 电源电路的工作特点是：当 T_{901} 绕组①-②和①-③的匝数比确定以后，其正反馈量仅取决于 R_{905} 和 R_{906}。若 R_{905} 选值过大，在电源电压较低或负载电流较大时，间歇振荡会停振，因此该电路中 R_{905} 选用 20Ω。但随着电源电压的升高或负载电流的减小，反馈量又会增大。在这种情况下，V_{D910} 对正反馈脉冲进行钳位，既维持间歇振荡，又使自激反馈脉冲有所控制。在待机状态开关电源近似空载，开关管不会因反馈量过大产生过激励而增大损耗。

启动电路采用电容启动，利用 C_{903} 的充电电流作为 VT_{901} 的启动电流，这种启动方式具有一定的保护作用。在启动过程中，C_{903} 充满电荷后即无电流流过。此时若电源工作正常，则在 VT_{901} 截止期，续流二极管 V_{D902} 导通，C_{903} 通过 R_{904} 放电。如果电源发生故障，则造成振荡电路停振，V_{D902} 始终是截止的。因为 C_{903} 的放电通路是 +B 负载，其处于非工作状态，所以负载等效电阻极大，C_{903} 放电时间常数增大。电源故障排除后，开机前需将 C_{903} 放电，电源才能启动。这种保护也称为多次启动保护，在开关电源有故障时，只要一次未启动，即无启动电流进入 VT_{901} 基极电路，以免因多次启动而损坏 VT_{901}。

T_{901} 的接法构成了所谓的串联开关稳压器，指负载电路与开关管是串联接入电路的。这种电源有两种接法：

(1) 将开关管接在 T_{901} 的后面，+B 输出直接取自开关管发射极。这种接法适合于 1∶1 的直接负载端取样电路。采用这种方式，脉冲变压器必须有单独的初级绕组，负载上得到的整流电压是取自副绕组的脉冲，这样使脉冲变压器绕制工艺复杂化，同时主、副绕组的漏感、分布电容都不可避免地相应增大。

(2) 输入电压整流后，先经开关管，再进入 T_{901} 的储能绕组①-②。此绕组既是 VT_{901} 的电流通路，也是储能电感。在 VT_{901} 截止期，T_{901} 绕组①-②释放磁能，V_{D902} 导通对 C_{909} 充电，以形成整流电压供给负载，这样不仅使 T_{901} 绕制工艺简化，还减少了漏感造成的损耗，使负载端的效率得到提高。

该电源由于 T_{901} 和 VT_{901} 的接法，无法从主负载端取样，因此采用从储能电感取样的方式。因为 T_{901} 储能电感绕组①-②输出的脉冲电压，实际上也就是 V_{D902} 整流后的直流电压，所以从 T_{901} 绕组①-②取样，同样可以反映出主输出端电压的变化。

T_{901} 绕组①-②输出脉冲经 V_{D903} 整流和 C_{910} 滤波，得到取样电压，正极进入取样放大器组件 HM9207 的 3 脚，负极进入 5 脚(也是 VT_1 发射极)，经 R_1、R_2 分压后进入 VT_2 基极。VT_2 发射极由 6 V 稳压管钳位使之与 3 脚压差为 -6 V，因此 VT_2 集电极电流受控于 HM9207 的 3、5 脚间电压。当开关电源输出电压升高时，C_{910} 两端电压也升高，VT_2 基极电压变负，其集电极电流增大，使 VT_1 导通，其内阻降低，VT_{901} 输入电压被分流而提前截止，振荡脉宽变窄，输出电压降低。

从原理图的电压可知，加在 HM9207 的 3 脚和 5 脚间的取样电压为 110 V。据此可以算出，当 R_1 阻值为 47 kΩ 时，R_2 应为 2.7 kΩ 左右，R_3 应为 36 kΩ，R_4 应为 12 kΩ。在正常工作状态下，6 V 稳压管工作电流为 2.5～3 mA。

3. 保护电路

TC-29CX 电源属自激式降压型开关电源，负载电流过大时会造成电源间歇振荡器停振，这本身就构成过流短路保护。串联型开关电源开关管一旦被击穿，300 V 左右的整流电压通过 T_{901} 绕组①-②加到负载上，会造成设备损坏，因此应在主电压输出端接入过压保护晶闸管 V_{S902}。

当输出电压 +B 为 110 V 时，根据 R_{922} 和 R_{923} 的阻值计算，正常时的中点分压值为 22～23 V，V_{ZD909} 的稳压值为 30 V。当主输出电压超过 140 V 时，V_{ZD909} 被击穿，晶闸管 V_{S902} 导通，将电压输出端短路，开关电源停振处于保护状态。

4. 电路维护

如果采用替代负载的方法检修此电源，由于是额定负载，无行激励脉冲时开关电源输出电压又偏低，因此不能确定加入行逆程脉冲后输出电压是否偏高。若电压偏高，过压保护电路将动作，使电源无输出。因此，对该电源进行单独检修时，应先断开 +B 供电，再断

开 R_{907}，使过压保护失效。此时无行激励脉冲，可加入 $3\,\mathrm{k\Omega}$ 电阻做负载，若电源正常，则可以输出额定电压。再将负载电阻换成 $300\,\Omega/15\,\mathrm{W}$，则输出电压应降为 $100\,\mathrm{V}$ 以下。

2.3　自激式降压型集成电源

厚膜集成电路是在陶瓷片或玻璃等绝缘物体上，外加二极管、三极管、电阻器或半导体集成电路等元器件构成的集成电路，一般用在电视机的开关电源电路或音响系统的功率放大电路中。开关电源使用的厚膜集成电路主要用于脉冲宽度控制、稳压控制及开关振荡等。

自激式开关电源电路常用的厚膜集成电路有多种型号，根据接入取样点的不同，取样电压极性、绝对值也不同。因此，可以将用于自激式降压型开关电源的厚膜集成电路分为直接取样和间接取样两类。

2.3.1　直接取样电源电路

直接从开关电源输出端取样的厚膜集成电路如图 2-7 所示，$\mathrm{VT_1}$、$\mathrm{VT_2}$、$\mathrm{VT_3}$ 和 R_3、R_5 和 R_6 以及 $\mathrm{V_{ZD}}$ 都被集成于电路内部。实用过程中根据 $\mathrm{V_{ZD}}$ 的稳压值，再确定额定输出电压时 R_5、R_6 的比值。此类集成电路可以在外电路中，例如图 2-7 中 R_5 或 R_6 两端，通过并联外接电阻，在小范围内改变输出电压。

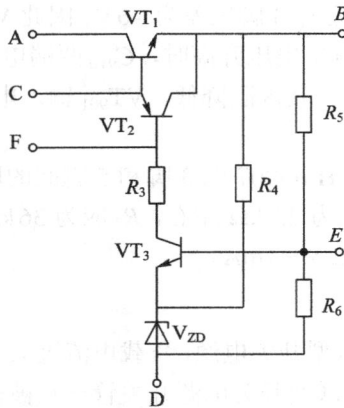

图 2-7　直接取样开关电源电路

由于电压稳压管 $\mathrm{V_{ZD}}$ 的限流电路无法改变，若大范围改变 R_5 或 R_6 后，则输出电压的大幅度变动将使 $\mathrm{V_{ZD}}$ 脱离齐纳曲线最陡的部位，使稳压管效果变差。一般无论是在 R_3 上并联电阻使输出电压降低，还是在 R_6 两端并联电阻使输出电压升高，其变化幅度均以额定电压 $\pm10\%$ 为限。

只要属于直接从开关电源输出端取样的自激式降压型开关电源用厚膜集成电路，其输入整流电压为直接输入的降压式开关电源，其输出端均为正极，负极为共地，引入取样误差放大器的取样电压为正极性，故 $\mathrm{VT_3}$ 需选用 NPN 型管，脉冲调制器是 PNP 管，以保证输出正电压的变化可以控制开关管 $\mathrm{VT_1}$ 的导通时间。

2.3.2　间接取样电源电路

间接取样从正比于开关管导通期的其他部分取样。间接取样的厚膜集成电路见图 2-8。T_{901} 副绕组③-④的输出脉冲经 V_{D907} 整流后，取样分压电阻 R_5、R_6 对其取样。C_{907} 为取样整流电压的滤波电容，R_{906} 为 C_{907} 的放电电阻。当开关管输出脉宽一定时，C_{907} 两端电压理应正比于输出电压，这是因为两种电压都正比于开关管导通时间，只不过取样电压是经 T_{901} 降压后的电压值。此电路的特点不仅仅是采用了专用取样绕组取样，而且取样电路和输出电压的参考点也不同。输出电压 $+B$ 的参考点是共地。此种集成电路的取样电路参考点与地无直接关系。C_{907} 两端电压正极接 VT_1 的发射极，负极接 IC_{901} 的 3 脚，取样电路参考点是 IC_{901} 的 3 脚。

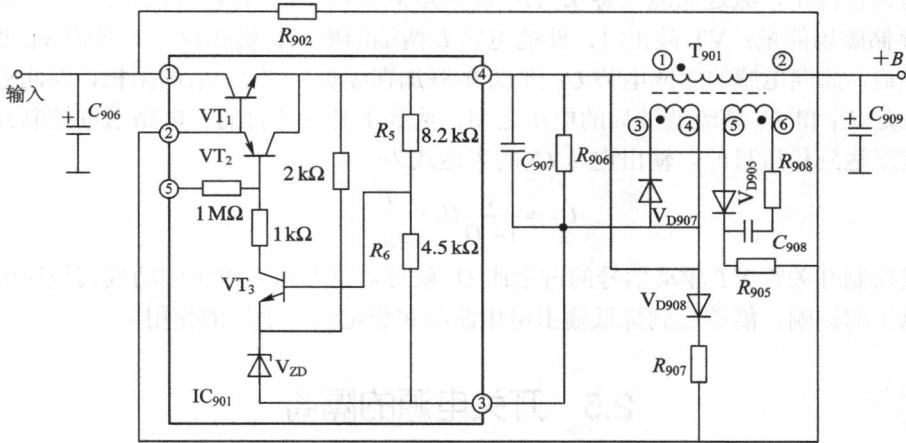

图 2-8　间接取样开关电源电路

用附加绕组取样的降压式开关电源，其负载变动的稳定度不如直接取样电路。其原因很明显，因为 $+B$ 负载电流的变化等效于负载电阻的变化，而负载电阻构成滤波电容 C_{909} 的放电通路，即使稳压器处于稳压状态，VT_1 的导通期并未改变，但若负载开路或负载变为无穷大，C_{909} 将无放电通路，在脉宽不变的情况下，C_{909} 的充电电压将升高，理论上将达到开关脉冲的峰值。但该电路中，C_{909} 的放电电压并未直接反映到取样和脉宽控制电路，相反，取样电压的滤波电容 C_{907} 并联有放电电阻 R_{906}，且无论负载如何改变，C_{907} 的放电时间是不变的，而 C_{909} 的放电时间却随负载电阻变化，这就说明取样电压没有完全反映出输出电压的变化，一旦负载开路，输出电压必然升高。所以此类间接取样的开关电源宜应用于固定负载的场合，负载变动范围在 90%～110% 之间。IC_{901} 为 STR6020，其 3、4 脚设定取样电压为 22 V。除此之外，IC_{901} 与直接取样的降压式开关电源厚膜集成电路结构并无差别。

2.4　升压式自激电源

升压式开关电源是不隔离型开关电源的另一种应用较多的开关电源，尤其在目前的移动通信、移动视频显示器中更得到广泛应用。

升压式开关电源的原理图见图 2-9。

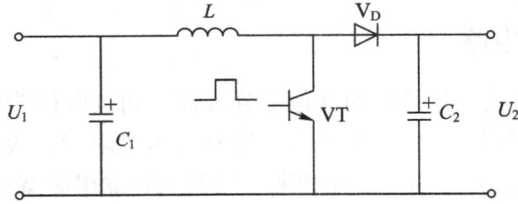

图 2-9 升压式开关电源原理图

为了使 $U_2 > U_1$，续流二极管 V_D 与储能电感 L 是串联的，开关管 VT 则通过 V_D 与负载电路并联。设开关管 VT 开关周期为 T，导通时间为 t_{on}，截止时间为 t_{off}，占空比为 D，其基本工作原理是：当 VT 导通时，输入电压 U_1 通过 VT 并联在储能电感 L 两端，二极管 V_D 因被反向偏置截止，流过储能电感 L 的电流为近似线性上升的锯齿波电流，并以磁能的形式在 L 存储磁场能量；VT 截止时，储能电感 L 两端的电压极性相反，二极管 V_D 处于正向偏置而导通，储能电感的感应电势 U_L 和 U_1 串联加在续流二极管 V_D 的阳极，因此输出端得到的电压是 U_1 和 U_L 整流滤波后的电压之和，达到了升压的目的，电路通过控制开关管导通脉冲宽度达到稳压目的。输出电压 U_2 的表达式为

$$U_2 = \frac{1}{1-D}U_1 = \frac{T}{t_{off}}U_1$$

通过控制开关管 VT 驱动信号的占空比 D，就可以克服由于电压波动或其他原因引起的对输出电压的影响，能够起到降低输出电压波动和稳定输出电压的作用。

2.5　开关电源的隔离

前述开关电源为不隔离电源，用电设备与供电电源电路共地，经过输入整流，供电设备的"地"带有电压，给用户及维护造成潜在危险。同时，由于大规模集成电路和数字处理电路应用日益广泛，此类过压敏感的半导体器件是不能与输入供电采用同一参考点的。即使是普通设备，随着功能的扩展具有多种规格的音、视频或数字信号接口，信号地与输入供电也必须隔离。

通常人们所说的并联型开关电源，指开关管和负载电路是并联的，目前多用于升压型不隔离开关电源中。此处所称 I/O 隔离的开关电源，也称为脉冲变压器耦合的开关电源。输入电源通过开关管控制脉冲变压器初级绕组的能量存储，能量释放则通过脉冲变压器次级进行。改变脉冲变压器的匝数比，可以得到各种不同的脉冲电压，整流滤波后，以直流向负载提供电压。很明显，开关电源的输入和输出端是通过脉冲变压器的磁耦合传递能量的，脉冲变压器绕组之间的绝缘使初级侧与次级侧完全隔离，绝缘电阻和抗电强度均可达到很高。目前所有从电网供电的设备，几乎全部采用此类开关电源，取代了多年来使用的工频变压器和耗能型稳压器。

脉冲变压器耦合的开关电源按其激励方式分为自激式和它激式。自激式电路是以开关管为主组成脉冲变换器，将直流电变成脉冲波，通过脉冲变压器耦合送往负载电路；它激式则以开关管作为独立开关，与脉冲变压器储能绕组串联接入供电电路，开关管则受独立的脉冲驱动器输出的调宽脉冲控制。此类开关电源的实用电路种类较多，以下通过分析几

种不同类型的典型应用电路说明其工作原理。

2.5.1 隔离电源基本电路

基本电路是开关电源完成功能所需的最简单的应用电路，它具备了此类电源的所有基本单元。自激式隔离型开关电源工作原理框图见图 2-10，其主要功能部分包括：开关管 VT 和 T 组成的自激振荡电路、脉冲宽度调制的控制系统、取样系统和次级的脉冲整流滤波电路等。

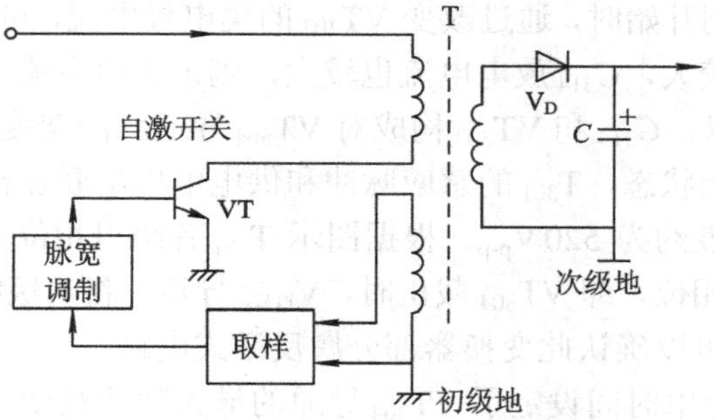

图 2-10 自激式隔离型开关电源工作原理

下面以图 2-11 典型电路分析工作原理。

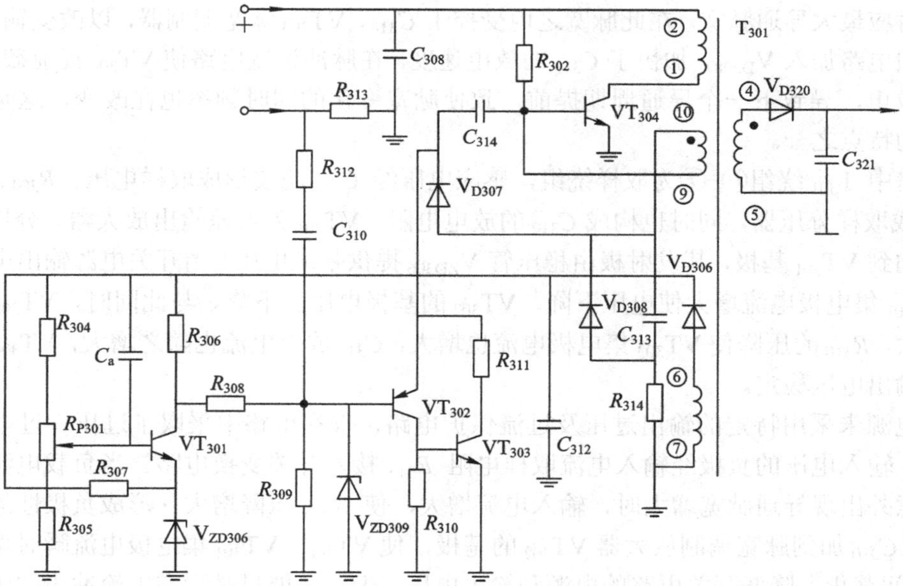

图 2-11 自激式隔离型开关电源基本电路

开关管 VT_{304} 和脉冲变压器 T_{301} 构成的间歇振荡器组成变换器电路。将 C_{308} 两端输入的直流电变换成矩形波，加在 T_{301} 的初级。接通电源后，输入电压通过 R_{302} 给 VT_{304} 基极施加不足 1 mA 的启动偏置，VT_{304} 集电极电流由零开始上升，集电极电流的增长使 T_{301} 正反馈绕组⑨端产生上升的感应脉冲，加到 VT_{304} 基极，形成正反馈，使 VT_{304} 导通电流进一步增大。在此过程中，C_{313} 充电，随着充电电流逐渐减小，I_B 随之减小，VT_{304} 进入 $I_B \cdot \beta < I_C$ 的相对饱和状态，迫使集电极电流回落，造成 T_{301} 正反馈绕组⑨端形成脉冲反相，VT_{304} 因正反馈作用迅速截止。在此期间，C_{313} 通过 V_{D308} 快速放电，以准备进入下一个振荡周期。在振荡过程中，R_{314} 不仅限制 C_{313} 在正反馈脉冲前沿的充电电流，同时还和 C_{313} 共同设定振荡电路的基本脉冲宽度。

当 VT_{304} 集电极电流减小趋向快速截止时，T_{301} 的正反馈绕组⑨端为负脉冲，⑩端为正脉冲。通过二极管 V_{D307} 向 C_{314} 充电，其极性为左正右负，该反偏电压加于 VT_{304} 的 b-e 极。当 VT_{304} 下一个导通周期开始时，通过改变 VT_{303} 的集电极电流，可控制 VT_{304} 的截止时间。如果 VT_{303} 集电极电流较大，C_{314} 放电电流也较大，则该放电电流形成 VT_{304} 的反向偏置，使 VT_{304} 提前截止。所以，C_{314} 和 VT_{303} 构成对 VT_{304} 导通脉冲宽度的控制。

一旦 VT_{304} 处于截止状态，T_{301} 的感应脉冲和供电电压串联加在 VT_{304} 集电极，输入电压 300 V 直流时，其幅度约为 520 V_{p-p}。根据图示 T_{301} 各绕组相位关系可以看出，T_{301} 绕组①端和次级绕组④端同相位，即 VT_{304} 截止时，V_{D320} 导通，将次级绕组⑤-④的感应脉冲整流，向负载供电。因此可以确认此变换器部分属反激式电路。

振荡过程中，C_{313} 充电时间设定了 VT_{304} 导通的最大脉冲宽度。电容充电时间临近结束时，使加到开关管基极正反馈电流减小，开关管达到了 $I_B \cdot \beta < I_C$ 的状态，这种饱和是 I_B 值所限制下的饱和，使开关管 I_C 减小，通过正反馈转入截止状态。在该电路中，C_{313}、R_{314} 的值限制了 VT_{304} 导通时间的最大集电极电流，使其不超过规定值。在此最大值限定下，开关管有一对应最大导通脉宽，在此脉宽之内受控于 C_{314}、VT_{303} 脉宽调制器，以改变输出电压。该正反馈电路加入 V_{D308}，加快了 C_{313} 的放电速度，在脉冲调宽电路使 VT_{304} 提前截止。C_{313} 的快速放电，导致下一个导通周期提前，致使脉宽变化的同时频率也在改变，这是此类开关电源的特点之一。

电路中 T_{301} 绕组⑥-⑦为取样绕组，感应电压经 C_{312} 滤波形成取样电压。R_{304}、R_{305} 和 R_{P301} 组成取样分压器，同时也构成 C_{312} 的放电电阻。VT_{301} 为误差检出放大器。分压后，取样电压加到 VT_{301} 基极，其发射极由稳压管 V_{ZD306} 提供基准电压。当开关电源输出电压升高时，VT_{301} 集电极电流增大使电压下降，VT_{302} 的基极电压也下降。与此同时，VT_{302} 集电极电流增大，R_{310} 的压降使 VT_{303} 集电极电流也增大，C_{314} 放电电流也随之增大，VT_{304} 提前截止，使输出电压稳定。

该电源未采用特定的输出过压及过流保护电路，仅在电路中采取了过压、过电流的控制电路。输入电压的负极经输入电流取样电阻 R_{313} 接入开关变换电路。当负载电流增大或开关管意外出现导通脉宽增大时，输入电流增大，使 R_{313} 压降增大，形成负极性的脉冲，经 R_{312}、C_{310} 加到脉宽调制放大器 VT_{302} 的基极，使 VT_{302}、VT_{301} 集电极电流瞬时增大，使 VT_{304} 瞬间截止，降低开关电路的电源和输出电压。但此功能只是瞬态电流冲击的限制，对持续的过流无效。

为了防止取样、误差放大器开路性损坏造成的开关电源失控而形成过压输出，电路中专门设置有稳压管 V_{ZD309}。一旦工作中 R_{P301} 触点开路或 VT_{301} 失效、开路，必然引起 VT_{302}、VT_{303} 截止，脉宽调制器开路失效，VT_{304} 将处于 C_{313}、R_{314} 设定最大脉宽的振荡状态，输出电压将大幅升高，致使 VT_{304} 热击穿。加入 V_{ZD309} 后，可将 VT_{302} 基极电压钳位于其稳压值，使 VT_{302}、VT_{303} 有一定导通电流，限制 VT_{304} 最大脉宽，输出电压的超压程度可以被限制，不致造成开关电源损坏。

2.5.2　提高隔离电源稳压性能

　　隔离开关电源在实际设计中需考虑其稳压性，可以从稳压器正反馈量入手。当输入电压或负载电流变化时，将开关管正反馈量限制在一定范围内，使低输入电压、大负载电流时有正常的正反馈量；当输入电压升高或负载电流减小时，抑制正反馈量的升高，达到扩大稳压性能的目的。

　　图 2-12 是一种隔离电源的改进电路，通过加入正反馈脉冲钳位电路，可抑制 U_i 对驱动电流的影响，对负载变动也有补偿作用。当 U_i 在下限范围内时，调整 R_2 的阻值，可得到理想的 I_B，使 VT 工作于正常的开关状态；随着 U_i 的上升，绕组 N_2 的感应电势也成比例上升，开关管 VT 的 I_B 增大；当 U_i 升到一定程度时，绕组 N_2 感应脉冲经二极管 V_D 整流后，使稳压管 V_{ZD} 反向击穿，将正反馈脉冲的峰值钳位于 $0.6\,V + U_{VZD}$。从此点开始，VT 的驱动电流在一定范围内保持不变，从而避免了 U_i 的升高使 VT 过饱和。

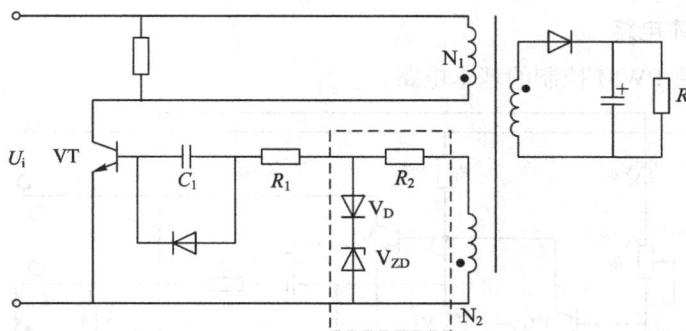

图 2-12　正反馈脉冲钳位电路

图 2-13 所示为恒流驱动电路，电路中设有两路正反馈支路。

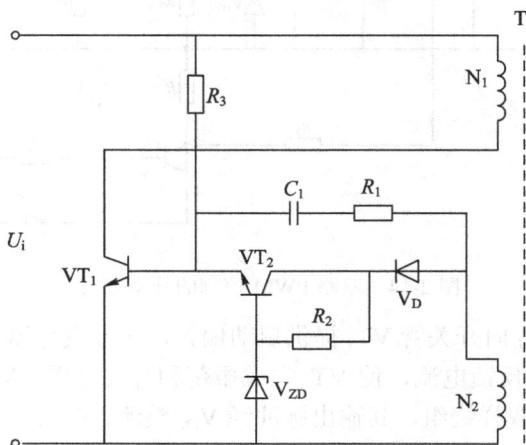

图 2-13　恒流驱动电路

　　第一路是由 R_1、C_1 组成的普通 RC 正反馈电路，其中 R_1 取值较大，C_1 取值较小。此正反馈支路作为开关电源输入电压为额定值以上时的正反馈量设定，使输入电压上限时，正反馈量增大也不会使开关管进入饱和状态。

第二路正反馈支路是由二极管 V_D 和 VT_2、V_{ZD} 组成的线性稳压器构成恒流源。当输入电压低到使 N_2 感应脉冲峰值小于 V_{ZD} 稳压值时，V_{ZD} 截止，VT_2 等效于阻值为 $R_2/(1+\beta)$ 的电阻，与 V_D 构成辅助正反馈电路。

在低电压下，两路正反馈电路为 VT_1 提供足够的正反馈量，维持开关电源正常工作。当输入电压升高时，V_{ZD} 产生齐纳击穿，将 VT_2 输出电流稳定于此点上，即使输入电压持续上升，此路的正反馈电流也维持不变。恒流驱动电路通过线性稳压方式来稳定开关管基极与发射极的驱动电流，它是自激式开关电源普遍采用的电路。

2.5.3 双 PWM 控制

为了提高稳压效果，自激式开关电源可以采用双路或多路 PWM 控制，采用两只脉宽控制管或两路独立的控制电路，扩大脉宽调制器的控制能力。因为两路 PWM 电路同时出现故障的机会极小，所以不仅提高了控制能力，可靠性也大为提高。

1. 双路 PWM 电路

图 2-14 为双路 PWM 控制的基本电路。

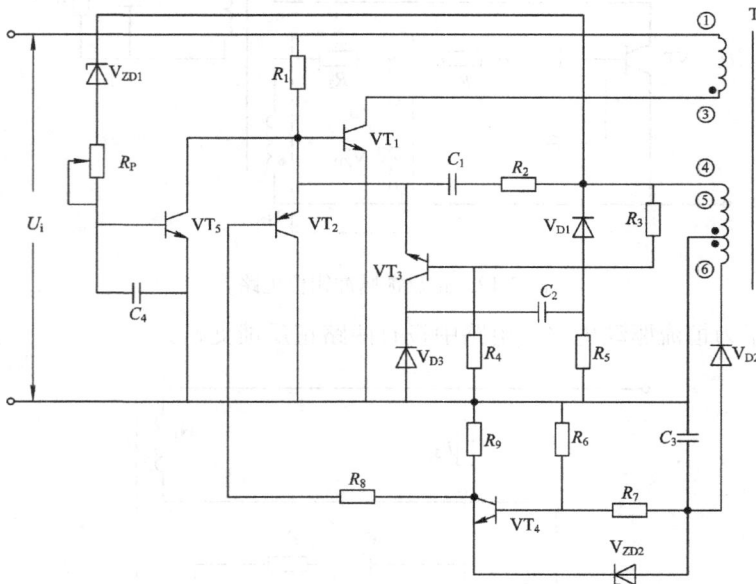

图 2-14　双路 PWM 控制的基本电路

电路接通电源后，R_1 向开关管 VT_1 提供启动偏置，脉冲变压器 T 绕组④-⑤输出脉冲，经 C_1、R_2 向 VT_1 提供正反馈电流，使 VT_1 完成振荡和开关过程。VT_2 和 VT_4 组成主 PWM系统，T 的绕组⑤-⑥为取样绕组，其输出脉冲经 V_{D2} 整流、C_3 滤波，得到正比于 VT_1 导通脉宽的整流电压。VT_4 为误差检出及放大器，其基极由电阻 R_6、R_7 分压得到取样电压，其发射极由 R_9 提供电压，经 V_{ZD2} 稳定后作为取样电路基准电压。由 VT_1 的 b-e 极检出的误差电压经 VT_4 放大后，形成与误差电压成正比的集电极电流。当 VT_1 导通时间过长或 U_{in} 升高，或负载电流减小时，C_3 上电压将升高，使 VT_4 集电极电流增大。由于 VT_4 的集电极电流构成 VT_2 的偏置电流，因此 VT_2 的集电极电流也随之增大。使 VT_1 基极电流分流增大，集电极电流减小，VT_1 提前进入 $I_B \cdot \beta < I_C$ 的状态，其 I_B 失去对 I_C 的控制能力，I_C 立即下降，VT_1 提前截止，存储于 T 绕组①-③的磁能减小，输出电压下降。此部分电路当 U_{in} 变化范围不大时，可以维持输出电压的稳定。

2．电路特点

在双路 PWM 控制系统中，为了使开关电源的稳压范围向输入电压下限和负载电流的上限扩展，电路中 T 取样绕组④-⑤与初级绕组①-③选取较大的匝数比，目的是使开关电源的自激振荡电路在输入电压下限和负载电流上限能正常工作。设置如此大的正反馈量，当输入电压升高或负载电流减小时，PWM 系统势必要对正反馈电流有较大的分流能力。若单纯靠 VT_2 的分流，VT_2 需要有极大的动态范围。如果 VT_2 动态范围不足，必然进入其截止区或饱和区。VT_2 脱离线性区的结果是导致开关电源失控。

为了降低 VT_2 的电流，电路中加入第二组 PWM 控制管 VT_5 和 VT_3。驱动电路与前述不同，为大电容钳位电路，T 正反馈绕组④-⑤输出脉冲，经 V_{D1} 整流，在 R_5 两端形成上负下正的整流电压。由 T 各绕组相位关系不难看出，只有开关管 VT_1 进入截止期时，T 的绕组④才为负脉冲。也就是说，V_{D1} 的整流电压正比于 T 能量释放过程中产生的电压，即正比于开关电源的输出电压。VT_1 截止期间，R_5 上的电压经 V_{D3} 向 C_2 充电，其充电电压正比于 T 绕组④-⑤的脉冲电压幅度和持续时间。此时 T 绕组④为负脉冲，VT_3 反偏截止，C_2 无放电通路。当 VT_1 进入下一个导通周期时，T 绕组④为正脉冲，⑤为负脉冲，V_{D1}、V_{D3} 都截止，因此 C_2 所充的电压得以保持。当 VT_1 导通后，正反馈脉冲经 R_3、R_4 分压使 VT_3 导通，C_2 经 R_5、VT_3 的 c 和 e 极对 VT_1 的 be 结放电。构成 VT_1 正反馈电流的一部分。由于 C_2 容量较大，对瞬间降低输入电网电压或增大负载电流而使正反馈电压的下降不敏感，让 VT_1 能稳定地工作于理想的开关状态，开关电源的稳压性能因此得以向低输入电压、突发负载大电流的方向拓展。电容钳位型恒流驱动电路只对突发输入电压和负载变动有效。

第二组 PWM 电路由 VT_5 和稳压管 V_{ZD1} 组成。VT_5 和主 PWM 控制管 VT_2 都并联在开关管 VT_1 的 b、e 极间，VT_5 基极由 6.8 V 稳压管 V_{ZD1} 接入 T 的正反馈绕组④端，在正常状态下，④端正反馈脉冲峰值低于 V_{ZD1} 稳压值，该电路不起作用。如果输入电压高于开关电源允许输入供电电压的上限，则正反馈脉冲峰值随之升高，V_{ZD1} 反向击穿，VT_5 瞬间导通，使 VT_1 提前截止，以稳定输出电压。脉宽调制管 VT_5 使输入供电电压升高时，通过压缩 VT_1 振荡脉宽使输出电压稳定，分担了 VT_2 的分流作用，提高了开关电源的可靠性。

由第二路 PWM 控制系统工作过程不难看出，VT_3 的取样电压实际上是开关管导通期的正反馈脉冲，因此该电路在输入电压变动时可以有效地稳定正反馈量。此类双路 PWM 控制的开关电源，可以将输出功率近 200 W 的单端自激式开关电源的输入供电电压的稳压范围扩大近 1 倍以上，实现 110 V/220 V 输入不进行切换的自动适应。

3．隔离开关电源保护电路

开关电源保护电路设置的作用是：保护开关电源本身，尽量减少故障率，或者在偶然发生故障时减小其损坏范围；设置输出过压保护，避免损坏负载电路。所以，保护电路按其保护方式分为故障前保护和故障后保护。过压、过流抑制保护即为故障前保护；发生故障后，可防止故障范围扩大、减小损失的硬保护措施，即为故障后保护。采用双路控制的自激式开关电源属故障前保护，常设以下保护电路。

(1) 软启动电路。在开关电源启动时，开关管振荡过程中的振荡脉宽不是突然进入额定脉宽，而是有一段启动过程。以图 2-11 的电路为例，开机瞬间，C_{312} 两端取样电压达到额定值需有一定时间，在 C_{312} 充电过程中，误差放大器检出的取样电压偏低，因而脉宽控制电路减小了对开关管基极的分流，使振荡电路脉宽增大，形成开机冲击电流。脉宽的增大，使开关管在开机瞬间有一较大的冲击电流。为了避免这种硬启动过程带来的危害，需要在取样分压电路中加入软启动电路。

(2) 过流保护电路。对负载短路过流的保护一般设在输出电路中，与不隔离式开关电源采用相同的电路。在隔离式开关电源中，还需设置开关管的过流保护电路，其电路组成见图 2-15。由 VT_1、V_{D2} 和 V_{ZD2} 组成的开关管过流保护电路接入开关管 VT_2 的基极，电阻 R_1 为 VT_2 发射极电流取样电阻。当 VT_2 振荡脉宽过大时，其平均电流增大，R_1 上产生的压降超过 $1.2V$，即二极管 V_{D2} 与 VT_1 的 be 结的正向压降使 VT_1 导通，将 VT_2 基极激励脉冲短路，VT_2 停振而截止。如果这种过流是瞬态的，则当 VT_2 电流恢复正常时，开关电源可以自动恢复工作。若过流是持续的，则开关电源保护性停振。

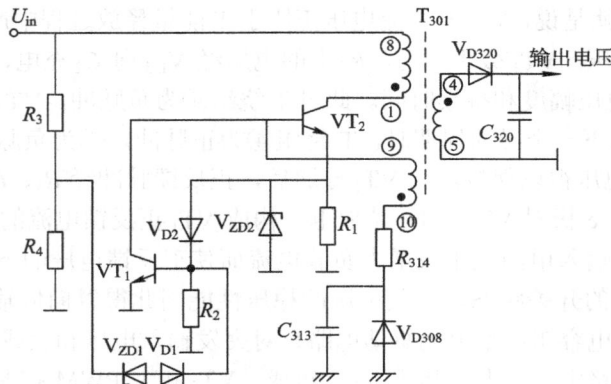

图 2-15　开关管过流和输入过压保护

上述保护电路中，VT_1 实际上构成辅助脉宽控制器，受控于 VT_2 平均导通电流。V_{D2} 为隔离二极管，R_2 是 VT_1 基极分流电阻，以避免 VT_1 损坏。V_{ZD2} 的作用是：当 VT_2 意外击穿时，经常使 R_1 有大电流通过而开路，此时稳压管 V_{ZD2} 被击穿，一则避免 VT_1 随 VT_2 击穿而损坏，二则避免 R_1 开路时 VT_2 发射极出现高电压损坏印刷电路。

开关管的过流限制实际上对负载过流也有效，因为不管任何一组负载电流增大，都将使脉冲变压器初级等效感抗降低，开关管的导通电流也随之增大。不过这种保护是间接的，对电压精确度要求高的负载端，仍需设置前述过流保护电路。

隔离式开关电源输出端的过压保护和不隔离式开关电源的保护方式相同。但在开关电源的发展中，大多增设了输入电压超压保护，目的是在开关电源输入电压超高时，使开关电源停止工作，以避免因开关管击穿而引起开关电源大面积损坏。输入过压保护电路常和开关管过流保护电路共用控制电路，如图 2-15 中，电阻 R_3、R_4 对开关电源输入电压分压取样，当输入电压超过规定稳压器上限输入电压时，稳压管 V_{ZD1} 反向击穿，R_4 两端电压

经 V_{D1} 加到控制管 VT_1 的基极，使 VT_1 饱和导通，开关管停振。其输入过压保护原理是：在开关电源振荡过程中，在开关管截止期，集电极加有 U_{in} 和 T_{301} 初级绕组感应电压 U_L 两种电压之和，即使正常工作的开关电源，开关管由导通进入截止状态时，脉冲变压器初级绕组感应电压 U_L 也近似等于或大于输入电压 U_{in}，因此，开关管集电极实际耐受的反压应大于 U_{in} 的 2 倍才能正常工作。当输入电压升高时，开关管集电极反压成倍升高，有时甚至超过其 U_{CEO} 而击穿。此时若开关电源停振，则此反压只等于输入电压，可以避免被击穿。

2.5.4 两路正反馈控制

两路正反馈的自激振荡电源设计实例如图 2-16 所示。图中，脉冲变压器 T_{803} 正反馈绕组⑦-⑨输出脉冲电压分为两路：第一路经 R_{826}、C_{820} 反馈到开关管 VT_{83} 的基极，为了使 VT_{83} 在输入电压上限不产生过激励，此路正反馈的自然振荡脉冲宽度设计较窄，C_{820} 的容量仅为 $0.008\,\mu F$，因而 C_{820} 的充电时间短，在 PWM 电路的作用下，正反馈形成的占空比较小，在输入电压的上限 280 V 时，VT_{83} 也不会产生过激励。第二路经 R_{823} 送到 VT_{820} 的基极，当输入电压较低时，T_{803} 绕组⑨端反馈脉冲电压幅度也较低，稳压管 V_{ZD828} 截止，VT_{820} 处于正常放大状态，使 VT_{83} 有足够的激励脉冲。随着输入电压的升高，T_{803} 绕组⑨端输出的脉冲电压幅度增大，当大于 7.5 V 时被 V_{ZD828} 钳位，正反馈电流不再随输入电压的升高而增大，构成恒流驱动电路。

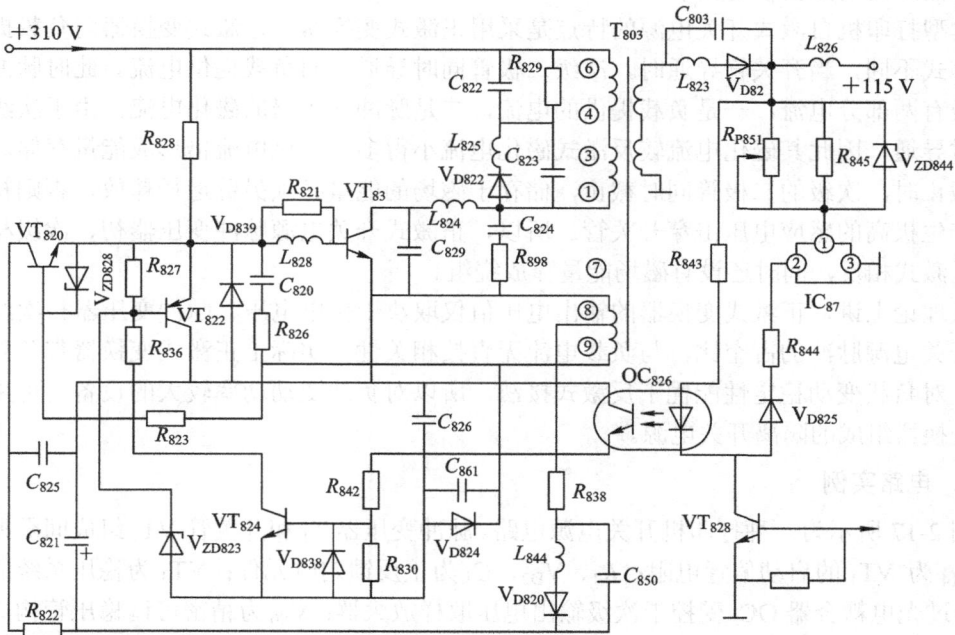

图 2-16 两路正反馈电源电路

PWM 主控制环路通过对主负载端的取样，对振荡脉宽进行隔离控制，使电源有稳定的输出。VT_{822} 为脉宽调制管。T_{803} 绕组⑦-⑨输出的脉冲电压经 V_{D824} 整流，在 C_{826} 产生电压，其负极端向 VT_{824} 的发射极供电，其正极端经光电耦合器 OC_{826} 的输出端为 VT_{824} 提供正偏置电流。OC_{826} 的发光二极管受取样电路 IC_{87} 的控制，IC_{87} 从 +115 V 电压取样。当 +115 V 电压上升时，IC_{87} 的 2 脚和 3 脚电流增大，使 OC_{826} 中的发光二极管电流增大、亮度增强，OC_{826} 中的光敏三极管导通，VT_{824} 的集电极电流增大，VT_{822} 导通电流增大，使 VT_{83} 的集电极电流减小而提前截止，稳压器输出电压降低。改变 R_{P851} 可调节 115 V 输出电压。

2.6 自激开关电源应用设计

2.6.1 办公设备电源

办公用品如扫描仪、传真机、打印机、显示器等，大多数功率在 100 W 左右，这类设备非常适合采用自激单端开关电源。由于各种设备要求不一，所以其电源设计也不尽相同。

1. 电路特点

有些负载如打印机，其特点是负载功率变动较大，如字车电机、走纸电机、打印头移动电机、压纸杆电磁铁等均属间歇性工作，假如该机为 35 V 供电，其负载电流变动达 0～3 A。为了应付大范围负载电流变化，打印机开关电源中的 PWM 系统都采用双路控制。即使如此，打印机供电输入也要求较高，一般稳定在 220～240 V 之间，以避免因输入电压的大幅度变动而降低开关电源负载调整率。

典型打印机自激式开关电源的特点是采用正激式变换器。正激式变换器向负载提供电流的方式不同，当开关管导通时，次级二极管同时导通，向负载提供电流。此时脉冲变压器初级有两部分电流，一是负载提供的电流，二是脉冲变压器的磁化电流。由于次级二极管同时导通，因此其磁化电流较反激式磁化电流小得多，磁化电流仍形成能量存储。当开关管截止时，次级的二极管同时截止，储存于磁场的能量必须另辟途径释放，否则初级绕组将产生极高的感应电压击穿开关管。所以，正激式开关电源脉冲变压器初、次级相位关系与反激式相反，同时还设有磁场能量释放绕组。

从理论上讲，正激式变换器的输出电压值仅取决于供电电压、脉冲变压器初次级匝数比和开关电源脉冲的占空比，与负载电流无直接相关性。实际上正激式变换器带负载能力较强，对负载变动稳定性能优于反激式接法。所以对负载变动功率较大的设备，可采用正激式变换器组成的隔离开关电源。

2. 电路实例

图 2-17 所示为一种打印机开关电源电路。脉冲变压器 T_1 和开关管 VT_1 组成间歇振荡电路；R_{14} 为 VT_1 的启动偏置电阻；R_4、V_{D2}、C_7 为正反馈定时元件；VT_4 为稳压系统的控制器，通过光电耦合器 OC_2 受控于次级输出电压取样放大器；V_{S6} 为精密可调稳压管构成的输出电压误差检测放大器。35 V 输出电压经 R_{20}、R_{21} 分压送入 V_{S6} 的控制级，与其内部 2.5 V 基准电压在比较器中检出误差电压，控制 V_{S6} 的 A-K 电流，使与之串联连接的 OC_2 发光二极管产生相应的电流变化。OC_2 的次级内阻变化，直接控制脉宽调制管 VT_4 的导通电流。当次级 35 V 输出电压升高时，V_{S6} 电流增大，经 OC_2 使 VT_4 对正反馈脉冲分流增大，VT_1 提前截止，输出电压下降。光电耦合器 OC_1 次级光敏三极管供电由 T_1 正反馈绕组

⑦-⑧输出脉冲电压经 V_{D6} 整流供给，因此 OC_1 的光敏三极管电流同时受控于该供电电压。设脉冲宽度不变，当输入电压升高时，正反馈脉冲电压幅度增大，V_{D6} 整流电压升高，OC_1 的光敏三极管电流增大，VT_4 集电极电流也会增大，使脉冲宽度减小，保持输出电压稳定。

第二路脉宽控制管由 VT_2 组成，VT_3 为 VT_2 的驱动器。VT_2、VT_3 的导通电流受控于 V_{S5}，当 V_{S5} 的 A-K 电流增大时，VT_3 集电极输出电压升高，VT_2 导通电流增大，使开关管导通时间缩短。

光电耦合器 OC_1 构成输出过电压保护电路。OC_1 内部发光二极管阳极经稳压管 V_{ZD1} 对 35 V 输出取样，当输出电压达到 V_{ZD1} 稳压值 +2 V 时，开关管 VT_1 的基极电流经 V_{D7} 通过晶闸管，接入⑤-⑥绕组电源负极，使 VT_1 基极为负电压，迫使 VT_1 截止，开关电源停振保护。因为晶闸管阳极由输入整流经 R_{15} 提供正电压，故一旦保护，即使开关电源停止工作，V_{D8} 负电压消失，OC_1 的发光二极管熄灭，晶闸管仍保持导通，保护并未解除，必须关断电源重新启动才可恢复工作。

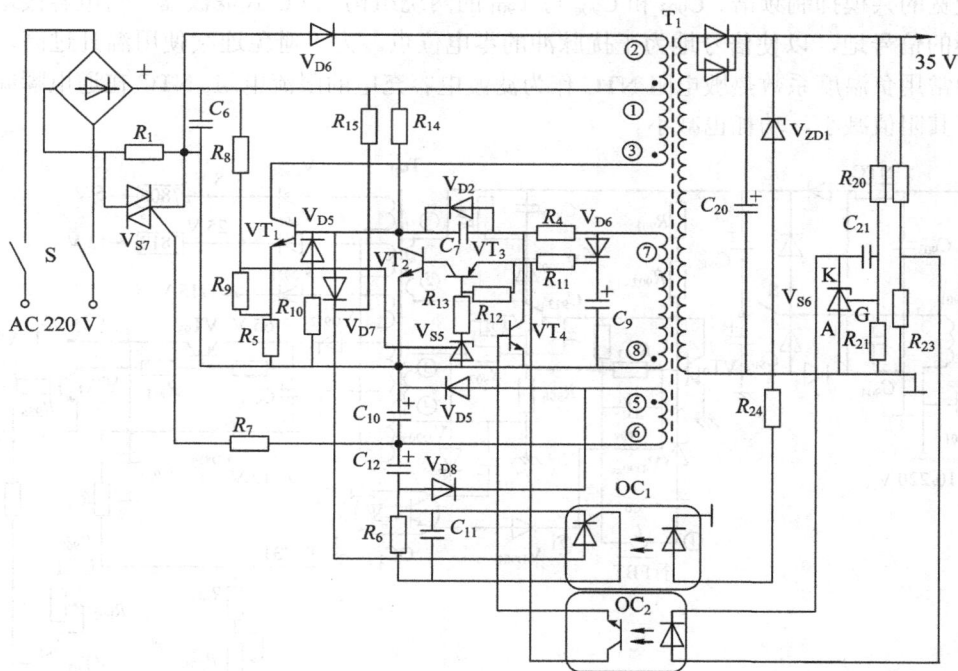

图 2-17　打印机开关电源电路

由于打印机内部空间狭窄，对开关电源的温升需加以控制，因而设计了整流输出中的双向晶闸管 V_{S7} 限流电阻短路电路。为了限制开机瞬间电源整流滤波电容 C_6 上的充电电流峰值，在整流输出负极接入电阻 R_1。但充电峰值电流过后，开关电源输入电流仍流经此电阻，形成约几伏电压降，不仅电阻发热，还使输入供电整流器输出电压降低。为了在开机后将 R_1 短路，V_{S7} 并联其两端，开机后，T_1 绕组⑤-⑥输出脉冲电压，经 V_{D5} 整流的负电压触发 V_{S7} 导通，将电阻短路。

正激式变换器必须增设磁场能量释放电路，为此，图中 T_1 增设了绕组②-①，该组与

T_1 初级绕组具有相同的参数。当开关管 VT_1 截止时，T_1 绕组②端为负脉冲，V_{D6} 导通，向滤波电容 C_6 充电，将能量返回供电电路。此为正激式变换器能量返还方式，既可提高开关电源效率，也会使开关管截止时反压降低，避免开关管击穿。

2.6.2　显示器电源

1. 工作原理

显示器电源对电磁兼容性要求极为严格，避免脉冲辐射干扰主机是该类电源设计要考虑的主要问题之一。

图 2-18 所示为一种双频彩色显示器的电源电路。电网输入首先经 L_{901}、C_{901} 组成的共模滤波器，对开关电源和输入供电网路进行双向隔离，以避免开关脉冲通过电网辐射干扰电脑主机和其他电器。L_{901} 为同一磁芯上分段绕制的两组电感，其干扰脉冲磁场方向相反，使对称双线干扰相互抵消。L_{901} 的电感量达 $45\,mH$，加上分段绕制，使其分布电容极小，因此有较宽的共模抑制频谱。C_{903} 和 C_{904} 与 T_{901} 的两绕组构成 LC 式滤波器，两电容接地点为显示器的信号地，以使信号地为干扰脉冲的零电位点。为了避免连续使用温升过高，在显示器中常用负温度系数热敏电阻 NTC 作为滤波电容充电的限流电阻。NTC 在通电瞬间温度上升，其阻值减小，功耗也减小。

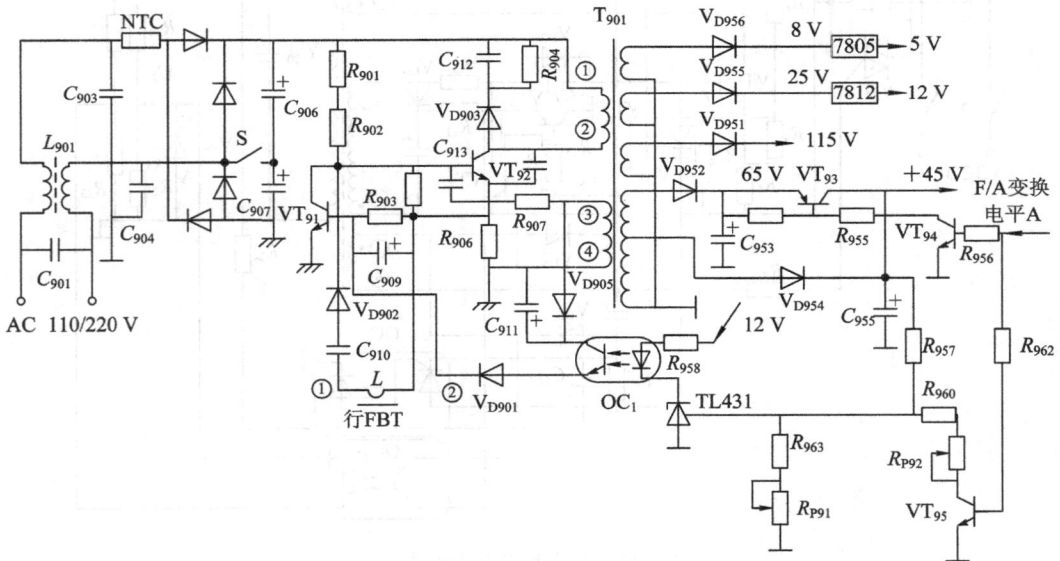

图 2-18　双频彩色显示器电源电路

为了适应各种不同的输入电压，显示器电源电路设置有 $110\,V/220\,V$ 转换开关。当 S 开路时，电路为普通的桥式全波整流器，适用于输入电压 $220\,V$；当 S 闭合时，电路变为全波倍压整流电路，其整流滤波直流电压为输入电网电压最大值的两倍，适用于输入电压 $110\,V$。

开关电源的初级部分由 VT_{92} 与 T_{901} 构成自激振荡型 DC/AC 变换电路，电阻 R_{901}、R_{902} 作为 VT_{92} 的启动偏置电路。电阻 R_{901} 与 C_{913} 将 T_{901} 绕组③-④的脉冲以正反馈关系引入 VT_{92} 的基极，使 VT_{92} 随着间歇振荡过程不断导通、截止。在 VT_{92} 截止期，T_{901} 向次级负载电路提供电压。

VT$_{91}$ 在电路中有双重作用:

(1) 与 4N35 光电耦合器(即 OC$_1$)和 TL431 可调稳压管构成稳压系统。电源的行供电 45 V 电压输出后,经 R_{957}、R_{963}、R_{P91} 分压得到 2.25～2.5 V 的取样电压,送到 TL431 的控制极,当输出电压升高时,TL431 电流增大,使光电耦合器 OC$_1$ 的发光二极管亮度增强,其次级光耦器内部三极管 c、e 间的内阻降低,V_{D905} 的整流电压在三极管 c-e 的压降减小。VT$_{91}$ 的偏置电流增大,导通程度增强,开关管 VT$_{92}$ 正反馈电路分流增大,VT$_{92}$ 提前截止,迫使输出电压降低。当输出电压降低时,电路动作与上述相反,VT$_{92}$ 的振荡脉宽增大,输出电压升高,以维持输出电压的稳定。

(2) VT$_{91}$ 的另一作用是开关管 VT$_{92}$ 过电流限制。VT$_{92}$ 导通电流,在电阻 R_{906} 产生与此电流成正比的电压降,该电压降经 R_{903}、C_{909} 加到 VT$_{91}$ 的基极。当 VT$_{92}$ 电流增大到 600 mA 时,R_{906} 电压降达到 0.6 V,VT$_{91}$ 瞬间导通对正反馈电路分流,迫使 VT$_{92}$ 集电极电流减小。如因故障 VT$_{92}$ 导通电流持续增大,VT$_{91}$ 导通将使 VT$_{92}$ 停振。R_{903} 和 C_{909} 构成 VT$_{91}$ 的延迟导通电路,如果 VT$_{92}$ 电流只瞬间增大,R_{906} 上压降对 C_{909} 充电,因电流峰值过后 C_{909} 尚未充满电,所以 VT$_{91}$ 不会导通。此举为了避免开机瞬间 VT$_{92}$ 的冲击电流使 VT$_{91}$ 误动作。

电源设有行逆程同步电路。图中①-②绕组是用绝缘导线在行输出变压器磁芯旁柱上穿绕一圈,以产生感应行逆程脉冲。行逆程期间,其极性为①端正、②端负,正脉冲通过 C_{910} 使 V_{D902} 导通,开关管 VT$_{92}$ 触发导通,以使自激振荡与行频同步。同时,行逆程脉冲还构成开关管激励脉冲的一部分。当行输出级出现故障时,开关管会产生轻度激励不足,使其带负载能力下降。

2. 输出电压的转换

高档显示器可兼容多种显示模式,其行扫描频率需要适应 15.7 kHz 和 31.5 kHz 等多种频率。在行扫描电路中,行振荡电路受控于模式识别系统而改变其振荡频率。由于行频的差别较大,转换显示模式的同时,行输出级的供电电压必须改变。当行频升高时,行偏转绕组的感抗 $X_L = 2\pi f L$ 相应增大,行偏转电流随之减小。此时为了使行扫描满幅,只有提高行扫描供电电压,使行偏转电流增大。但当行频降低时,行偏转绕组的感抗减小,行电流增大,如果不改变开关电源的输出电压,不仅仅是行幅增大,还要损坏显示管。但此时降低的只是行输出级的供电,而其他各组供电必须保持不变,这就是双频显示器或多频显示器开关电源的最大特点。

开关电源次级电路行供电设有两组电压:一组是由 V_{D952} 整流的 65 V 电压;另一组是由 V_{D954} 整流,C_{955} 滤波后输出的 45 V 电压。当处于低行频显示状态时,行输出级供电为 45 V,模式识别电路输出低电平,使 VT$_{93}$、VT$_{94}$、VT$_{95}$ 截止。因为 VT$_{93}$ 截止,C_{953} 两端电压是断开的,C_{955} 充电电压向行输出级提供 45 V 电压。VT$_{95}$ 截止,使取样电路分压电阻 R_{960}、R_{P92} 断开,取样电路由 R_{957} 与 R_{963}、R_{P91} 之比设定。微调 R_{P91} 可使 45 V 电压精确。

当处于高行频等模式时,模式识别电路输出高电平,VT$_{93}$、VT$_{94}$、VT$_{95}$ 都导通。VT$_{93}$ 导通,使 V_{D952} 整流的 65 V 电压与输出端接通,向行扫描提供 65 V±5 V 的供电。与此同时,C_{955} 充电到 65 V,使 V_{D954} 反偏截止,只由 V_{D952} 提供整流电压。为了保证 65 V 输出电压的稳定,VT$_{95}$ 导通,将 R_{960}、R_{P92} 与 R_{963}、R_{P91} 并联,取样比增大,使 VT$_{92}$ 维持 2.25～2.5 V

的取样控制电压，以使稳压系统正常工作。微调 R_{P92}，可使 65 V 电压在 60～70 V 之间变动，以使高行频显示模式下有足够的行幅度。在显示模式变换过程中，开关电源的其他各组输出电压不应有明显的变化，否则说明 R_{P91}、R_{P92} 设定位置不当。双频显示器的开关电源，首先应在低行频工作模式下调整 R_{P91}，使行扫描供电为 45 V，然后转换至 VGA 或 SVGA 状态，调整 R_{P92} 使行扫描供电为 65 V。同时在这两种模式下检测 25 V 输出电压波动应在 ±1 V 范围内。

2.7 典型设备开关电源

2.7.1 原理框图

本节以典型的 T3877N 为例说明彩色电视机开关电源工作原理，原理框图如图 2-19 所示，电路原理图如图 2-20 所示。

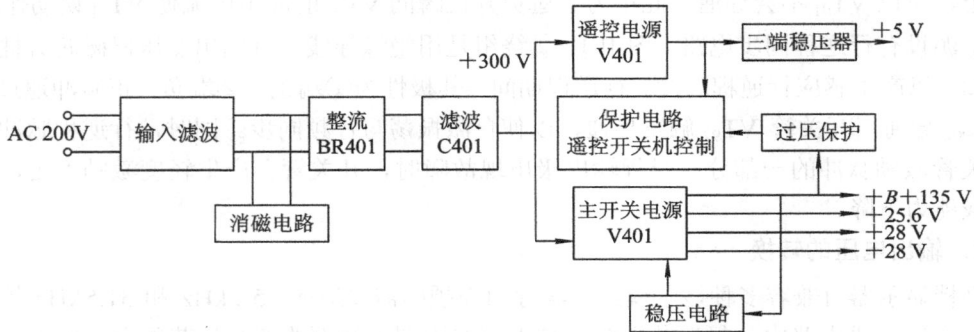

图 2-19 T3877N 的开关电源工作原理框图

2.7.2 启动与振荡

1. 开关电源启动

如图 2-20 所示，合上电源开关，经 BR_{401} 整流、C_{401} 滤波后得到约 +300 V 的直流电压，此时外部低电平(0 V)信号通过接插件 XS201 的 1 脚、R_{235} 加到 VT_{450} 的基极，使 VT_{450} 截止，光电耦合器 OC_{401} 内的发光二极管及光电三极管均截止。+300 V 电压经启动电阻 R_{404}、R_{405} 给开关管 VT_{401} 提供启动电流，VT_{401} 的集电极电流增大，开关变压器 T_{401} 的初级感应出上正下负的感应电压，正反馈绕组 L_2 上感应出下正上负的电压，此电压经 $V_{D407} /\!/ C_{410}$、R_{406}、$R_{417} /\!/ C_{462}$ 加到开关管 VT_{401} 的基极，使 VT_{401} 迅速饱和，完成开关电源的启动过程。

2. 开关管维持饱和

在开关管 VT_{401} 饱和期间，其集电极电流不断增大，因而在开关变压器初级绕组 L_1 上产生的感应电压极性不变，L_2 上感应电压的极性也不变，依靠 L_2 上的感应电压维持着开关管 VT_{401} 的饱和导通。

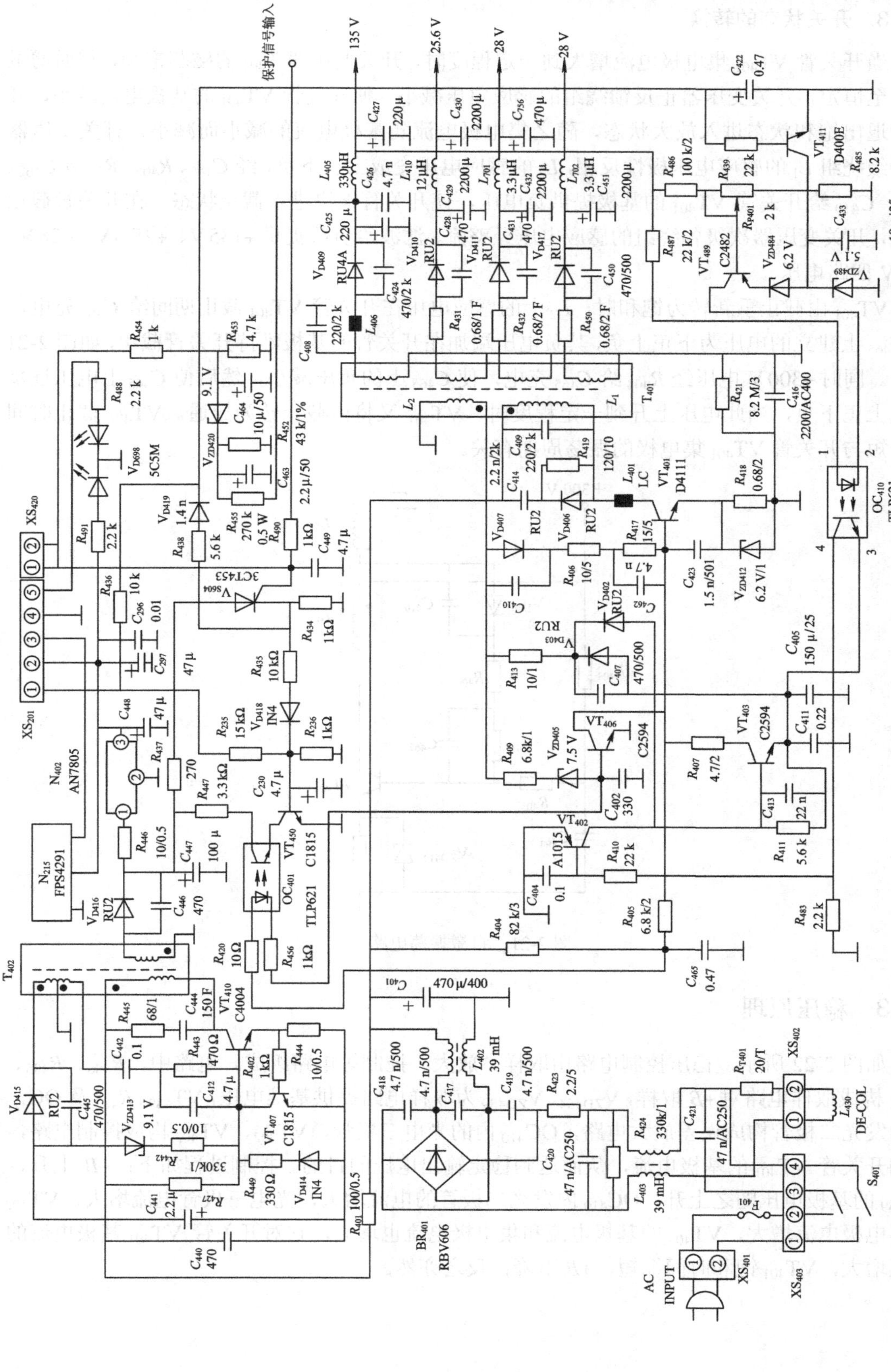

图 2-20　T3877N 电路原理图

3．开关状态的转换

当开关管 VT_{401} 集电极电流增大到一定程度时，开关变压器 T_{401} 的磁芯饱和，磁通增量减小至恒定，开关变压器正反馈绕组的感应电压减小，使开关管 VT_{401} 的基极电流减小，开关管退出饱和状态进入放大状态，随之集电极电流随基极电流的减小而减小，开关变压器的初级绕组 L_1 的感应电压极性反相，L_2 的感应电压变成上正下负，经 C_{465}、R_{405}、R_{417} // C_{462}、R_{406}、C_{410} 给开关管 VT_{401} 的基极提供负电压，使开关管很快进入截止状态。在开关管截止期间，开关变压器次级各绕组的感应电压经整流、滤波给负载提供 $+135\,V$、$+25.6\,V$、$+28\,V$、$+28\,V$ 四路电压。

VT_{401} 由截止重新转为饱和时，L_2 上的感应电压在开关管 VT_{401} 截止期间给 C_{465} 充电，在 C_{465} 上建立的电压为下正上负，其负电压端加在开关管的基极维持开关管截止，如图 2-21 所示。同时 $+300\,V$ 电压经 R_{404} 给 C_{465} 充电，使 C_{465} 上的负压减小，然后使 C_{465} 上电压逐步变成上正下负，当此电压上升到一定程度时，VT_{401} 又将由截止转为导通。VT_{401} 截止时间的长短与开关管 VT_{401} 集电极的振荡周期有关。

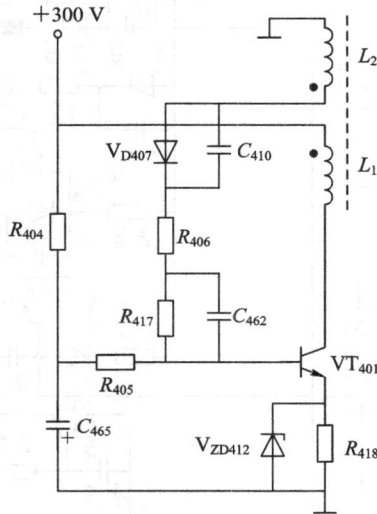

图 2-21　自激振荡电路

2.7.3　稳压原理

如图 2-22 所示，稳压控制电路由取样、放大、控制等电路组成。电路中，R_{486}、R_{485}、R_{P401} 构成取样电路对 $+B$ 取样，V_{ZD484}、V_{ZD489} 为取样电路提供基准电压，VT_{489}、R_{487} 及 OC_{410} 内的发光二极管构成误差放大电路，OC_{410} 内的光电三极管、VT_{402}、VT_{403} 构成控制电路，控制开关管 VT_{401} 的基极电流，从而达到稳定输出电压的目的。控制过程如下：$+B$ 上升，VT_{489} 的基极电压随之上升，OC_{410} 内发光二极管的电流增大，光电三极管电流增大，VT_{402} 的集电极电流增大，VT_{403} 的基极电流和集电极电流也增大，它对开关管 VT_{401} 基极电流的分流增大，VT_{401} 饱和时间缩短，$+B$ 下降；反之亦然。

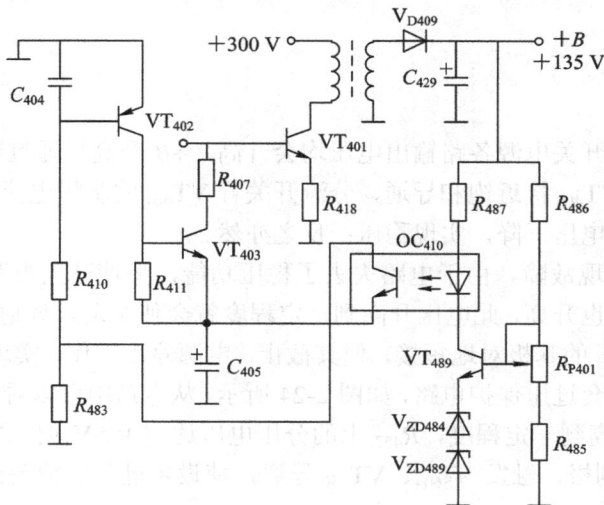

图 2-22　稳压控制电路

在设备正常工作期间，VT_{489} 截止，对稳压电路无影响。VT_{489} 的射极由两只稳压二极管 V_{ZD484}、V_{ZD489} 串联提供 11.3 V 的基准电压。由于 V_{ZD484} 与 V_{ZD489} 的温度系数相反，因而能实现互补，保证开关电源的温漂很小。R_{P401} 为开关电源输出电压微调电位器，可调范围为输出电压的 ±10%。

2.7.4　遥控电路

设备正常工作时，主电路中微处理器的电源控制脚输出低电平(0 V)控制信号，使 VT_{450} 截止。遥控关机时，微处理器电源控制端输出高电平，VT_{450} 饱和导通，这时 OC_{401} 内的发光二极管电流增大，OC_{401} 内光电三极管饱和，VT_{406} 饱和，将开关管 VT_{401} 基极对地短路，开关管截止。同时，微处理器的关机高电平经过 R_{436}、R_{439} 使 VT_{411} 饱和，VT_{489} 的发射极电位降低，VT_{489} 饱和，OC_{401} 内光电三极管饱和，VT_{406} 的集电极电流增大，也对开关管 VT_{401} 基极分流，使电源开关管 VT_{401} 截止，实现遥控关机，其等效电路如图 2-23 所示。

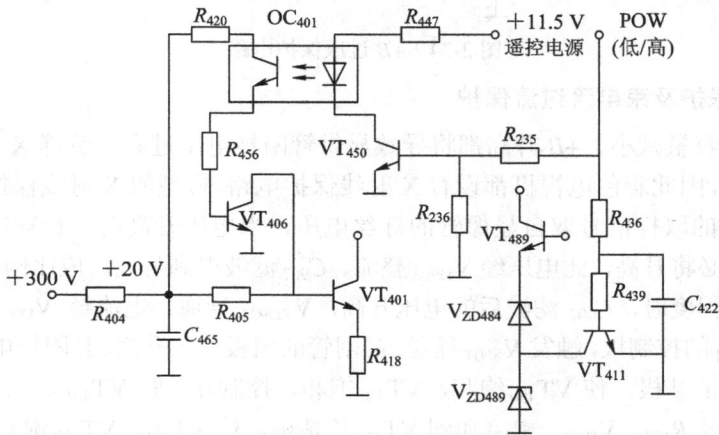

图 2-23　遥控开关等效电路

2.7.5 保护电路

1. +B 过压保护

当负载开路时，开关电源各路输出电压均会升高，+B 升高后通过取样放大和 OC_{410} 的光电耦合使 VT_{402}、VT_{403} 接近饱和导通，分流开关管 VT_{401} 的基极电流，从而使 VT_{401} 的饱和时间缩短，使输出电压下降，实现稳压；反之亦然。

如果稳压电路出现故障，由于电路失去了稳压功能，将使开关电源输出电压升高，正反馈绕组的感应电压也升高，此电压升高到一定程度就会使 V_{ZD405} 导通，进而使 VT_{406} 饱和导通，将开关管 VT_{401} 的基极对地短接，使其截止，电源停止工作，实现了过压保护。在 +B 输出端还设置有另一套过压保护电路，如图 2-24 所示，从电路中可以看到，R_{455} 与 R_{452} 对 +B 构成分压，当 +B 升高到一定程度，R_{452} 上的分压电压达到 9.5 V 时，V_{ZD420} 导通，电流经 R_{454} 送到 V_{S604} 的控制极，触发 V_{S604}、VT_{450} 导通，使设备进入保护关机状态，致使遥控器无法重复开机。

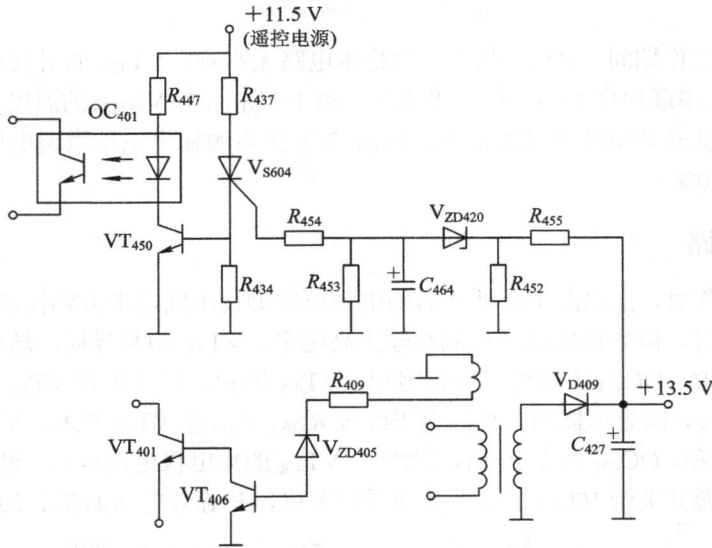

图 2-24 +B 过压保护电路

2. X 射线保护及束电流过流保护

行逆程电容容量减小、+B 升高都将导致显像管阳极电压过高，荧屏 X 射线剂量增加，对人体造成伤害，因此彩色电视机都设有 X 射线保护电路。典型的 X 射线保护电路如图 2-25 所示。检测高压的取样信号取自显像管的灯丝电压，当电压升高时，行输出变压器次级输出的灯丝电压也必将升高，此电压经 V_{D903} 整流、C_{907} 滤波得到与高压成比例的直流电压，当电压升高到一定程度时，C_{907} 滤波后的电压升高，V_{ZD904} 导通，电流经 V_{D905}、XP_{402}、XS_{420} 到达晶闸管 V_{S604} 的控制极，触发 V_{S604} 导通，晶闸管的阴极电压升高。其阴极电压一路经 R_{435}、V_{D418} 加到 VT_{450} 的基极，使 VT_{450} 饱和，VT_{406} 饱和，控制开关管 VT_{401} 截止，使开关电源停止工作；另一路经 R_{438}、V_{D419}、R_{439} 加到 VT_{411} 的基极，使 VT_{411}、VT_{489} 饱和，导致 VT_{402}、VT_{403} 饱和(见图 2-22)，也将对开关管 VT_{401} 的基极进行分流，确保开关管 VT_{401} 截止。

　　束电流过流保护电路如图 2-25 所示。图中 VT_{603} 为束电流过流保护控制管，该管正常工作时处于截止状态。束电流流经 R_{611} 时会在 R_{611} 两端产生电压降，A 点电位会随束电流的增大而降低。当 A 点电位降低到 14.5 V 时 VT_{603} 导通，VT_{603} 导通后升高了的集电极电压经 R_{409} 加到晶闸管 V_{S604} 的控制极，触发 V_{S604} 导通，实现束电流过流保护。

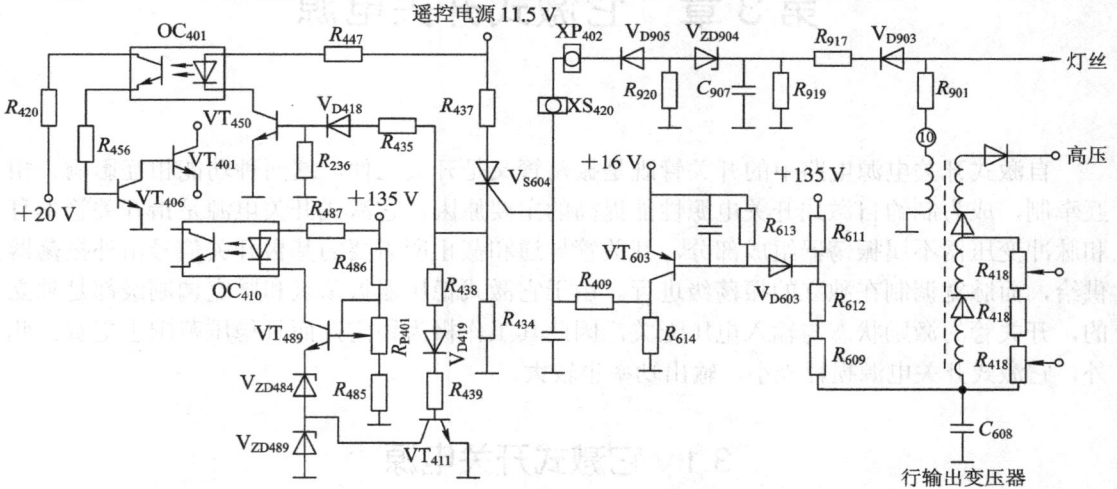

图 2-25　X 射线与束电流过流保护电路

思考与复习

1. 影响自激式电源性能的主要因素有哪些？
2. 如何实现自激式开关电源的强制同步？
3. 简述升压式开关电源的工作原理。
4. 简述双 PWM 控制的特点。
5. 试分析开关管过流和输入过压保护的工作过程。
6. 启动电路的主要目的是什么？

第3章　它激式开关电源

自激式开关电源电路中的开关管既是振荡管又是开关元件，这两种功能相互影响、相互牵制，成为制约自激式开关电源性能提高的主要原因。它激式开关电源是指开关管本身和脉冲变压器不属振荡器组成部分，开关管导通和截止所需要的基极开关信号由外振荡器供给，而脉宽调制在独立的振荡级进行。由于它激式稳压器振荡级和脉宽调制级都是独立的，开关管的激励状态与输入电压无关，因此其工作极为稳定，而且稳压范围也更宽。此外，它激式开关电源损耗极小，输出功率也较大。

3.1　它激式开关电源

它激式开关电源有独立的振荡器、激励级、脉宽调制器、供电保护系统等，因此电路较自激式要复杂得多。它激式开关电源都用集成化驱动电路，将误差放大器、脉宽调制器、振荡器以及过电压和过电流保护等集成为一体。目前开发出的一系列功能完善、外电路也极简单的驱动器，促使它激式开关电源有了极大的发展。采用它激式结构的中小功率电源不仅其电路比自激式简单，且性能也远超过自激式。与同类型开关电源相比，它激式结构可以大幅度提高开关电源的效率和稳压性能。

3.1.1　MC1394 构成的开关电源

用 MC1394 组成的开关电源是较具代表性的它激式电源，它可以适应 90～260 V 的输入电压的大范围变动，与简单的自激式开关电源相比具有极大的实用优势。

1．内部构造

MC1394 内部构造如图 3-1 所示，它具有独立的脉冲发生器、PWM 调制器逻辑关闭电路、软启动电路等它激式驱动电路的所有功能。这个电路的特点是既可以用于不隔离开关稳压电源，也可以用于隔离的脉冲变压器式开关稳压电源。

MC1394 各引脚功能如下：

1 脚：误差取样比较器的正向输入端，由外部取样分压器对开关电源输出电压取样输入。

2 脚：软启动控制端。V_{CC} 供电正极经外部 RC 并联接入 2 脚。开机通电时，2 脚因电容充电开始电压较高，通过内部 PWM 电路使振荡器输出脉冲占空比较小。随电容充电电流的减小，2 脚电压下降，振荡脉冲占空比增大到额定值，受控于取样放大器。

3、4 脚：红外线遥控接收信号输出端。红外线控制信号经译码后，由 3 脚输出，通过 6 脚控制驱动器的输出脉冲，达到启/闭开关电源的目的。

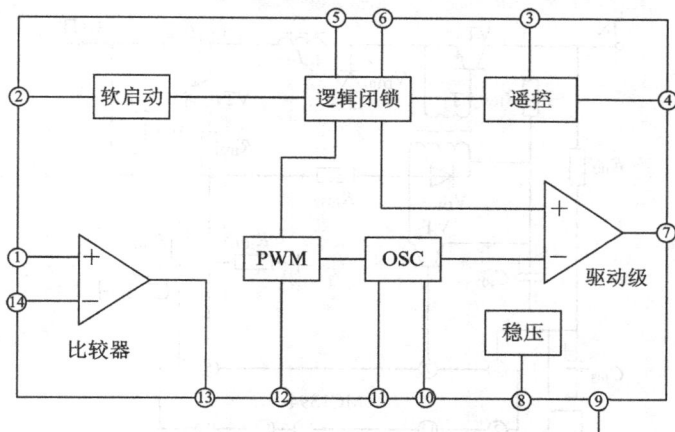

图 3-1　MC1394 内部结构图

5 脚：高电平保护输入端，如此脚输入等于 V_{CC} 的高电平，则通过内部闭锁电路关断驱动脉冲输出，开关电源呈保护性停机。5 脚可作为过电压保护，因保护阈值太高，若用于过流保护，需外设过流检测放大器。

7 脚：PWM 驱动脉冲输出端，内设射随器输出正向脉冲，可驱动 NPN 型开关管。由于驱动功率较小，脉冲电压幅度较低，开关管需设置前级驱动放大器。

8 脚：V_{CC} 输入端。它激式驱动器独立工作，开关电源启动时必须向驱动器提供工作电压，一般利用输入整流电压经电阻降压，向驱动集成电路提供启动电压，待开关电源启动后，再由开关电源提供 U_{CC}，启动电压自动断开。

9 脚：接地端($-V_{CC}$)。

10 脚：振荡器外同步输入端，可输入正向同步脉冲，实现开关频率强制同步。

11 脚：振荡器频率设定端，外接 RC 振荡定时元件。

12 脚：脉宽调制器输入控制端，输入控制电压与脉宽成反比。

13 脚：误差比较器输出端，可直接输入 10 脚，控制振荡脉宽。同时，在比较器反向输入端之间接入负反馈电阻和频率校正网络，以稳定比较器的增益。

2．MC1394 组成的降压开关电源

图 3-2 为 MC1394 组成的它激式不隔离降压开关电源。MC1394 的 7 脚输出已调宽脉冲波，经 VT_2 放大后，由脉冲变压器 T_1 耦合至开关管 VT_1 的 b、e 极，控制 VT_1 的开/关。L_1 是储能电感，V_{D101} 是续流二极管。为了形成降压的不隔离输出，输入电压加在 VT_1 和 L_1 两端。VT_1 导通时，输入电压加在 L_1 两端存储磁能；VT_1 截止时，L_1 释放磁能，V_{D101} 导通向负载供电。R_{101} 是过电流保护取样电阻。当过电流时，R_{101} 上电压降增大，VT_3 导通，电阻 R_{102}、R_{109} 分压送入 MC1394 的 5 脚，使振荡器停振，VT_1 无激励脉冲，稳压器无直流输出，达到保护的目的。

开关电源在启动时，电源电压通过 R_{105} 供给激励管 VT_2 电压，一旦启动则改由直流输出端经 V_{D102}、R_{106} 供给其稳定电压。R_{107}、R_{108} 构成误差取样分压电阻。当输出直流电压变动时，经 R_{107}、R_{108} 取样送入 MC1394 的 1 脚进行误差放大，再经调制级控制振荡器的脉宽。

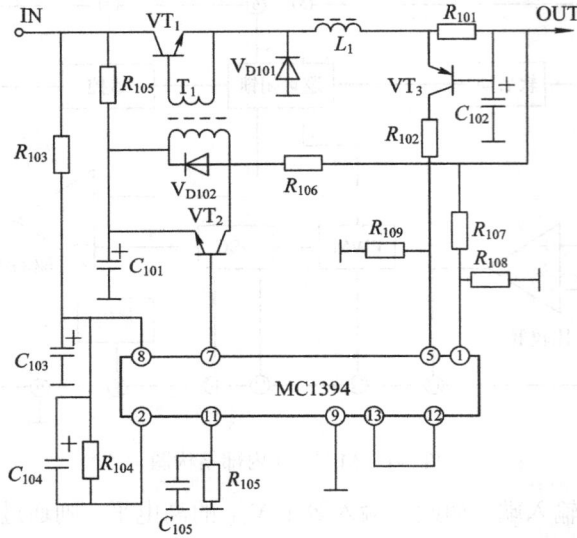

图 3-2　MC1394 组成的降压开关电源

3.1.2　UC3842 控制的开关电源

UC3842 的特点是除内部 PWM 系统外,还设有多路保护输入和稳定的基准电压发生器,同时还具有小电流启动功能。它功能完善、性能可靠,目前被广泛应用于各种普通电源,还被用于有源因数改善电路和高压升压式开关电源中。

1．UC3842 内部构造

UC3842 为双列 8 脚单端输出的它激式开关电源驱动集成电路,其内部电路框图如图 3-3所示。

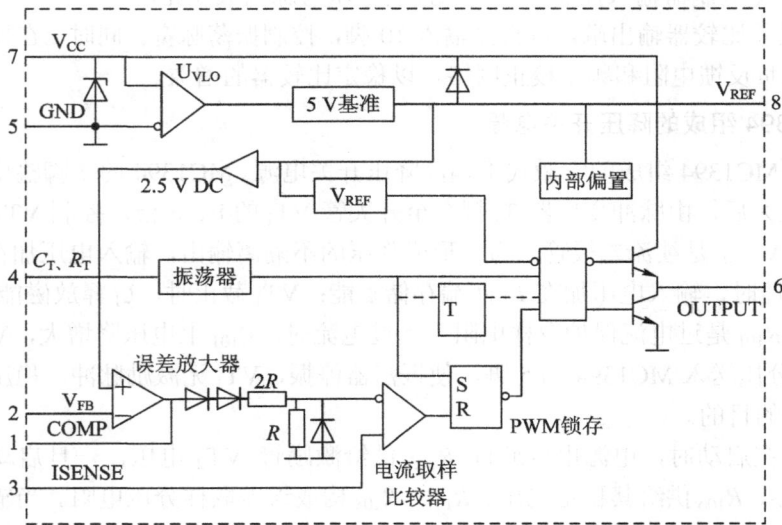

图 3-3　UC3842 内部电路框图

UC3842 内部由 5 V 基准电源、振荡器、误差放大器、电流取样比较器、PWM 锁存、输出电路等组成。

(1) 5 V 基准电源：内部电源，可以提供 5 V/50 mA 的输出。

(2) 振荡器：决定电源开关频率，R_T 接在 4 脚和 8 脚之间，C_T 接 4 脚、GND 和 5 脚之间。

(3) 误差放大器：由 V_{FB} 端输入的反馈电压和 2.5 V 做比较，误差电压 COMP 用于调节脉冲宽度。COMP 端引出接外部 RC 网络，以改变增益和频率特性。

(4) 电流取样比较器：3 脚 ISENSE 用于检测开关管电流，当 $U_{ISENSE} > 1$ V 时，关闭输出脉冲，迫使开关管关断，达到过流保护的目的。

(5) 欠压锁定电路 U_{VLO}：开通阈值 16 V，关闭阈值 10 V，具有滞回特性。

(6) PWM 锁存电路：保证每一个控制脉冲作用不超过一个脉冲周期，即所谓逐脉冲控制。另外，V_{CC} 与 GND 之间的稳压管用于保护，防止器件损坏。

(7) 输出电路：图腾柱输出电路，输出 PWM 触发信号，可驱动 MOS 管及双极型晶体管。

2．UC3842 的使用特点

(1) 单端图腾柱式 PWM 脉冲输出，输出驱动电流为 ±200 mA，峰值可达 ±1 A。

(2) 启动电压大于 16 V、启动电流仅 1 mA 即可进入工作状态。处于正常工作状态时，工作电压在 10～34 V 之间，负载电流为 15 mA。超出此限制，开关电源呈欠电压或过电压保护状态，无驱动脉冲输出。

(3) 内设 5 V(50 mA)基准电压源，经 2∶1 分压后作为取样基准电压。

(4) 输出电流为 200 mA，峰值为 1 A，既可驱动双极型三极管也可驱动 MOSFET 管。若驱动双极型三极管，应加入开关管截止加速 RC 电路，同时将内部振荡器的频率限制在 40 kHz 以下；若驱动 MOSFET 管，振荡频率由外接 RC 电路设定，见式(3-1)，工作频率最高可达 500 kHz。

(5) 内设过流保护输入(3 脚)和误差放大输入(1 脚)两个 PWM 控制端。误差放大器输入构成主 PWM 控制系统，可使负载变动在 30%～100% 时输出负载调整率在 8% 以下，负载变动 70%～100% 时输出负载调整率在 3% 以下。

(6) 过流检测输入端可对逐个脉冲进行控制，直接控制每个周期的脉宽，使输出电压调整率达到 0.01%/V。如果 3 脚电压大于 1 V 或 1 脚电压小于 1 V，PWM 比较器输出高电平使锁存器复位，直到下一个脉冲到来时才重新置位。利用 1 脚和 3 脚的电平关系，在外电路控制锁存器的开/闭，使锁存器每个周期只输出一次触发脉冲。因此，电路的抗干扰性极强，开关管不会误触发，提高了可靠性。

(7) 内部振荡器的频率由 4 脚外接电阻与 8 脚外接电容设定。集成电路内部基准电压通过 4 脚引入外同步。4 脚和 8 脚外接 R_T、C_T 构成定时电路，C_T 的充电与放电过程构成一个振荡周期。其振荡频率可由下式近似得出：

$$f = \frac{1}{T_C} = \frac{1}{0.55 R_T C_T} = \frac{1.8}{R_T C_T} \tag{3-1}$$

3. 在彩显开关电源中的应用

AST 彩显开关电源是以 UC3842 为主构成，由 UC3842 对开关管控制，电路简化后如图 3-4 所示。

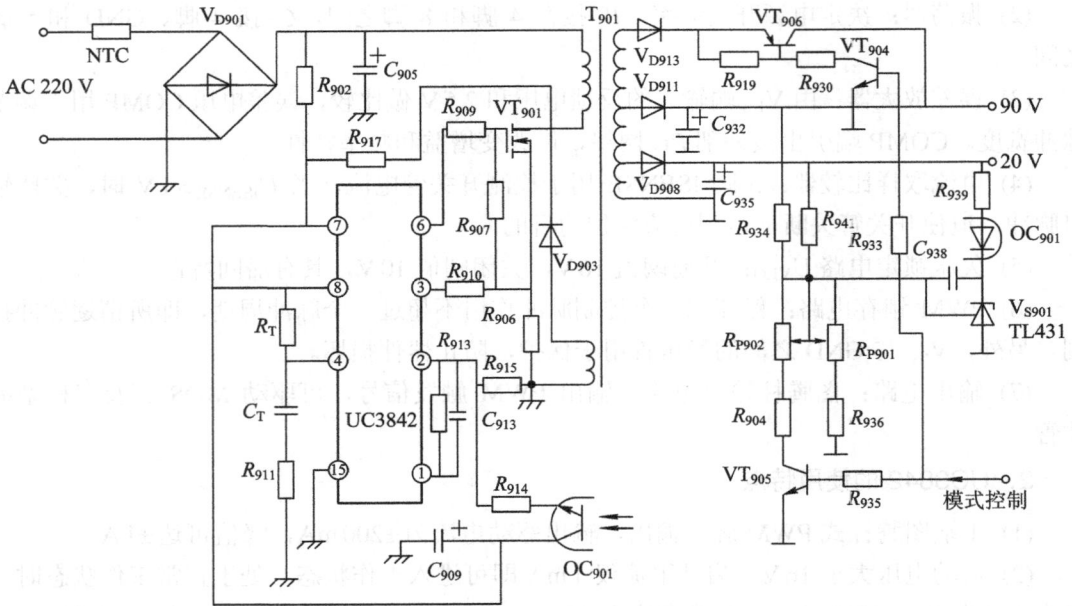

图 3-4　AST 彩显开关电源电路

UC3842 各脚功能及应用如下：

1 脚：内部误差放大器输出端。误差电压在集成电路内部经 2∶1 分压，再经稳压管超压限制后，进入 PWM 比较器，以通过锁存器控制输出脉冲的正程持续时间。此输出端从 1 脚引出，既便于检测集成电路工作状态，又便于在外电路加入稳定放大器增益的负载电阻 R_{913} 和防止自激的电容 C_{913}。

2 脚：误差放大器的取样电压输入端。7 脚的工作电压通过光电耦合器内光敏三极管与 R_{914} 串联后，与 R_{915} 构成分压器，将分压后电压送入 2 脚。当开关电源输出电压发生变化时，光电耦合器 OC_{901} 中的光敏三极管 c-e 极内阻随之改变，输入 2 脚的电压与次级电压成正比变化，以通过比较器控制输出脉宽，稳定输出电压。

3 脚：PWM 比较器的另一输入端。当此脚电压升高时，比较器输出电平关闭锁存器。该显示器电源中将 3 脚作为开关管过流保护输入。开关管源极与供电负极间串联接入小电阻 R_{906}，对源极电流取样。当开关管导通时间过长使源极电流增大时，3 脚电压升高，控制输出脉冲提前截止，以保护开关管。

4 脚：定时电容 C_T 端。该电源中串联接入电阻 R_{911}，以便从此点引入行逆程脉冲，使集成电路的振荡器与行频同步，避免开关电源脉冲干扰行扫描的正程脉冲。

5 脚：接地端。

6 脚：激励脉冲输出端。6 脚输出的信号可直接驱动 MOSFET 管，也可以用脉冲变压器进行隔离驱动。R_{909} 为隔离电阻，以减小开关管栅极输入电容对驱动电路的影响。

7 脚：启动/工作电压输入端。该集成电路对启动电压和工作电压的要求不同，启动电压值高于最低工作电压值，且启动电流小，可采用电阻降压启动，启动后再由开关电源本身提供稳定的工作电压。交流输入经整流后，经 R_{902} 接入 7 脚，并接有滤波电容 C_{909}，为 7 脚提供启动电压。电源启动后，T_{901} 附加绕组输出脉冲电压，经 V_{D903} 整流，通过 R_{917} 接入 7 脚。由于集成电路工作电流远大于启动电流，因此 R_{902} 压降增大，使启动电路电压低于工作电压，R_{902} 中无电流流过。

8 脚：内部 5 V 基准电压输出端。输出电压经定时电阻 R_T 向 C_T 充电，形成脉冲的前沿。

为了适应双频显示方式，电源次级电路随显示模式向行输出级输出 90～115 V 的电压，通过模式控制电平对电路进行控制，V_{D913} 输出 115 V 的整流电压，V_{D911} 输出 90 V 的整流电压。当彩显工作于低行频模式时，F/V 电路输出低电平，VT_{904} 截止，VT_{906} 截止，行输出级得到 90 V 的工作电压。同时，VT_{905} 截止，取样电路由 R_{934} 和 R_{P901}、R_{936} 构成小于 90：2.5 的分压比。在 90 V 输出时，20 V 输出经 R_{941} 引入极小的取样电流，V_{S901} 控制端有 2.5 V 的电压值，使输出电压稳定。当彩显工作于高行频模式时，F/V 电路输出高电平，使 VT_{904}、VT_{906} 导通，VT_{906} 发射极输出电压使 V_{D911} 反偏，行输出级得到 115 V 工作电压。为了保持稳压系统工作状态，VT_{905} 导通，将另一组分压器 R_{P902}、R_{904} 并联接入电路，以使输出电压升高后加到 V_{S901} 控制端的电压仍为 2.5 V。

3.1.3　升压型开关电源

图 3-5 所示为 UC3842 组成的升压型它激式开关电路。储能电感 L_5、开关管 VT_7 组成斩波式开关稳压器，UC3842 构成开关控制电路。输入经负温度系数电阻 NTC、桥堆整流器、电容 C_4 滤波成为直流电压，正极经 L_5 并联接入 VT_7。当 VT_7 导通时，输入整流电压经 L_5、VT_7 的 D–S 极、R_6 完成回路，输入整流电压全部加在 L_5 两端，从而使电能变为磁能存储于 L_5。当 VT_7 截止时，L_5 产生的自感电势与输入整流电压串联，通过升压二极管 V_{D6}、电容 C_7 向负载供电。VT_7 导通时间正比于 L_5 存储能量，因此，控制 VT_7 通、断占空比，可以控制升压幅度。这种升压电路适合不同输入电压，取代了传统的交流输入 110 V/220 V 自动切换电路。

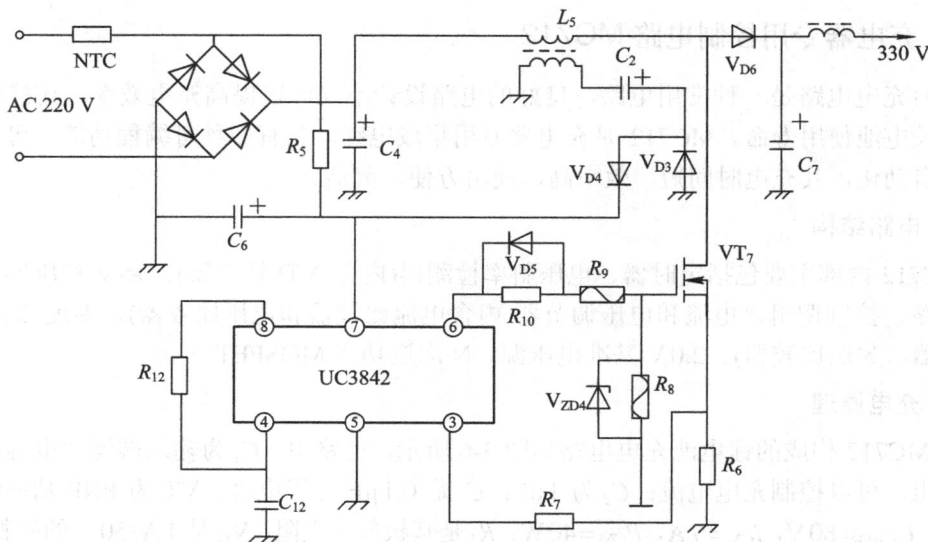

图 3-5　UC3842 组成的升压型它激式开关稳压器电路

在图 3-5 中，升压电路是由 UC3842 为核心构成的它激式开关电路。为了提高升压电路的可靠性，UC3842 采用多路取样的控制方式形成保护电路。

UC3842 在开关电路中的工作过程如下：

交流输入整流器组成桥式整流的同时，其中桥堆整流器的二极管还形成负极接地的半波整流器，由交流输入另一输入端得到半波整流的正电压，经限流电阻 R_5 降压、电容 C_6 滤波形成较低的整流电压，向 UC3842 的 7 脚提供启动电压。当启动状态驱动脉冲消失后，VT_7 截止，储能电感 L_5 释放能量。在能量释放过程中，L_5 附加绕组产生感应脉冲，经电容 C_2 加到二极管 V_{D3}、V_{D4} 进行半波整流，在启动后向 UC3842 的 7 脚提供工作电压。

UC3842 具有小电流启动功能，开机瞬间启动电路向 7 脚提供 16 V 以上的启动电压，启动电流仅 1 mA。此时 6 脚输出一个正向驱动脉冲，开关电路立即向 7 脚提供工作电压。

UC3842 的 6 脚输出脉宽受控的单路驱动脉冲，用于驱动开关管 VT_7。电阻 R_9、R_{10} 作为驱动电路的电流限制，二极管 V_{D5} 为开关管截止加速电路。在脉冲截止期，VT_7 管的栅源极电容通过二极管 V_{D5} 放电形成对 UC3842 的灌电流，使开关管迅速截止。V_{ZD4} 和 R_8 为 VT_7 的过压保护元件。

UC3842 的 5 脚为共地端和 $-V_{CC}$。

UC3842 的 4 脚为振荡电路输出端，由外接电阻 R_{12}(18 kΩ)和电容 C_{12}(3300 pF)设定振荡频率。为了使振荡频率稳定，C_{12} 的充电电压取自 UC3842 的 8 脚内部的 5 V 基准电压。

UC3842 的 3 脚为过流限制比较器的正相输入端，比较器反相输入端接入误差放大器比较器的输出端。正常状态下，3 脚呈低电平，使得内部的误差比较器控制输出脉冲的持续时间。如果电路故障使 UC3842 输出驱动脉冲占空比过大时，VT_7 导通时间将变长，截止时间将缩短，其 D、S 极平均电流增大，致使过流取样电阻 R_6、R_7 压降增大，此时 UC3842 的 3 脚电压升高，通过内部比较器控制触发器，使驱动脉冲占空比减小。如果过流取样电压达到 1 V 左右，则自动持续关断驱动脉冲，避免因输出电压超高而损坏负载电路和开关管。

3.1.4　充电器专用控制电路 MC712

电池充电电路是一种常用电路，良好的电路设计不仅可以提高充电效率，还能保护电池，延长电池使用寿命。MC712 是充电器专用集成电路，具有多种可编程功能，可实现充电过程自动化，其充电时间短，效率高，使用方便、灵活。

1. 电路结构

MC712 内部主要包括定时器、电压斜率检测器(内含 A/D 转换器)、+5 V 稳压器、上电复位电路、控制逻辑、电和电压调节器(内含电流比较器和电压比较器)、温度比较器(过温比较器、欠温比较器)、2.0 V 基准电压源、N 沟道功率 MOSFET。

2. 充电原理

用 MC712 构成的锂电池充电电路如图 3-6 所示。电路中，C_1 为输入端滤波电容；R_1 是限流电阻，可以控制充电电流；C_2 为 1 μF；C_3 是 0.1 μF 补偿电容；VT 为 PNP 功率管，其参数为：U_{CBO}=80 V，I_{CM}=7 A，P_{CM}=40 W；R_2 是基极偏置电阻；V_D 是 1 A/50 V 的硅整流管；R_5 为检测电阻，R_5 用来设定快速充电电流 I_{fast} 的值，当 I_{fast}=1 A 时，R_5 为 0.25 Ω；R_{T1}、R_{T2}

为负温度系数的热敏电阻。该电路在快速充电、涓流充电时的充电电流分别为 1 A、1/16A。

图 3-6 所示的充电电流由 R_1 决定，设输出电压为 U_o，输出电流为 I_o，则 R_1 的计算公式为

$$R_1 = \frac{U_o - 5}{I_o} \tag{3-2}$$

使用 MC712 设计的充电电路的充电时间短、效率高，克服了原有充电器功能单一、电流无法调整和充电时间长的缺点，有良好的使用效果。

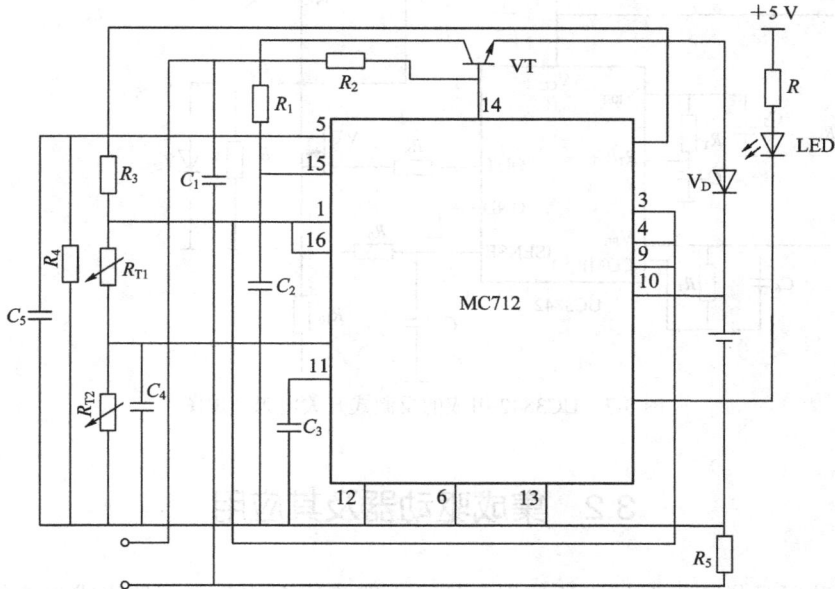

图 3-6 锂电池充电电路

3.1.5 反激式开关电源

反激式电路中的变压器起着储能元件的作用，可以看做是一对相互耦合的电感。其工作过程是：开关开通后，V_D 处于断态，初级绕组的电流线性增长，电感储能增加；开关关断后，初级绕组的电流被切断，变压器中的磁场能量通过次级绕组和 V_D 向输出端释放。

图 3-7 是反激式开关电源原理图，其中的控制芯片采用 UC3842。电源的输出电压等级有三种：+5 V、+12 V、-12 V。该电路变换器是一个降压型开关电路，由单管驱动隔离变压器 T 主绕组 N_1、C_2、R_3 提供变压器初级泄放通路。输出经整流、滤波送负载。芯片所用的电源 V_{CC} 由 R_2 从整流后电压提供。V_{CC} 同时也作为辅助反馈绕组 N_3 的反馈电压。电路振荡器频率由式(3-1)决定。

反馈比较电路信号是从辅助绕组 N_3 经过 V_{D1}、V_{D2}、C_3、C_4 等整流滤波后得到的 V_{CC} 分压提取的。C_6、R_7 构成信号的有源滤波。开关管电流被 R_{10} 取样后，经 R_9、C_7 滤波，送芯片 ISENSE 端，当反馈信号值超过阈值 1 V 时，确认过载，关断电源输出。芯片输出部分由 OUT 端驱动单 MOSFET 管，C_8、V_{D3} 对开关管有电压钳位作用。

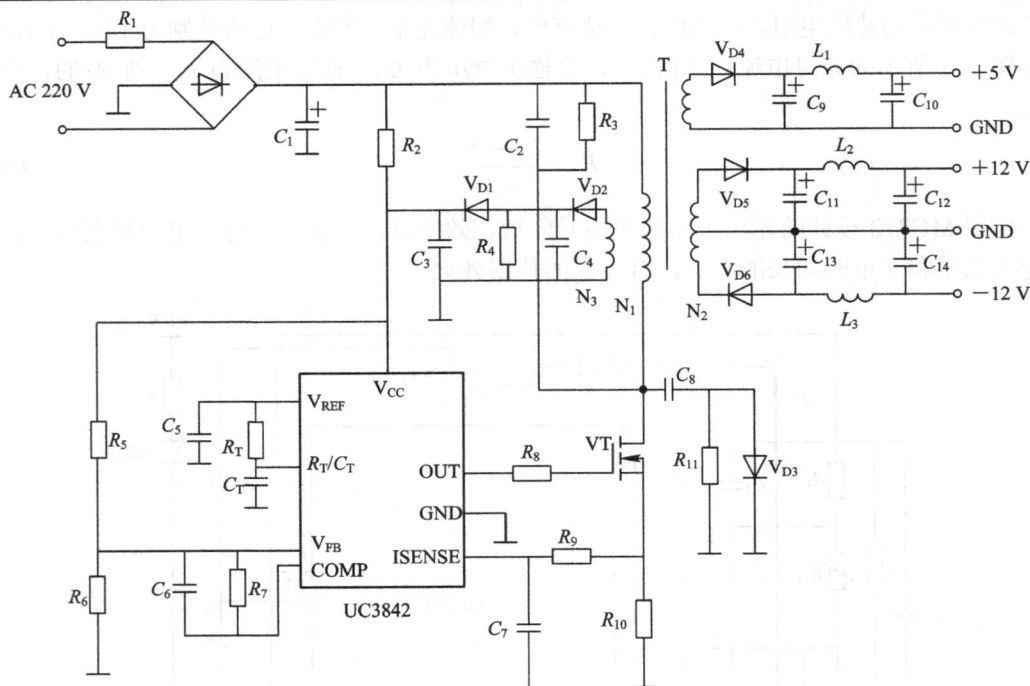

图 3-7　UC3842 组成的反激式开关电源原理图

3.2　集成驱动器及其应用

集成驱动器是最新电源技术的体现，这种电路将原有的分立元件集成为一体，提高了电路工作的可靠性，降低了电路的设计难度。本节分析几种典型的集成单端驱动器，包括电路特点、结构以及在电源设计中的应用。

3.2.1　半桥控制电路 L6598

L6598 是一种专门为串联谐振半桥电路设计的双输出控制器芯片，该芯片支持保护全面和高可靠性的电源设计，适用于液晶电视和等离子电视的电源、便携电脑和游戏机的高端适配器和电信设备开关电源。

L6598 最高开关频率为 500 kHz，其能效高、电磁干扰(EMI)辐射低。为了采用自举方法驱动上桥臂开关，内部电路设计了一个能够承受 600 V 以上电压的结构和一个同步驱动式器件，节省了一个外部快速恢复自举二极管。

L6598 为两个栅驱动器提供一个输出电流 0.6 A 和输入电流 1.2 A 的典型峰值电流处理能力，可以利用外部可编程振荡器设定工作频率。非线性软启动可防止涌流，最大限度地抑制输出电压过冲。该电路还有一个可控制的突发模式操作，能够大幅度降低在轻负载和无负载条件下的平均开关频率和相关损耗。L6598 是将谐振电路和半桥驱动电路结合在一体的电源控制电路，可以取代以往由两个芯片组成的半桥结构，所以采用该电路设计的电源非常简单。

1．内部电路

(1) 软启动与振荡器。L6598 提供有软启动功能，软启动时间取决于 1 脚电容 C_S，振荡器频率由 R_T、C_T 决定。

(2) 自举驱动器。利用内部充电泵得到比芯片电源高得多的电压，为驱动外部功率管提供了良好的条件。

(3) 运算放大器。L6598 内的运算放大器可提供低输出阻抗、宽带、高输入阻抗和宽共模范围，这些特点有利于实现保护或闭环控制，其输出可以连接到频率设定电阻端，以调节振荡器频率。

(4) 比较器。两个 CMOS 比较器可用来执行保护功能。L6598 能够识别比较器输入端上的 200 ns 宽度的短脉冲。如果检测到封锁输入端出现 0.6 V 的门限电压脉冲，L6598 即进入闭锁关断状态。此时振荡器停止振荡，两个驱动输出端均为低电平。一旦故障解除，器件将重新开始执行正常工作程序。9 脚带有一个 1.2 V 的门限，一旦电压达到 1.2 V，则比较器被触发而重新开始执行软启动程序。

2．典型应用

图 3-8 所示为 L6598 的典型应用电路。该电路的交流输入电压范围为 85～270 V，适宜在交流供电不稳定的地区使用。L6598 用于驱动电路中的两只开关管 VT_2 和 VT_3。VT_2 和 VT_3 轮流导通和截止，产生峰值为 200 V 的方波，经变压器 T_1 及整流、滤波后产生直流输出电压。电阻分压器、TL431 和光电耦合器 OC_4 则组成了变压器次级侧到初级侧的反馈控制环路。变压器初级一端接半桥输出，另一端与串联电容 C_3 和 C_4 相连。用耦合电容 C_1 与初级绕组电感形成串联谐振电路，可使耦合电容 C_1 的充电呈线性变化，设计的谐振频率必须低于电源变换器的开关频率，其谐振频率由反射到 T_1 初级的电感和耦合电容共同决定。

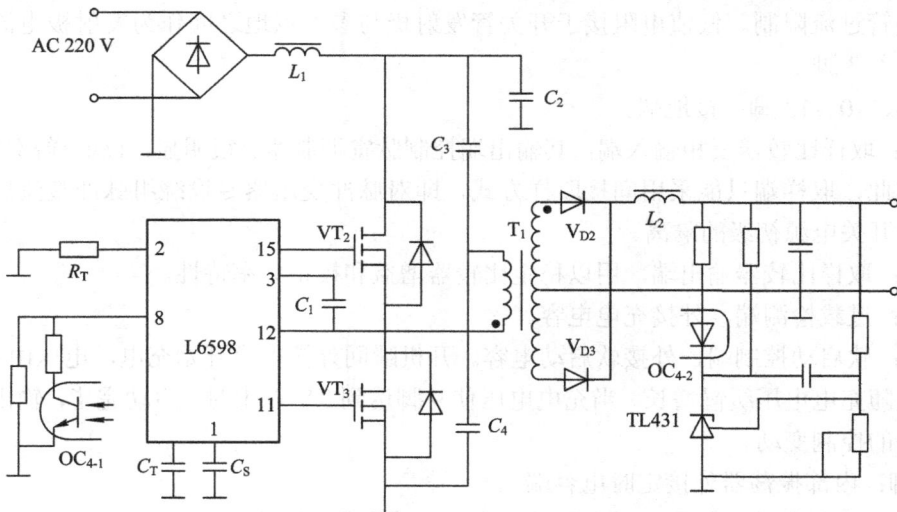

图 3-8　L6598 的典型应用电路

3.2.2　主从式开关电源

为了节约能源，负载电路设计了不同的电源管理控制环节。负载的等待状态和自动关机状态都需要有能适应负载大幅度变化的电源系统，一般要求负载的变化量从开机的额定负载到等待、关机状态为 2%～100%，例如自动关机状态的功耗要求不大于 2～5W。若采用单电源待机，即使是它激式开关电源也难以满足。为此相继设计了不同的待机方案，主从式开关电源即为其中一例。

主从式开关电源是采用两路它激驱动系统：第一路驱动器作为主驱动器，具有它激式驱动、控制的所有功能，与常见的驱动器不同的是，其内部设有双稳态逻辑控制开关，可以关断本身内部的取样放大脉宽调制器，使内部驱动级受控于外部驱动输入。第二路"从"驱动器具有独立的一套取样放大器、振荡器、脉宽调制器。但是，其内部无驱动输出级，因而它受控于本身取样放大器的 PWM 脉冲只能作为主驱动器的"外部驱动输入"，通过主驱动器放大后才可驱动开关管。所谓主从式，实际就是两套前级 PWM 脉冲发生器共用一套驱动脉冲输出级的可转换电路。由于两套驱动器取样电路、取样点的不同，可以使开关电路工作在不同的工作状态。

1．电路组成

驱动系统由主驱动器 TEA2261 和从驱动器 TEA5170 组成(见图 3-9)。TEA2261 的各脚功能如下：

1 脚：脉冲变压器脉冲过零检测端，从脉冲变压器引入感应脉冲。当开关管处于截止状态，脉冲变压器释放磁场能量，向负载供电。当能量释放接近完毕时，脉冲下降沿幅度低于 0.15V，双稳态开关使输出控制接通，内部或外部振荡器输出驱动脉冲，使开关管导通。

2 脚：外输入已调宽脉冲端。当此端有驱动脉冲输入时，双稳态开关关断其本身脉冲输入，接通 2 脚的输入，TEA2261 前级电路失去作用。

3 脚：低阈值保护电平输入端。当输入电压大于 0.6V 时，关断输出脉冲。该功能常被用作开关管过流限制。低值电阻接于开关管发射极与参考点地之间作为发射极电流取样，其压降送入 3 脚。

4、5、10、13 脚：接地端。

6 脚：取样比较器反相输入端，其输出端控制脉宽调制器。很明显，该取样部分与初级共地，因此，取样端只能采用间接取样方式，即对脉冲变压器专设绕组脉冲整流后取样，以免破坏开关电源初级的隔离。

7 脚：取样比较器输出端，用以稳定比较器增益和校正频率特性。

8 脚：过载检测端，外接充电电容。

9 脚：软启动控制端，外接软启动电容。开机瞬间外接电容开始充电，电压由零上升，控制脉宽随充电电压缓慢增长。当充电电压使 9 脚达到 3V 以上时，启动完毕，输出脉宽受控制电路的控制变动。

10 脚：内部振荡器外接定时电容端。

11 脚：内部振荡器外接定时电阻端，由 R、C 值设定振荡频率。

14 脚：PWM 脉冲输出端，可直接驱动双极型开关管。输出最大驱动电流为 1.2A，可驱动开关管组成的 200W 开关电源。

15 脚：驱动输出级供电端。

16 脚：前级电路 V_{CC} 供电端。内设 V_{CC} 检测电路，该端电压只要达到 4V 时，内部基准电压发生器即可输出 2.5 V 基准电压，与输入电压进行比较。当输入电压上升到 10.3 V 时，电路开始启动。启动后，V_{CC} 最大允许值为 15.7 V，最低值为 7.4 V，超过此范围电路则停止工作。

TEA5170 内部具有和 TEA2261 基本相同的软启动电路、振荡器、脉宽调制器、供电电源检测以及可控的输出级。它与 TEA2261 的区别是：内部无双稳态逻辑开关；驱动器只是预驱动级，输出电流较小，不能直接驱动开关管，必须通过末级驱动放大器才能输出足够的驱动电流。为了使行脉冲同步，在振荡器内部附有同步电路，只要在 8 脚输入正向同步脉冲，即可实现振荡器的外同步。

2. 电源的启动

TEA2261 和 TEA5170 集成了它激式开关电源的大部分功能。这类电源虽然原理复杂，但外电路却较为简单，如图 3-9 所示。要启动 TEA2261，首先必须供给芯片的 5 脚和 10 脚一个大于 10.3 V 的启动电压。启动后，此电压即使降低到 7.5 V，TEA2261 也可以维持正常工作。为了启动 TEA2261，通过桥式整流器一臂取出半波整流电压。对启动电路来说，交流输入的一端经桥式整流，阳极接地的一只整流二极管为整流输出负极，而交流输入的另一端则为半波整流输出的正极。此正电压供给 IC_{801} 的 15、16 脚。

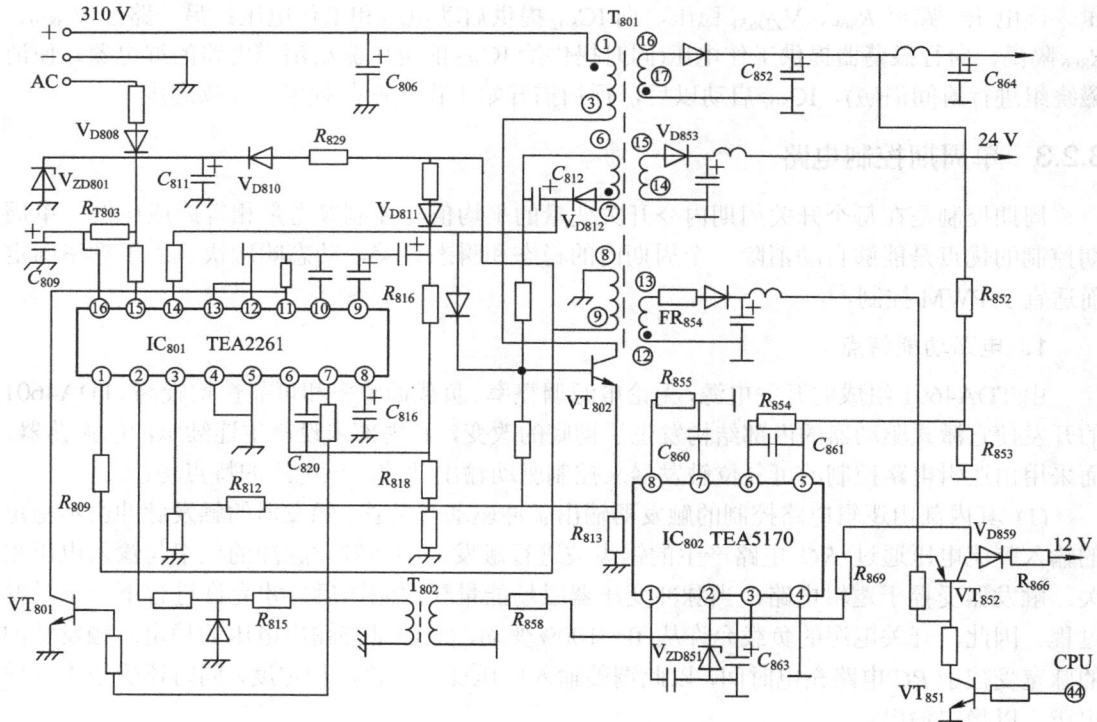

图 3-9　TEA2261 和 TEA5170 构成的开关电源电路

图 3-9 中启动电压只在启动瞬间向 IC_{801} 供电，一旦 IC_{801} 启动，其 14 脚即输出驱动脉冲，VT_{802} 开始向 T_{801} 提供脉冲电流。T_{801} 绕组⑧-⑨输出脉冲电压，经 V_{D810} 整流、C_{811} 滤波后向 IC_{801} 的 15、16 脚供电。由于启动电路中串联有正温度系数热敏电阻 R_{T803}，整机通电以后，V_{ZD801} 的稳压电流、IC_{801} 的启动电流使 R_{T803} 的温度升高，阻值增大，启动电压低

于 C_{811} 正端电压，V_{D808} 反偏截止。启动后，由于 V_{ZD801} 的齐纳电流使 R_{T803} 维持高阻值状态，V_{D808} 一直处于截止状态。

3．开关管驱动电路

开关管基极为电容耦合驱动电路。为了加快开关管的通/断速度，减少存储效应的损耗，使开关管导通时有足够的正向基极电流、截止时有反向基极偏置，开关管的驱动电路设计得较复杂。在图 3-9 中，当正向驱动脉冲到来时，驱动脉冲电流和二极管 V_{D818} 上经 V_{D812} 整流的正向压降同时接入开关管 VT_{802} 的基极，使 VT_{802} 饱和导通的速度加快。当驱动脉冲截止时，C_{812} 的放电电流加到 VT_{802} 基极，该电流与驱动脉冲下降沿共同使开关管快速截止，以减小截止损耗。

待机控制的实现，由 CPU 的 44 脚输出电平控制电子开关，电子开关再对行 VCO 振荡器的供电和 IC_{802} 的供电进行控制。VT_{852} 为开关管，其发射极供电取自 T_{801} 的次级绕组⑫-⑬的 15 V 整流电压。带阻开关管 VT_{851} 为 VT_{852} 的偏置电路。当待机状态时，CPU 的 44 脚输出低电平，VT_{851} 截止，VT_{852} 无偏置也截止，行振荡器无供电而停振。同时，IC_{801} 停止工作，开关电源转入 IC_{801} 控制的窄脉冲间歇振荡状态，以实现待机。

开机时 CPU 的 44 脚输出高电平，VT_{851}、VT_{852} 都导通，VT_{852} 的集电极输出约 12 V 电压。该电压一路经 R_{869}、V_{ZD851} 稳压，向 IC_{802} 提供启动电压和工作电压；另一路经 V_{D859}、R_{866} 隔离，向行振荡器提供工作电压(同时提供给 IC_{802} 的电压驱动消磁电路的继电器，使消磁绕组进行瞬间消磁)。IC_{802} 启动以后，行扫描开始工作，振荡频率与行频同步。

3.2.3 单周期控制电路

周期控制是在每个开关周期内令开关变量的平均值与控制参考量相等或成比例。单周期控制的优点是能够自动消除一个周期内的稳态和瞬态误差，动态响应快且由于频率固定而适宜于 PWM 控制。

1．电路功能特点

由 TDA4601 组成的开关电源，无论电源调整率、负载调整率和可靠性均较高。TDA4601 的开发使它激式驱动器的内部结构发生了彻底的改变，其内部未设产生连续脉冲的振荡器，而采用由逻辑电路控制的可复位触发器来控制驱动输出脉冲。该电路的特点是：

(1) 其内部由逻辑电路控制的触发器输出脉冲驱动开关管。触发器的触发脉冲由不稳定的输入整流电压通过 RC 电路产生的锯齿波进行触发，因而触发脉冲的频率与输入电压相关。触发器受控于逻辑电路，当脉冲变压器磁场能量释放完毕后，才允许进行下一个触发过程。因此，开关电源的负载允许从 0～100% 变动，且能维持输出电压的稳定。触发脉冲的脉宽受控于 RC 电路充电时间，以此调整输入电压变动的输出稳定度，同时还受控于取样电压，以稳定输出。

(2) 采用间接过流保护。在输出驱动脉冲电路中，通过 $I_C = \beta I_B$ 的关系，以取样电阻对开关管驱动电流取样，反馈控制，限制开关管的电流。当驱动电流过大时，通过逻辑电路减小输出脉冲的占空比，或者严重过流时关断驱动脉冲。集成电路内部未设误差检测电路，只设有误差放大器控制输出脉宽，误差检测电路则在外电路由基准电压和负取样电压直接由电阻矩阵相加得到。因此，该集成电路的输入误差电压值与开关电源输出电压的变化关系与其他开关电源完全相反，即开关电源输出电压升高时取样负电压值增大，与基准电压相加后误差电压减小，将其送入集成电路内部，使触发脉冲的脉宽减小，输出电压下降。

2．电源应用电路

TDA4601 组成的开关电源应用电路如图 3-10 所示。

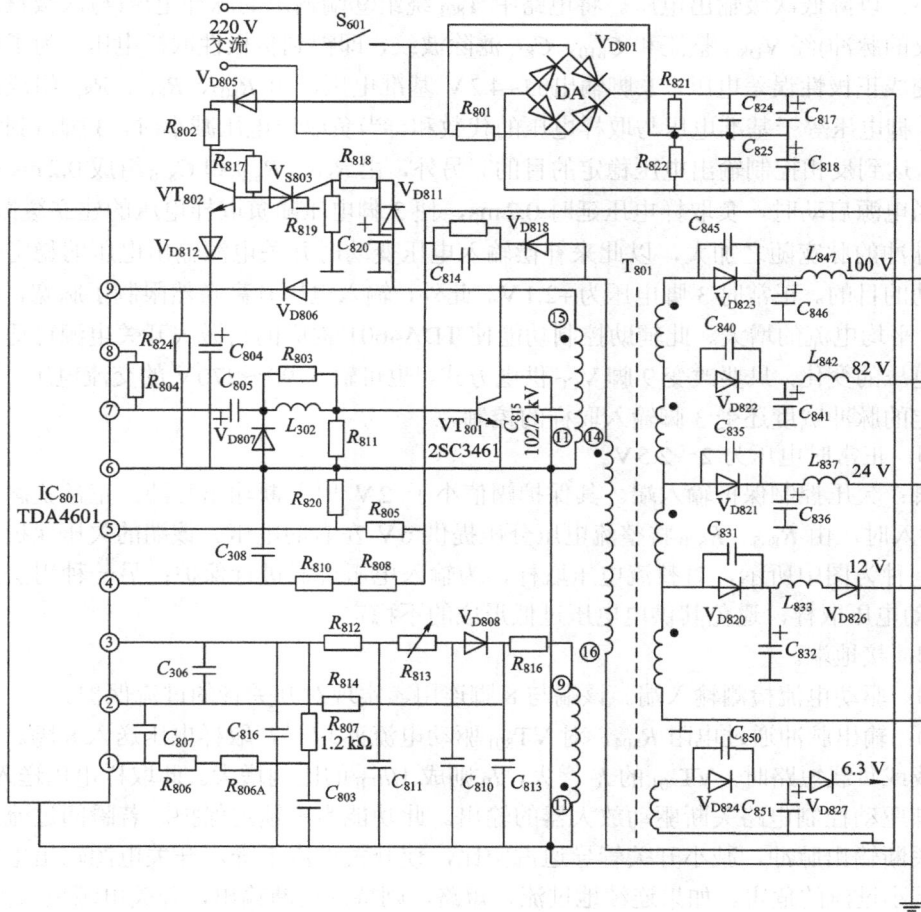

图 3-10　TDA4601 构成的开关电源电路

1 脚：4.2 V 基准电压输出端。该脚为向外部取样电路提供基准电压，同时向集成电路内部提供控制基准。

2 脚：过零检测端。每一次触发器输出脉冲使开关管 VT_{802} 导通后，输入整流电压加在脉冲变压器 T_{801} 初级绕组⑭-⑯端，在其磁芯中存储磁场能量；当 VT_{801} 截止后，磁能复位产生感应电压，并通过次级整流管向负载供电；当磁能全部释放完毕时，各绕组感应电压过零，此过零下降沿由 T_{801} 绕组⑨端经 R_{814} 送入 TDA4601 的 2 脚，检测到过零脉冲后送入控制逻辑，使触发器允许输入下一个触发脉冲。此过零检测功能的一个作用是可避免 VT_{801} 在磁场势能完全释放完的情况下重复导通，因为相反方向的磁场相互抵消的过程必然使 T_{801} 初级电感减小，自感电动势减少，VT_{801} 将通过较大的冲击电流；另一作用是使开关电源可自动根据负载电流的大小调整其输出脉冲占空比，从而达到自动调整输出功率的目的。故

TDA4601 组成的开关电源允许空载，且负载从 0 到 100% 变化情况下能维持稳定的输出电压。正常工作状态，2 脚有 0.2 V 的正电压。

3 脚：误差放大器的输入端，输入与开关电源输出电压成反比的正极性误差电压。当开关电源输出电压升高时，要求 3 脚输入误差电压降低，并通过逻辑控制电路使触发器输出脉宽减小，以降低次级输出电压。将电路中 T_{801} 绕组⑨端输出的脉冲电压(与次级整流电路相位相反的脉冲)经 V_{D808} 整流和 C_{810}、C_{811} 滤除波纹，即得到负极性取样电压。为了将此取样电压变成正极性误差电压，1 脚输出的 +4.2 V 基准电压，由 R_{807}、R_{812}、R_{813} 组成电阻矩阵，使 3 脚电压等于基准电压与取样电压的代数和。当负取样电压减小时，3 脚得到增大的正电压，达到反相控制输出电压稳定的目的。另外，由 R_{812}、R_{813} 和 C_{816} 组成 0.2 ms 的延时电路。当电源启动时，负取样电压延时 0.2 ms，使 3 脚电压随负取样电压的建立缓慢下降，使触发脉冲的脉宽随之加大，以此来补偿输入电压变动时开关电源输出电压的稳定度，达到软启动的目的。正常时 3 脚电压为 +2.1 V。此外，输入电压升高自然限制了脉宽，即限制了 VT_{801} 平均电流的增大。此辅助控制功能使 TDA4601 构成的它激式开关电源可适应大范围输入电压的变化，只要改变 9 脚 V_{CC} 供电方式，也可输入 90～270 V 的交流电压。同时此功能设定的脉冲宽度还受 3 脚输入取样的控制。

4 脚：正常时电压为 2～2.5 V。

5 脚：欠压控制保护输入端。其保护阈值小于 2 V 时关断输出脉冲。正常状态下，在 220 V 输入时，由 R_{805}、R_{820} 将整流电压分压提供 6 V 左右的电压。该端的欠压保护有两种用法：一种为图中所示，对整流电压取样，为输入电压过低进行保护；另一种用法是，对工作/启动电压取样，避免其供电电压过低形成的不稳定。

6 脚：接地端。

7 脚：驱动电流检测输入端。该端与 8 脚连用，实现对开关管的过流保护。

8 脚：输出脉冲通过电阻 R_{804}，对 VT_{801} 驱动电流 I_B 取样，取样电压送入 8 脚。当开关电源过载或负载短路时，VT_{801} 的 I_C 增大，I_B 则成 $1/h_{FE}$ 的比例增大。此取样电压送入 7 脚，通过内部驱动控制电路关断驱动放大器的输出。此功能为不锁定保护。若瞬间过流，则通过瞬间关断输出脉冲，减小开关管导通占空比，使开关电流下降，开关电源输出电压随之下降，减小过流的危害。如果连续地过流，短路，则持续关断输出，开关电源呈保护状态。正常状态下 7 脚、8 脚电压均为 2 V。

9 脚：供电输入端，正常电压为 7.8～18 V。芯片内设有上限保护电路，当输入电压超过 18 V 时，通过控制逻辑关断触发器的输出。9 脚具有启动和工作两种电压：① 输入的启动电压经 V_{D805} 整流输出正电压，地线经桥堆 V_{D801} 的二极管 DA 输出负极电压到 6 脚，向 9 脚提供启动电压，R_{802} 为限流电阻，VT_{802} 构成启动恒流源，以使 9 脚启动电压符合规定值；② 当此电压为 7.8～18 V 时，电路启动，8 脚输出触发脉冲使 VT_{801} 导通，向 T_{801} 存储磁场能量，触发脉冲下降沿使 VT_{801} 截止，T_{801} 释放磁能，使其绕组⑮端产生感应电压，使 V_{D806} 导通，其整流电压经 C_{804} 滤波，向 9 脚提供 12 V 工作电压。同时，T_{801} 绕组⑮端正脉冲还经 V_{D811} 整流，C_{820} 滤波，触发晶闸管 V_{S803} 导通，使 VT_{802} 截止，切断启动供电整流电压。

3. TDA4605 功能

TDA4605 为双列八脚封装，内部功能比 TDA4601 完善，具有小电流启动功能。只要向供电端提供大于 12V 的启动电压，启动电流仅 1mA 以上，内部电路即可启动，启动后允许电压下降到 7V。如电压降到 6.9V 以下，则电路停止输出脉冲。应用电路设计要求启动电压和工作电压隔离供电。启动后，启动电压下降的瞬间，工作电压立即接通，使其进入工作状态。此功能可以使 TDA4605 省去辅助供电电源。开关电源高压输入电压通过功率不大的电阻，使电路启动，启动后，由开关电源自身得到低压供电。

(1) 驱动器供电电路内部设有稳压电路，向芯片各功能部分供电。同时输出 3V 基准电压，向比较器、触发器提供基准电压。为了使内部稳压器正常工作，内部还设有供电端超压和欠压保护电路。V_{CC} 输入超出 7.5V 范围时，V_{CC} 检测电路通过逻辑控制系统关断驱动输出。

(2) 开关电源输入电压欠压保护，以免输入电压低于下限值时，稳压控制系统因输出脉冲占空比过大而损坏开关管。在欠压保护电路内部还设有占空比控制电路，输入电压的降低使占空比增大到一定程度时，启动闭锁比较器，关断输出脉冲。

(3) 磁化电流检测电路对脉冲变压器能量释放过程进行检测。当能量释放完毕时，允许逻辑电路发出下一个导通脉冲。

(4) 误差比较器。外输入取样电压与内部基准电压比较，检出误差电压，通过闭锁比较器，使逻辑电路控制输出脉冲占空比。

开关电源输入电压的过压保护采用虚拟开关管导通电流的方式进行检测。开关管导通电流与输入电压和驱动电流成比例，因而将驱动电流和输入电压瞬间变动积分后比较，可控制开关电源初级电流的值。当驱动电流在增大过程中，输入电压积分值增大，则输入电压升高将导致初级电流增大，此时通过闭锁比较器提前关断驱动脉冲。

4. 电路工作过程

TDA4605 被广泛用于开关电源中，其外电路比多路 PWM 控制的自激式开关电源简单。TDA4605 构成的开关电源电路见图 3-11，次级电路省略。图中，VT_{801} 为 MOSFET 开关管，T_{802} 为脉冲变压器，IC_{801} 为驱动控制器 TDA4605，其各脚功能及外电路如下：

1 脚：取样电压输入端。T 辅助绕组①-②的感应脉冲经 V_{D803} 整流、C_{810} 滤波形成直流电压，经 R_{P810}、R_{807} 和 R_{808} 分压作为取样电压输入 IC_{801} 的 1 脚。调整 R_{P801}，可以改变开关电源输出电压值。

2 脚：开关管导通电流限制电路端，整流后电压经 R_{810}、C_{811} 输入。当开关管截止，2 脚内部电路使 C_{811} 放电，充电电压降低到 1V 以下，控制电路使放电电路关断，同时发出驱动脉冲，开关管开始导通，C_{811} 通过 R_{810} 充电，充电电压上升到 3V 时，开关管截止，C_{811} 放电。充电电压在 1~3V 期间为开关管导通期。当输入电压升高时，C_{811} 充电时间加快，开关管导通期缩短，减小开关电源初级电流，使输出电压稳定。功能可以理解为输入电压超压保护，只是方法不同。

3 脚：输入整流电压取样输入端。当分压值使 3 脚电压小于 1V 时，欠压保护电路动作关断输出脉冲。如输入电压上升使 3 脚电压超过 1.7V 时，2 脚的过电压保护动作限制开关管导通时间。

4 脚：共地端，即 V_{CC} 负极端。

5 脚：驱动脉冲输出端。R_{814} 为隔离电阻，以免 MOSFET 管的 G-S 极间电容影响输出波形。R_{805} 和稳压管 V_{ZD804} 限制驱动脉冲的幅度，防止击穿 VT_{801} 的 G-S 极。

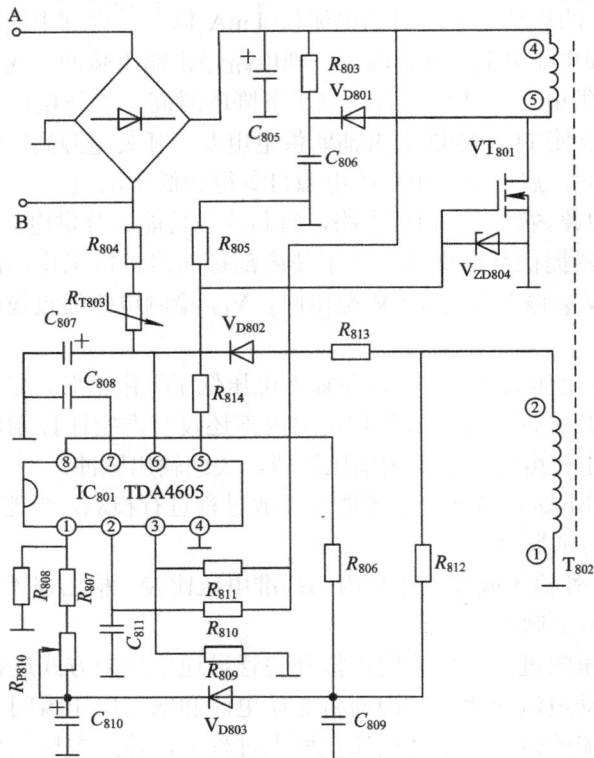

图 3-11 TDA4605 构成的开关电源电路

6 脚：启动/工作电压输入端。220 V 交流输入的 A 端经桥式整流器一臂半波整流，输出负极接地。B 为半波整流的正极输出，经 R_{804}、R_{T803} 降压，C_{807} 滤波输入 6 脚作为启动电压。T_{802} 辅助绕组①-②的脉冲经 V_{D802} 整流、C_{807} 滤波作为工作电压。由于 R_{T803} 通电后阻值迅速增大，在电路启动后进入阻断状态，启动电路不工作。R_{T803} 为 PTC 热敏电阻，有防止连续开/关机的保护作用。开机后，R_{T803} 保持一定温升，使其阻值增大，关机后难以立即下降为室温，此时若立即开机，因启动电压不足电路不能启动，待几分钟后，PTC 降至室温才能重新启动。

7 脚：外接软启动电容。开机时，软启动电容 C_{808} 充电电流较大，输出脉冲占空比较小，随充电电流的减小缓慢达到额定值。C_{808} 取 3300 pF，启动时间为 200 ms。

8 脚：感应脉冲过零检测输入端。T_{802} 辅助绕组①-②输出脉冲电压，经 R_{812}、C_{809} 滤除高次干扰脉冲，经 R_{806} 引入 8 脚。当感应脉冲下降时，使逻辑控制部分触发器复位。

TDA4605 可用于由光电耦合器隔离传送次级输出的直接取样方式。在此状态下，1 脚外电路如图 3-12 所示。次级输出电压由 R_{825}、R_{P801} 与 R_{829} 分压，使取样电压在 2.5 V 左右，由 TL431 检出误差电压，控制光电耦合器 OC_{803} 的发光二极管电流。TDA4605 的 6 脚 V_{CC} 电压经 OC_{803} 次级 R_{818}、R_8 分压送入 1 脚，将 OC_{803} 次级内阻的变化形成电压变化，控制输出脉冲占空比。当次级输出电压升高时，OC_{803} 次级内阻降低，1 脚电压随之升高，使输出电压稳定。这其中关键是，无论直接取样还是间接取样，在开关电源正常工作于稳压状态时，TDA4605 的 1 脚电压在 400 mA 左右变化，即可实现电压稳定。

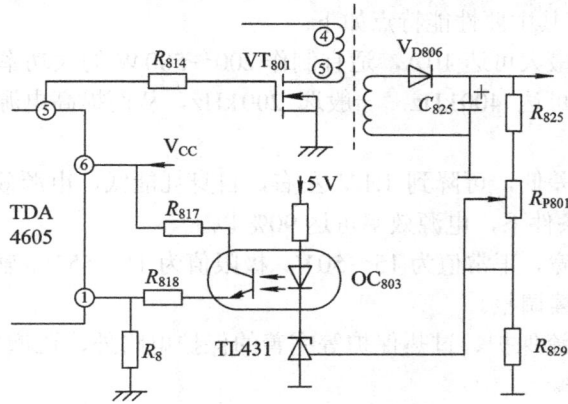

图 3-12　TDA4605 直接取样方式外电路

　　TDA4605 组成的开关电源允许负载电流大范围变化，当负载电流很小时，脉冲变压器输出电流也小，8 脚检测脉冲下降沿的时间间隔变长，在此期间，即使控制系统发出触发电平，逻辑电路处于关闭状态，也不会输出驱动脉冲，直到 8 脚检测到脉冲下降沿以后，才会发出下一个开关管导通驱动脉冲。因此，当负载电流极小甚至开路时，取样稳压系统失去作用，TDA4605 和开关管变成窄脉冲变换器，输出电压为高内阻电压源。此功能特别适用于有待机功能的电器，在待机控制电路中不用对开关电源进行任何控制，只关断负载即可。而窄脉冲振荡状态下，由于开关电源功耗极小，仍可以向待机控制系统提供 5 W 以下的待机电源。

3.2.4　大电流电源

　　它激式开关电源以其优越性广泛用于推挽式、半桥式、全桥式开关电路中，组成 kW 以上的开关电源或变换器。但是它激式开关电源电路较复杂，且无负载过流、短路自保功能，若要实现此保护功能，必须设计比驱动电路还复杂的外设保护电路。

　　自激式开关电路相对来说较简单，具有负载短路自保功能，因此目前仍被小功率家用电器所采用。但是，自激式电路输出功率有限，稳压性能也差，同时自激式变换电路的启动电路是不可控的，固定接于开关管基极电路中，开机即有启动电流，不仅使开关电源效率降低，其可靠性也极差。新型开关电源将它激电路与自激电路结合在一起，发挥了各自的优势。这种电源的工作方式是：开关管基极接入适当的正反馈电路，但无启动直流电流加入。为了使开关电源能启动，外设可控的锯齿波发生器，其输出脉冲使开关管产生初始触发电流，作为启动电流，随即锯齿波下降为零。开关管启动后，正反馈电路作用使其进入饱和区，由定时电路设定的脉宽完成一个导通到截止的周期。开关管截止后，必须由锯齿波发生器提供下一个启动脉冲，开关管才能开始下一个周期的导通过程。因而，通过对触发脉冲的控制，可以实现逐周控制，大幅度调整驱动脉冲的占空比，以达到精密的大范围稳压。而且通过对触发脉冲的控制，还可以实现多种保护功能。L4970A 是一种性能较好的控制芯片。

1．L4970A 的特点

　　L4970A 的特点是直接输出大电流，具有过流、过热、软启动等完备的保护功能。用它设计电源可靠性很高。其主要性能特点如下：

(1) 输出电流大，最大可达 10 A，适宜制作 200～500 W 的大功率开关电源。

(2) 开关频率高，可达 400 kHz，一般选 200 kHz，从而提高电源效率，减小滤波电感体积。

(3) 输入、输出压差低，可降到 1.1 V 左右，自身耗能低，电源效率高。在 $U_i=50$ V，$U_o=40$ V，$I_o=10$ A 的条件下，电源效率可达 90% 以上。

(4) 输入电压范围宽，正常值为 15～50 V，极限值为 11～55 V。输出电压控制灵活，可在 5.1～40 V 范围内连续调整。

(5) 除软启动、限流保护、过热保护等完善的保护电路外，还增加了欠压锁定、PWM 锁存、掉电复位等电路。

(6) 误差放大器的开环增益大于 60 dB，电源电压抑制比为 PMRR=80 dB，输入失调电压为 2 mV。

2. 电路原理与工作过程

L4970A 内部原理框图如图 3-13 所示。

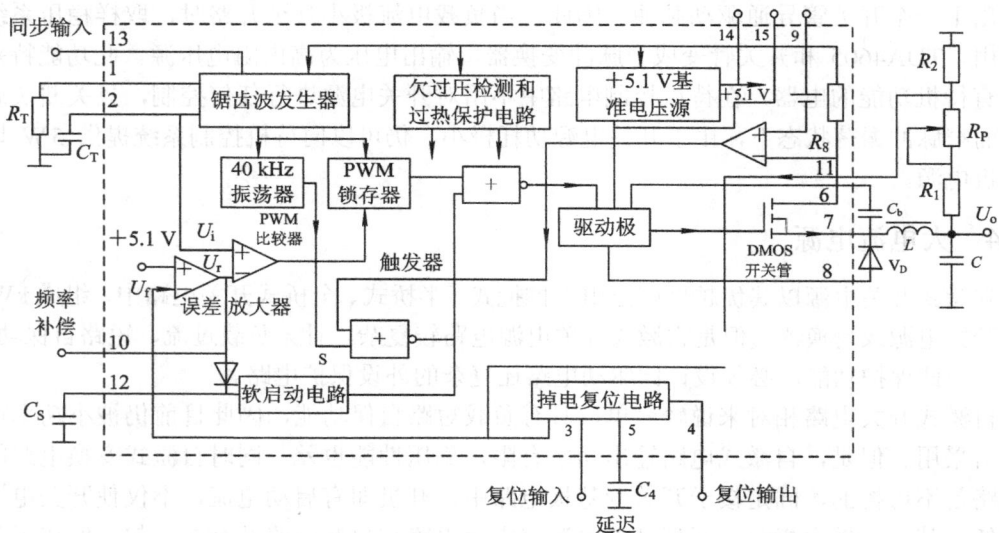

图 3-13　L4970A 内部原理框图

如图 3-13 所示，L4970A 芯片内部由基准电压源、锯齿波发生器、40 kHz 振荡器、误差放大器、PWM 比较器、PWM 锁存器、驱动级、DMOS 开关管、两级或非门构成的触发器、欠过压检测电路和过热保护电路、限流取样电阻 R_8、软启动电路以及掉电复位电路等组成。

L4970A 的工作过程如下：首先把输出电压 U_o 经 R_1、R_2 和 R_P 组成的取样电路提供的反馈电压 U_f 和 5.1 V 基准电压进行比较，产生误差电压 U_r，再将 U_r 和 U_i 进行比较获得 PWM 信号。该信号经或非门驱动功率管，最后利用外接的 L、V_D、C 构成的降压输出电路得到稳定的输出电压。在图中，将输入电压 U_i 加到锯齿波发生器上，目的是提供一个前馈信号，使器件在很宽的输入电压范围内具有良好的稳压性能。

3. 开关频率的确定

当开关频率 f 选定为 100 kHz 时，要求定时电阻 R_T 取 16 kΩ，定时电容 C_T 取 4.7 μF。电路输出电压表达式为

$$U_o = (R_1 + R_P + R_2) \times \frac{5.1}{R_2} \tag{3-3}$$

式中：R_2 取 4.7 kΩ；R_1 取 20Ω；电位器 R_P 的取值视输出电压的大小和调整范围而定，最大不超过 40kΩ。

开关频率 100 kHz 时自举电容 C_b 为 0.33 μF。储能电感 L 一般取 40～150 μH。

4. 由 4970A 构成的 10A 输出电源

图 3-14 所示电路为某微波装置的电源系统，它主要是由一片 L4970A 芯片组成，具有 10A 输出，电压在 5.1～40V 之间稳压可调。开关频率 f 的大小由 R_4、C_9 的参数确定，LED 用于正常输出指示，C_1、C_2 为输入滤波电容，R_1、R_2 构成分压器，以设定复位阈值电压 U_R。

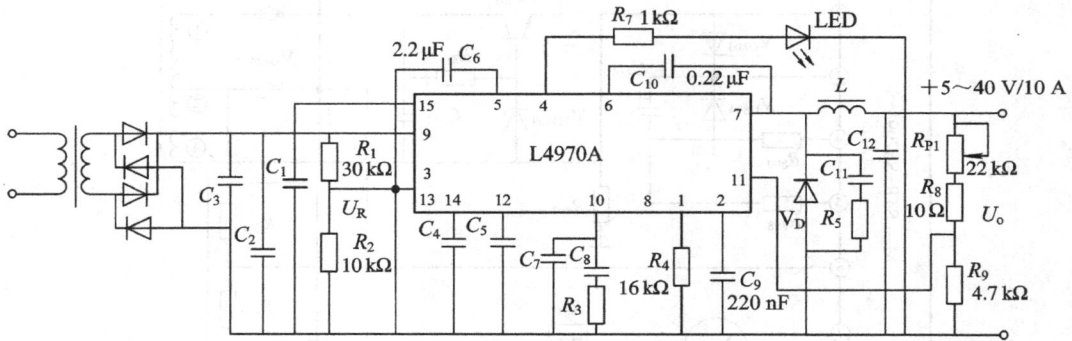

图 3-14　10 A 输出电源电路

图 3-14 中，U_R 设定为 11 V，即 $U_R \leq 11$V 时，输出电压 U_o 为 0V；C_3、C_4 分别是芯片内部 +12 V 和 +5.1 V 基准电压滤波电容；C_5 为软启动电容；C_6 为复位延迟电容；C_8、R_3 是频率补偿网络；C_7 用于高频补偿；C_{10} 为自举电容；V_D 是续流二极管，采用 20A/80 V 肖特基管；C_{11} 和 R_5 构成吸收网络，用以限制电感 L 在开关管关断瞬间产生的尖峰电压和 du/dt，保护功率管和续流二极管不被损坏；C_{12} 为输出滤波电容。R_{P1}、R_8 和 R_9 构成分压器，为 9 脚提供反馈电压 U_f，以确定输出电压 U_o 的大小。调整电位器 R_{P1} 可使输出电压 U_o 在 5.5～40V 之间变化。当该电源的输出电压大于 20V 时，电路效率在 90% 以上，整个电源的体积要比用线性器件时缩小 1/3。

3.3　STR 系列集成变换电路

STR-S67×× 系列为它激式驱动开关厚膜集成电路，其结构采用内附开关管的厚膜工艺，将开关器件和驱动电路合成为一体，使用方便。以下分析几种典型的系列电路，说明其功能及应用方法。

3.3.1　STR-S67 系列电路

STR-S6708/6709 为第一代它激式开关电源厚膜集成电路，其内部设有脉宽可控振荡器，振荡频率由内部 RC 电路设定。振荡器的脉宽由内部稳压器和芯片的 7 脚外接分压电路经内部电阻控制，芯片内部有脉冲放大器和开关管。STR-S6708 适用于 100 W 以下的开关电源，而 STR-S6709 适用于 100～150 W 的开关电源。STR-S6708/6709 的应用电路如图 3-15 所示。

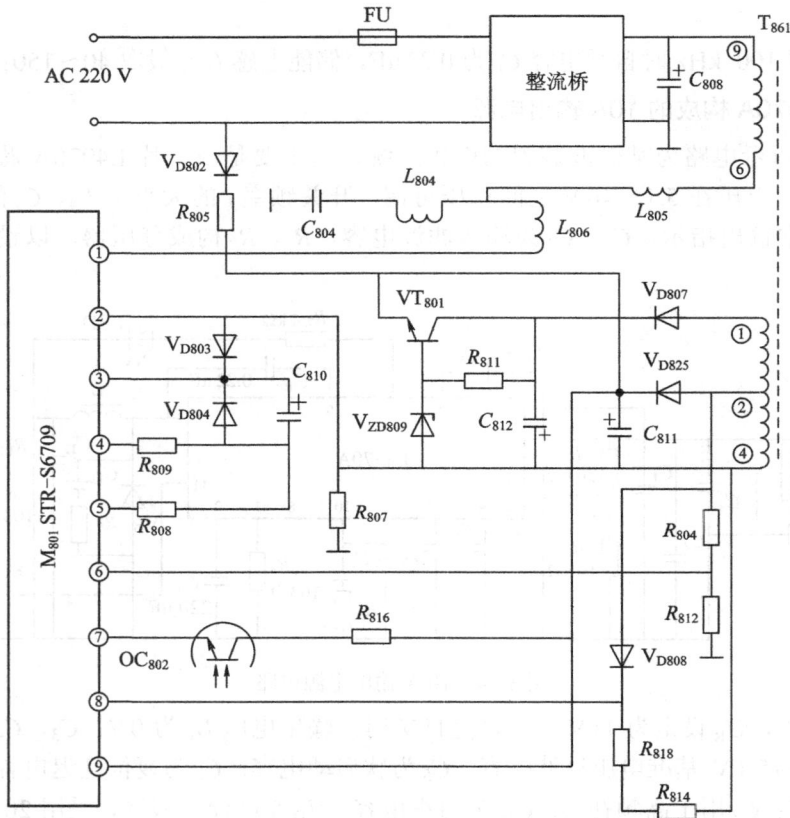

图 3-15　STR-S6708/6709 的应用电路

1. STR-S6708/6709 各脚功能

1 脚：开关管集电极引出端，经电感 L_{806}、L_{805} 接入脉冲变压器 T_{861} 绕组⑥端。T_{861} 绕组⑨端由整流器提供正极性电压。

2 脚：开关管发射极引出端，经电流取样电阻 R_{807} 接地。

3 脚：开关管基极引出端。M_{801} 的 5 脚输出的 PWM 脉冲经 R_{808} 电流取样，再经耦合电容 C_{810} 进入 3 脚。

4 脚：过电流保护端。R_{808} 对驱动脉冲电流取样形成的电压，经 R_{809} 送入 4 脚，控制 5 脚的输出驱动脉冲。当开关电源过载或短路时，STR-S6709 内部的开关管的电流增大，反馈至 4 脚的取样电压也增大，使 5 脚无驱动脉冲输出。这是它激式开关电源中独特的短路保护。

5 脚：驱动脉冲输出端。

6 脚：脉冲峰值过电压保护输入端。T_{861} 绕组②-④输出脉冲电压经 R_{812}、R_{804} 分压，送入 6 脚。当分压后的脉冲峰值超过 M_{801} 内部基准电压时，振荡器瞬间停振，待高脉冲峰值过后再继续振荡。

7 脚：PWM 控制输入端。该端输入电流构成芯片内部振荡电容 C_2 的辅助充电电流。当输入电流增大时，电容充电时间变短，使输出电压降低。输入电流由光电耦合器 OC_{802} 的光敏三极管控制。OC_{802} 的供电由 T_{861} 绕组②-④输出脉冲电压经 V_{D825} 整流、C_{811} 滤波供给。

8 脚：电压保护控制端。当该端输入电压升高到一定值时，内部反相器输出电压，使 5 脚的输出驱动脉冲被关断。T_{861} 绕组②-④输出脉冲电压经 V_{D808} 整流、R_{818}、R_{814} 分压送入 8 脚，以防止 PWM 控制系统失效使输出电压超高。

9 脚：启动/工作电压供电端。交流输入电压经 V_{D802} 整流，R_{805} 限流，对 C_{811} 充电。当充电电压高于 7 V 时电源启动，5 脚输出驱动脉冲。同时，T_{861} 绕组②-④输出脉冲电压经 V_{D825} 整流，向 9 脚提供工作电压。

2．开关电源次级及控制电路

开关电源次级及控制电路见图 3-16。N_{803} 为取样误差放大器，其内部取样电阻分压比已固定，控制的输出电压为 125 V。

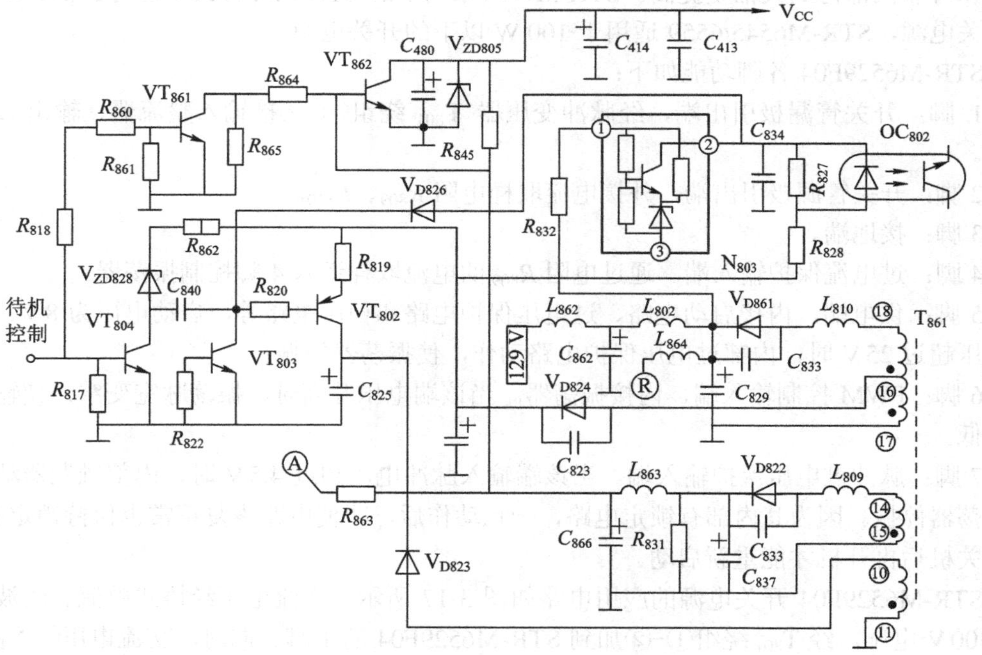

图 3-16　开关电源次级及控制电路

T_{861} 绕组⑰-⑱输出脉冲电压，经 V_{D861} 整流、C_{829} 滤波输出 125 V，送到行输出级。当输出电压升高时，取样电压也升高，N_{803} 的 2 脚电流增大，OC_{802} 的发光二极管和光敏三极管电流也增大，M_{801} 的 7 脚电压升高，使开关管导通时间缩短，输出电压降低。

该电源具有待机功能。正常工作状态为它激式 PWM 开关电源，待机状态时通过脉宽控制，使脉冲占空比变得极小，从而使输出电压急剧下降。正常工作状态，T_{861} 绕组⑯-⑰输出电压约 70V，经降压送到 OC_{802} 和待机控制电路 VT_{802}、VT_{804}、VT_{861}、VT_{862} 等。待机状态时，CPU 输出低电平，分为两路：一路使 VT_{861} 截止，VT_{862} 饱和，将稳压管 V_{ZD805} 的 8.2 V 电压短路，行振荡无供电电压，行扫描停止工作；另一路使 VT_{804} 截止，VT_{803} 导通，使 OC_{802} 发光二极管的电流增大，STR-S6709 的 7 脚电压上升，开关管振荡形成极窄的脉冲，各组输出电压下降。

各组输出电压降低的同时，为了维持 STR-S6709 的正常工作，电路中加入开关管 VT_{801}(见图 3-15)，以使 STR-S6709 的 9 脚电压不低于 7V。当正常工作时，T_{861} 绕组①-④ 输出脉冲电压高于绕组②-④的输出电压，C_{812} 上的直流电压为 60～70V，稳压管 V_{ZD809} 将 VT_{801} 基极电压钳位于其稳压值 7.5V。由于 VT_{801} 发射极与 C_{811} 正极相连，C_{811} 上有 8V 以上的电压，因此 VT_{801} 截止，M_{801} 的 9 脚由 C_{811} 供电。当待机状态时，VT_{801} 的发射极电压下降到 2V 左右，但 C_{811} 上的直流电压仍为 16V 以上，故 VT_{801} 导通，向 M_{801} 的 7 脚提供 7V 待机电压。

3.3.2　STR-M65 系列电路

STR-M×× 系列内附 MOSFET 开关管，使驱动脉冲的频率可达 50～200kHz，电源的效率和可靠性都得到大幅度提高。STR-M×× 系列中的 STR-M6529F04 适用于 100W 以上的开关电源，STR-M6545/6559 适用于 100W 以下的开关电源。

STR-M6529F04 各脚功能如下：

1 脚：开关管漏极引出端，经脉冲变压器 T_{801} 绕组①-②接输入整流器，输出 +300V 电压。

2 脚：开关管源极引出端，外接电流取样电阻 R_{809}、R_{810}。

3 脚：接地端。

4 脚：过电流保护输入端。通过电阻 R_{809} 的电流取样送入 4 脚控制振荡器。

5 脚：供电端，内接启动电路、过电压保护电路和稳压电路等，启动电压为 8V。当供电电压超过 25V 时，内部过电压保护电路动作，使振荡器停振。

6 脚：PWM 控制输入端，内接振荡器。当该端电压升高时，振荡脉宽变窄，使输出电压降低。

7 脚：脉冲过电压保护输入端。当该端输入脉冲电压超过 4.5V 时，内部触发器动作，使振荡器停振。因为其内部有锁定电路，一旦动作后，即使电路恢复正常也保持锁定状态，只有关机后再开机才能重新启动。

STR-M6529F04 开关电源的应用电路如图 3-17 所示。交流电压经桥式整流、滤波，产生 +300V 电压，经 T_{801} 绕组①-②加到 STR-M6529F04 的 1 脚。同时，交流电压经 V_{D808}、V_{D813} 整流，C_{811} 滤波，送到 5 脚作为启动电压。开关电源启动后，T_{801} 绕组③-④输出脉冲电压，经 V_{D803} 整流、C_{811} 滤波向 5 脚提供 +12V 工作电压，这时启动电路不再起作用。V_{ZD823} 为钳位二极管，以防止脉冲电压峰值超过 25V 而损坏 IC_{801}。

该电源中设有多种保护电路。当输出电压为 +140V 时，取样放大电路 SE137 的②脚电位降低，光电耦合器 OC_{807} 中发光二极管电流增大，光敏三极管的电流也增大，IC_{801} 的 6 脚电位升高，内部振荡脉宽变窄，使输出电压下降。当开关管电流过大时，取样电阻 R_{809}、R_{810} 上的电压降增大，通过 R_{810} 使 4 脚电位升高，其内部振荡器停振。当输入电压升高或稳压系统出故障，T_{801} 绕组③-④输出脉冲电压也会升高，当此电压超过 $4.7\,V$ 时，经 V_{D804}、R_{807}、C_{815} 送到 IC_{801} 的 7 脚，其内部触发器翻转，使振荡器停振。此外，5 脚工作电压超过 $24\,V$，或芯片温度过高时，保护电路也会动作。

T_{801} 次级输出经 V_{D831} 整流、C_{833} 滤波，提供 $+140\,V$ 稳定电压，供给行输出电路。

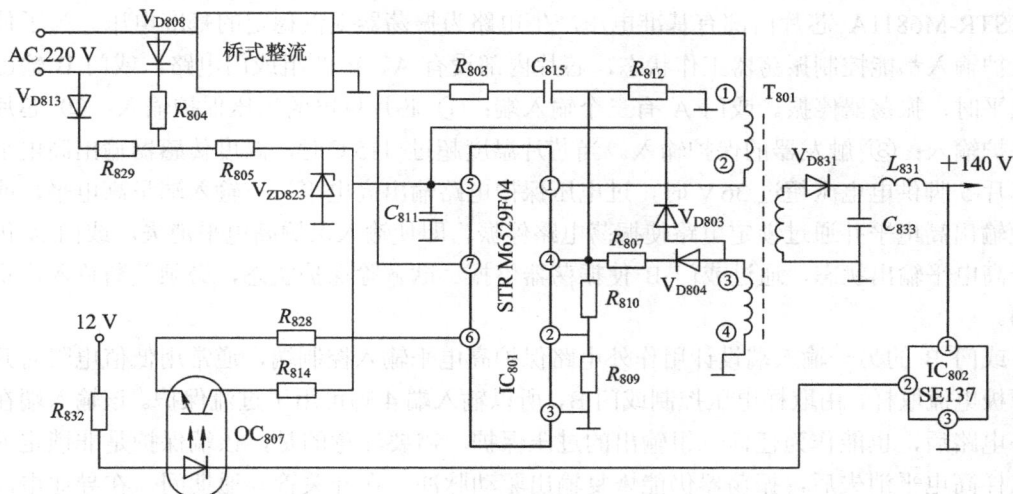

图 3-17　STR-M6529F04 的应用电路

3.3.3　STR-M6811A 电路

1. 大功率厚膜集成电路 STR-M6811A

开关电源的变换器、驱动器、稳压控制系统以及大功率 MOSFET 开关管等，全部被集成在厚膜集成电路 STR-M6811A 内部。其内部电路见图 3-18。

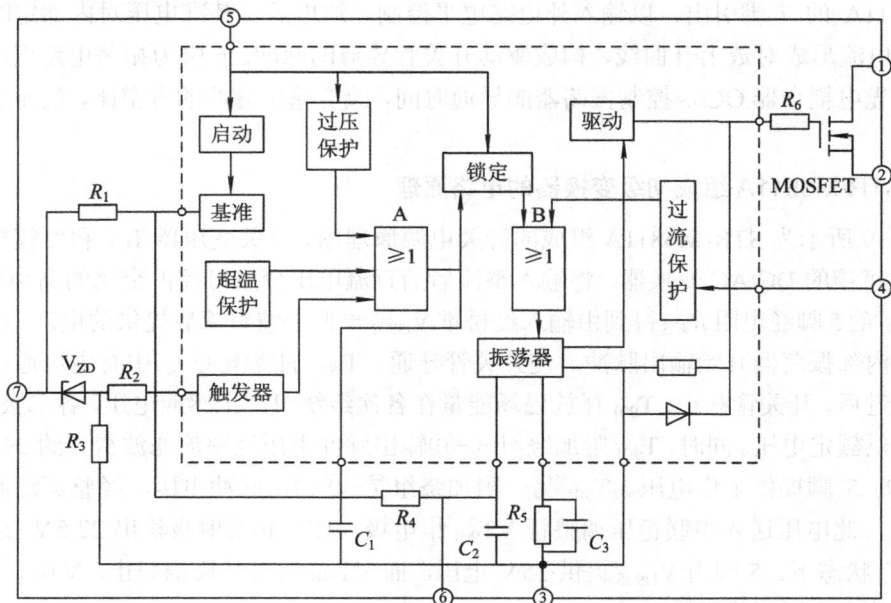

图 3-18　STR-M6811A 内部电路

图 3-18 中，虚线框内的集成化芯片包括振荡器、驱动电路，以及由或门和锁定电路等组成的过电压保护电路、过电流保护电路、芯片超温保护电路，在供电输入端设有启动控制电路，即使由输入整流电压降压启动，也不必使用大功率降压电阻。启动后立即进入工作状态。因此，STR-M6811A 无需为它激驱动部分提供另设的供电电源。

STR-M6811A 芯片内部有基准电压产生电路为振荡器提供稳定的基准电压。为了使各种保护输入都能控制振荡器工作状态，芯片内部设有 A、B 两组或门电路。或门 B 输出为高电平时，振荡器停振。或门 A 有三个输入端：① 芯片供电的过压保护输入；② 芯片超温保护输入；③ 触发器的保护输入。当芯片温度超过 115℃时，温度传感器输出高电平；当芯片 5 脚供电电压超过 36 V 时，过电压保护电路输出高电平。三输入端呈高电平，或门 A 便输出高电平并通过锁定电路使振荡电路停振，即使输入保护高电平消失，或门 A 仍锁定于高电平输出状态，通过或门 B 使振荡器停振。欲解除保护状态，必须关断输入，重新启动。

或门 B 的另一输入端设计用作外电路保护高电平输入控制端，通常用低值电阻对开关管源极电流取样，由取样电压控制或门 B，所以输入端 4 脚可用于过流保护。该输入端在改变外电路后，也能作为任何一组输出的过压保护。需要注意的是，该端保护是非锁定的，即取样高电平消失后，振荡器仍能恢复输出驱动脉冲。在开关管导通期间，在导通电流上升到大于阈值的瞬间，振荡器立即关闭，下一个导通周期继续工作，以通过提前关断驱动脉冲的方式迫使开关管源极电流下降。

STR-M6811A 内部电路中，虚线框外为厚膜结构的辅助电路和开关管。开关管为 MOSFET 加强型场效应管，其 U_S 为 1200 V，I_{DS} 为 15 A。开关管的漏、源极由 STR-M6811A 的 1、2 脚引出，7 脚内接的电阻作为对内部基准电压的取样保护。当基准电压超过规定值时，稳压管 V_{ZD} 击穿，触发器动作输出高电平，通过或门 A、B 使振荡器停振。V_{ZD} 负极由 STR-M6811A 的 7 脚引出，以输入外电路电平控制。通电后，基准电压对内部定时电容充电，充电电流形成对数上升曲线，构成驱动开关管导通的脉冲。6 脚为振荡电路引出端，可通过外接光电耦合器 OC_{903} 控制振荡器的导通时间，改变输出脉冲的占空比，从而达到稳压的目的。

2. STR-M6811A 组成初级变换器的电路原理

图 3-19 所示为 STR-M6811A 组成的开关电源原理图。开关变压器 T_{901} 和厚膜集成电路 IC_{901} 组成可控的 DC/AC 变换器，将输入整流后的直流电压变成可控占空比的高频脉冲。开机后，IC_{901} 的 5 脚经电阻 R_{906} 得到由输入经桥堆 V_{D901} 一臂半波整流后提供的电压。随着 IC_{901} 启动，其内部振荡器开始输出脉冲，使开关管导通，T_{901} 的绕组①-③中有电流通过。正向驱动脉冲过后，开关管截止，T_{901} 释放磁场能量在各次级绕组产生感应电压，各二极管导通，向负载提供额定电压。同时，T_{901} 附加绕组⑧-⑨输出脉冲电压经整流滤波得到约 24 V 电压，向 IC_{901} 的 5 脚提供工作电压。T_{901} 另一附加绕组⑦-⑨输出脉冲电压，经整流滤波得到约 50 V 电压，此电压送入串联稳压调整管 VT_{901} 集电极，控制其发射极输出 22.5 V 接 IC_{901} 的 5 脚。正常状态下，5 脚由 V_{D905} 提供 25 V 电压，而 VT_{901} 发射结反偏截止，VT_{901} 等组成的串联稳压输出电压无作用。

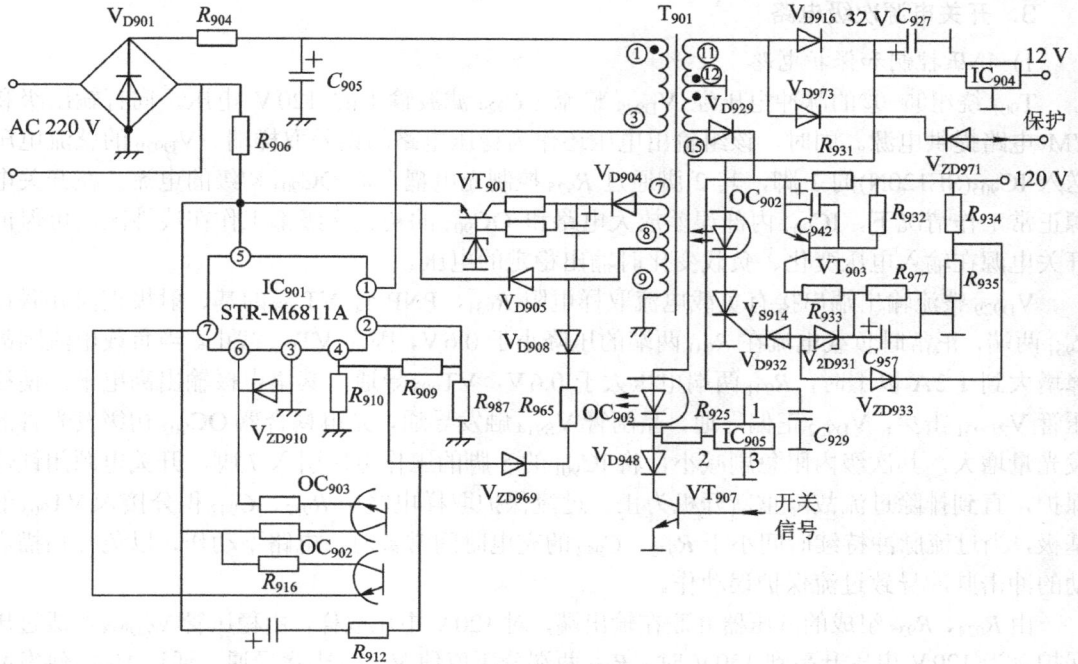

图 3-19 STR-M6811A 组成的开关电源原理图

IC_{901} 进入正常状态后，开关电源变换器受次级取样系统的控制，次级各绕组输出稳定的额定电压。IC_{901} 的 2 脚为内部开关管源极，通过外接电阻 R_{987} 接输入整流器负极。开关管源极电流的取样值经 R_{909}、R_{910} 分压送入 4 脚，对开关管作过流限制。当开关管电流上升到设定阈值时，通过 4 脚内部或门 B 瞬间关断驱动脉冲，使开关管电流下降。

IC_{901} 的 6 脚为稳压控制端。通过三端取样放大电路 IC_{905}(SE120N)对次级行扫描供电 120 V 取样放大，经光电耦合器 OC_{903} 控制 IC_{901} 的 6 脚电压变化，改变驱动脉冲占空比，进而调节 T_{901} 次级各绕组输出电压。

当 IC_{901} 的 7 脚呈高电平时，内部振荡器闭锁停振。当 OC_{902} 次级光敏三极管导通时，IC_{901} 的 5 脚供电电压通过 R_{916}、OC_{902} 次级，使 7 脚得到高电平，开关电源保护性停振，无电压输出。

T_{901} 绕组⑧端所接二极管 V_{D908}，将其附加绕组⑧-⑨输出脉冲整流取样，经电阻 R_{965} 限流，通过稳压管 V_{ZD969} 引入 IC_{901} 的 4 脚，实现对该绕组脉冲电压峰值进行取样，当脉冲峰值过高时瞬间关断驱动脉冲，以限制开关管的峰值电压。

待机状态下，初级电路处于窄脉冲振荡的它激式变换器状态，驱动脉冲的占空比大幅度减小，使 T_{901} 次级各组输出电压降低到额定值的 1/3 以下，同时还断开行前级电路的供电，使电视机暂停工作。此时 120 V 输出电压降低为 40 V 左右，IC_{905} 截止，OC_{903} 次级处于截止状态，迫使 IC_{901} 的 6 脚电压大幅下降，控制驱动脉冲占空比减小。由于 T_{901} 所有绕组的脉冲占空比都减小，附加绕组⑧-⑨的感应电压同时下降到 20 V 以下。为了保证待机状态下 IC_{901} 工作状态稳定，此时 VT_{901} 正偏导通，其发射极输出稳压后的 21.4 V 电压向 IC_{901} 的 5 脚供电，整流管 V_{D905} 反偏截止。

3. 开关电源次级电路

1) 稳压控制和保护电路

T_{901} 绕组⑮-⑫的脉冲电压经 V_{D929} 整流、C_{929} 滤波输出的 120 V 电压，向行输出级和 VM 电路提供电源。同时，该组输出电压还作为稳压电路的误差取样端。V_{D929} 的整流电压送入 IC_{905}(SE120N)的 1 脚，其 2 脚通过 R_{925} 控制光电耦合器 OC_{903} 初级的电流。在开关电源正常工作情况下，IC_{905} 内部误差放大电路和 OC_{903} 的初、次级都工作在线性区，可保证开关电源在输入电压变化、负载变化时输出稳定的电压。

V_{D929} 整流输出端串接有负载电流取样电阻 R_{931}，PNP 管 VT_{903} 的基、射极正向并联在 R_{931} 两端，正常时负载电流在 R_{931} 两端的压降小于 0.6 V，因而 VT_{903} 截止。当负载电流因故障增大到 1.2 A 以上时，R_{931} 两端电压大于 0.6 V，VT_{903} 导通，其集电极输出高电平，使稳压管 V_{ZD931} 击穿，V_{D932} 正偏导通，晶闸管 V_{S914} 触发导通，光电耦合器 OC_{902} 初级发光管的发光量增大，其次级内阻急剧减小，将 IC_{901} 的 5 脚的工作电压引入 7 脚，开关电源闭锁性保护，直到排除过流故障重新开机为止。过流保护取样电路由 R_{932}、C_{942} 积分接入 VT_{903} 的基极，当过流脉冲持续时间小于 R_{932}、C_{942} 的充电时间常数时，电路不动作，以免行扫描启动的冲击脉冲导致过流保护误动作。

由 R_{934}、R_{935} 组成的分压器并联在输出端，对 120 V 电压取样，由稳压管 V_{ZD933} 组成过压保护。当 120 V 电压升高到 130 V 时，R_{935} 两端分压值使 V_{ZD933} 击穿导通，通过 V_{D932} 触发晶闸管 V_{S914} 导通，电源保护无电压输出。

2) 待机控制电路

T_{901} 绕组⑪-⑫的脉冲电压经 V_{D916} 整流、C_{927} 滤波输出 32 V 电压，经 IC_{904} 稳压输出 12 V 电压，送至 CPU 电路板，提供稳定的待机电压。

3.4　TOP 系列集成电源

TOP 系列电源芯片具有高集成度、高性价比、最简外围电路和最佳性能指标等优点，可以构成高效率无工频变压器的隔离式开关电源。目前它已成为国际上开发中小功率开关电源、精密开关电源及电源模块的优选集成电路。由 TOP 系列芯片构成的开关电源，在成本上与同等功率的线性稳压电源相当，而电源效率显著提高，体积和重量也大为减小。以上特点为新型开关电源的推广与普及创造了良好条件。本节以 TOPSwitch 系列为例分析其应用方法。

3.4.1　TOPSwitch 系列集成电源

图 3-20 为 TOPSwitch 系列封装结构。内部集成了振荡器、脉宽调制器、负载过电流保护、输入过电压/欠电压保护、$U_S>700$ V 的 MOSFET 管、芯片恒流供电电路等，具备了单端它激式开关电源的所有功能。

TOP 系列封装形式有 TO-220 的三端器件式和 DIP-8 的八脚双列式两种基本形式，其本质是一个三端器件。这三个脚的定义是：

源极 S：连接内部 MOSFET 的源极，也是 TOP 开关及开关电源初级电路的公共接地点及基准点。

漏极 D：连接内部 MOSFET 的漏极，也是内部电流的检测点。该点内部有一电流源提供芯片偏置电流。

控制极 C：误差放大电路和反馈电流输入端。

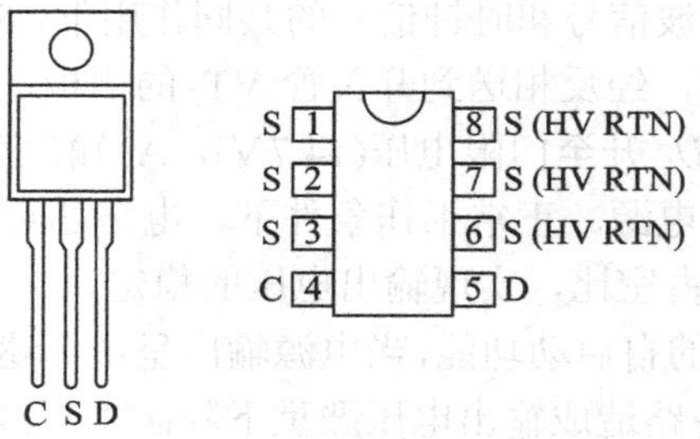

(a) TO-220　　　　　(b) DIP-8

图 3-20　TOP 系列管脚形式

TOPSwitch 芯片内部结构如图 3-21 所示，内置 MOSFET 功率开关管。该器件外部仅有三个控制管脚：D(漏极)为主电源输入端；C(控制)为误差放大电路和反馈电流信号输入端；S(源极)连接内部 MOSFET 的源极，是控制电路的基准点。TOPSwitch 芯片特别适宜制作功率不大于 100 W 的小型电源。TOPSwitch 系列电路芯片有多种型号，由于型号和功率不同，其封装形式也不同。

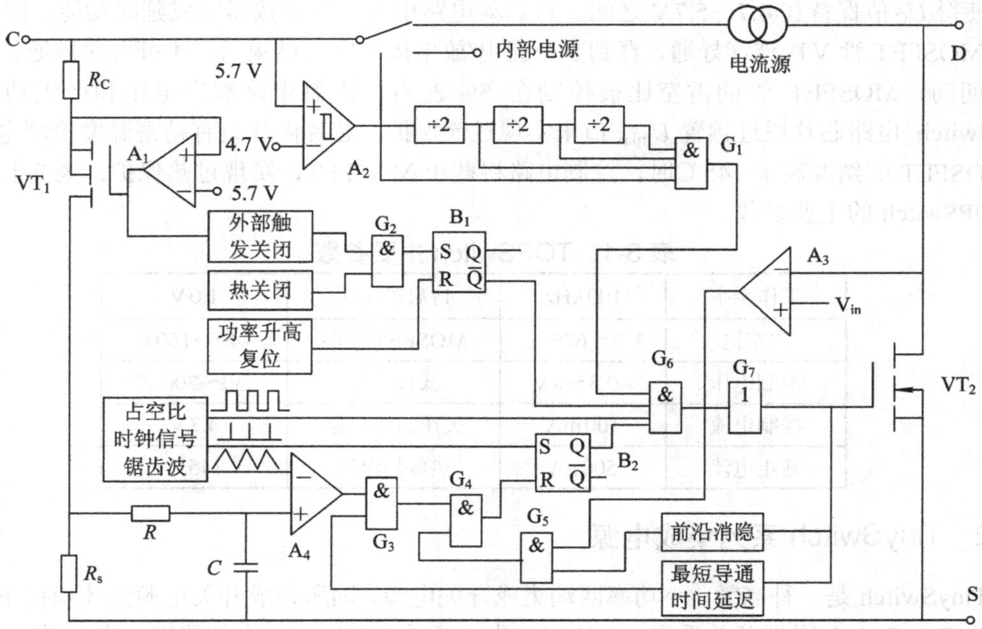

图 3-21　TOPSwitch 芯片内部结构

TOPSwitch 芯片的开关频率为 100 kHz，开关管占空比由 C 脚电流以线性比例控制。电路启动时，由漏极经内部高压电流源为 C 脚提供工作电压 U_C。实际电路中，C 脚外部应接入电容，以电容的充电过程控制 U_C 逐步升高，完成电路的软启动过程。其 PWM 反馈控制回路由 R_C、采样电阻 R_s、比较器 A_1 和 VT_1 等元件组成。控制极电压 U_C 为控制电路提供电源，同时也是 PWM 反馈控制回路的偏置电压。

比较器 A_2 的基准电压设置为 5.7 V，当 U_C 高于 5.7 V 时，A_2 输出高电平。与此同时，PWM 控制电流经电阻 R 与振荡器输出的锯齿波电流分别输入 PWM 比较器 A_4 的 +、- 输入端，这时因反馈控制电流较小，从 A_3 反向端输入的锯齿波信号经门电路 G_5 和 G_4 送至 RS 触发器 B_2 的复位端。在锯齿波信号和时钟信号的共同作用下，RS 触发器的输出端被置为高电平，G_6 由振荡信号的控制，经反相送到开关管 VT_2 的栅极，开关管处于开关状态，电源正常工作。电路启动结束，U_C 升至门限电压(+4.7 V)，A_2 输出高电平，驱动电子开关动作，控制电路的供电切换至内部电源。正常工作条件下，电路芯片通过外围电路形成电压负反馈闭环控制，调节开关管的占空比，实现输出电压的稳定。

TOPSwitch 芯片有独特的自启动功能，当电源输出呈现下述状态，电路转入自启动工作，实现保护的目的：① 负载短路造成输出电压严重下降；② 人为降低 U_C 的电压使系统处于待机状态。

在正常工作条件下，U_C 由电压负反馈电路决定：当电源输出电压由于某种原因上升，使 U_C 升高，内部采样电阻 R_S 上端的误差电压升高，与振荡器输出的锯齿波电压由 A_3 比较后，输出控制使输出电压的占空比减小，电源输出电压则下降；当输出电压下降时，情况则相反。

在自启动阶段(控制极电压 U_C 低于门限电压 +5.7 V 时)，控制电路进入低功耗的待命状态。此时，由于比较器 A_2 的滞回特性，电子开关频繁在高压电流源和内部电源之间进行切换，使得 U_C 值保持在 4.7～5.7 V 之间。自启动电路由八分频计数器完成延时功能，阻止输出级 MOSFET 管 VT_2 连续导通，直到 8 个充电/放电周期完全结束后，才可再次导通。在自启动期间，MOSFET 管的占空比被控制在 5% 左右，限制电路输出电压和产生功耗。TOPSwitch 电路芯片通过预置 U_{imax} 值来实现过流保护。芯片内部设有精密温度检测电路，当 MOSFET 的结温高于 145℃ 时，控制电路将截止 MOSFET，实现过热保护。表 3-1 所示为 TOPSwitch 的主要参数。

表 3-1　TOPSwitch 主要参数

工作频率	100 kHz	自启动电压	1.0 V
占空比	2～67%	MOSFET 结温	-40～150℃
控制电压	-0.3～8 V	漏极电压	30～700 V
控制电流	100 mA	欠压封锁门限	4.7 V
截止电流	500 μA	热保护温度	145℃

3.4.2　TinySwitch 系列集成电源

TinySwitch 是一种高效、小功率四端集成开关电源。因所构成开关电源的体积很小，也被称为 TinySwitch 微型开关系列。它比三端集成开关电源增加一个使能端，使用更加方便、灵活。TinySwitch 系列性优价廉，外围电路非常简单，特别适合制作 10 W 以下的微型开关电源或待机电源，是取代效率低、体积较大的小功率线性稳压电源的理想产品。

1. TinySwitch 的性能特点

(1) TinySwitch 尽管采用 8 脚封装，实际上只有 4 个脚：S、D、BP(相当于控制端)、

EN(使能端)，因此等效于四端器件。利用使能端可从外部关断 MOSFET，并且在快速上电时输出电压无过冲现象，掉电时 MOSFET 也无频率倍增现象。

(2) 高效、小功率输出。选 220 V 交流电源时，其空载功耗低于 60 mW。它适宜制作 0～10 W 的小功率、低成本开关电源，比线性稳压电源大约可节电 38%。

(3) 采用开/关控制器来代替 PWM 对输出电压进行调节。开/关控制器可等效为脉冲频率调制器(PFM)，其调节速度比普通的 PWM 更快，对纹波抑制能力更强。

与 TOPSwitch-II 相比，TinySwitch 在电路设计上有以下特点：① 交流输入端可省掉 EMI 滤波器；② 初级保护电路不需使用 TVS，仅用 RC 电路即可吸收尖峰电压；③ 不用反馈绕组及相关电路，也不加回路补偿元件；④ 芯片内部增加了使能检测与逻辑电路。

2．TinySwitch 的应用

TinySwitch 系列产品适合制作手机电池的恒压恒流充电器、IC 卡付费电度表中的小型开关电源模块，以及微机、彩电、摄录像机等高档家用电器中的待机电源。例如，目前生产的大屏幕彩电均具有待机功能，使用遥控器关闭电源之后，即进入待机状态。此时彩电中开关电源的功率开关管呈关断状态，改由待机电路继续给 CPU 供电，使整机功耗降至最低。由 TNY253P 可构成 5 V、1.3 W 的彩电待机电源，它利用彩电主电源产生的直流高压作输入电压 U_i，其允许范围是 120～375 V，输出电压 U_o = +5 V。使用一片 TNY255P 则可构成 PC 机的 5 V、2 A 待机电源。由 TNY254P 构成的 +6.7 V、3.6 W 手机电池的恒压恒流充电器，能在 85～265 V 交流输入电压范围内对 6 V 镍氢电池充电。此外，TinySwitch 还适合制作小型家电的适配器，将 220 V 交流电源变成所需直流稳压电源。这种适配器不仅没有笨重的变压器，而且效率高、体积小、稳压性能好，几乎取代目前市售的各种插头式 AC/DC 变换器。

3．TOPSwitch 延伸的 MC33370 的性能特点

MC33370 系列包括 MC33369～MC33374 五种规格、17 种型号。MC33370 的性能特点如下：

(1) 比 TOPSwitch 增加了电源端(V_{CC})和状态控制器的输入端(State Control input)；芯片内部增加了欠压锁定比较器、外部关断电路和可编程状态控制器；其性价比要优于 TOPSwitch，而外围电路更趋简单。

(2) 利用可编程状态控制器及外部模式选择电路，能实现多种控制方式，实现工作状态与备用状态的互相切换。

(3) 内部集成了一只被称为敏感场效应管的电流传感式功率开关管，用它能无功率损耗地实时检测漏极电流 I_D 的大小，进行过流保护。

(4) 当交流电源为固定值或变化率不超过 20% 时，允许去掉高频变压器的反馈绕组以及相关的高频滤波电路。这有助于进一步简化外围电路，降低开关电源的成本。为满足特殊应用的需要，还可给开关电源增加软启动功能。

(5) 电源效率高。由它构成开关电源或电源模块的效率可达 80% 以上。在备用状态下静态功耗低至几十至几百毫瓦。

(6) 占空比调节范围更宽，可达 0.1%～74%。芯片的工作结温是 -40～150℃，过热保护温度定为 157℃。

MC33370 系列可广泛用于办公自动化设备、仪器仪表、无线通信设备及消费类电子产品中，构成高压隔离式 AC/DC 电源变换器。在特殊应用时，还可去掉高频变压器的反馈绕组及快恢复二极管、滤波电容，改用稳压管或双极型晶体管、MOS 管来进行串联调整。此外利用这种芯片还能制作高压步进电源。

3.4.3 取样电路

1. 间接取样电路

TOP209 的应用电路见图 3-22，为标准的间接取样的它激式开关稳压器。脉冲变压器 T_4 绕组 N_1 为初级储能绕组，绕组 N_2 为次级输出绕组，绕组 N_3 为取样绕组。220V 输入电压首先经 T_2 和 C_2、C_6 共模滤波，抑制开关脉冲谐波污染电网，同时也避免外界脉冲干扰引起开关管误触发。R_{T13} 为 PTC 负温度系数电阻，用以限制开机时滤波电容的充电峰值。

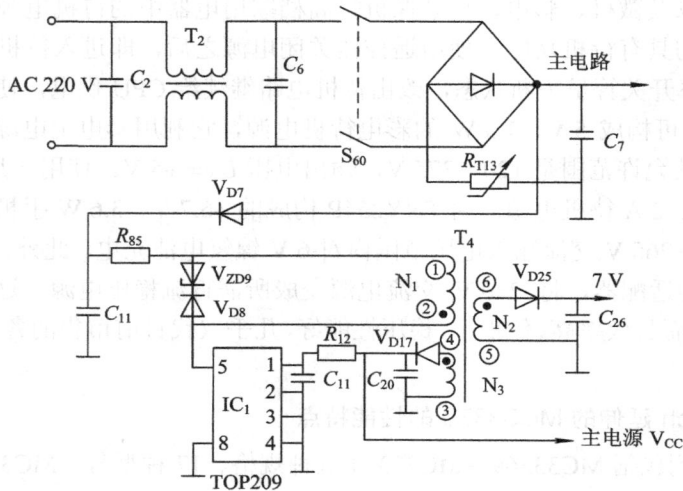

图 3-22　间接取样的它激式开关稳压器电路

输入供电经整流滤波后形成 300V 左右直流电压，通过 T_4 初级绕组 N_1 向 TOP 的 5 脚 D 端供电。TOP209 的 D 端内部除开关管漏极以外，还有恒流源供电系统，所以要求开关管截止期间，D 端感应电压不能有过高的脉冲尖峰。因此在 T_4 绕组 N_1 两端并联接入 V_{D8} 和稳压管 V_{ZD9}。开关管截止后，T_4 绕组 N_1 两端产生上负下正的感应脉冲，由于 T_4 分布参数和漏感的影响，其脉冲上冲值很高，极易击穿 TOP209 内的开关管或恒流源电路。因此，V_{D8} 将此脉冲整流后加到 V_{ZD9} 上，使 V_{ZD9} 反向击穿，将尖峰能量短路泄放，以保护 TOP209。一般 V_{D8} 为反压大于 600V 的快恢复二极管，V_{ZD9} 为齐纳电压 200V 以上的大电流稳压管。很明显，这种削尖峰电路比 RCD 式削峰电路更可靠。若 T_4 质量不良，漏感和分布电容都将增大，脉冲尖峰能量也较大，V_{ZD9} 将屡遭损坏。同时，开关电源功耗增大，效率降低。

为了实现开关电源初/次级隔离，图 3-22 电路采用间接取样方式。当开关管截止时，T_4 取样绕组 N_3 上端输出正脉冲，V_{D17} 导通向 C_{20} 充电，使 TOP 控制端产生 5.7V 电压。同时输出绕组 N_2 经 V_{D25} 向负载提供电流。随着能量的释放，C_{20} 两端电压开始下降，使 TOP209 控制端呈低电平，其内部控制电路再次使开关管导通。由此可见，TOP209 的控制方式是通过控制开关管截止时间实现稳定输出电压。为了使取样电路能及时反映 T_4 释放磁能产生脉冲电压的变化，C_{20} 的容量不能选择过大，推荐电容值为 $33\sim47\,\mu F$。C_{11} 为接于 TOP209 控制端的抗干扰电容，以免干扰脉冲引起控制电路误动作。

2. 直接取样电路

设计一电源，要求交流输入电压范围为 $U_i=85\sim265\,V$，输入电网频率为 $f=47\sim440\,Hz$，电压调整率为 $S_V=\pm0.5\%$，负载调整率为 $S_I=\pm1\%$，电源效率达 80%，输出纹波电压的最大值为 $\pm50\,mV$。

电路中共使用两片集成电路，见图 3-23 所示。IC_1 为 TOP202Y 型集成开关电源，IC_2 是线性光电耦合器。C_6 与 L_2 构成交流输入端的电磁干扰(EMI)滤波器。C_6 能滤除由初级脉动电流产生的串模干扰，L_2 可抑制初级绕组中产生的共模干扰。C_7 和 C_8 滤除由初、次级绕组之间耦合电容所产生的共模干扰。宽范围电压输入时，$85\sim265\,V$ 交流电经过整流器 BR、C_1 整流滤波后，获得直流输入电压 U_i。由 V_{ZD21} 和 V_{D1} 构成的漏极钳位保护电路可将由高频变压器漏感产生的尖峰电压钳位到安全值以下，并能减小振铃电压。V_{ZD21} 选用 P6KE150 型瞬态电压抑制器(TVS)，其钳位电压为 $150\,V$，钳位时间 $1\,ns$，峰值功率是 $5\,W$。V_{D1} 需采用 UF4005 型 $1\,A/600\,V$ 的超快恢复二极管(FRD)，其反向恢复时间 $t_{rr}=30\,ns$。

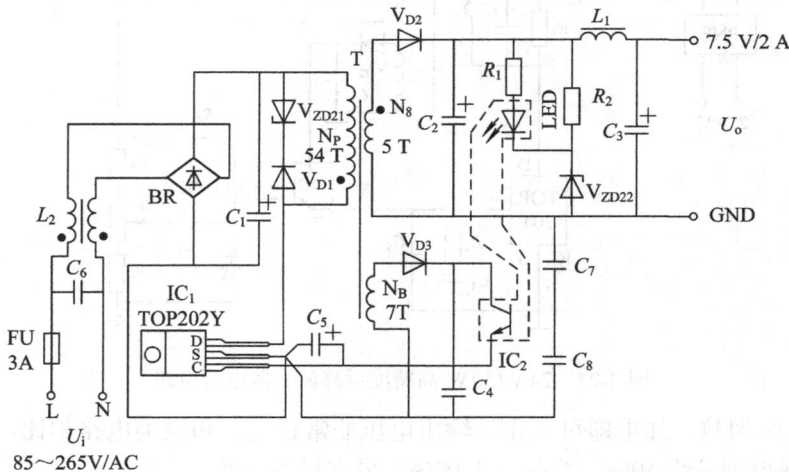

图 3-23　15W-TOPSwitch-II 集成电源的应用

次级电压经 V_{D2}、C_2、L_1、C_3 整流滤波后产生 $+7.5\,V$ 的输出电压。R_2 和 V_{ZD22} 与输出端并联，构成开关电源的假负载，可提高空载或轻载时的负载调整率。反馈绕组电压经过 V_{D3} 整流、C_4 滤波后，得到反馈电压，再经过光敏三极管给 TOP202Y 提供一个偏置电压。V_{D2} 选择 UGB8BT 型超快恢复二极管，为降低功耗，还可选肖特基二极管。光电耦合器 IC_2 和稳压管 V_{ZD22} 还构成了 TOP202Y 的外部误差放大器，能提高稳压性能。当输出电压 U_o 发生变化时，由于 V_{ZD22} 具有稳压作用，就使光电耦合器中 LED 的工作电流 I_F 发生变化，进而改变 TOP202Y 的控制端电流 I_C，再通过调节输出占空比，使 U_o 保持稳定，这就是其稳压原理。R_1 为 LED 的限流电阻，并能决定控制环路的增益。C_5 是控制端旁路电容，除对环路进行补偿之外，还决定着自动重启动频率。高频变压器选用 EE22 型铁氧体磁芯，初级电感量 $L_P=620\,\mu H\pm10\%$，漏感量 $L_{P0}\leqslant11\,\mu H$。

3.4.4 设计实例

图 3-24 所示是一个采用 TOP204YAI 所设计的 24 V/50 W 高精度运算放大器电源的典型实用电路。该电路的工作原理是：从高频整流输出端引出的电压信号经光电耦合器 OC_2 送至 TOP204 开关 IC_1 的控制端 C，通过 TOP204 器件控制 PWM 的占空比，实现输出电压的稳定。可调稳压管 V_{ZD3} 串联在光电耦合器 OC_2 发光管回路，调整取样电阻 R_{P1} 可以改变 V_{ZD3} 的稳压值，从而导致流过 OC_2 阴极和阳极的电流变化，达到改变反馈深度，对输出电压实现微调。一旦输出端出现过流或短路现象，取样电阻 R_{P1} 上电压降低，V_{ZD3} 控制端电流减少，流过 V_{ZD3} 电流减少，光电耦合器 OC_2 发光二极管的亮度下降，光电三极管截止，IC_1 停止工作。该电路在输入端加入了电源噪声滤波器 PNF 和限流热敏电阻 NTC，并在开关变压器初级用 R_1、C_2、V_{D1} 组成尖峰电压吸收电路，增加了电路的可靠性。

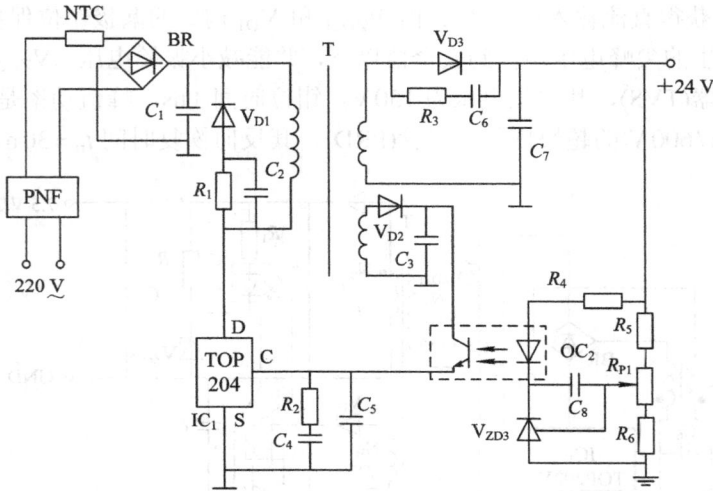

图 3-24　24 V/50 W 高精度运算放大器电源电路

该电路无须调整，加电即可工作，输出电压非常稳定。和同类电路相比，减少元器件 30 只左右，减少重量约 40%，效率可达 92%，成本显著降低。

3.5　DC/DC 变换电路

将一种直流电压变换成另一种直流电压(可调或固定)的过程称为 DC/DC 变换，DC/DC 变换是开关电源的主要功能之一，随着电子技术发展，DC/DC 变换专用电路成为设计者常用的器件。

3.5.1 升压式 DC/DC 变换电路

LT1930 是一种新型升压式 DC/DC 变换电路，可实现相对大功率的输出。输出电压可由设计者设定，最高可达 34 V；输入电压范围宽，为 16～26 V；内部开关管的最大电流可达 1 A，其饱和管压降小，在 1 A 输出时为 400 mV；在待机时耗电小于 20 μA；输出功率大，在 5 V 输入、12 V 输出时可输出 300 mA 电流，输出功率可达 3.6 W。由于该器件有上述特点，因此适用于便携式电子产品，如无绳电话、电话后备电源、LCD 显示器电路、医疗诊断仪器等。

1. 典型应用电路

LT1930 的典型应用电路如图 3-25 所示，设计输入电压为 5 V，输出电压为 12 V，其输出电压可由 R_1、R_2 的阻值设定，输出电压 U_o 与 R_1、R_2 的关系为

$$U_o = \left(1 + \frac{R_1}{R_2}\right) \times 1.255 \text{ V} \tag{3-4}$$

式中：1.255 V 为内部的基准电压。R_2 的阻值取 13 kΩ，按要求的输出值可计算出 R_1 的阻值。

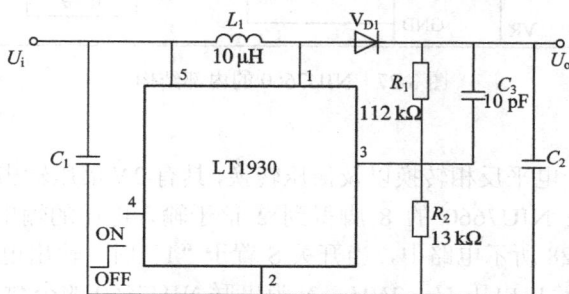

图 3-25　LT1930 的典型应用电路

2. 实用电路设计

设计一个具有电源反接保护、输入 3～6 V、输出 8 V 的 DC/DC 电源，电路见图 3-26。

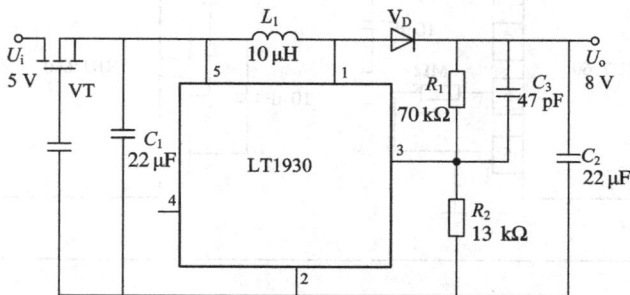

图 3-26　输出 8 V 的 DC/DC 电源电路

元器件选择主要是确定电感器和电容器。电感器 L_1 的选取与输入电压、输出电压、工作频率及允许的电感纹波电流有关，可在 4.7～10 μH 范围内选取。输入电容 C_1 的容量可取 1～4.7 μF，输出电容 C_2 的容量可取 4.7～10 μF。C_3 与 R_1 并联，以改善稳定性，C_3 的容量取 10～1000 μF。二极管 V_{D1} 采用肖特基二极管，反压为 20 V 左右。

3.5.2　倍压式 DC/DC 变换电路

1. 倍压输出电路

倍压输出是电源电路常用的一种功能。NJU7660 是一种带 RC 振荡器的 DC/DC 变换器，

具有电平移动和倍压功能，其典型应用电路最多只需外接两个电容、两个电阻和一个二极管。NJU7660 采用 CMOS 结构，功耗非常低。几片 NJU7660 串联即可实现 N 倍、$2N$ 倍等电平转换。NJU7660 的内部结构如图 3-27 所示。

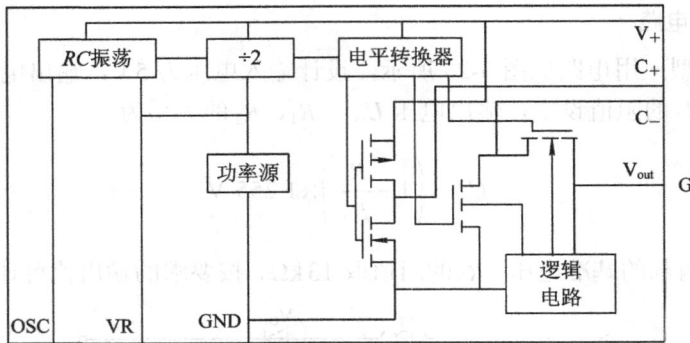

图 3-27　NJU7660 的内部结构

2．实用电路

NJU7660 可以用于电平反相转换以及倍压转换，具有 $2N$ 倍压输出的应用电路如图 3-28 所示。采用该电路可在 NJU7660 的 8 脚得到 2 倍于输入电压的输出电压，其输入电压在 $3\sim10\,\text{V}$ 之间。在图 3-28 所示电路中，当开关 S 置于"1"时，输出电压 $U_\text{o}=(2N-1)U_\text{i}$；当开关 S 置于"2"时，输出电压 $U_\text{o}=2NU_\text{i}$，N 为串联 NJU7660 的个数。

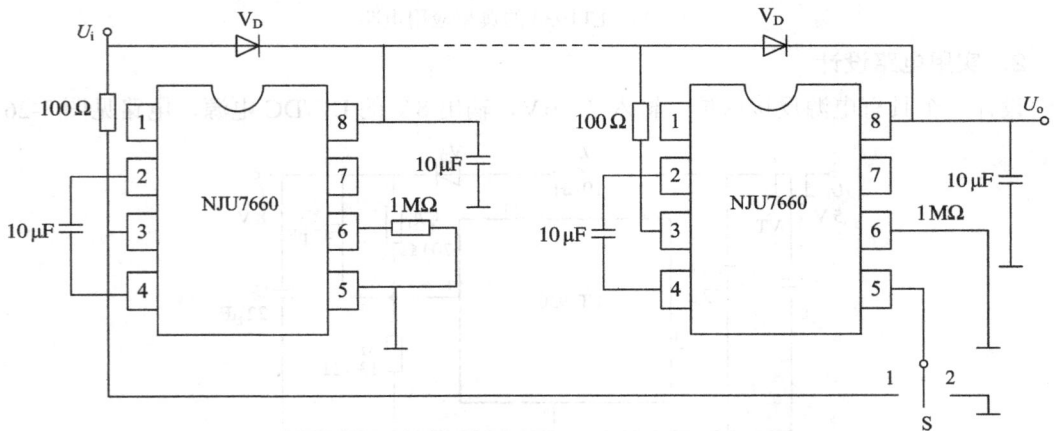

图 3-28　$2N$ 倍正电压输出的应用电路

思 考 与 复 习

1. 它激式电源的工作频率如何选定？
2. UC3842 电路的特点是什么？
3. STR 系列电源的特点是什么？
4. TOP 系列电源的特点是什么？
5. DC/DC 变换的基本原理是什么？

第 4 章　　单片式开关电源

为了得到体积更小、重量更轻的电源电路，近年人们研究制造了单片开关电源。这种开关电源的最大特点是将开关器件与辅助电路集成为一体，具有极高的效率，且稳压范围也比较宽。例如，输出 5 V 的单片开关电源，当负载电流达 3～6 A 时，输入电压允许范围为 15～55 V。在该输入电压范围内，其输出电压的稳定度可达 ±0.03 V。这种单片开关电源的负载变化率也十分优异，输出电流变化 100% 时，输出电压变化小于 15 mV。在额定负载下，纹波抑制比可达 43 dB。很明显这些性能是自激开关电源稳压器难以达到的。

4.1　典型单片电源电路

4.1.1　单片开关电源 LM25 系列

1. 可调五端单片开关电源 LM2576ADJ

LM2576ADJ 为典型的一种单片电源电路，其基本技术参数如下：最大允许输入电压为 45 V，额定输出电压范围为 4.75～40 V，反馈控制电压为 1.23 V，反馈电压变动范围为 1.217～1.243 V，最大输出峰值电流为 5.8 A，平均负载电流为 3 A，开关频率为 52 kHz，效率为 77%。

LM2576ADJ 的内部结构见图 4-1。其内部有基准电压稳压器输出的 1.24 V 基准电压，

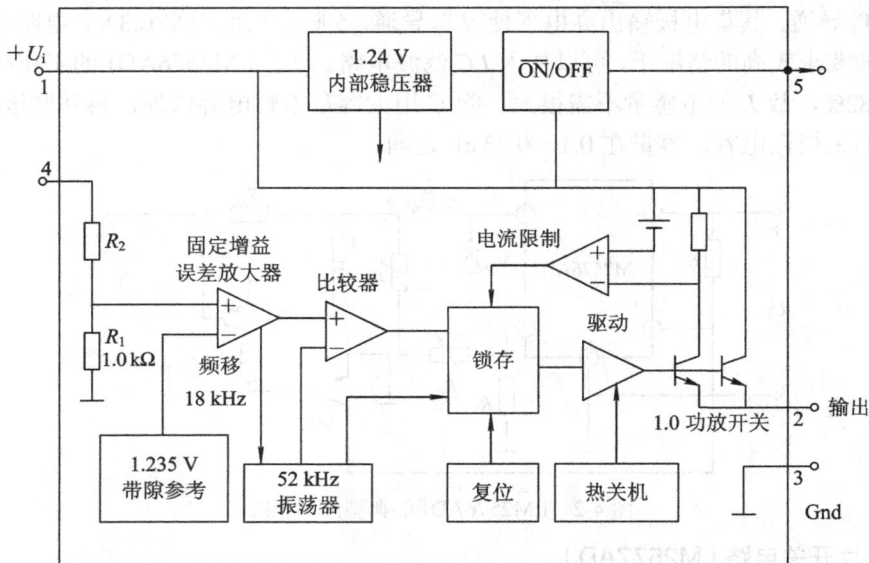

图 4-1　LM2576ADJ 的内部结构

独立的振荡器输出 52 kHz 的固定频率脉冲，在比较器内部与误差放大器输出完成脉宽调制，PWM 脉冲经与门控制输出与之脉宽相同的矩形波；输出驱动器设有关断电路，由 5 脚开关电平进行控制，通过此功能可实现输出过压、过流保护。芯片内还设有超温保护，若芯片内部温度大于 125℃，自动关断驱动输出。LM2576ADJ 输出电压可调；当负载电流为 1A 时，脉冲纹波小于 20 mV，输出阻抗不大于 0.1Ω；芯片和散热器支架热阻 2℃/W。为了使稳压器正常工作，最小负载电流不大于 100 mA。

2. LM2576ADJ 的应用

LM2576ADJ 的典型应用电路如图 4-2 所示。其中 LM2576ADJ 各脚功能如下：

1 脚：直流电压输入端，输入电压最高为 45 V。若由低压交流整流供电，为了避免空载时电压超出 45 V，交流输入电压应不高于 32 V。

2 脚：脉冲输出端，最大输出 5.8 A 的调宽脉冲。在正脉冲持续期，二极管 V_D 截止，脉冲电流向 L 存储磁场能量，同时向负载提供直通电流，并向 C 充电。在脉冲截止期，L 释放磁场能量，产生右正左负的感应电势使 V_D 导通，继续向 C 充电，并向负载提供不间断的电流。输出电压值取决于输出脉冲的幅度和占空比。

3 脚：输入、输出级共地端。

4 脚：脉冲宽度控制端。当 4 脚电位升高时，输出脉冲宽度减小，使输出电压降低。电路中由 $R_{P3}+R_{P4}$、R_1 组成输出电压取样分压器，通过调整 R_{P3}(细调)和 R_{P4}(粗调)可改变输出电压值。在上述控制过程中，输出电压 U_i 的表达式为

$$U_i = U_o \frac{R_1}{R_{P3}+R_{P4}} = 1.23\,V \tag{4-1}$$

当输入电压和负载变动时，4 脚电压可以在 1.217～1.243 V 之间变化，以稳定输出电压。

5 脚：待机控制端。接共地低电平时，内部脉冲输出被关断，开关电源无输出。该电路中用此功能组成过流保护电路，R_5 的值为 0.22Ω，是负载电流取样电阻。当负载电流大于 3 A 时，VT_1 导通，其集电极输出高电平使 VT_2 导通，5 脚变成低电平 0.3 V，电路停止工作。在用于纹波要求较高的情况下，可以加入 LC 滤波电路。由于 LM2576ADJ 的工作频率较高，效率大于 82%，故 L 的电感量不需很大。除 C 用大容量电解电容以外，再并联接入一只高频特性好的无极性电容，容量在 0.1～0.33 μF 之间。

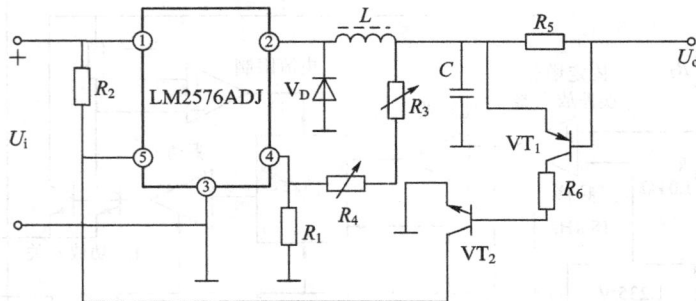

图 4-2　LM2576ADJ 的典型应用电路

3. 单片开关电路 LM2577ADJ

升压型单片开关电路 LM2577ADJ 与 LM2576ADJ 内部电路几乎相同，其最大输出电流

为 1 A，最高输出电压为 60 V，内部开关管为 NPN 型，$U_{CEO} > 65$ V，$I_{CEO} > 3$ A。LM2577ADJ 的输入/输出的应用要求是：在输出电压 $U_o \leq 60$ V 的条件下，同时要求 $U_o < 10U_i$。

LM2577ADJ 的应用电路如图 4-3 所示。LM2577ADJ 的 1 脚为误差放大器输出端，外接频率补偿 RC 电路。因为内部 PWM 比较器的反相输出端受控于误差放大器的输出，所以此 RC 电路有软启动功能。开机后，输出电压尚未建立时，取样放大器输出高电平向 C_1 充电，随 C_1 充电过程，1 脚电位缓慢升高，脉冲宽度逐渐增大，直到输出端被稳定于额定电压。R、C_1 分别为 4.7 kΩ 和 0.22 μF。5 脚为电压输入端，允许输入电压范围为 4～40 V。芯片内部设有输入电压欠压保护电路，以免输入电压过低达不到升压额定电压时脉冲宽度急剧增大引起开关管电流过大而损坏。为了避免此现象发生，欠压保护的阈值随输出电压而改变。因其误差检测放大器输入内部基准与 LM2576ADJ 相同，2 脚为取样输入端，由 R_1、R_2 分压对输出电压取样。

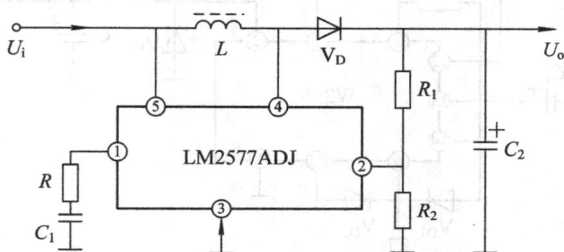

图 4-3　LM2577ADJ 应用电路

4.1.2　单片开关电源 L4962

大电流单片它激开关集成电路大多采用 LDC 降压方式，在保证输出大电流的同时，尽量达到最高效率和可靠性以及最少的外接元件。L49×× 系列是比较典型的集成化低压大电流稳压器，其中 L4962 输出最大电流为 1.5 A，L4960 输出最大电流为 2.5 A。

1．L4962 构成的可调稳压电源电路

L4962 的内部电路集成有 5.1 V 的基准电压稳压器、锯齿波发生器、PWM 比较器、误差放大器和功率开关等。为了提高可靠性，还设有过流限制和芯片过热保护电路。L4962 的锯齿波发生器外接并联的定时电路 R_T、C_T，振荡频率可以由下式确定：

$$f = \frac{1}{R_T C_T} \tag{4-2}$$

式中：f 的单位为 kHz，R_T 的单位为 kΩ，C_T 的单位为 μF。当工作频率要求在 50 kHz 以上，C_T 在 1000～3300 μF 选择，R_T 在 1～27 kΩ 之间选择。频率过低，滤波电容体积将增大，纹波率也将增大。

L4962 应用电路如图 4-4 所示，为一个 5～15 V 连续可调稳压电源电路。输入电压经 C_1 滤波，进入 7 脚；R_4、R_3 组成反馈电路；14 脚接 R_2、C_3 并联电路，确定工作频率；15 脚接电容

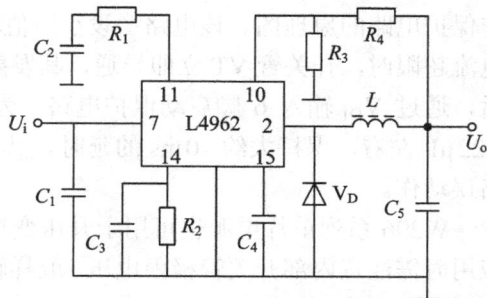

图 4-4　L4962 应用电路

C_4，使电源具有软启动功能，C_4 若为 2.2 μF 时，软启动时间约为 100 ms；2 脚为输出端，通过调整取样分压器 $R_3/(R_4+R_3)$ 可设定输出电压。

2．W296 构成的可调稳压电源电路

W296 最大输出电流为 4 A，最高输入电压为 50 V，脉冲占空比可控范围为 0～100%，输出电压可以从 5 V 调整到 40 V，变换效率在 90% 以上，开关频率最高可达 200 kHz，储能电感和滤波电容的体积大为缩小。

图 4-5 所示为由 W296 组成的最基本的降压开关电源电路，通过调整取样分压器 $R_3/(R_2+R_3)$ 可设定输出电压。

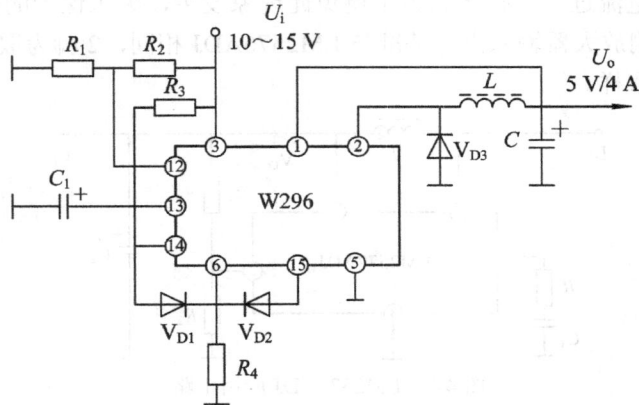

图 4-5　W296 组成的降压开关电源电路

图 4-5 中有两个过压保护电路：第一个是用于输出电压的过压保护电路，1 脚从 5 V 输出端取样，当输出电压超出 5 V 时，15 脚输出高电平，经 V_{D2} 送入 6 脚，使电源关断；第二个是有延迟时间动作的保护，用于输入电压过压保护。虽然 W296 允许输入电压为 10～40 V，但如果降压输出电压为 5 V 时，最好限定输入电压，以便在开关管功耗允许范围内向负载提供最大电流。因此图 4-5 电路中将输入电压限定于 10～15 V。电阻 R_1、R_2 对 U_i 分压送入 12 脚。当 $U_i>15$ V 时，14 脚内部保护电路动作而开路，14 脚通过 R_3 得到高电平，同时经 V_{D1} 送入 6 脚，开关电源驱动脉冲被关断。13 脚外接电容使 14 脚输出高电平延迟 100 ms，在输入电压为输入降压整流时，以免瞬间电压升高使电路误动作。

3．W296 组成的保护电路

W296 具有延迟动作保护功能，可用于输出过流、短路保护电路。图 4-6 所示为延迟动作保护电路的原理图。该电路增设小阻值取样电阻 R_2，串联接在输出负载电路中。当负载电流超限时，开关管 VT 立即导通，其发射极输出高电平经 V_{D3} 送入 12 脚，14 脚输出延时后，通过 V_{D1} 输入 6 脚启动保护电路。为了使短路保护动作更快，13 脚外接 C_1 容量约为 0.22 μF 左右，保持大约 10 ms 的延时。其目的是防止接通电源瞬间 C_2 的充电峰值电流使电路误动作。

W296 系列单片电源也可用于升压变换、外接扩流开关管扩流、极性反转等特殊电源中，应用时需注意内部开关管极限电压、取样输入电压和 5 V 基准电压的关系，即可方便地设计出适合的电路。

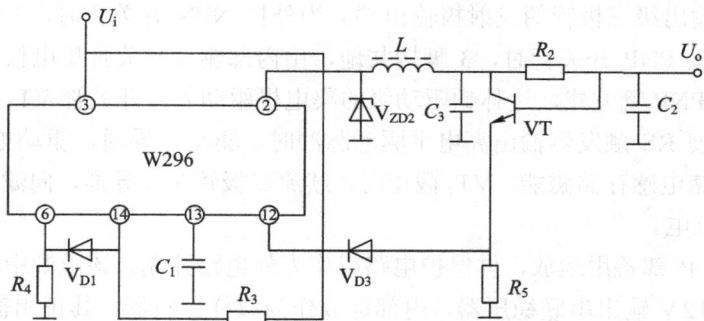

图 4-6　延迟动作保护电路

4.1.3　低压它激式单片电源 MC78S40

图 4-7 是 MC78S40 的内部电路以及由此组成的 5 V/3 A 开关稳压器电路。MC78S40 内部包括振荡器、输出电压误差比较器、1.25 V 基准电压产生器、受控于与门的 RS 触发器和达林顿驱动输出级等。

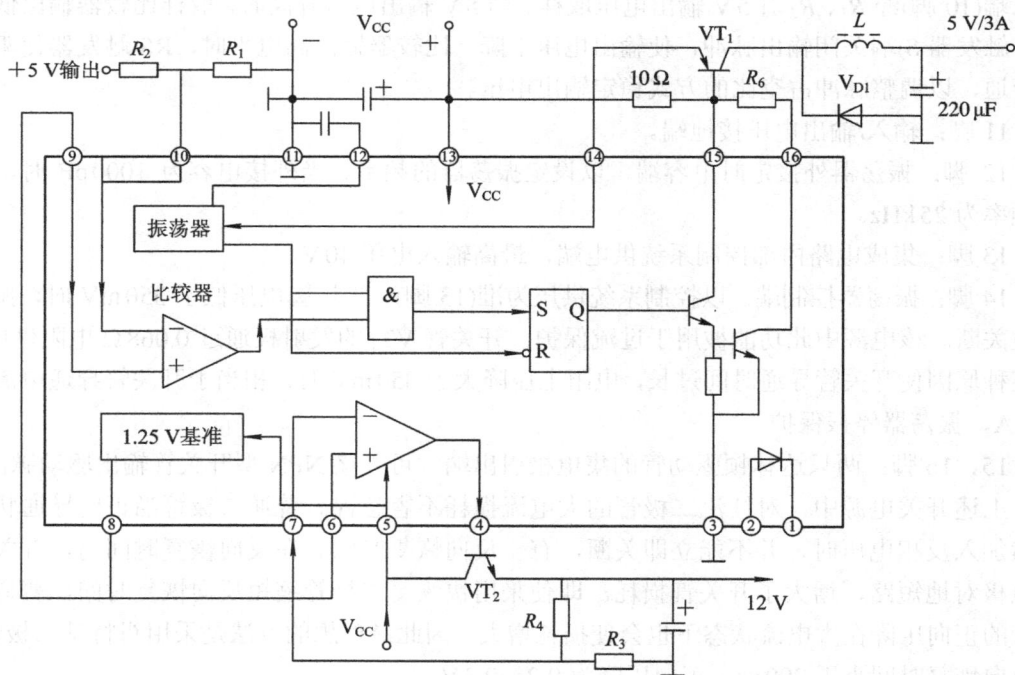

图 4-7　MC78S40 的内部电路及组成的开关稳压器电路

MC78S40 技术指标如下：最高输入电压为 40 V，驱动级开关电流为 1.5 A，基准电压输出为 1.25 V ± 0.005 V，内部驱动级开关管饱和压降为 1.3 V，最大功耗为 1.5 W，过流保护动作电压为 350 mV。

MC78S40 的各脚功能如下：

1、2 脚：内部备用二极管，其反压为 40 V，正向电流为 1.5 A。

3 脚：驱动输出级三极管的发射极输出端。当外接 NPN 开关管时，3 脚可直接驱动开关管基极。若外接 PNP 开关管时，3 脚接共地，由内部驱动开关管集电极输出驱动脉冲。该电源采用外接 PNP 管方式，达林顿驱动级的集电极驱动外接开关管 VT_1 基极。当集成电路内部控制系统使 RS 触发器输出高电平驱动脉冲时，驱动级导通，驱动电流经 R_6 使 VT_1 饱和导通，向存储电感存储磁能。VT_1 截止时，续流二极管 V_{D1} 导通，向滤波电容充电，输出 5 V/3 A 的直流电。

4、6、7 脚：内部备用运放，供保护电路或作为外电路控制。该电源中利用外接调整管 VT_2 组成耗能型 12 V 输出串联稳压器，内部运放作为取样比较器，其正相输入端(6 脚)接入 1.25 V 基准电压，反相输入端(7 脚)由 R_3、R_4 对 12 V 稳压输出分压取样。比较器输出端(4 脚)控制调整管 VT_2 的基极稳定 12 V 输出，12 V 负载电流小于 0.2 A。

5 脚：集成电路供电检测端，最高可输入 40 V 电压，经内部稳压后，向运放和基准电压源提供工作电压。

8 脚：内部基准电压产生电路，输出 1.25 V±0.005 V 高精度基准电压。

9、10 脚：内部控制环路的取样比较器，正相输入端(9 脚)接入 1.25 V 基准电压，反相输入端(10 脚)经 R_1、R_2 对 5 V 输出电压取样。当 5 V 输出电压升高时，取样比较器输出低电平，触发器 S 端关闭输出脉冲，使输出电压下降。比较器输出高电平时，RS 触发器使驱动级导通，以调整脉冲占空比的方式稳定输出电压。

11 脚：输入/输出电压接地端。

12 脚：振荡器外接定时电容端，以设定振荡器的频率。当外接电容为 1000 pF 时，振荡频率为 25 kHz。

13 脚：集成电路内部控制系统供电端，最高输入电压 40 V。

14 脚：振荡器控制端。以控制系统供压为准(13 脚)，当该脚电压低于 350 mV 时，振荡器被关断。该电源中此功能被用于过流保护，开关管 VT_1 的发射极通过 0.068 Ω 电阻供电。当某种原因使开关管导通时间过长，电阻上压降大于 350 mV 时，相当于开关管导通电流大于 5 A，振荡器停振保护。

15、16 脚：两只达林顿驱动管的集电极引出端，可外接 NPN 型开关管输出驱动脉冲。

上述开关电源中，对续流二极管的大电流损耗不容忽视。普通二极管当正向导通状态突然加入反相电压时，并不能立即关断，有一反向恢复时间。在反向恢复时间内，开关管集电极对地短路，增大了开关管损耗。即使采用快恢复二极管缩短反向恢复时间，普通二极管的正向压降在大电流状态下也会使损耗增大。因此最理想的方法是采用肖特基二极管，其反向恢复时间小于 200 ns，正向压降为 0.2～0.3 V。

4.1.4 低压单片开关电源 MC34063

1. MC34063 单片开关电源

MC34063 单片开关电源内部电路如图 4-8 所示。MC34063 和 MC78S40 除作为降压开关电源外，两者均可组成升压极性反转和多组输出低电压开关电源。由于 MC34063 体积较小，且有 SMD 封装形式，故应用较广。

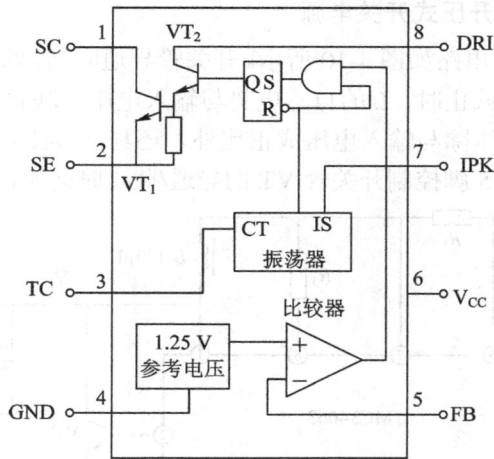

图 4-8 MC34063 单片开关电源内部电路

2. MC34063 组成的开关电源

图 4-9 为 MC34063 组成的降压式开关电源电路，其外围元件少，组合比较合理。降压开关电源主要由储能电感 L、续流二极管 V_D 和滤波电容 C 组成，又称为 LDC 降压电路。MC34063 的开关频率由 C_T 设定，其允许范围为 $100\,Hz\sim100\,kHz$；其限流电阻 R_{SC} 可按动作电压 $330\,mV$ 设置；其内部驱动输出管的最大电流为 $1.5\,A$，最高输入电压可达 $40\,V$。无负载时，初级电流为 $8\sim18\,mA$。$5\,V$ 输出电压由取样电路 R_1、R_2 设定，取样电压送入 5 脚内部比较器的反相输入端，正相输入端接入 $1.25\,V$ 内部基准电压。当输出电压降低时，取样电压低于基准电压，比较器输出高电平，将内部与门接通，振荡器的输出通过与门将触发器置位，其输出端 Q 输出高电平，开关管导通输出 $1.5\,A$ 电流，向储能电感 L 存储磁能，并向负载提供电流。随后，振荡脉冲的下降沿使触发器复位输出，开关管截止，L 释放能量，使 V_D 导通继续向负载提供电流。在开关管导通期间，如果输出电压上升超过 $5\,V$，取样电压将随之升高，使比较器输出低电平，关闭与门，振荡器输出被阻断，触发器无输出，开关管被关断。通过上述调整过程，使输出电压保持稳定。

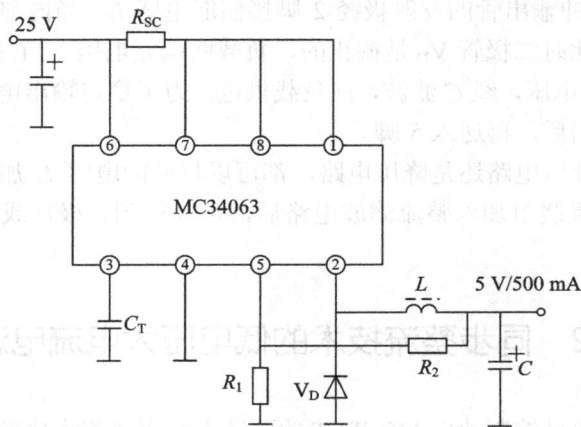

图 4-9 MC34063 组成的降压式开关电源电路

3．MC34063 组成的升压式开关电源

MC34063 组成的升压电路如图 4-10 所示。开关管导通时期，输入电压直接加在 L 两端，向 L 存储能量。当开关管截止时，L 的自感电势与输入电压串联叠加，经二极管 V_D 向 C 充电。负载上得到的输出电压除与输入电压成正比外，还与 L 自感电势的脉冲占空比有关，因此对输出电压取样送入 5 脚控制开关管 VT 的导通/截止时间比，即可稳定输出电压。

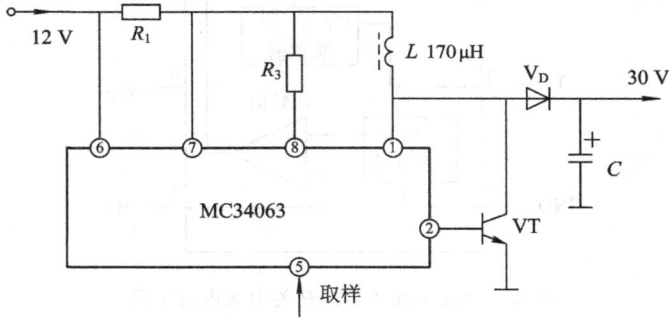

图 4-10　有增流开关管的升压式开关电源电路

4．MC34063 组成的极性反转电路

MC34063 组成的极性反转电路如图 4-11 所示。

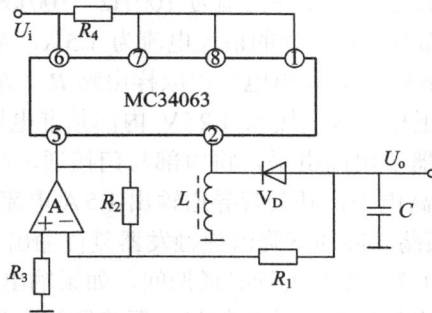

图 4-11　极性反转电路

MC34063 内部脉冲输出管的发射极经 2 脚接储能电感 L，当内部开关管导通时，输入电压向 L 存储能量，此时二极管 V_D 是截止的，负载两端无电压。当开关管截止时，L 自感电势使 V_D 导通输出负电压，经 C 滤波，向负载供电。为了稳定输出电压，利用精密运放 A 将负极性取样电压反相后，再送入 5 脚。

上述应用中无论升压电路还是降压电路，都可以将储能电感 L 加装次级绕组，使之成为脉冲变压器。在次级绕组加入整流滤波电路后，可以得到正极性或负极性的另一组输出电压。

4.2　同步整流技术的低电压大电流电源

同步整流技术是通过控制功率 MOSFET 的驱动电路实现整流功能的技术，一般驱动频率固定，在 200 kHz 以上，驱动可以采取交叉耦合或外加驱动信号配合死区时间控制来实现。

由于成本较高，目前仅在技术含量较高的电源模块中得到应用。

图 4-12 为同步整流原理示意图。

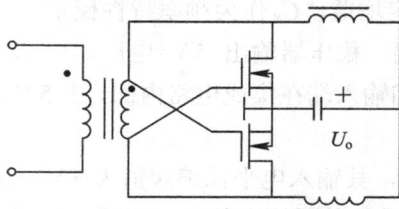

图 4-12　同步整流原理示意图

4.2.1　UC3842 控制的同步整流电路

图 4-13 为使用它激式驱动电路 UC3842 组成的 5 V/10 A 开关稳压电源电路。其基本技术参数如下：输入电压为 8～16 V；输出电压为 5 V；最大负载电流为 10 A；输出端脉冲纹波峰值小于 80 mV；输入电压、负载电流以及环境温度在额定范围内变化时输出电压变动小于 2%；环境温度为 −10～+70℃；变换器频率为 120 kHz；在允许的输入电压范围内，负载电流最大时开关电源的平均效率为 95%。

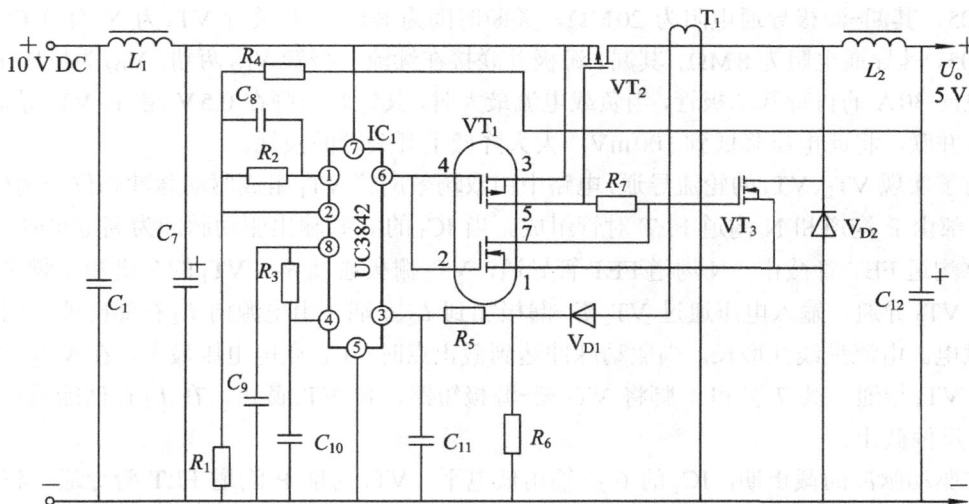

图 4-13　基于同步整流技术的电源电路

设驱动脉冲在 t_n 期间，变换器开关管导通，向电感存储磁能。存储能量正比于 t_n 的脉冲宽度。在驱动脉冲 t_n 截止后，经过设定的死区时间 t_D，脉冲间歇期的低电平输出通过控制电路，使续流二极管上并联的开关管导通。低内阻的 MOSFET 管 D、S 极并联接入续流二极管，使电路等效内阻大幅度降低，储能电感能量释放电流增大，向负载放电。死区时间的设定是为了避免两只不同功能开关管形成瞬间共态导通，造成供电电路短路而损坏开关管。

由于 MOSFET 管无存储效应，可以将死区时间 t_D 设置得短一些，更利于在稳压电路的控制下大范围改变脉宽速度，以实现更大的稳压范围。

UC3842 采用脉冲宽度调制方式稳定输出电压，其各脚功能及外围元器件的作用如下：

1 脚：内部误差比较器的误差检测输出端，在集成电路内部控制脉宽调制器。外电路接入 R_2 作为负反馈电阻，以稳定增益。C_8 作为频率特性校正，避免比较器产生自激。

2 脚：比较器正相输入端。稳压器输出 5 V 电压，由 R_4、R_1 分压，正常稳压状态为 2.5 V 取样电压。比较器的反相输入端在集成电路内部，由 5 V 基准电压分压得到 2.5 V 基准电压。

3 脚：高电平保护输入端，其输入电平保护阈值为 1 V。在 1 V 以下，可以控制输出驱动脉冲的脉宽，达到 1 V，则瞬间关断输出脉冲。在图 4-13 中，由电流互感器 T_1 对开关管 VT_2 导通电流取样，经 V_{D1} 整流，R_5、R_6 分压后，送入集成电路 3 脚作为开关管过流保护。电容器 C_{11} 为高次谐波旁路电容，以避免脉冲尖峰使保护电路误动作。

4 脚：内部振荡器的外接定时电路端子，5 V 基准电压通过电阻向电容器 C_{10} 充电。R_3、C_{10} 设定振荡器的脉冲频率。该振荡器频率设定为 120 kHz。

5 脚：共地端。

6 脚：PWM 驱动脉冲输出端，用以驱动 P-N 沟道对管 VT_1 组成的移相驱动器。

7 脚：供电端，接入 8～16 V 输入电压。

图 4-13 所示电路的同步整流器由 VT_1、VT_2 和 VT_3 组成。开关管 VT_2 为 P 沟道 FET 管 IRF4905，其漏-源极导通电阻为 20 MΩ，关断时间为 80 ns。开关管 VT_3 为 N 沟道 FET 管 IRF3205，其导通电阻为 8 MΩ，其漏、源极并联接在续流二极管 V_{D2} 两端。V_{D2} 为反压 10 V、最大电流 30 A 的肖特基二极管，当负载电流最大时，其饱和压降在 0.5 V 左右。VT_3 导通后，与 V_{D2} 并联，将此电压降低到 100 mV，大大降低了开关管的损耗。

为了实现 VT_2、VT_3 的轮流导通，电路中由双场效应管 VT_1 组成驱动脉冲相位分离电路。VT_1 内部由 P 沟道和 N 沟道 FET 对管组成。当 IC_1 的 6 脚输出驱动脉冲为高电平时，VT_1 内部 P 沟道 FET 管截止，N 沟道 FET 管导通，VT_2 栅极通过 R_7、VT_1 的 7 脚和 1 脚接入负电压，VT_2 导通，输入电压通过 VT_2 源-漏极加到 L_2 左端，由电源向 L_2 存储磁能，同时向负载供电。电流呈线性增长。当驱动脉冲达到截止点时，C_{12} 充电电压最大。在 VT_2 导通的同时，VT_1 导通，其 7 脚和 1 脚将 VT_3 栅-源极短路，使 VT_3 截止。在 L_2 存储能量期间，VT_2 也反偏截止。

在驱动脉冲的截止期，IC_1 的 6 脚输出低电平，VT_1 内部 P 沟道 FET 管导通，将 VT_2 的栅-源极短路。此时 VT_1 的 N 沟道 FET 管截止，使 VT_2 也截止，L_2 释放磁场能量，V_{D2} 正偏导通，VT_1 的 5 脚漏极输出高电平经过 R_7，使 VT_3 导通，其漏-源极低内阻并联在续流二极管 V_{D2} 两端，使 L_2 的释放电流增大。此部分电路中，利用 MOSFET 管的快速开关特性对 VT_2、VT_3 的导通/截止进行控制，使 VT_2、VT_3 开关损耗进一步降低。由于 L_2 在磁-电的存储/释放过程中难免形成开关脉冲纹波，因此电路中滤波电容 C_{12} 为 6 只 100 μF 的电容并联，以有效地降低电解电容的分布电感，使其高次谐波的滤波性能更好。

4.2.2　具有同步整流功能的电路

同步整流电路使大电流开关稳压器效率提高，可将小型化移动电子设备的温升降低，是小型电源的理想电路。

图 4-14 为 MAX796 组成的两组输出直流开关变换器。

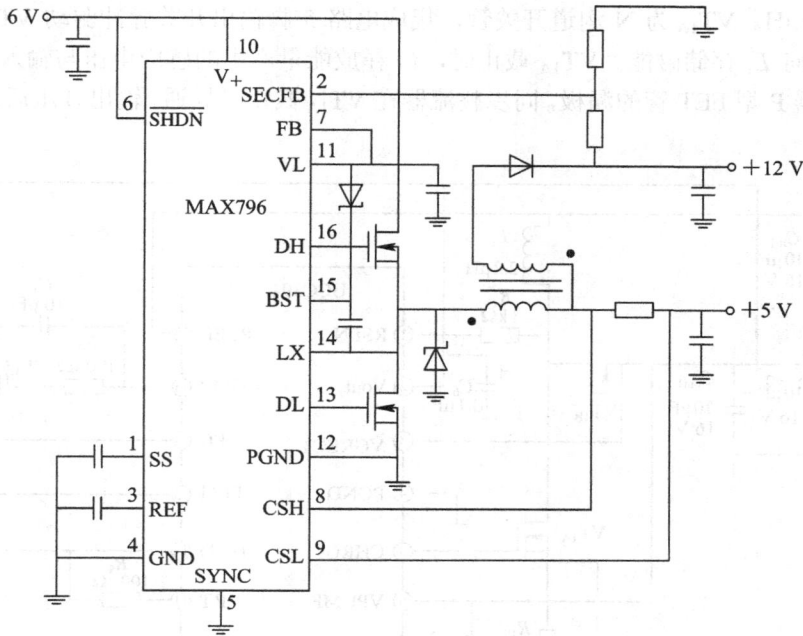

图 4-14　MAX796 组成的两组输出直流开关变换器

1．MAX796 管脚及电路工作原理

1 脚(SS)：软启动控制输出端，外接软启动充电电容。

2 脚(SECFB)：辅助输出端，12 V/250 mA 输出的取样由此端输入。

3 脚(REF)：内部基准电压稳压电路，外接旁路电容。

4 脚：共地端。

5 脚：外同步输入端，如不用外同步，可与 3 脚连接。

6 脚($\overline{\text{SHDN}}$)：芯片关断控制端，高电平 ON 开通，低电平 OFF 关断。关断控制电流 10 μA。

7 脚(FB)：辅助输出反馈电压端，经电容滤波后，与开关管驱动电路的 11 脚相连接，由二极管、电容形成自举电路，目的是使开关管的栅极驱动电容直流电位与其源极相等，除驱动脉冲之外，开关管栅、源极无直流电位差。

8 脚(CSH)、9 脚(CSL)：过电流取样电阻的取样电压输入端。8 脚为高电位端，9 脚为低电位端。同时 9 脚还为输出电压反馈端，将信号送入集成电路内部取样分压器。

10 脚(V+)：输入电压端，接入 6.5～28 V 正电压，向集成电路内部提供工作电压，同时在外电路向开关管、储能电感供电。

12 脚(PGND)：内部驱动电路接地端。

13 脚(DL)、16 脚(DH)：内部驱动输出端，DH 和 DL 输出时序不同的正相驱动脉冲。

14 脚(LX)：DH 驱动脉冲的低电位端，其直流电位与开关管源极相等。

15 脚(BST)：DH、DL 驱动脉冲的中点输出端。

2．UCC39421 的升压应用电路

UCC39421 的升压应用电路如图 4-15 所示。图中，L_1 为储能电感，因为开关频率的提高，L_1 仅 2.2 μH。VT_{1A} 为 N 沟道开关管，集成电路 5 脚输出开关脉冲驱动 VT_{1A} 的栅极，VT_{1A} 导通，向 L_1 存储磁能。VT_{1A} 截止时，L_1 释放能量产生的感应电压与输入电压串联加到同步整流器 P 型 FET 管的漏极，同步整流器在 VT_{1A} 截止时导通，输出升压后的 5 V/1.2 A 供电。

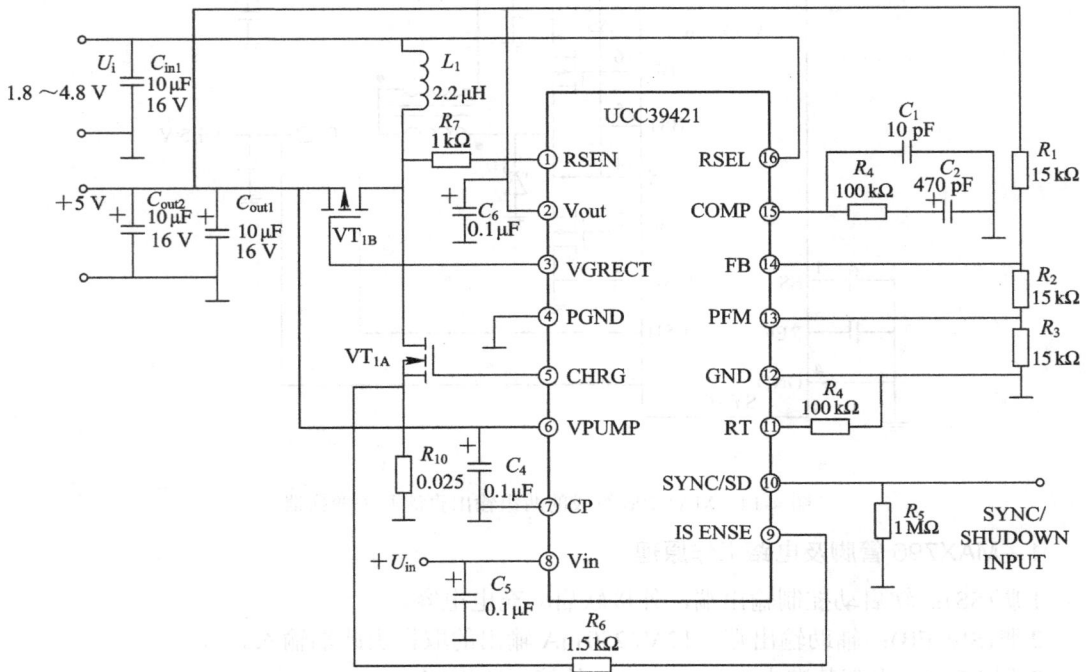

图 4-15　UCC39421 的升压电路

UCC39421 的各脚功能及外围元件作用如下：

1 脚：内部死区时间控制电路的取样输入端。当 VT_{1A} 导通时，1 脚呈现低电平，反之呈现高电平。此电平关系控制死区时间，防止 VT_{1A}、VT_{1B} 共态导通。

2 脚：输出电压取样输入端，内部取样比较器根据输出电压的变化，控制 PWM 输出脉冲的占空比，以稳定输出电压。

3 脚：同步整流电路驱动脉冲输出端。当开关管 VT_{1A} 截止时，输出低电平，驱动脉冲使 VT_{1B} 导通。因此 UCC3942 系列同步整流必须用 P 沟道 FET 管。

4 脚：驱动输出电路参考地。

5 脚：开关管 VT_{1A} 驱动脉冲输出端。当 L_1 能量释放完毕，输出电压开始降低时，VT_{1B} 截止，5 脚输出高电平驱动脉冲，使 N 沟道开关管 VT_{1A} 导通，开始下一个周期的能量存储。此期间 3 脚输出高电平使 VT_{1B} 截止。

6 脚：输入电压升压后输出电压内置超压保护端。一旦 PWM 系统失控使输出电压超高，驱动电路关断，输出电压等于输入电压。

7 脚：共地端。

8 脚：控制端。高电平输入为关断模式，供电端电流降至 5 μA。

9 脚：过电流传感器输入端，输入为电压信号。为了实现开关管过电流保护，在 VT_{1A} 源极接有源极电流取样电阻 R_6，当 R_6 两端压降增大到限定 IDS 阈值时，9 脚电压升高，开关电路被关断。该端另一功能是输出低电流关断功能。输出电压经 R_8 降压取样送入 9 脚，当负载电流过小或空载时，势必使输出电压有上升趋势，此时 9 脚内电路关断驱动器。

10 脚：外同步脉冲输入端。当用于负载变化范围小的设备时，使内部振荡器频率锁定于同步脉冲，以稳定为 PWM 模式工作。

11 脚：振荡器外接定时电阻。

12 脚：前级控制电路共地端。

13 脚：PFM 模式控制取样输入端。输入电压经 R_1、R_2 和 R_3 分压输入 13 脚，当轻负载时，R_2 分压值上升，启动内部 PFM 电路控制稳压输出，通过降低开关频率方式降低电源低功率状态的损耗。

14 脚：PWM 反馈控制端。在 50% 额定负载以上或重负载情况下，13 脚电压降低，关断 PFM 电路，PWM 电路被启动。此时 14 脚由 R_1 和 R_2、R_3 分压对输出电压取样，控制 PWM 电路，使输出电压稳定。

15 脚：比较器的相位补偿电路端。

16 脚：输入电压选择端，输入电压在内部与输出电压比较，以设定降压模式或升压模式。

4.3　移动电子设备电源

近年移动电子设备日益增多，为了对内部的功能电路提供多组不同的电压值，必须采用 DC/DC 变换开关稳压器，因此专用于电池供电设备的供电集成电路应运而生。此类开关电源除具有一般升/降压稳压输出功能以外，还要求有电平控制的关断功能，以便使移动设备在等待状态可通过按键控制开/关机。根据供电的功能电路不同，单片电源集成电路也不同，一般通称为电源管理系统，通常可分为有升/降压功能的单片集成稳压电路、电池电压检测电路、充电器控制电路、LCD 电源供电电路等。为此开发了大量此类电源管理集成电路，现以升/降压稳压电路为例介绍其原理及性能。

4.3.1　MAX744A 电源

MAX744A 为电源管理集成电路系列产品之一，此类升/降压变换器在宽负载电流变化范围内(从 10 mA 至额定电流)均有超过 90% 的效率，能有效地延长电池的使用寿命，还能根据负载电流值自动改变工作模式。在负载电流较大时，内部稳压系统为 PWM 控制方式，以免储能电感的高峰值电流引起分布电阻损耗；在轻负载时，内部稳压系统为 PFM 控制方式，以减小 FET 管栅极电荷损失，避免静态电流消耗过大。此外，有控制工作模式的集成电路也可使之固定于 PWM 控制模式，以避免纹波频率随负载电流变动。

MAX744A 为典型的 PWM 降压变换器，工作频率为 159～212.5 kHz，以避开对通信设备第二中频 455 kHz 的干扰。MAX744A 集成电路允许输入电压为 6～16 V，输出稳定的 5 V 电压，负载电流达 750 mA，静态电源电流仅为 1.7 mA。当 SHDN 端呈现低电平时，内部电路处于关断状态，关断电流仅需 6 μA。

MAX744A 内部具有振荡器、触发器、PWM 比较器、基准电压产生器、输出驱动器以及 P 沟道 FET 开关管。其工作原理与前述降压式开关电源基本相同，主要的区别是：

(1) 内设有过电流检测电阻 R，对开关管导通电流取样。

(2) 内设有软启动控制电路，外接 RC 充电电路。接通电源瞬间，电容 C 两端无电压，软启动控制端输出低电平，该电平接入 PWM 比较器反相输入端，使开机瞬间 PWM 比较器输出为零，随着 C 充电电压上升，PWM 电路输出脉宽缓慢增大后，受控于误差放大器的输出。

(3) 内设有供电电压欠压检测电路。当电池电压低于下限允许值时，检测比较器输出高电平，通过非门关断驱动器的输出脉冲。

MAX744A 应用电路如图 4-16 所示。MAX744A 内设输出电压取样分压电阻，因此其输出电压为固定的 5 V。

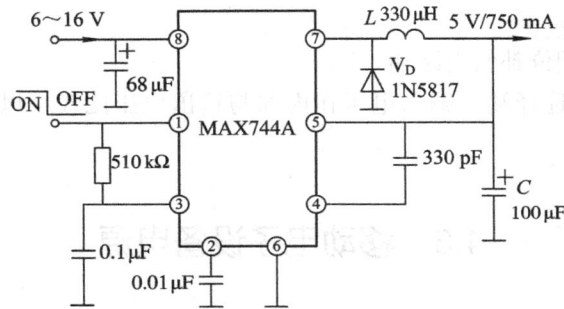

图 4-16　MAX744A 应用电路

各脚功能及外围元件作用如下：

1 脚：关断控制端，高电平时为接通状态，低电平时为关断。

2 脚：内部基准电压发生器，外接 0.01 μF 的旁路电容。

3 脚：软启动控制端，由 510 kΩ 电阻和 0.1 μF 电容组成软启动电路，启动期间初始电压为 0 V，启动完毕为输入电压。

4 脚：取样误差放大器的取样分压端，接入误差放大器反相输入端。

5 脚：输出电压控制端，内部为取样分压电阻。如将 5 脚直接接到输出电压端，则输出稳压值为 5 V，如果加入串联电阻后接到输出端，则输出电压可调整为大于 5 V 或近似等于输入电压。

6 脚：共地端。

7 脚：开关管 Q_1 漏极输出端，外接储能电感 L、续流二极管 V_D 和滤波电容 C。

8 脚：输入电压端，接入 6～16 V 电压和脉冲旁路电容器。

4.3.2　MAX767 电源

MAX767 的应用电路如图 4-17 所示。MAX767 是 3.3 V 供电电源降压变换器，当输入

4.5～5.5 V 电压时，输出 3.3 V / 10 A 的供电电压；其静态电流为 0.7 mA，备用状态仅为 120 μA。

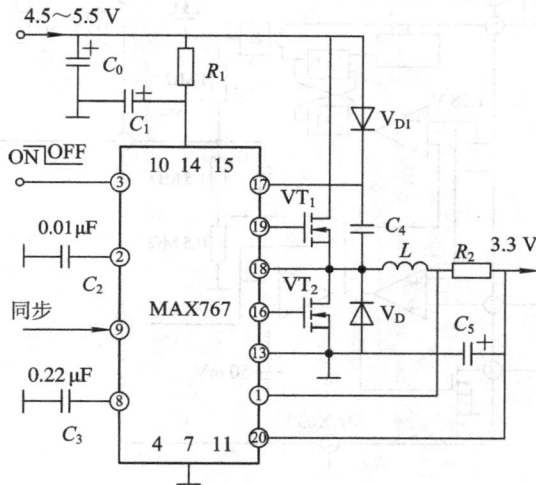

图 4-17　MAX767 的应用电路

MAX767 各脚功能及外围电路工作如下：

1 脚：过流检测输入端，外接 0.12 Ω 负载电流取样电阻。

2 脚：软启动控制端，外接 0.01 μF 充电电容，充电通路在集成电路内部。

3 脚：电源输出控制端，高电平接通，低电平关断。

4、7、11 脚：前级共地端。

5、6、12 脚：空置。

8 脚：内部基准电压，外接 0.22 μF 旁路电容。

9 脚：同步时钟输入端，不用时与 8 脚相连。

10、14、15 脚：输入电源隔离滤波器端，向集成电路内部前级电路供电，RC 用以滤除开关脉冲。

13 脚：内部驱动级接地端。

16 脚：下管驱动脉冲输出端。

17 脚：上管驱动级的自举升压电路端，外接自举升压二极管和 0.1 μF 的自举电路电容。将上管驱动脉冲的低参考点移动到输出中点，以使驱动脉冲加到 VT_1 栅、源极之间。

18 脚：驱动输出电路中点端。相对于此点，16 脚和 19 脚输出时序不同的正向驱动脉冲。

19 脚：输出触发脉冲先使 VT_1 导通，待 VT_1 关断后，16 脚才输出延后的正向驱动脉冲使 VT_2 导通，中间过程设有一定的死区时间，以免 VT_1、VT_2 共态导通。

20 脚：引出端。有两种功能：内接取样分压电路对输出取样，同时又是过电流检测电平的另一取样端。

4.3.3　模式控制 CMOS 低功耗电源

MAX639 为有 PWM 和 PFM 模式控制自动转换功能的低功耗降压开关稳压芯片。

MAX639 系列产品的内部电路如图 4-18 所示。

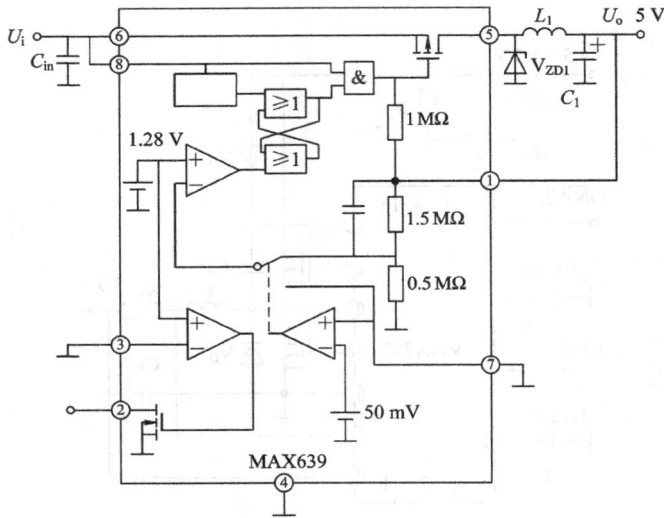

图 4-18 MAX639 系列产品的内部电路

MAX639 用于降压电源的电路如图 4-19 所示。其 8 脚为检测端，当 8 脚电压高于 2 V 和低于 0.8 V 时，可自动转换为不同的控制模式，以降低损耗。当输入电压 6.5～11.5 V 时，输出 5 V±0.2 V/225 mA 的供电。负载 100 mA 时，最小压降为 0.5 V，静态输入电流仅为 10 μA。2 脚可作为电池欠压指示，该电路中未用。如果在 1～7 脚外接分压电压使取样电压升高，也可输出 3.3 V 电压。与 MAX639 性能相近的 MAX653 则不设内部取样分压器，由外电路接入，因而其输出可设定为 3～5 V。

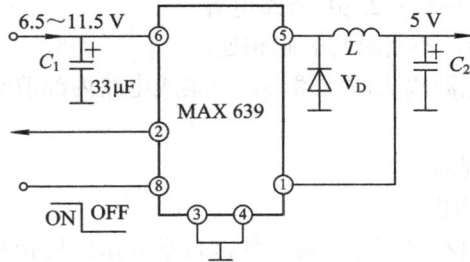

图 4-19 MAX639 的基本降压电路

4.3.4 MAX782 和 LTC1149 的应用

1. 多组电源供应集成电路 MAX782

MAX782 是一种用于移动设备的多组电源电路，其输入电压允许范围达 5.5～30 V，可同时输出 3 组稳定的直流电压，其中 3.3 V 和 5 V 的最大输出电流均为 5 A，15 V 的最大输出电流为 0.3 A，这 3 组输出电压的转换效率均大于 95%。MAX782 内部集成了 MOSFET 管驱动电路，可同时驱动变换器的开关管和同步整流管。3.3 V 和 5 V 电压的输出与否可分别由外加电平控制。MAX782 的典型应用电路如图 4-20 所示。

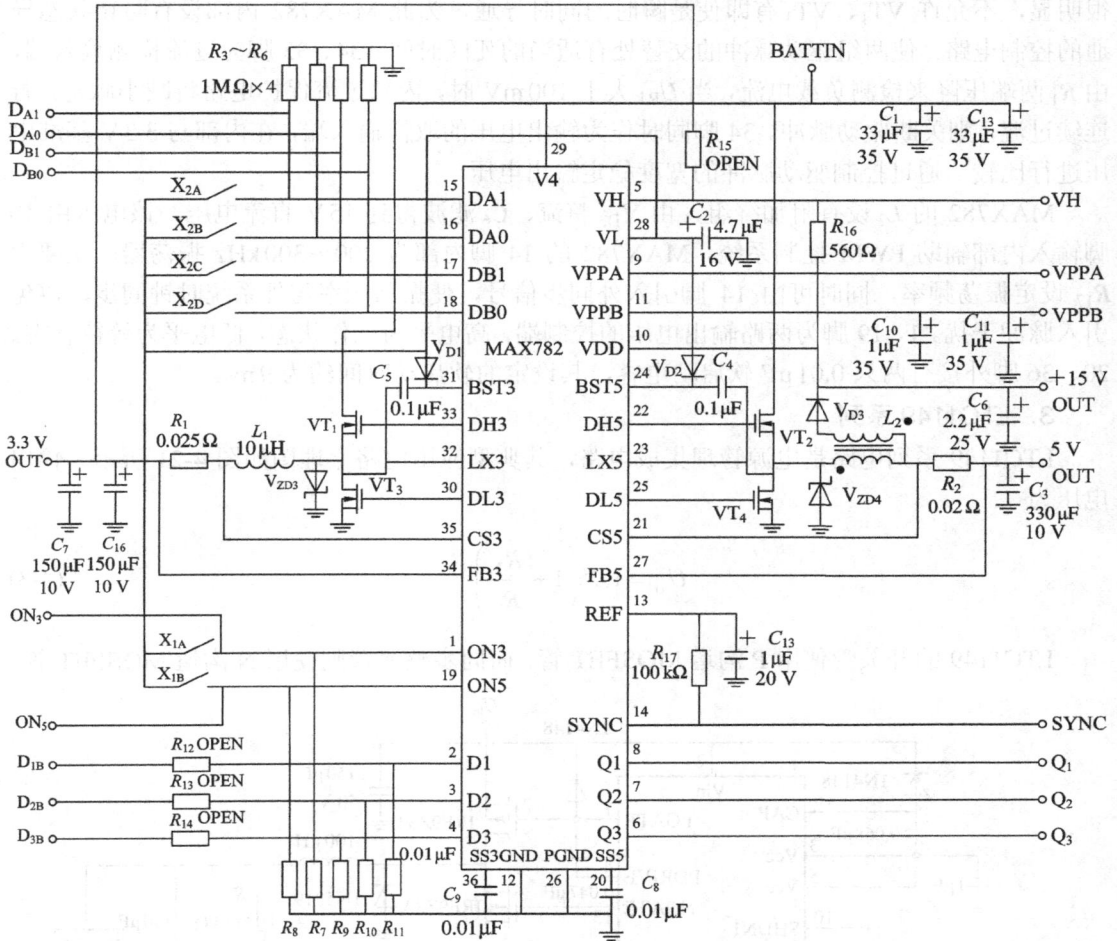

图 4-20 MAX782 的典型应用电路

2. MAX782 功能及工作原理

MAX782 的 28 脚为 5 V 基准电压输出端，13 脚为 3.3 V 基准电压输出端。为了使内部取样放大器正常启动，5 脚的启动电压由 3.3 V 经 R_{15} 提供。在应用电路中，3.3 V 和 5 V 的输出是相互独立的两部分。

开关管 VT_1 和 L_1 等组成 3.3 V 降压变换电路。当 VT_1 导通时，电池电压经 VT_1 向 L_1 存储能量，开关管截止时续流二极管 V_{ZD3} 导通，L_1 的储能向 C_7、C_{16} 充电，为负载供电。V_{ZD3} 导通的同时同步整流管 VT_3 导通，其 D-S 极的电阻只有 0.3 $M\Omega$，并联于 V_{ZD3} 两端，减小了续流电路的正向压降，提高了效率。

MAX782 内部设有完整的它激式驱动电路、PWM 控制电路、输出取样和误差放大器。32 脚和 33 脚接开关管 VT_1，其中低电位端(32 脚)必须与 VT_1 源极等电位，因此 31 脚外接 V_{D1} 与 C_5 组成自举电路，提高 31 脚的直流电位。MAX782 的 30 脚输出的脉冲驱动同步整流管 VT_3，其低电位点为共地。30 脚和 33 脚输出的两组驱动脉冲均为正极性，以驱动 N 沟道功率 MOSFET 管 VT_1、VT_3。为了使 VT_1、VT_3 轮换导通，两组驱动脉冲有一时间差，即 VT_1 先导通，L_1 存储能量，只有在 VT_1 截止后 VT_3 才能导通，L_1 的储能向负载电路释放。

很明显，不允许 VT_1、VT_3 有即使是瞬时的同时导通，为此 MAX782 内部设有防止共态导通的控制电路，使两组驱动脉冲的交替处有适当的死区时间。34、35 脚为过流检测输入端，由 R_1 两端压降来检测负载电流，当 U_{R1} 大于 100mV 时，内部过流保护电路将减小脉宽，若连续过流，则关断驱动脉冲。34 脚同时作为输出电压的取样输入端，在内部与 3.3V 基准电压进行比较，通过控制驱动脉冲的宽度稳定输出电压。

MAX782 的 L_2 设有附加绕组，由 V_{D3} 整流、C_6 滤波得到 15V 直流电压，该电压由 10 脚输入内部辅助 PWM 控制系统。MAX782 的 14 脚内部为 200～300kHz 振荡器，主要由 R_{17} 设定振荡频率，同时可由 14 脚引入外同步信号，使振荡频率与外系统时钟同步，避免引入脉冲干扰。1、19 脚为两路输出电压的控制端，高电平为工作状态，低电平为等待状态。20、36 脚外接有两只 0.01μF 软启动电容，其设定的软启动时间约为 9ms。

3. LTC1149 系列

LTC1149 系列电路是电源管理集成电路，其典型应用电路原理图如图 4-21 所示。输出电压为

$$U_o = 1.25\left(1 + \frac{R_2}{R_1}\right) \tag{4-3}$$

LTC1149 的开关管使用 P 沟道 MOSFET 管，而同步整流管则使用 N 沟道 MOSFET 管。

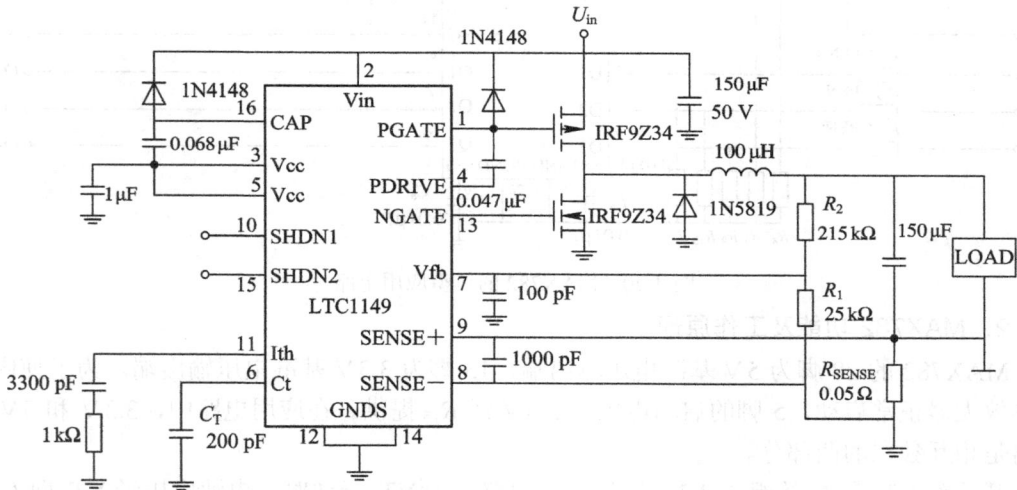

图 4-21 LTC1149 典型应用电路原理图

LTC1149 各脚功能如下：

1 脚(PGATE)：开关管驱动输出端。

2 脚(Vin)：输入电压。

3、5 脚(Vcc)：内部为基准电压，外接旁路电容。

4 脚(PDRIVE)：开关管驱动电路自举升压输出端。

6 脚(Ct)：振荡电路定时电容。

7 脚(Vfb)：取样放大器输出端，外接相位补偿电路。

8 脚(SENSE–)和 9 脚(SENSE+)：过流保护输入端，8 脚内设取样分压电路。

10 脚(SHDN1)和 15 脚(SHDN2)脚：LC 控制端，低电平为工作状态，高电平时输出被关断。

11 脚(Ith)：控制系统接地端。

12、14 脚(GNDS)：驱动级接地端。

13 脚(NGATE)：同步整流器驱动脉冲输出端。

16 脚(CAP)：软启动控制端，接通电源瞬间为基准电平，随外接电容充电电流的减小而成为低电平，集成电路进入额定 PWM 控制状态。

4.4　特殊开关电源

利用开关电源基本原理可以开发出多种特殊用途的开关电源。目前高档显示设备已将变换器加入 PWM 系统，成为高压输出的开关稳压器。随着电子技术的发展，对显示器的要求越来越高，所以目前这种输出为 20kV 以上超高压的开关电源已被用于微机显示器和某些高档 CRT 投影机中，不但使显示器的性能有大幅度提高，而且在保护阳极电压较高的投影管方面也有着重要作用。

4.4.1　显示设备的超高压电源

图 4-22 所示为以 TDA8380A 为核心的 PWM 脉冲控制和保护系统电路。该电路采用 CRT 独立供电方式，行扫描电路只向行偏转绕组提供扫描电流，并向钳位电路和消隐电路提供作为行频基准的行逆程脉冲，另设独立的 CRT 超高压和中压供电电路。全部 CRT 供电系统由 PWM 脉冲控制系统、逆程变换系统和保护系统三部分组成。

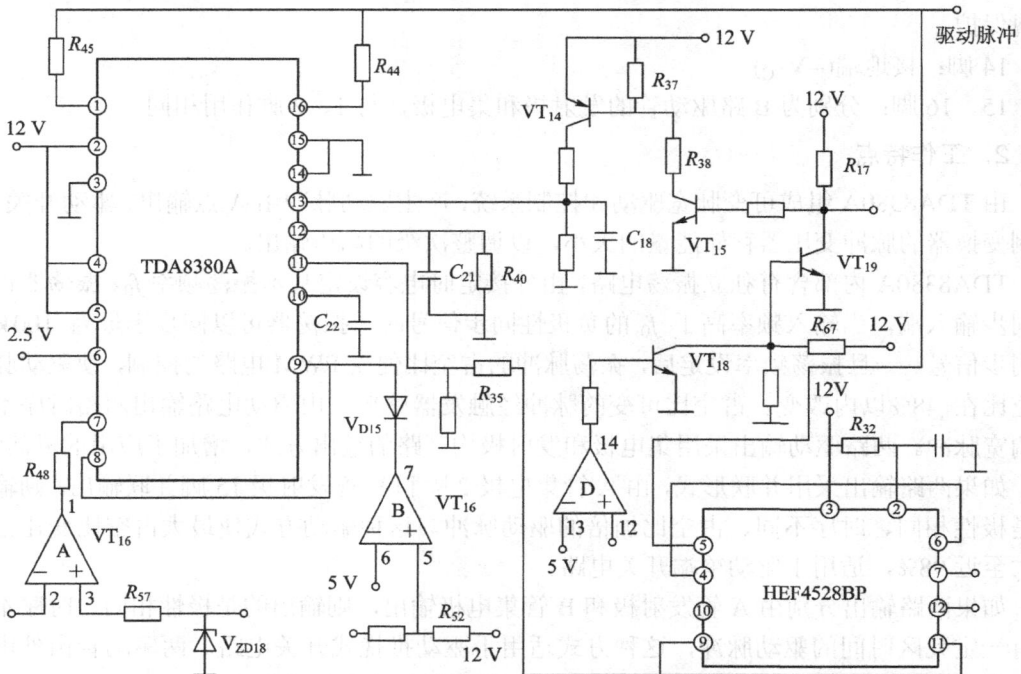

图 4-22　PWM 脉冲控制和保护系统电路

1. TDA8380A 功能

TDA8380A 各引脚功能如下：

1、2 脚：分别为内部 A 路驱动管的发射极和集电极。当 2 脚接 +V_{CC} 时，1 脚输出正向驱动脉冲。如果将 1 脚接地，2 脚外接负载电阻供电，则 2 脚输出负极性驱动脉冲。

3 脚：过零检测输入端，引入过零检测脉冲。当脉冲在上升沿和持续期间时，通过锁定电路关闭双稳态触发器，A、B 两路将无输出，而在脉冲下降沿时内部触发器复位。

4 脚：V_{CC} 欠压和过压取样输入端。实际电路中和 5 脚的供电端并联，对 V_{CC} 取样。也可以通过取样分压器对输入整流电压取样，实现输入供电的过压和欠压保护。

6 脚：2.5 V 基准电压输出端。用作内部保护电路和误差比较器的基准电压。外部可接入误差 1% 的电阻，使基准电压稳定。

7 脚：取样比较器反相输入端，引入开关电源次级取样电压。

8 脚：当次级输出电压升高时，输出电压降低，使驱动脉冲占空比减小，达到输出电压的稳定。

9 脚：脉宽调制器控制输入端，由 8 脚引入。当 9 脚电压降低时，占空比减小。

10 脚：外接定时电容 C_{22}。与内电路的定时电阻设定振荡器的基准频率 f_0。

11 脚：外同步输入端。输入负极性同步脉冲，可以在大于 f_0 和小于 100 kHz 的范围内使振荡器同步。

12 脚：软启动控制端，外接电容 C_{21}。开机瞬间 C_{21} 通过内电路充电，输出低电平，通过 PWM 电路使占空比为最小。随 C_{21} 充电电压上升，占空比由 10% 上升为额定值。电阻 R_{40} 为关机后的 C_{21} 提供放电通路，以使下次开机前软启动电路复位。

13 脚：过流保护输入端，直接控制双稳态电路。当该脚输出高电平时关闭双稳态电路，实现保护。

14 脚：接地端（$-V_{CC}$）。

15、16 脚：分别为 B 路驱动管的发射极和集电极，与 1、2 脚作用相同。

2. 工作特点

由 TDA8380A 组成可变脉宽驱动和控制系统，产生驱动脉冲由 A 点输出，驱动开关管，控制变换器的脉冲变压器存储能量的大小，以调整次级的高压输出。

TDA8380A 内部含有独立振荡电路，由外接定时电容设定基本振荡频率 f_0。振荡器设有外同步输入端，当输入频率高于 f_0 的负极性同步信号时，振荡器可以同步于最高 100 kHz 外同步信号。一旦振荡频率设定后，振荡脉冲的占空比便受 PWM 电路的控制，使驱动脉冲占空比在 48% 以内改变。占空比可变的脉冲经触发器整形，由驱动电路输出两路时序不同的调宽脉冲。两路驱动输出采用集电极和发射极均开路的输出方式，增加了应用的灵活性。

如果两路输出采用并联形式，由 A 管集电极 2 脚和 B 管发射极 15 脚并联输出，则输出的是极性相同、时序不同、占空比加倍的驱动脉冲，这种驱动方式使最大占空比变化范围增大至近 98%，适用于驱动单端开关电路。

如果两路输出分别由 A 管发射极和 B 管集电极输出，则输出的是极性相同、时序不同且有一定死区时间的驱动脉冲，这种方式适用于驱动推挽式开关电路。两驱动管由外电路独立供电，使驱动器容易实现驱动电平移位，而无需驱动变压器隔离。

若 A 管和 B 管都由同一电极输出，则输出极性相反的驱动脉冲，这种方式适用于驱动互补推挽开关电路。TDA8380A 内部还设有过零检测电路，对脉冲变压器感应电压取样。当感应电压下降为 0 V 时，脉冲变压器磁能已释放完毕，过零检测电路通过锁定电路的复位使双稳态触发器接受振荡脉冲的触发，输出下一周期的驱动脉冲。这就避免脉冲变压器能量未释放完前，开关管连续导通而引起脉冲变压器磁饱和，导致电感量下降造成开关管的过热击穿。

TDA8380A 内部取样比较器的同相输入端接有内部提供的 2.5 V 基准电压，其反相输入端通过外取样分压电路得到取样电压。TDA8380A 内部还设有一系列保护电路，如电源过压和欠压保护输入、过流保护输入和开机软启动控制等。

4.4.2　行脉冲驱动超高压电源

采用超高压电源和行扫描输出级各自独立，共用驱动脉冲信号源的方式，可以改善图像显示效果，同时延长投影管的寿命。电路特点是：超高压变换器的驱动脉冲信号源仍沿用行驱动脉冲，而在脉冲放大电路中加入电子开关，控制脉冲放大器的供电，即在每个行周期中用断开放大器供电的方式控制输出脉冲的脉宽，以达到稳定超高压输出的目的。

背投影的超高压电源简化电路如图 4-23 所示。由 IC_{603} 组成行振荡电路，12 脚输出行脉冲。行驱动脉冲经射随器 VT_{601} 缓冲后分成两路：一路由 VT_{1003} 缓冲，驱动行推动级 VT_{1002}，再经行推动变压器 T_{1001} 驱动行输出管 VT_{1001}；另一路经 VT_{601} 发射极、隔离电阻 R_{901} 送入射随器 VT_{810} 缓冲放大，驱动推动级 VT_{801}，推动变压器 T_{802} 的次级直接驱动开关管 VT_{808}。

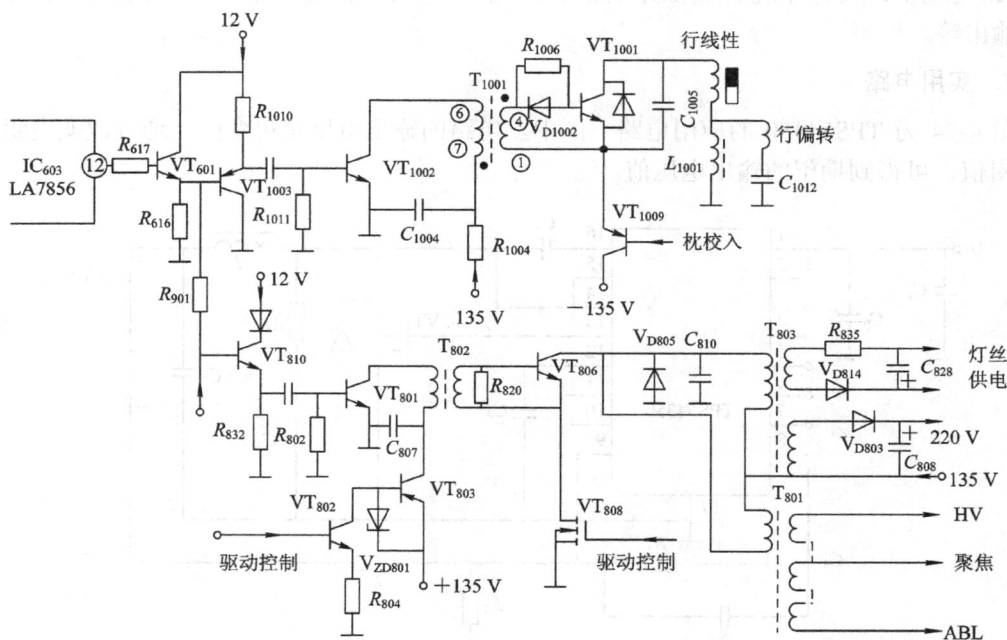

图 4-23　超高压变换电源简化电路

VT_{806} 的集电极并联接入两只脉冲变压器 T_{803} 和 T_{801}。T_{803} 次级一绕组脉冲电压由 V_{D814}

整流、C_{828} 滤波，向投影管提供 6.3 V/1.8 A 的灯丝供电。T_{803} 次级另一绕组脉冲电压用于升压式整流电路，将 135 V 供电串联接入 65 V 的脉冲整流电压，向视频放大器提供 220 V 电压。T_{801} 则只输出超高压和聚焦电压。由该电路可见，行输出级和超高压变压器之间无直接联系，完全避免了两者的相互影响。

超高压变换器的两级脉冲放大电路中，推动级 VT_{801} 的集电极供电电路串联接入 VT_{802}、VT_{803} 组成的电子开关，在输出级 VT_{806} 的发射极也接入电子开关 VT_{808}。为了适应输出级工作电压高、电流大的特点，采用 MOSFET 管作为电子开关。当两级电子开关都输入高电平控制信号时，超高压变换器接通开始工作。如果控制信号为脉宽调制的方波信号，则 T_{801}、T_{803} 初级输出的行脉冲被驱动控制脉冲所调制，输出 PWM 脉冲。在电源中，由 T_{801} 初、次级匝数比设定超高压输出，由驱动脉冲的脉宽调制向下调整超高压，即当电子开关 VT_{803}、VT_{808} 短路时，VT_{806} 输出脉冲为最大脉宽等于标准行脉冲的脉冲宽度，此时 T_{801} 次级输出电压稍高于额定电压，然后通过驱动控制使行脉冲宽度减小，使超高压输出为额定值。当超高压变化时，驱动脉冲有调整的余地。

4.4.3 基于 TPS54350 的 DC/DC 电源

1. TPS54350 特性

TPS54350 是一种内置 MOSFET 的高效 DC/DC 变换电路，由 TPS54350 组成的 DC/DC 电源的主要特性如下：连续输出电流为 3 A 时，效率达 90% 以上；输入电压范围为 4.5～20 V；输出电压可调低至 0.891 V，精确度为 1%；可编程外部时钟同步；脉宽调制频率在 250～700 kHz 可调节；具有峰值电流限制与热关断保护；可调节的欠压关断；内部软启动；电源安全输出等。

2. 实用电路

图 4-24 为 TPS54350 的应用电路。图中，电路的输出电压是可变的，通过改变电阻器 R_2 的阻值，可得到期望的输出电压值。

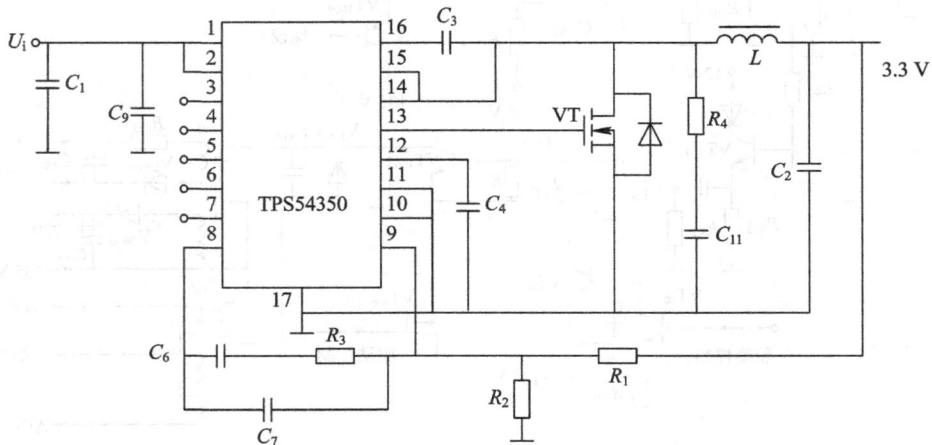

图 4-24　TPS54350 的应用电路

电路的输入电压 U_i 为 5 V，输出电压为 3.3 V，通常取 $R_1 = 1\,\text{k}\Omega$。R_2 的计算公式为

$$R_2 = R_1 \frac{0.891}{U_i - 0.891} \tag{4-4}$$

表 4-1 给出当 R_1 为 $1\,\mathrm{k}\Omega$ 和为 $10\,\mathrm{k}\Omega$ 时不同输出电压下的 R_2 的选值。

表 4-1　R_1、R_2 不同时的输出电压

$R_1 = 1\,\mathrm{k}\Omega$		$R_1 = 10\,\mathrm{k}\Omega$	
输出电压/V	$R_2/\mathrm{k}\Omega$	输出电压/V	$R_2/\mathrm{k}\Omega$
1.2	2.87	1.2	28.7
1.5	1.47	1.5	14.7
1.8	0.96	1.8	9.6
2.5	0.549	2.5	5.49
3.3	0.374	3.3	3.74

思考与复习

1. 单片式电源的特点是什么？
2. 高频电源变压器的设计原则是什么？
3. 用 MAX744 设计一降压电源。
4. 举例说明 LTC1149 电路的特点。
5. 用 TPS54350 设计一 DC/DC 变换器。

第5章　大功率变换电路

由开关电源结构可知，开关稳压器无论何种形式(自激或它激)，实际上都是由开关电路和稳压控制电路两大系统组成的。常见的电源变换电路可以分为单端和双端电路两大类。单端电路包括正激和反激两类；双端电路包括全桥、半桥和推挽三类。每一类电路都可能有多种不同的拓扑形式或控制方法。单端开关电路受开关器件最大动作电流的限制以及变换效率的影响，其输出功率一般在 200 W 左右。若需要大功率电源，必须采用新的电路结构。推挽式、半桥式、桥式开关电路可以输出较大功率，成为开关电源的主要电路形式。

5.1　基本变换电路

推挽式、半桥式、桥式等变换电路由于其特殊结构，可以输出较大功率，是目前开关电源的基础电路形式。本节对基础变换原理及结构作出分析，介绍其电路主要参数的计算方法。

5.1.1　基本变换电路原理

1. 自激型推挽电路

图 5-1 为推挽式开关电路的示意图。脉冲变压器初、次级都有两组对称的绕组，其相位关系如图所示，开关管用开关 S 表示。如果在 S_1、S_2 基极加入时序不同的正向驱动脉冲，加到 S_1 基极的驱动脉冲 t_1 使 S_1 导通，待 t_1 过后，驱动电路输出 t_2，再使 S_2 导通。两者交替导通，通过变压器将能量传到次级电路，使 V_{D1}、V_{D2} 轮流导通，向负载提供能量。由于 S_1、S_2 导通电流方向不同，形成的磁通方向相反，因此推挽电路与前述电路相比，提高了磁芯的利用率。磁芯在四个象限内的磁化曲线都

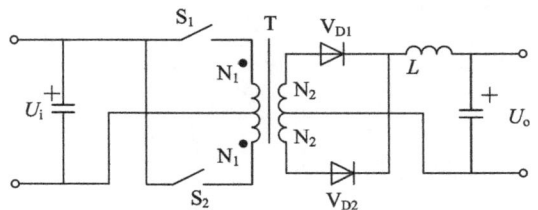

图 5-1　推挽式开关电路

被利用，在一定输出功率时，磁芯的有效截面积可以小于同功率的单端开关电路。此外，当驱动脉冲频率恒定时，纹波率也相对较小。

推挽式开关电路中，能量转换由两管交替控制。当输出相同功率时，电流仅是单端开关电源管的一半，因此开关损耗随之减小，效率提高。如果选用同规格的开关管组成单端变换电路，输出最大功率为 150 W。若使用两只同规格开关管组成推挽电路，输出功率可以达到 400～500 W。所以，输出功率 200 W 以上的开关电源均宜采用推挽电路。

当滤波电感 L 电流连续时，输出输入电压表达式为

$$\frac{U_o}{U_i} = \frac{N_2}{N_1}\frac{2t_{on}}{T}$$

(5-1)

式中：N_1、N_2 分别为变压器 N_1 绕组和 N_2 绕组的匝数；t_{on} 为导通时间；T 为 VT 的关断周期。

　　图 5-1 所示的对称推挽电路也有缺点：一是开关管承受反压较高，当开关管截止时，电源电压和脉冲变压器初级 1/2 的感应电压相串联，加到开关管集电极和发射极，因而要求开关管 $U_{ECO}>2U_{CC}$。二是推挽电路相当于单端开关电路的对称组合，只有当开关管特性、脉冲变压器初级和次级绕组均完全对称，脉冲变压器磁芯的磁化曲线在直角坐标第 Ⅰ、Ⅱ 象限内所包括的面积才和第Ⅲ、Ⅳ象限曲线内面积相等，正、负磁通相抵消，否则磁感应强度 $+B$ 和 $-B$ 的差值形成剩余磁通量，使一个开关管磁化电流增大，同时次级 V_{D1}、V_{D2} 加到负载上的输出电压也不相等，从而增大纹波，推挽电路的优势尽失。因此，这种推挽电路目前仅用于自激或它激式低压输入的稳压变换器中。因为低压供电，N_1、N_2 匝数少，且两绕组间电压差也小，一般采用双线并绕的方式来保证其对称性。

　　图 5-2 为饱和型推挽式自激变换器的基本电路。所谓饱和式，是指脉冲变压器工作在磁化曲线的饱和状态。电路通电以后，电流经电阻 R_1 到正反馈绕组 N_3～N_4 的中点，同时向 VT_1、VT_2 基极提供启动偏置。由于 VT_2 的基极电路附加了 R_2，因此 I_{B2}、I_{C2} 小于 I_{C1}、I_{B1}。启动状态，$I_{C1}>I_{C2}$ 的结果使脉冲变压器中形成的磁通 $\Phi_{N1}>\Phi_{N2}$，合成总磁通量为 $\Phi_{N1}-\Phi_{N2}$，使 VT_1 的导通电流起主导作用。因此，Φ_{N1} 在各绕组中产生感应电势，正反馈绕组 N_3 的感应电势形成对 VT_1 的正反馈，使 VT_1 集电极电流迅速增大。I_{C1} 的增大使 N_1 激磁电流增大，磁场强度(H)的增加使磁感应强度(B)增大，当到达磁芯饱和点时，即使磁化电流再增大也无法再使磁感应强度增大，即磁通量的变化为零。磁通量饱和的结果使其无变化，各绕组感应电压为零，VT_1 的正反馈消失，集电极电流 I_{C1} 迅速减小。正反馈绕组感应电压反相，使 VT_2 导通，且 I_{C2} 迅速增大，VT_1 截止。此过程中，由于磁芯的饱和周而复始地进行，VT_1、VT_2 轮流导通，初始电流方向随之不断改变，因而在次级感应出双向矩形脉冲。因此推挽变换器次级可以通过全波或桥式整流向负载供电。

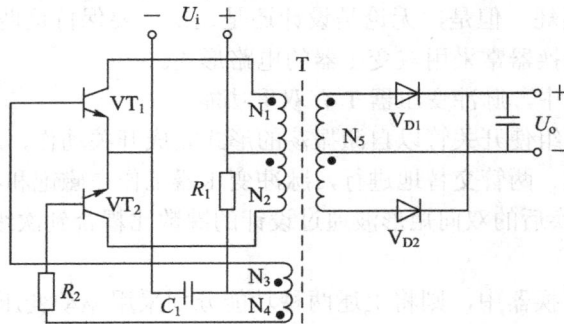

图 5-2　饱和型推挽式变换器基本电路

　　自激推挽式变换器也有缺陷。首先是自激推挽式开关电路的驱动脉冲是双向的。在图 5-2 中，当 VT_1 导通期间，N_3 的感应脉冲是以正脉冲形式加到 VT_1 的基极，此时 VT_2 处于截止状态，N_4 的感应脉冲以负脉冲形式加到 VT_2 基极。当开关管或脉冲变压器进入饱和状态时，首先是正反馈脉冲减小，随 $\beta I_B<I_C$ 而使正反馈脉冲反相。由于双极型开关管有少数载流子的存储效应，I_B 的减小，甚至 $I_B=0$ 时，其 I_C 不会立即截止，而正反馈脉冲的反相却

可以使另一只开关管立即导通,因此,在 VT_1、VT_2 交替过程中必然出现两管同时瞬间导通。因两管集电极电流通过脉冲变压器形成反向磁场,而使脉冲变压器等效电感量减小,开关管电流增大。正因为如此,这种变换器的工作频率一般只在 2000 Hz 左右,以减小两管交替导通过程中造成的共态导通损耗。这是推挽式变换器应用于高压开关电源所必须解决的第一个问题。

所有用于高压开关电路的开关管绝对都只采用 NPN 型,这点是由半导体器件工艺所决定的。现有 PNP 型管的 U_{CEO} 最大也极少超过 300 V,因此高压变换器也只能采用全 NPN 型开关管。由图 5-2 看出,当 VT_1 导通时,VT_2 为截止状态,其集电极电压为 N_2 的感应脉冲和电源电压之和,即 $2U_{CC}$。如果用于输入整流供电的高压变换器,VT_1、VT_2 最高集电极和发射极之间电压将是 600 V 以上,达到此要求的只有 NPN 型开关管。两管均为 NPN 管的结果是,其导通时驱动脉冲均为正向脉冲,如自激式变换器相同的双向脉冲。为了避免截止状态反相驱动脉冲击穿开关管的 b-e 结,必须在驱动电路增加必要的保护措施,否则即使不击穿 b-e 结,也会使开关管处于深度截止状态,要想使其进入导通状态,势必增加正向驱动电流,因而使驱动功率增大,变换器效率降低。

以上两个问题不仅使自激推挽式电路效率降低,同时也不适宜作高压输入的变换器。很明显,自激推挽式开关电源只能组成无稳压功能的变换器,而不能用于开关电源,因为要同步控制两管的通断占空比,电路必然较复杂,且难以达到完全对称地控制。此类变换器一般采用在输出端设置耗能式稳压的方式。截至目前为止,推挽式、桥式变换器都采用它激电路,以便于在驱动脉冲输出之前进行 PWM 控制。

饱和型变换器是利用输出脉冲变压器的磁饱和现象使开关管由导通变为截止,使推挽式电路的两只开关管轮流通、断。脉冲变压器为了转换输出功率,铁芯的截面积必然较大,而要达到磁通量的饱和所需磁化电流也较大,使开关管损耗增大。因此在饱和型变换器的设计中,都尽量选择开关管的工作状态在脉冲变压器的磁化曲线开始进入饱和状态之初,首先让开关管进入饱和区,使开关电路翻转,以减小开关管在变压器磁通饱和以后的大电流增长,降低开关管损耗。但是,无论是设计还是调试,要保持这两者的严密关系都是十分困难的。所以此类变换器常采用双变压器的电路形式。

上述饱和型变换器中,脉冲变压器 T 有双重功能:

一是通过正反馈绕组使开关管以自激振荡的形式完成开关动作,进行 DC/AC 的变换。为了使开关动作持续地、两管交替地进行,脉冲变压器工作在磁饱和状态。

二是将 DC/AC 转换后的双向矩形波通过设计的圈数比耦合到次级,通过整流、滤波成为直流电。

双变压器饱和型变换器中,则将上述两种功能分别采用驱动变压器和输出变压器来完成。输出变压器只转换输出功率,驱动变压器则工作于饱和状态,控制开关管的通/断。

2. 桥式变换电路

全桥变换器电路原理如图 5-3 所示。4 只极性相同的开关管 $VT_1 \sim VT_4$ 组成桥式电路接法的 4 个臂,变压器初级作为负载电路接于两臂中点之间。VT_1 和 VT_4 为一对,VT_2 和 VT_3 为另一对,互补导通,即一对导通时另一对截止。当开关管成对轮流导通时,脉冲变压器初级连续通过方向相反的电流,将输入直流变成双向对称的矩形脉冲,脉冲变压器次级通过全波整流滤波，输出稳定的直流电。

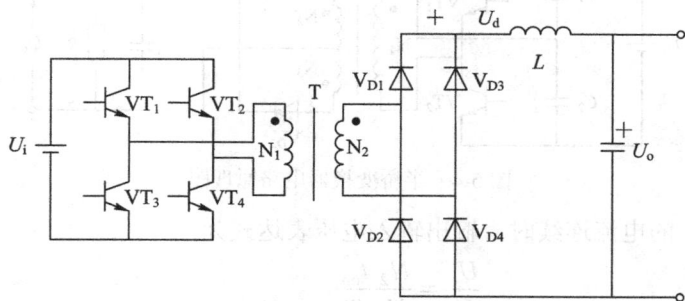

图 5-3　全桥变换器电路原理图

桥式开关电路每个导通周期两只开关管与脉冲变压器初级都是串联的，因此加在每只开关管的最高耐压为推挽式电路的 1/2，即等于输入电压，这非常适合大电流低反压开关管的应用。例如，普通单端、推挽式开关电路，常用反压 $U_{CEO}>800\text{V}$ 的开关管，而桥式电路中开关管 U_{CEO} 大于 400V 也比较安全了。开关管功耗 P_{CM} 一定时，U_{CEO} 低的管子其 I_{CM} 也必然较大，相对地使桥式开关电路上限输出功率增大。此外，桥式电路中脉冲变压器 T 的初级通过的是对称的方波，理论上无直流成分磁化电流，因而其磁通量为交变磁通，无恒定磁场，使脉冲变压器的有效利用率提高，减小了开关电源的体积和重量。更重要的是，桥式开关电路的脉冲变压器初级只需要一组绕组，不存在对称的问题，且初级最高电压为输入电压，这使得脉冲变压器的结构大为简化。因此桥式电路被广泛用于 kW 级的大功率开关电源中。

在图 5-3 所示的全桥逆变电路中，互为对角的一对开关管轮流同时导通，在变压器初级侧形成交变电压，传递到次级，经整流滤波后输出，改变占空比即可改变输出电压。当 VT_1 与 VT_4 开通后，二极管 V_{D1} 和 V_{D4} 处于通态，电感 L 的电流逐渐上升；VT_2 与 VT_3 开通后，二极管 V_{D2} 和 V_{D3} 处于通态，电感 L 的电流也上升。VT_1 和 VT_2 断态时承受的最高电压为 U_i。如果 VT_1、VT_4 与 VT_2、VT_3 的导通时间不对称，则 N_1 中的交变电压中将含有直流分量，会在变压器一次侧产生很大的直流电流，造成磁路饱和，因此全桥电路应注意避免电压直流分量的产生，也可以在一次侧回路串联一个电容，以阻断直流电流。设每对管导通时间为 t_{on}，开关周期为 T，则在滤波电感电流连续时，输出电压与输入电压的关系表达式同式(5-1)。

3. 半桥变换电路

半桥变换器电路原理如图 5-4 所示。VT_1 与 VT_2 交替导通，使变压器一次侧形成幅值为 $U_i/2$ 的交流电压。改变开关的占空比，就可以改变二次侧整流电压 U_d 的平均值，也就改变了输出电压 U_o。VT_1 导通时二极管 V_{D1} 处于通态，VT_2 导通时二极管 V_{D2} 处于通态，当两个开关都关断时，变压器绕组 N_1 中的电流为零，V_{D1} 和 V_{D2} 都处于通态，各分担一半的电流。VT_1 或 VT_2 导通时，电感 L 的电流逐渐上升；两个开关都关断时，电感 L 的电流逐渐下降。VT_1 和 VT_2 断态时承受的最高电压为 U_i。由于电容的隔离作用，半桥电路对由于两个开关导通时间不对称而造成的变压器一次侧电压的直流分量有自动平衡作用，因此不容易发生变压器的偏磁和直流磁饱和。

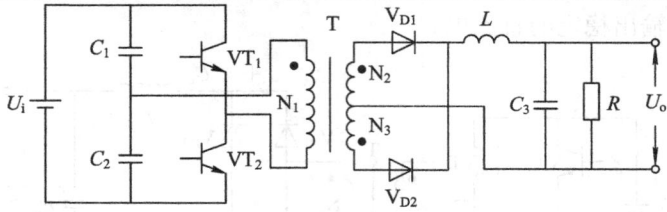

图 5-4 半桥变换器电路原理图

当滤波电感 L 的电流连续时，输出输入电压表达式为

$$\frac{U_o}{U_i} = \frac{N_2}{N_1} \frac{t_{on}}{T} \tag{5-2}$$

半桥式开关电路省去两只开关管，采用连接电容分压方式，使开关管 c-e 极电压与桥式电路相同，同时驱动电路也大为简化，只需两组在时间轴上不重合的驱动脉冲，两组驱动电路的参考点为各自开关管的发射极，显然比桥式电路的形式简单得多。根据上述原理，当采用相同规格开关管时，半桥式负载端电压为 $U_{in}/2$，输出功率为桥式电路的 1/4。半桥式电路具有全桥式电路的所有优势，因此其应用比全桥式更普遍。

4．正激变换电路

正激变换器电路原理如图 5-5 所示。开关管 VT 开通后，变压器绕组 N_1 两端的电压为上正下负，与其耦合的 N_2 绕组两端的电压也是上正下负，因此 V_{D1} 处于通态，V_{D2} 为断态，电感 L 的电流逐渐增长。VT 关断后，电感 L 通过 V_{D2} 续流，V_{D1} 关断。

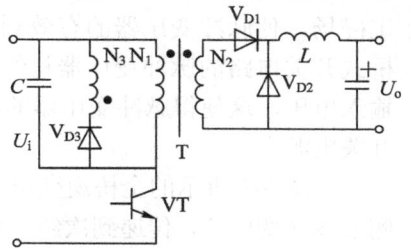

当 VT 关断后，变压器的激磁电流经 N_3 绕组和 V_{D3} 流回电源，所以开关管 VT 关断后承受的电压为

$$U_S = \left(1 + \frac{N_1}{N_2}\right) U_i \tag{5-3}$$

图 5-5 正激变换器电路原理图

此时要考虑变压器磁芯复位问题。开关管 VT 开通后，变压器的激磁电流由零开始，随着时间增加而线性地增长，直到 VT 关断。为防止变压器的激磁电感饱和，需要设法使激磁电流在 VT 关断后到下一次再开通的一段时间内降回零，这一过程称为变压器的磁芯复位。

变压器的磁芯复位时间为

$$t_{rst} = \frac{N_3}{N_1} t_{on} \tag{5-4}$$

在电感电流连续的情况下，输出电压表示为

$$U_o = \frac{N_1 t_{on}}{N_2 T} U_i \tag{5-5}$$

输出电感电流不连续时，输出电压 U_o 将高于 U_S 的值，并随负载减小而升高，在负载为零的极限情况下，输出电压为

$$U_o = \frac{N_1}{N_2} U_i \tag{5-6}$$

5．反激变换电路

反激变换器电路原理如图 5-6 所示。反激电路中的变压器 T 起着储能元件的作用，可以看做是一对相互耦合的电感。

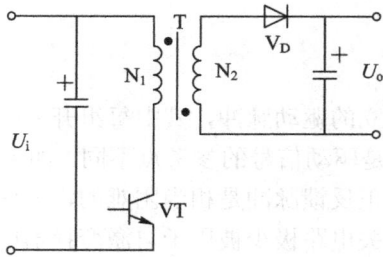

图 5-6　反激变换器电路原理图

电路的工作过程：VT 开通后，V_D 处于断态，N_1 绕组的电流线性增长，绕组电感储能增加；VT 关断后，N_1 绕组的电流被切断，变压器中的磁场能量通过 N_2 绕组和 V_D 向输出端释放。VT 关断后的电压为

$$U_S = U_i + \frac{N_1}{N_2}U_o \tag{5-7}$$

反激电路的工作模式分为电流连续模式和电流断续模式。

(1) 电流连续模式：当 VT 开通时，N_2 绕组中的电流尚未下降到零。输出电压和输入电压关系见式(5-2)。

(2) 电流断续模式：VT 开通前，N_2 绕组中的电流已下降到零。输出电压高于计算值，并随负载减小而升高，在负载为零的极限情况下，$U_o \rightarrow \infty$。因此反激电路不能工作于负载开路状态。

5.1.2　不同电路的特点

上述各种不同电路的特点比较如表 5-1 所示。

表 5-1　各种电路比较

电路	优 点	缺 点	功率范围	应用领域
正激式	电路较简单，成本很低，可靠性高，驱动电路简单	变压器单向激磁，利用率低	百瓦～千瓦	中、小功率电源
反激式	电路简单，成本很低，可靠性高，驱动电路简单	变压器单向激磁，利用率低	瓦～几十瓦	小功率电子设备，计算机设备，家用电子设备电源
全桥式	变压器双向激磁，容易达到大功率	结构复杂，成本高，可靠性低，需复杂的隔离驱动电路	百瓦～千瓦	大功率工业用电源，焊接电源，电解电源等
半桥式	变压器双向激磁，没有变压器偏磁问题，开关较少，成本低	有直通问题，可靠性低，需要隔离驱动电路	百瓦～千瓦	工业用电源，计算机电源等
推挽式	变压器双向激磁，一次侧一个开关，通态损耗小，驱动简单	有偏磁问题	百瓦～千瓦	低输入电压电源

5.2 半桥变换电路的应用

5.2.1 降压电路

桥式电路需要 4 组相互独立的驱动脉冲，其中每组开关管 VT_1、VT_4 和 VT_2、VT_3 的各自驱动脉冲的极性都相同，但是驱动信号的参考点不同。如果组成自激振荡电路，4 组开关要得到相同幅度、不同时序的正反馈脉冲是相当困难的，考虑到 4 只开关管性能完全对称的要求难以达到，因此桥式开关电路极少被用于自激变换器中。

半桥式变换器具有桥式电路的所有优势，目前的 MOSFET 开关管、IGBT 等高压大电流开关器件均可应用于半桥电路，半桥式开关电路的应用远比桥式电路更广泛。自激半桥式变换器的开关管耐压要求较低，目前输出功率 200 W 以下的变换器中广泛采用半桥式变换电路。

图 5-7 为半桥降压电路。图中 T_1、T_2 和 VT_1、VT_2 组成半桥式开关电路，将输入整流后，约 310 V 直流高压由开关电路变成双向矩形波，通过降压比的方式输出，经整流滤波获得与输入隔离的低压直流电。该电路代替工频变压器和整流滤波电路组成的低压直流电源，也称其为电子变压器。

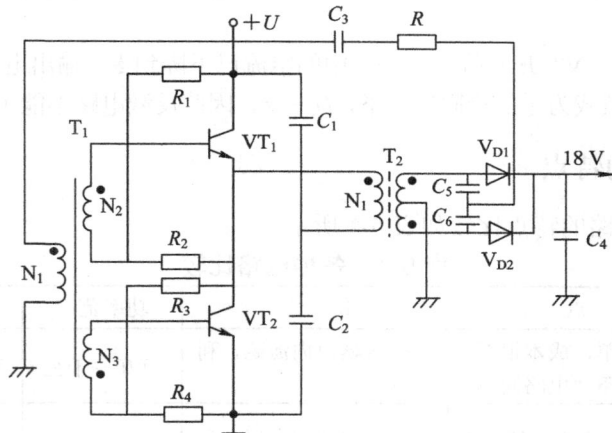

图 5-7　半桥式开关降压电路

开关管 VT_1、VT_2 组成半桥式开关电路，C_1、C_2 串联接在输出电压两端，正常情况下，其中点电压为输入电压的 1/2。该电压经输出变压器 T_2 的初级绕组 N_1 接于两只开关管的串联连接点上。当 VT_1 导通时，+310 V 电压经 VT_1 的 c-e 极加到 T_2 绕组 N_1 上端，N_1 下端接 C_1、C_2 的中点，因此，N_1 初级电压为 310 V − 150 V = 160 V。当 VT_2 导通时，C_1、C_2 分压值 +160 V 经 VT_2 的 c-e 极到输入电源的负极，电压也为 160 V。在 T_2 初级绕组中，两管导通电流方向相反，T_2 次级输出对称的矩形波。

脉冲变压器 T_1 为反馈变压器，其初级绕组 N_1 通过 C_5、C_6 将 T_2 的次级输出脉冲电压分压得到反馈脉冲，T_1 次级绕组 N_2、N_3 形成相位相反的两组驱动脉冲。根据图示的 T_1、T_2

相位关系，当 VT_1 导通时，T_1 绕组 N_2 输出与 T_2 初、次级同相的脉冲，构成 VT_1 的正反馈。而 T_1 绕组 N_3 则输出与 T_2 初、次级相位相反的脉冲。因为 VT_2 导通时，T_2 初级电流方向反向，故 T_1 绕组 N_3 构成 VT_2 的正反馈电路。该变换器的反馈脉冲取自 T_2 次级绕组，利用 T_2 的降压比获得较低的反馈电压，就不用另设低阻抗反馈绕组。

半桥式推挽电路输出的是双向矩形波，反馈脉冲也应是双向的，才能使 VT_1、VT_2 维持正反馈作用。电路中通过 C_5、C_6 分压取得相对于 T_2 次级中点相位不同的脉冲，无论 VT_1 还是 VT_2 导通，都有正反馈作用。反馈电路中串联有电阻，目的是自动调整反馈量，避免反馈量过大而使开关管的存储效应增大。当负载电流减小或 T_2 次级电压升高时，反馈电流随之增大，电阻通过电流增大，压降值急剧增大，反馈电流减小，以免此类电子变压器接近空载时击穿开关管。

5.2.2 振荡超声波电路

自激振荡超声波发生器简化电路如图 5-8 所示。主电路采用半桥式电路。

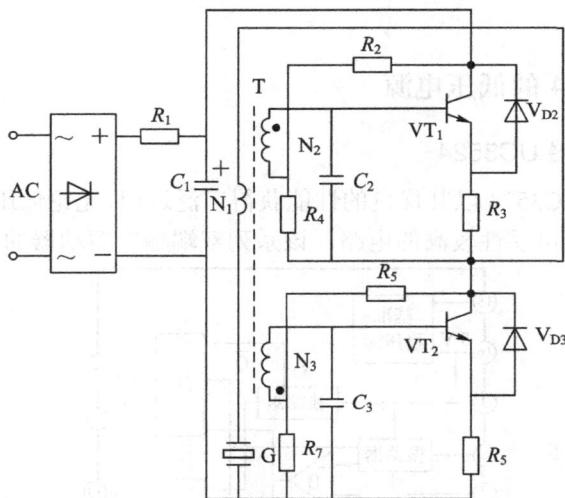

图 5-8 超声波振荡电路

该振荡电路与普通半桥式自激振荡电路有区别，虽然两只开关管串联连接于输入电压两端，当 VT_1 截止时，VT_2 无法从输入电压得到供电电压。VT_2 构成了陶瓷换能器的灌电流通路。根据图中脉冲变压器 T 标出的同名端可以看出，当两管之一导通时，VT_1 从 N_2 得到正反馈脉冲，VT_2 从 N_3 得到正反馈脉冲，以使导通后的开关管进入饱和区。然后正反馈脉冲反相，一管截止，另一管开始导通至饱和。这种反馈自激过程与自激半桥变换器是相同的，只是 VT_2 的作用不同。该电路的负载是陶瓷换能器，是电能机械振动能量转换元件，有其自身的特性。当电路接通电源后，VT_2 集电极无供电电压，即使有启动偏置，也不可能导通。VT_1 由 R_2、R_4 得到启动偏置开始导通，正反馈作用使其很快饱和。VT_2 饱和后，正反馈电压消失，集电极电流开始下降，T 绕组 N_2、N_3 感应电压反相，VT_2 很快截止。在此过程中 VT_1 输出矩形脉冲，通过 T 反馈绕组 N_1 加到陶瓷换能器两端，使换能器转换为动能而产生形变发出超声波。当 VT_1 截止后，换能器形变必然复位，在复位过程中，将存储的势能释放为电能，通过 VT_2 释放。在此过程中，超声换能器产生与前述相反的振动。复位后的换能器随 VT_1 的导通再次产生形变振动，重复上述过程。所以，称 VT_2 为灌流开关，VT_1 为驱动开关。上述电路中，换能器串联于正反馈电路，在其固有频率时其阻抗最低，正反馈量也必然最大，因而振荡频率能自动跟踪换能器的固有谐振频率，始终使换能器处于谐振状态。当作为清洗机时，即使换能器放入清洗液中其谐振频率有所变化，电路也能自动跟踪无需调整。

若要增大电路输出功率，将图 5-7 中电容器 C_1、C_2 改为与 VT_1、VT_2 相同规格的两只开关管 VT_3、VT_4，使其成为桥式电路的另外两臂。根据桥式开关电路的工作原理，使原 C_1 处的 VT_3 与 VT_2 同时导通，C_2 处的 VT_4 与 VT_1 同时导通。为了达到此目的，需要在 T_1 增设两组次级驱动绕组，其中一组设为 N_4，用于驱动 VT_4，其相位与 N_2 相同，另一组设为 N_5，与 N_3 相位相同，用于驱动 VT_3，即成为全桥式自激变换器。

5.3 推挽变换电路的应用

5.3.1 基于 UC3524 的低压电源

1. 双端输出驱动器 UC3524

双端输出驱动器 UC3524 以其优良的性能获得广泛运用，无论低压变换器还是大功率开关电源，都可由其组成可靠性较高的电路。该系列双端输出驱动器的内部电路见图 5-9。

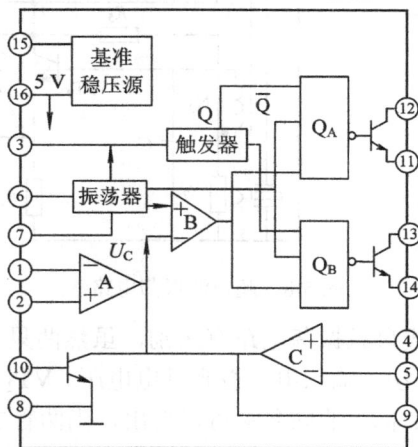

图 5-9 UC3524 内部电路结构

UC3524 内部振荡器的周期 $T=R_TC_T$，电容 C_T 取值范围为 $1000\,pF\sim0.1\,\mu F$，R_T 取值范围为 $1.8\sim100\,k\Omega$，其最高振荡频率为 $300\,kHz$。UC3524 内部设有驱动脉冲电路，通过控制 PWM 比较器的输出，使集成电路处于关闭状态，无驱动脉冲输出。UC3524 的两组驱动输出级也采用集电极、发射极开路输出的 NPN 型双极型三极管，以便用于单端或推挽电路的驱动。两路输出脉冲，每路输出最大脉宽为 45%。驱动推挽电路时，次级电路得到两组正向脉冲分别使内部放大管轮流导通，其最大脉宽为 90%。因为两组驱动输出极性相同，只是在时间轴上出现的序列不同，所以可以将两驱动输出脉冲并联，将输出最大脉宽 90% 的单端驱动脉冲，用于单端变换器。分成两路输出时，开关频率为振荡器频率的 2 倍；单端并联运用时，开关频率等于振荡频率。

2．UC3524 组成的推挽 DC/DC 电源

UC3524 每路输出驱动电流为 100 mA，当组成大功率开关电源时，可通过外加驱动脉冲放大器提高驱动能力。此种方法可使 UC3524 驱动 500 W 以上输出功率的开关电源。UC3524 也可以组成几瓦或几十瓦的小功率稳压电源。下面以 UC3524 组成的低压推挽开关电源为例说明其应用方式。电源输入电压为 12～28 V，输出稳定的 5 V/5 A 低压供电，电路见图 5-10。

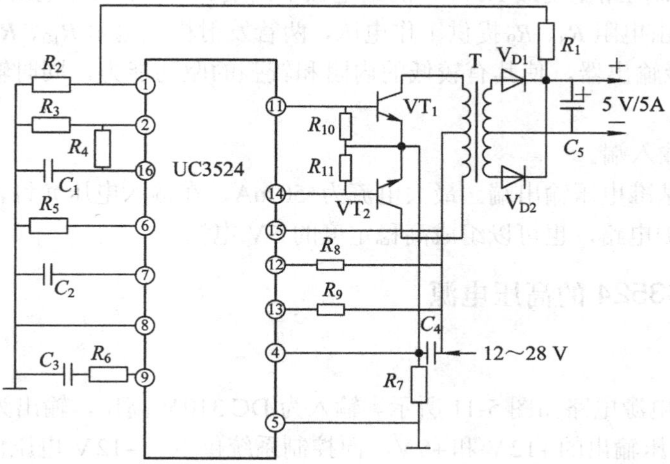

图 5-10　UC3524 组成的推挽 DC/DC 电源电路

电源中 UC3524 的各脚功能及外围元件作用如下：

1 脚：内部误差检测放大器 A 的差分放大器反向输入端。稳压器的 5 V 输出经 R_1、R_2 进行 2：1 分压输入 1 脚。

2 脚：误差放大器 A 的正相输入端，将 16 脚输出的内部基准电压经 R_3、R_4 进行 2：1 分压做为误差检测的基准电压。当 1 脚取样电压升高时，差分放大器输出电压降低，送至脉宽调制器 B，使输出脉冲占空比减小。差分放大器的输出电压与输出脉冲占空比有近似的线性关系，输出电压 3.5 V 时，脉冲占空比为 45%；输出电压降为 1.5 V 时，脉冲占空比降为 10%；输出电压 1 V 时，脉冲占空比为零，无驱动脉冲输出。1、2 脚间共模输入电压在 1.8～3.4 V 范围内。

3 脚：内部振荡器锯齿波输出端(未用)。

4、5 脚：分别为开关电流限制放大器的 +、- 取样输入端。开关电流通过外接电流取样电阻 R_7，变成与电流成正比的取样电压，输入 4、5 脚。当取样电压上升到 200 mV 时，输出脉冲占空比降低为最大占空比的 25%；取样电压升到 210 mV 时，占空比变为零，驱动脉冲被关断。图中原设计 R_7 为 0.1 Ω，所以 VT_1、VT_2 的电流被限制在 2.1 A。4、5 脚共模输入电压在 -0.7～+1 V 范围内。

6 脚：外接定时电阻端，设定 R_T 的充电电流也即控制 R_T 的充电时间。

7 脚：外接定时电容端。C_T 的值和 R_T 共同决定振荡周期：$T=R_T(\mathrm{k\Omega})C_T(\mathrm{\mu F})$。按图示 C_2、R_5 的数值，其周期 T 为 $30\,\mu s$，锯齿波频率为 $33\,\mathrm{kHz}$，死区时间为 $0.7\,\mu s$。

8 脚：接地端。

9 脚：误差放大器的输出端，用以接入 C_3、R_6 组成的相位校正电路，以稳定误差放大器的工作状态，防止高频自激。

10 脚(未用)：PWM 脉冲输出控制端。当此端输入 1 V 以上的高电平时，将误差放大器输出端(即 PWM 比较器 B 的输入端)电平钳位于 0.3 V，使输出脉冲占空比为零，驱动脉冲被关断。此高电平关断特点既可用于电源 ON/OFF 人为控制，也可用于过电压保护等电路。

11、14 脚：内部两路驱动级 NPN 双极型三极管的发射极引出端。

12、13 脚：内部两路驱动级 NPN 管的集电极引出端。为了驱动外电路 NPN 开关管 VT_1、VT_2，两管集电极由电阻 R_8、R_9 提供工作电压，两管发射极经电阻 R_{10}、R_{11} 接地，因此，内部驱动级构成射极输出器，使其有较低的内阻和较强的驱动能力，同时输出正向的驱动脉冲驱动 VT_1、VT_2。

15 脚：电源输入端。

16 脚：5 V 基准电压输出端。最大电流为 50 mA，在输入电压允许范围内其误差小于 1%。如果外设保护电路，也可以组成高稳定度的 5 V 电源。

5.3.2　基于 UC3524 的高压电源

1. 电源结构

高压 DC/DC 电源电路如图 5-11 所示。输入为 DC 310 V 高压，输出为 DC 24 V。另外，由 +24 V 经二次稳压输出的 +12 V 和 +5 V，向控制系统供电。−12 V 电压由单独整流电路输出，并经二次稳压后向机内控制系统供电。

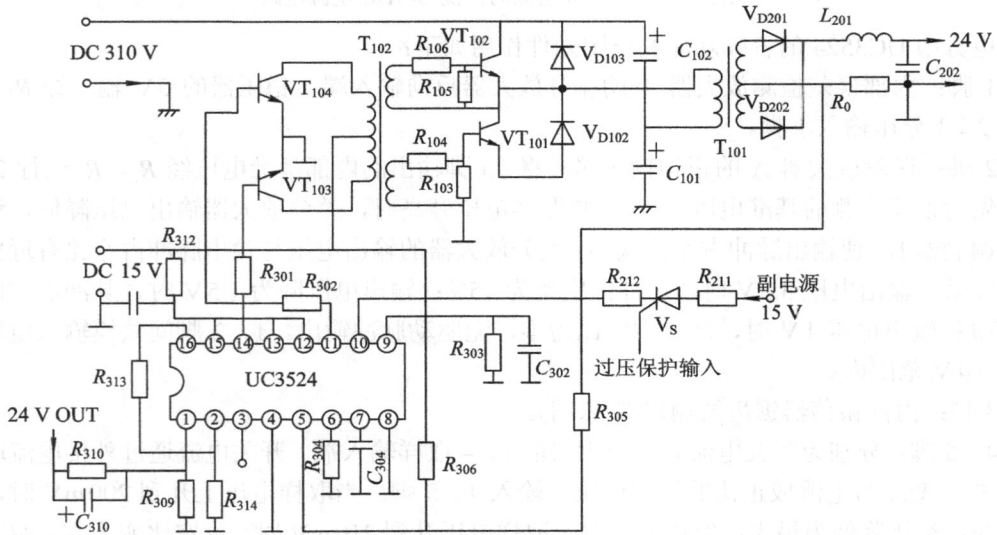

图 5-11　高压 DC/DC 电源简化电路

UC3524 原有的两路驱动输出电流仅 100 mA，不足以驱动开关管。为了达到增大输出功率的目的，在 UC3524 的 11、14 脚输出端加入推挽驱动放大器 VT_{104}、VT_{103}，通过耦合

变压器 T_{102} 驱动开关管。T_{102} 的初、次级相位关系既保持了开关管驱动脉冲的极性，即仍为两组时序不同的正脉冲，同时还将 UC3524 与开关管相隔离，使电网输入与控制系统、开关电源输出部分不共地。

图 5-11 中功率开关部分为典型的半桥式电路，其中 V_{D102}、V_{D103} 为钳位二极管。半桥桥臂其中一管导通时，加在另一截止状态开关管 c-e 极的反向感应电压钳位，以避免其击穿。此外，二极管的导通电流和次级感应电压同时加在负载上，以提高半桥变换器的效率。R_{104}、R_{106} 用以限制驱动电流，在半桥式开关电源调试中，选配 R_{104}、R_{106} 可抵消因 T_{102} 参数不平衡而形成的半桥桥臂上 VT_{101}、VT_{102} 导通电流的差异。

2．工作原理

UC3524 的 1 脚通过分压电阻 R_{309}、R_{310} 从 24 V 输出端取样，2 脚则通过电阻 R_{313}、R_{314} 将 16 脚输出的 5 V 基准电压分压取样，两电压在差分放大器中检测出差值，控制输出脉宽，以稳定输出电压。1 脚还具有软启动功能，C_{310} 为软启动电容。开机瞬间 C_{310} 充电，U_C 为 0 V。24 V 输出端电压经 R_{309} 分压加在 1 脚，使输出脉宽随 U_C 上升逐步增大到额定值，以避免开机瞬间大电流冲击损坏开关电源。

UC3524 的 10 脚为打印头故障保护和 +5 V 输出过压保护端，通过 R_{211}、R_{212}、晶闸管 V_S 接入副电源的 15 V 电压。当开关电源 5 V 输出和打印头正常时，V_S 是关断的，10 脚呈现低电平，UC3524 正常工作。当二者之一出现故障时，检测电路输出高电平，V_S 导通，10 脚输出高电平，开关电源停止工作。

4、5 脚为负载过电流限制端。开关电源次级全波整流器输出的负极端串联接入小阻值电阻 R_0，负载电流在 R_0 上产生左负右正的检测电压，其负端接入 5 脚，正端通过隔离的参考地送入 4 脚。如果只有检测电压加于 4、5 脚，肯定电源不能加负载。因为 4、5 脚关断电压阈值仅 210 mV，即使 R_0 小到 $0.02\,\Omega$，开机负载电流也足以使 4、5 脚产生 200 mV 以上的检测电压。为了提高 4、5 脚动作阈值电压，通过 R_{306} 引入副电源 +15 V 电压，与 R_{305}、R_0 分压，在 5 脚得到的正电压用以抵消 R_0 上的部分电压降，以免正常状态 4、5 脚电流限制动作。当过流时 R_0 负压降增大，加到 5 脚使 UC3524 关断输出脉冲。次级的滤波电路采用电感输入式滤波，开机后滤波电容 C_{202} 通过电感 L_{201} 充电。因为电感的自感电势抵制突变的充电电流，以此避免滤波电容初始充电的大电流使 R_0 上压降增大，引起 4、5 脚内限制脉宽控制系统产生误动作。这种滤波方式不仅纹波输出小，同时输出电压的负载调整率也好。UC3524 的其他各脚运用与低压开关电源相同，此处不再重复。

为了使开关电源的输入与输出隔离，采用了独立的副电源和输入变压器。启动后由开关电源脉冲变压器专设绕组提供 UC3524 的工作电压。同样 UC3524 本身具有两组时序不同的驱动输出，不需考虑输入电压与输出电压的隔离问题，VT_{103}、VT_{104} 可以以射极输出器形式直接驱动推挽式输出级。

5.3.3 逆变电源

在 UPS 电路中，可以采用 UC3524 作为它激驱动器。图 5-12 为 UPS-600 逆变稳压部分电路。UPS 的逆变器每只末级开关管($VT_{1/2} \sim VT_{3/4}$)的驱动电流必须大于 10 A 以上，推挽每臂的驱动电流峰值为 20 A 以上。为了使 UC3524 输出的每臂仅 100mA 的脉冲电流达到上述要求，末级功率开关管首先与前级 NPN 管 VT_5、VT_6 组成达林顿连接，使驱动增益提高，在达林顿组合之前，再加一级对称射级输出放大，输出功率达到 600 W，驱动电流已足够。

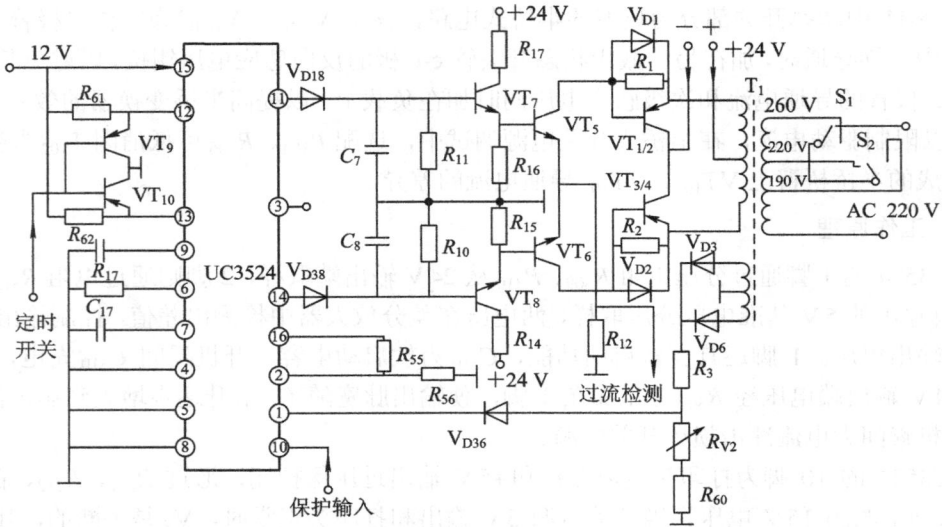

图 5-12 UC3524 组成的 UPS 电源部分电路

为了对逆变的方波电压进行稳压控制，变压器 T_1 设有取样绕组，正常时输出 27 V 电压，经 V_{D3}、V_{D6} 整流，R_3 与 R_{V2}、R_{60} 分压送入 UC3524 的 1 脚取样输入端，16 脚输出的 5 V 基准电压经 R_{55}、R_{56} 分压约 2 V，送入 2 脚，检测误差电压控制方波的占空比，以稳定输出电压。

5.3.4 TL494 及其应用

1. TL494 电路功能

TL494 为双端图腾柱输出的 PWM 脉冲控制驱动器，总体结构比同类集成电路 UC3524 更完善。TL494 内部电路框图见图 5-13。

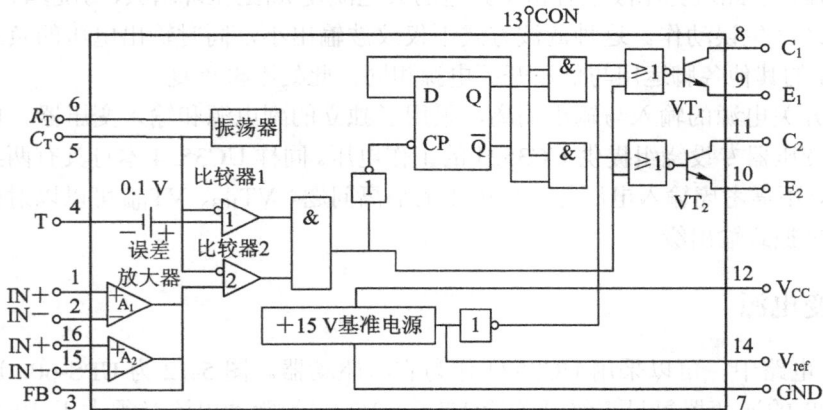

图 5-13 TL494 内部电路框图

TL494 内部电路如下：

(1) 内置 RC 定时电路设定频率的独立锯齿波振荡器，其振荡频率为

$$f = \frac{1}{RC} \tag{5-8}$$

式中：f 的单位为 kHz；R 的单位为 kΩ；C 的单位为 μF。最高振荡频率为 300 kHz，可用于驱动双极型开关管或 MOSFET 管。

(2) 内部设有由比较器组成的死区时间控制电路，用外加电压控制比较器的输出电平，通过其输出电平使触发器翻转，控制两路输出之间的死区时间。当 4 脚输出电平升高时，死区时间增大。

(3) 触发器的两路输出设有控制电路，使 VT_1、VT_2 既可输出双端时序不同的驱动脉冲，驱动推挽开关电路和半桥开关电路，也可输出同相序的单端驱动脉冲，驱动单端开关电路。

(4) 内部两组完全相同的误差放大器，其同相输入端和反相输入端均被引出芯片外，因此可以自由设定其基准电压，以方便用于稳压取样，或用其中一种作为过压、过流的超阈值保护。

(5) 输出驱动电流单端达到 400 mA，能直接驱动峰值开关电流达 5 A 的开关电路。双端输出为 2×200 mA，加入驱动级即能驱动近千瓦的推挽式和半桥式电路。若用于驱动 MOSFET 管，则需另加入灌流驱动电路。

TL494 的各脚功能及参数如下：

1、16 脚：误差放大器 A_1、A_2 的同相输入端。最高输入电压不超过 $U_{CC} + 0.3$ V。

2、15 脚：误差放大器 A_1、A_2 的反相输入端。可接入误差检出的基准电压。

3 脚：误差放大器 A_1、A_2 输出端。集成电路内部用于控制 PWM 比较器的同相输入，当 A_1、A_2 任一输出电压升高时，控制 PWM 比较器的输出脉宽减小。同时，该输出端还引出端外，与 2、15 脚间接入 RC 频率校正电路和直流负反馈电路，稳定误差放大器的增益以及防止其高频自激。3 脚电压反比于输出脉宽，也可利用该端功能实现高电平保护。

4 脚：死区时间控制端。当外加 1 V 以下的电压时，死区时间与外加电压成正比。如果电压超过 1 V，内部比较器将关断触发器的输出脉冲。

5 脚：锯齿波振荡器外接定时电容端。

6 脚：锯齿波振荡器外接定时电阻端。一般用于驱动双极型三极管时需限制振荡频率小于 40 kHz。

7 脚：共地端。

8、11 脚：两路驱动放大器 NPN 管的集电极开路输出端。当通过外接负载电阻引出输出脉冲时，为两路时序不同的倒相输出，脉冲极性为负极性，适合驱动 P 型双极型开关管或 P 沟道 MOSFET 管。此时两管发射极接共地。

9、10 脚：两路驱动放大器的发射极开路输出端。当 8、11 脚接 V_{CC}，在 9、10 脚接入发射极负载电阻到地时，输出为两路正极性图腾柱输出脉冲，适合于驱动 N 型双极型开关管或 N 沟道 MOSFET 管。

12 脚：V_{CC} 输入端。供电范围适应 8～40 V。

13 脚：输出模式控制端。外接 5 V 高电平时为双端图腾柱式输出，用以驱动各种推挽开关电路。接地时为两路同相位驱动脉冲输出，8、11 脚和 9、10 脚可直接并联。双端输出

时最大驱动电流为 $2 \times 200\,\mathrm{mA}$，并联运用时最大驱动电流为 $400\,\mathrm{mA}$。

14 脚：内部基准电压精密稳压电路端。输出 $5\,\mathrm{V} \pm 0.25\,\mathrm{V}$ 的基准电压，最大负载电流为 $10\,\mathrm{mA}$。用于误差检出基准电压和控制模式的控制电压。

R_{T} 取值范围 $1.8 \sim 500\,\Omega$，C_{T} 取值范围 $4700\,\mathrm{pF} \sim 10\,\mu\mathrm{F}$，最高振荡频率 $f_{\mathrm{OSC}} \leqslant 300\,\mathrm{kHz}$。

2. TL494 工作过程

TL494 在工作时，通过 5、6 脚分别接定时元件 C_{T} 和 R_{T}。经相应的门电路去控制 TL494 内部的两个驱动三极管交替导通和截止，通过 8 脚和 11 脚向外输出相位相差 180°的脉宽调制控制脉冲。工作波形如图 5-14 所示。TL494 若将 13 脚与 14 脚相连，可形成推挽式工作；若将 13 脚与 7 脚相连，可形成单端输出方式；为增大输出，可将两个三极管并联。

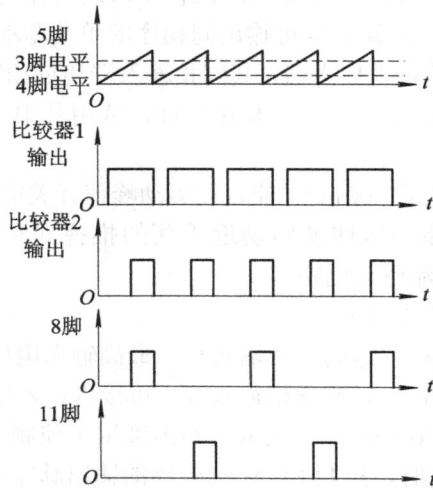

图 5-14　TL494 的工作波形

3. TL494 构成的单端正激电源

由 TL494 构成的 200 W、24 V 单端正激电源电路如图 5-15 所示。变换器供电电压 120 V，通过变压器 T 初级绕组加到开关管集电极，开关管 VT 为 IGBT。TL494 的 8 脚输出 PWM 控制脉冲，放大后加到开关管 VT 基极。输出经变压器 T 次级整流后输出 24 V 直流电压 U_{o}。

输出电压 U_{o} 经 R_1、R_2 分压加至 TL494 的 1 脚，当 U_{o} 发生变化时，TL494 内部比较器输出的脉宽也改变，通过 TL494 的 8 脚和 11 脚输出的驱动脉冲改变开关管 VT 的导通时间，从而实现稳压的目地。

基准电压 14 脚的另一路通过 R_9、R_{10} 分压后加到 TL494 内误差放大器 2 的反相端 15 脚，同相端 16 脚接到过流检测电阻 R_{12} 的一端。当输出电流超过 8 A 时，R_{12} 上的电压经 16 脚使得内部误差放大器 2 输出高电平，使开关管导通时间缩短，关断输出。

因为变压器绕组通过的都是单向脉冲激磁电流，如果没有每个周期都作用的去磁环节，剩磁通的累加可能导致出现饱和。这时开关管导通时电流很大，过压很高，造成开关管的损坏。电路中加入了稳压管 V_{ZD2} 和二极管 V_{D1} 构成的磁芯复位电路，它把残存的能量引到稳压管 V_{ZD2} 处，V_{ZD2} 的反向击穿、瞬时导通既可限制开关管的反压，又可使磁芯去磁。去磁电路与初级绕组或次级绕组并联均可，此电路仅适应于小功率变换器电路。

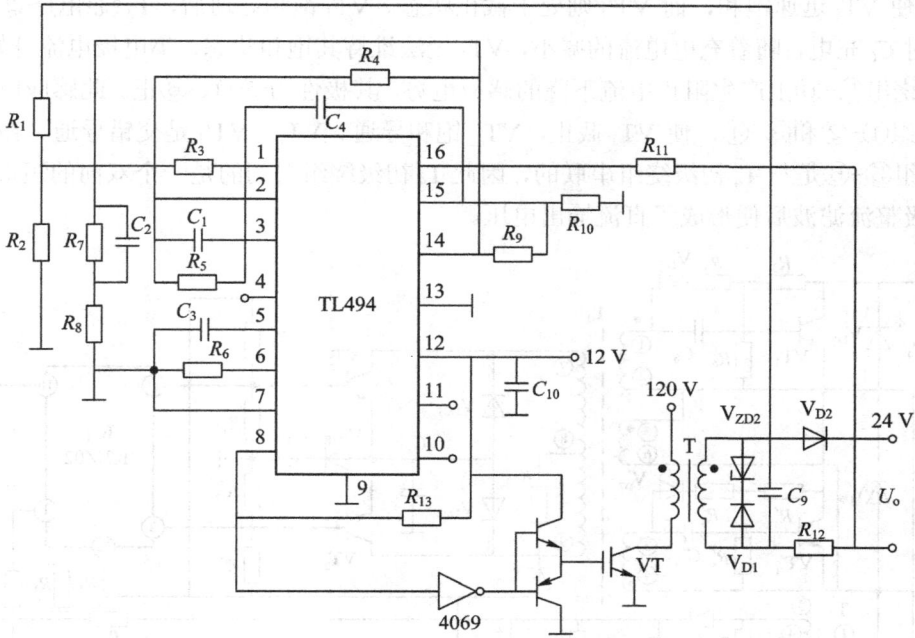

图 5-15　TL494 构成的单端正激电源电路

5.4　典型应用电路

5.4.1　自激多输出电源

130 型主机电源为典型多输出电源，有 ±5 V 和 ±12 V 输出。结构为半桥式变换器，采用自激启动方式向控制系统提供启动电压，省去了副电源，其电路结构具有代表性。

130 型电源主电路如图 5-16 所示。电源为半桥式推挽电路，为了在开机瞬间向控制驱动集成电路提供启动电压，半桥式开关电路中设有正反馈电路。开机后，正反馈电路使两只开关管首先产生自激振荡，在脉冲变压器次级产生双向矩形波，经整流、滤波输出低压直流电。因为自激振荡电路中无控制稳压系统，启动状态的开关电路仅是高压输入 DC/DC 变换器，其次级输出电压均无稳压功能。为了避免启动瞬间次级输出电压高于各组额定电压而损坏主机电路，该自激振荡电路的正反馈量设置较低，使之在额定负载下输出电压较低。此时额定输出电压为 12 V，次级整流电路输出约 9～10 V，此电压送到驱动控制集成电路的供电端，使之启动，同时输出驱动脉冲关断自激振荡电路，转入它激驱动状态。

开关管 VT_1、VT'_1 串联接在输入整流电路输出端组成的半桥式开关电路中，R_3 和 R'_3 为两管的启动电阻。驱动脉冲变压器 T_3 有附加正反馈绕组⑤-⑥。半桥式开关电源的负载为脉冲变压器 T_4 及其次级负载，此负载电路与 T_3 正反馈绕组串联，接入两管的输出点上。当电源接通时，VT_1 经 R_3 得到初始偏置而导通，在集电极电流增长的过程中，T_3 绕组⑤-⑥产生感应电势，其极性为⑤正、⑥负。由于同名端的关系，此感应电势耦合到 T_3 绕组①-②和

③-④，使 VT_1 迅速饱和，而 VT'_1 则处于截止状态。VT_1 饱和导通后，T_3 绕组①-②上的感应电势对 C_6 充电，随着充电电流的减小，VT_1 无法维持其饱和状态，集电极电流开始下降，于是 T_3 绕组⑤-⑥上产生阻止电流下降的感应电势，其极性为⑤负、⑥正。此感应电势耦合在 T_3 绕组①-②和③-④，使 VT_1 截止，VT'_1 饱和导通。VT_1、VT'_1 是交错导通、截止，由于 T_3 绕组⑤-⑥是与 T_4 初级绕组串联的，因此 T_4 初级绕组得到的是一个双向的矩形波，耦合到次级整流滤波后便形成了直流输出电压。

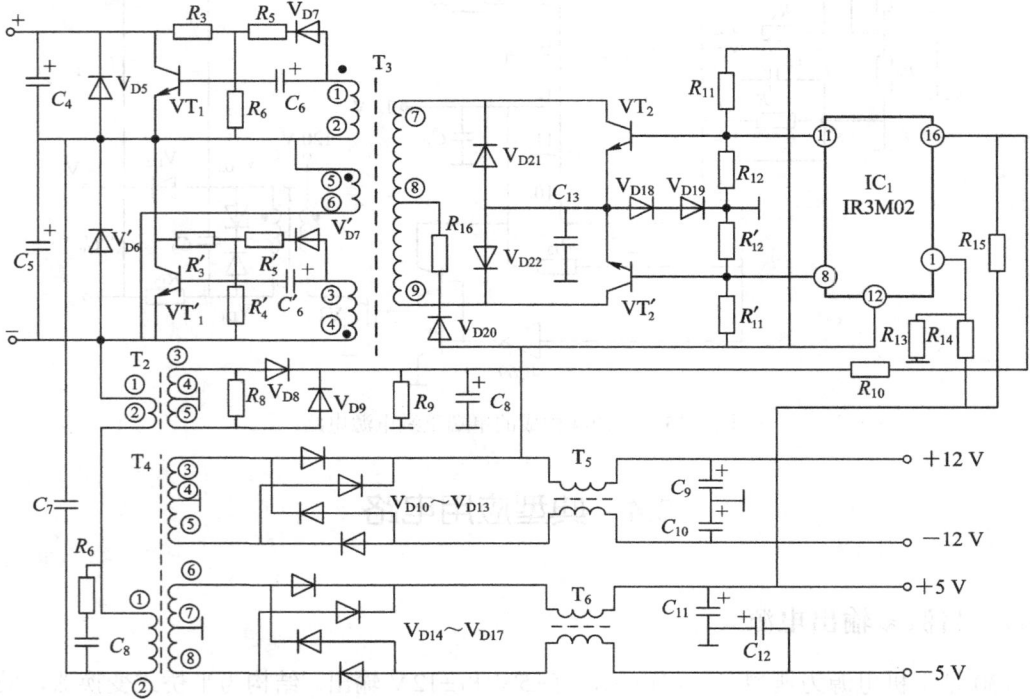

图 5-16　130 型电源主电路

经过自激启动过程，T_4 次级经 V_{D10}～V_{D13} 产生了输出电压。此电压有 3 个作用：一是通过 V_{D20}、R_{16} 对驱动管 VT_2、VT'_2 的集电极进行供电；二是通过 R_{11}、R'_{11} 使 VT_2、VT'_2 建立偏置；三是为集成电路 IC_1 提供工作电源。

130 型电源的它激式驱动控制电路由 IR3M02 组成，其电路如图 5-17 所示。IC_{101} 启动后，内部两路驱动放大器由其集电极输出负极性的驱动脉冲，送到推挽驱动放大器 VT_2、VT'_2 的基极。放大器采用截止式脉冲倒相放大，在静态无输入脉冲时，由 R_{11}、R'_{11} 向两管提供偏置电流。当负极性驱动脉冲到来时使其截止，在集电极形成上冲的脉冲波。采用这种方式，是为了使 VT_2、VT'_2 得到启动电压后，使自激振荡自动停止，接通电源时随自激振荡起振，VT_2、VT'_2 产生集电极电流，该电流经过 T_3 绕组⑦-⑧-⑨产生恒定磁化，使 T_3 电感量减小。本来正反馈绕组设定的正反馈量很小，T_3 各绕组电感量的减小，使其绕组⑤-⑥感应脉冲幅度进一步减小，迫使自激振荡停振，进入它激式工作状态。当加入负极性驱动脉冲瞬间，VT_2、VT'_2 输出电流截止，T_3 绕组⑦-⑨得到正极性驱动脉冲，此时 VT_2、VT'_2 平均集电极电流减小，T_3 工作于正常状态。

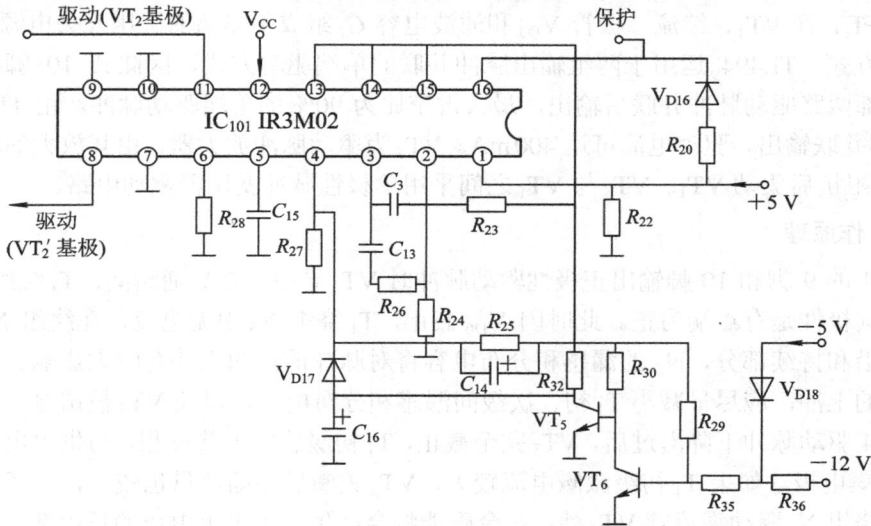

图 5-17　130 型电源的驱动控制电路(IR3M02)

5.4.2　节能灯控制器

1．节能灯控制器电路

节能灯控制器主要有两个功能：一是启动高压脉冲发生器及其控制，二是向灯泡提供工作电压。节能灯控制器电路比较复杂，还有控制电路、稳压电路和保护电路。

图 5-18 为高压节能灯控制器电路。该电路采用直流供电方式为灯泡提供工作电压，由脉冲变压器 T_2 提供 $10 kV$ 的启动脉冲。本节介绍的是由 TL494 组成的符合以上要求的降压式不隔离的开关稳压器，其最大输出功率可达 $300 W$ 以上。

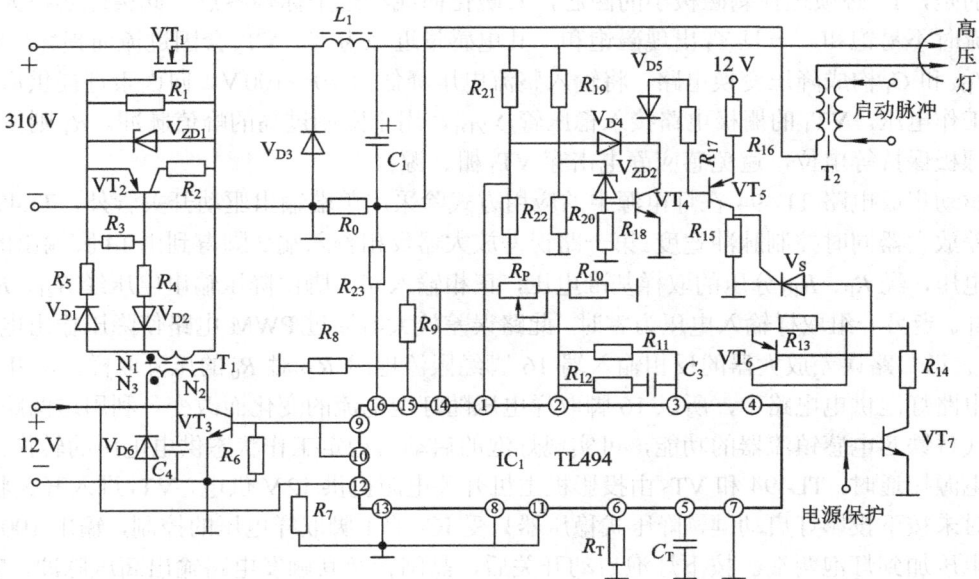

图 5-18　节能灯控制器电路

　　MOSFET 管 VT_1、续流二极管 V_{D3} 和滤波电容 C_1 组成不隔离的降压开关电源。VT_1 为它激工作方式，TL494 运用于两组输出脉冲并联的单端驱动方式，因此其 10 脚接地，使 TL494 内部两路驱动脉冲并联后输出，最大占空比为 90% 的单端驱动脉冲，由 TL494 的 9 脚和 10 脚并联输出，驱动电流可达 400 mA。VT_3 为驱动脉冲放大器，由其放大的驱动脉冲经 T_1 变换阻抗后驱动 VT_1。VT_3 与 VT_1 之间采用单极性脉冲变压器驱动电路。

2. 工作原理

　　TL494 的 9 脚和 10 脚输出正极性驱动脉冲时 VT_3 导通，在导通瞬间，T_1 绕组 N_2 产生反电势，其极性是有点端为正。此时因 V_{D6} 截止，T_1 绕组 N_3 中无电流，在绕组 N_2 中形成脉冲的前沿和持续部分，N_2 的漏感和分布电容将对脉冲前沿的上冲有较大影响。为了避免脉冲前沿的上冲，应尽量减小 T_1 初、次级间漏感和分布电容，以免 VT_3 被击穿。

　　TL494 驱动脉冲下降沿过后，VT_3 完全截止，T_1 初级感应电势反相，与供电电压串联加在 VT_3 的集电极。如果 T_1 初级激磁电流较大，VT_3 关断后存储能量也较大，除了部分能量通过次级绕组 N_1 驱动灌流管 VT_2 外，剩余磁能将会产生高于供电电压的反电势，这将威胁到开关电源的安全。为使磁场存储能量有释放通路，加入 N_3 和 V_{D6}。VT_3 截止后，反电势使 V_{D6} 导通，感应电势向 C_4 充电，充电电流使磁能释放，将反电势电压钳位于输入电压，使加到 VT_3 集电极的电压限制在两倍供电电压。

　　由 T_1 的同名端可以看出，VT_3 对 VT_1 的驱动属正激式驱动，即 VT_3 导通时 VT_1 也导通，VT_3 截止时 VT_1 也应立即截止。VT_3 截止时，N_1 感应脉冲反相，VT_1 栅-源结电容存储的电荷必须及时放掉，否则 VT_1 的截止将被延迟。为了加速 VT_1 的截止过程，设置了 V_{D2} 和 VT_2 组成的灌电流电路。N_1 感应电势反相，V_{D2}、VT_2 同时导通，VT_1 栅-源极通过 VT_2 迅速放电，VT_1 立即截止。适当选择 R_3、R_4 的值，可以使 VT_3 截止期间 N_1 的感应电势迅速下降，在下一个导通周期开始前能量释放完毕，V_{D2}、VT_2 截止，使 VT_1 随 VT_3 的导通而导通。需注意的是，T_1 必须选择剩磁极小的磁芯，其磁化曲线经过坐标轴零点。此类磁芯在大的磁化电流时不易饱和，一旦 T_1 出现磁饱和，其电感量近似为零，VT_3 会因过流而损坏。VT_1、L_1、V_{D3} 和 C_1 构成降压变换电路，将输入整流电压降低为 70～100 V，向卤素灯提供启动电压和工作电压。VT_1 的栅极电路接入稳压管 V_{ZD1}，用于限制过高的峰值脉冲。R_1 则使 VT_1 栅、源极保持等电位，避免感应静电击穿 VT_1 栅、源极。

　　驱动集成电路 TL494 在灯电源中的应用方式除采用单端输出驱动开关管外，TL494 两组误差放大器同时控制脉冲宽度。第一路误差放大器反相输入端 2 脚得到由 14 脚输出的 5 V 基准电压，经 R_P、R_{10} 分压的取样基准电压，正相输入端 1 脚由降压输出电压经 R_{21}、R_{22} 分压取样。当另一组取样输入电压为零时，此路误差放大器通过 PWM 电路使降压输出电压为 100 V。第二路误差放大器的反相输入端 16 脚经限流电阻 R_{23} 对 R_0 的压降取样。R_0 串联于负载电路灯泡供电电路中，所以 16 脚取样电压随灯泡电流的变化而改变。利用这两路控制系统代替铁芯电感镇流器的功能，可实现灯泡的启动与稳定工作状态供电电压的转换。

　　电源接通时，TL494 和 VT_3 由投影机主机开关电源提供 12 V 供电，VT_1 进入开关状态。若此时未按下投影灯启动键，降压式稳压器只受 IC_1 的 1 脚取样电压的控制，输出 100 V 的直流电压加到灯泡两端。按下灯泡启动开关后，晶闸管及其触发电路输出高压脉冲，T_2 次级 10 kV 的启动脉冲将卤素灯内部气体电离。在点火过程中灯泡电流增大，R_0 压降增大，

16 脚输入的第二路取样电压也增大，降压稳压器输出电压降低为 65～70 V，而且通过 R_0 检测灯泡电流的变化，进而控制 PWM 脉冲，稳定灯泡电流，使之光通量稳定。R_0 的作用不只是负载短路保护，还担负着灯泡启动和工作状态的供电电压转换。卤素灯点火过程中需要较大的电流，点火成功后 4～8 min 才趋于稳定的工作状态，此时电压降低为额定电压。如果灯泡故障产生过大电流，稳压器 IC_1 的驱动脉冲输出将被关断。灯泡未启动时，IC_1 的 2 脚的 R_P 可以调整稳压器的输出电压，以满足不同规格灯泡的启动电压要求。

3．节能灯控制器保护电路

TL494 的 4 脚为死区时间控制端。该端由 14 脚的 5 V 基准电压经 R_{13}、R_{14} 分压得到 1.7 V 电压，使死区时间为设定值。当该端电压接近基准电压时，输出脉冲被关断。利用该功能，在 R_{14} 与参考地之间串联接入 VT_7，作为投影机主开关电源保护。正常时 VT_7 导通，开关电源出现故障时 VT_7 截止，4 脚电压略等于 5 V，电子镇流器停止工作。VT_6 并联在 R_{13} 两端，如 VT_6 导通，4 脚电压也略等于 5 V。此路保护是通过 VT_4、VT_5、晶闸管 V_S 实现灯电源输出超压保护。当降压稳压输出电压在 100 V 以上时，R_{20} 分压后的电压超过 6.2 V，稳压管 V_{ZD2} 反向击穿，VT_4 导通，其集电极输出低电平经 V_{D5}，使 VT_5 导通，R_{15} 上压降触发晶闸管导通，VT_6 基极呈低电平而导通，IC_1 输出脉冲被关断。

5.4.3　500 V 降压电源

图 5-19 所示为典型 500 V 输入、24 V/500 W 输出的高压直流输入开关电源的原理图。

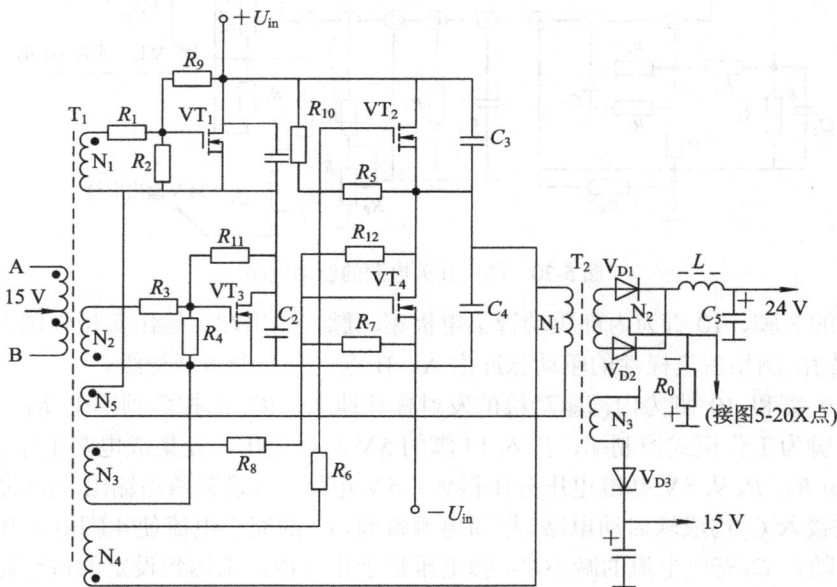

图 5-19　高压开关电源原理图

1．工作过程

为了适应 400～760 V 直流高压输入，开关变换器部分采用全桥式电路，电路采用自激式启动它激式驱动的形式。T_2 绕组 N_3 在自激启动过程中首先输出 12～15 V 启动电压，使前级电路开始以它激方式工作，输出稳定的 15 V 电压。T_1 次级绕组 N_5 为正反馈绕组。为了使自激振荡启动，R_9、R_{10} 采用 2.2 MΩ 的启动电阻。接通电源瞬间，$VT_1 \sim VT_4$ 栅极有极小的启动电压，由于两对管的不平衡，其中一对臂首先通过正反馈建立导通电流进入饱和状态。正反馈作用使另一对臂产生相位相反的驱动电压，抵消其启动栅压。一对臂导通的结果，在 T_2 绕组 N_3 产生感应脉冲，V_{D3} 导通输出 15 V 电压，向前级电路供电，电路进入它激式驱动状态，自激振荡被迫停止。T_1 的初级电路接有驱动管 VT_5、VT_6 构成截止式驱动放大器。桥式开关电路中，$VT_1 \sim VT_4$ 栅极串联的小阻值电阻 R_1、R_6、R_3、R_8 用于限制驱动电流。此外，因 T_1、$VT_1 \sim VT_4$ 参数差异产生的不平衡，可通过选择其电阻值调整予以补偿。R_2、R_5、R_4 和 R_7 是为保护 FET 开关管而设，小阻值电阻可以避免 FET 管绝缘上产生过高的感应脉冲击穿其栅源极。$C_1 \sim C_4$ 为 470 pF 高压电容，用以吸收开关脉冲的尖峰。

2. 驱动电路

采用 TL494 的驱动电路见图 5-20 所示。

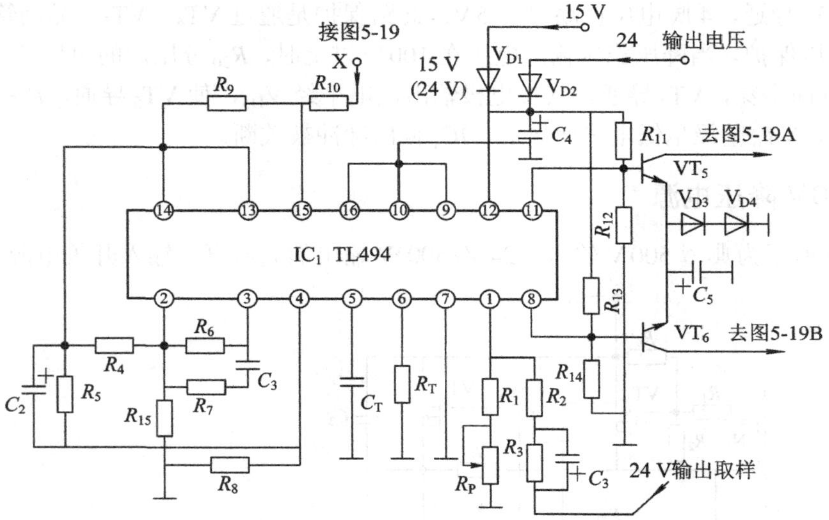

图 5-20 高压开关电源的驱动电路

TL494 的 8 脚、10 脚为内部驱动管集电极驱动脉冲输出端。输出负极性脉冲时，VT_5、VT_6 截止，输出倒相后正极性的驱动脉冲由 A、B 点去驱动变压器初级。

IC_1 的 9 脚和 10 脚为内部驱动级的发射极接地端。IC_1 的振荡频率由 R_T、C_T 设定为 60 kHz。13 脚为工作模式控制端，接入 14 脚的 5 V 基准电压，使集成电路工作在推挽输出状态。4 脚由 R_5、R_8 从 5 V 基准电压分压得到 0.5 V 电压，以设置两路输出之间的死区时间。R_5 两端并联接入 C_2 构成软启动电路。接通电源瞬间，C_2 的充电电流使 4 脚电压升高，TL494 内部占空比随着 C_2 充电电流的减小，4 脚电压趋于正常值，未达到设定的占空比。

IC_1 的一组误差取样放大器作为 PWM 稳压控制，其同相输入端 1 脚经 R_1、R_P 和 R_2、R_3 分压对 24 V 输出电压取样。反相输入端 2 脚由 R_4、R_5 从 5 V 基准电压分压得到 2.5 V 基准电压，检出误差电压，控制 PWM 比较器的输出脉宽。由 3 脚外接负反馈电阻 R_6，以稳定误差放大器的增益。C_3、R_7 用以校正误差放大器的相位特性。

IC_1 的另一组误差取样放大器作为负载短路、过流保护。在图 5-19 中，24 V 输出负极端接有负载电流取样电阻 R_0，其压降负极端接图 5-20 中，经 R_{10} 接入 IC_1 误差放大器的反相输入端 15 脚，同相输入端 16 脚接共地，也可认为是接在 R_0 压降的正极端。为了检测负载电流值，15 脚同时从 5 V 基准电压引入正电压。当负载电流在额定范围内时，15 脚为正电压，误差放大器输出低电平，对 PWM 输出占空比无影响。当负载电流超过范围时，15 脚从 R_0 引入的负值电压增大，接近 0 V 时，误差放大器输出变为高电平，随电平值升高，占空比减小，输出电压降低。当过流程度进一步严重时，占空比为零，驱动脉冲关断，电源无输出呈保护状态。

IC_1 的 12 脚为供电端，由 V_{D1} 提供 15 V 启动电压。启动以后，建立 24 V 稳定输出电压经 V_{D2} 向 12 脚提供工作电压，V_{D1} 反偏截止。

5.4.4　基于 IR2112 的半桥电路

IR2112 可以方便地驱动半桥开关电路。IR2112 的内部电路框图及外部半桥开关电路如图 5-21 所示。输入信号源经整形、电平移位，控制 RS 触发器，将输入锯齿波变成矩形波，由驱动级输出。一路驱动器在电平移位之后设有延时电路，在高、低两路输出端设定 $1.2\,\mu s$ 的死区时间。两路驱动电路都有独立的供电端，以便直接驱动不同源极电位的半桥开关，使两只开关管栅极对源极有各自独立的驱动参考点和直流电位。

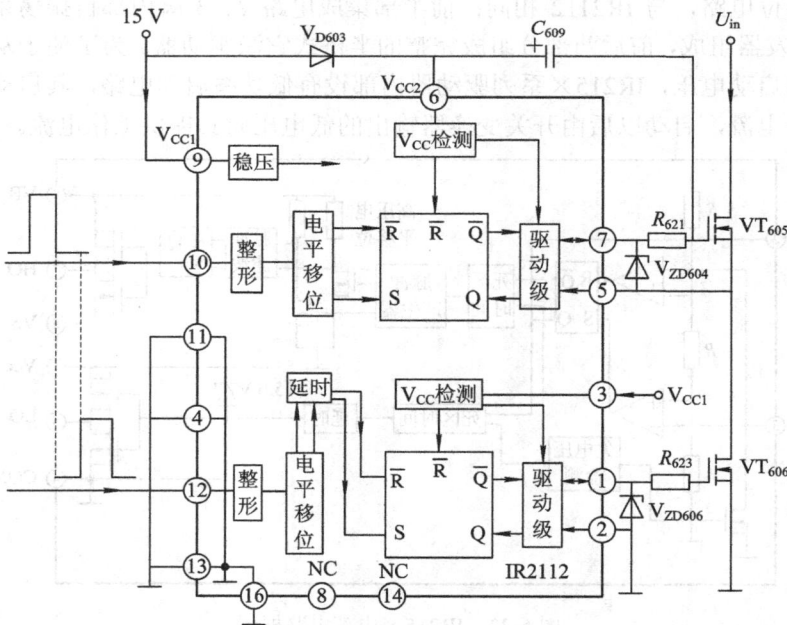

图 5-21　IR2112 的内部电路框图及外部半桥电路

用两只 IR2112 可以组成无输入变压器的桥式驱动电路，如图 5-22 所示。图中，IC_1 为双端输出驱动控制器(如 UC1524、TL494 等)，其输出为两组反相驱动脉冲。驱动脉冲分别送入 IC_2 的两组驱动输入端 10 和 12 脚，构成半桥式开关电源。为了组成桥式开关电路，IC_1 的两组输出脉冲以相反的顺序输入 IC_3 的 12、10 脚。因此，IC_3 的高电平驱动输出脉冲和 IC_2 的低电平驱动输出脉冲同时出现，形成 VT_1、VT_4 和 VT_3、VT_2 同时导通或截止。两只 IR2112 组成的桥式电路由器件和少数元件组成，其对称性完全由 IR2112 的性能保证。

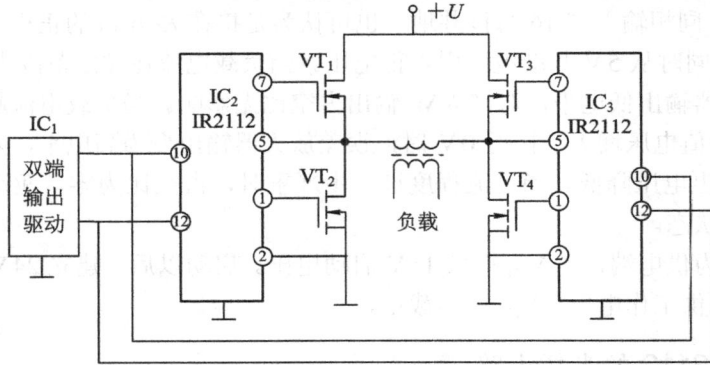

图 5-22　桥式电路的组成

5.4.5　自激振荡半桥驱动电路

1．IR215×系列集成电路

具有自激振荡系统的 IR215× 内部电路框图见图 5-23。电路的后半部实际构成两路驱动脉冲的电平移位电路，与 IR2112 相同；前半部集成电路 2、3 脚内部自振荡系统由两个比较器和 RS 触发器组成，前后两部分组成完整的半桥式它激驱动器。为了便于从高压电源经电阻降压获得启动电压，IR215× 系列驱动器内部设有低功率启动电路，其启动供电电流远小于正常工作电流，启动以后由开关变换器输出的低电压向其提供工作电流。

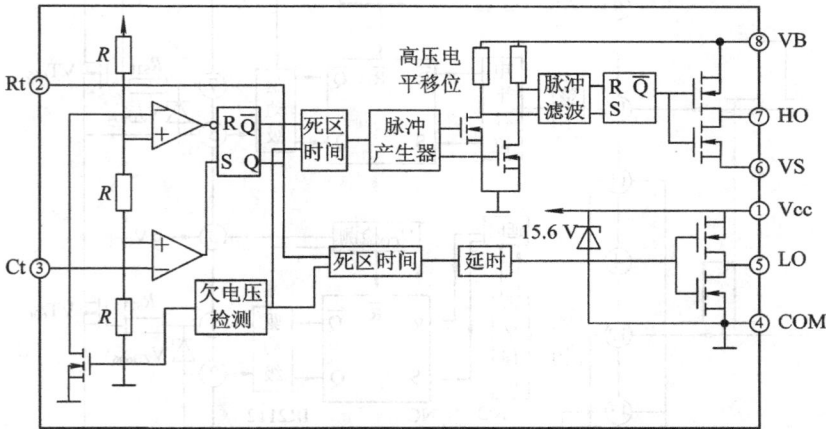

图 5-23　IR215×内部电路框图

IR215× 系列集成电路的 Rt、Ct 端接入充电电阻 R 和定时电容 C，即可设定固定振荡频率。其频率与 R、C 值的关系为

$$f = \frac{1}{1.38(R + 75\Omega)C} \tag{5-9}$$

式中：75Ω 为输出阻抗；R 的单位为 kΩ；C 的单位为 μF；f 的单位为 kHz。该电路设定的占空比为 50%，其中包括 1.2μs 的死区时间。该系列驱动集成电路设计用于驱动 N 沟道 MOSFET，振荡频率达 200kHz 以上。

IR215×系列集成电路引脚功能如下：

1 脚：供电端，电压范围为 16～20 V。

2、3 脚：外接定时电容和定时电阻，以设定振荡频率。

4 脚：共地端。

5 脚：低端驱动脉冲输出端，用于驱动低端开关管，驱动脉冲输出的参考点为 4 脚共地端。

6 脚：高端驱动脉冲输出参考点，与半桥开关输出端等电位。

7 脚：高端驱动脉冲输出端，用于驱动高端开关管。

8 脚：高端驱动电路供电端，通过外接二极管和电容等形成自举升压为 $2U_{CC}$。

IR215×系列集成电路内部无稳压控制系统，只能组成它激式直流变换器。其占空比恒定为 50%，用作高压 DC 变换，开关管平均电流极大，必须在外围电路加入完善的保护措施。该基本电路常被用作低压 DC/DC 转换器和小功率它激式日光灯续流器以及 PFM 稳压电路。

2．它激式半桥开关变换电路

IR215×系列集成电路中，IR2153 驱动功率最大。图 5-24 为输出功率为 200 W 的高压钠灯 12 V 变换器组成的高频电源电路。该电路不仅体积和重量远小于工频变压器钠灯电源，而且有完善的过压和过流保护，无论钠灯内部短路/开路，均不会损坏开关管。

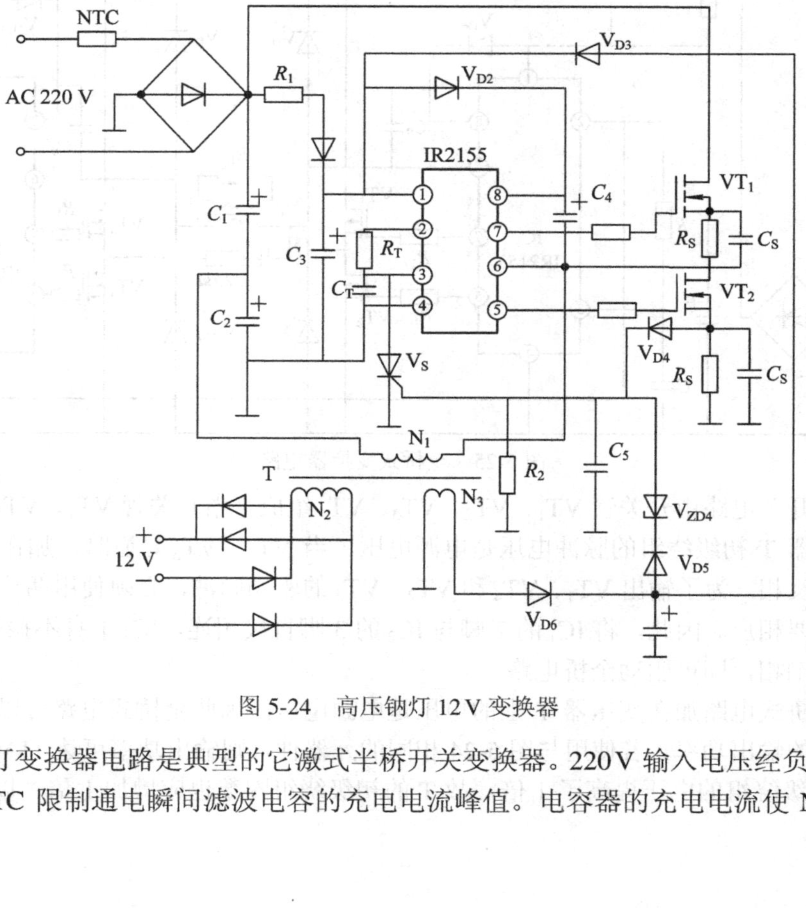

图 5-24　高压钠灯 12 V 变换器

高压钠灯变换器电路是典型的它激式半桥开关变换器。220 V 输入电压经负温度系数的热敏电阻 NTC 限制通电瞬间滤波电容的充电电流峰值。电容器的充电电流使 NTC 温度升高，其阻值随之下降。电阻值减小，变换器进入工作状态，工作电流使其保持低阻值，以减小功耗和温升。元件 R_S 和 C_S 作为 VT_1、VT_2 的过流保护取样电路。两管源极加入相等的 $R_S(0.5\,\Omega)$，是为了使两管导通电阻尽量平衡。C_S 是驱动脉冲的通路，以避免源极电阻形成的负反馈作用。当负载短路或过流时，R_S 上压降将增大。U_{RS} 大于 1 V 时，V_{D4} 导通，使晶闸管 V_S 触发导通，IR2155 的 3 脚被接地，C_T 无充电电流，振荡器停振，变换器呈保护状态。该电路中由 R_T、C_T 设定振荡频率为 38 kHz。当关断电源、排除过流故障后再开机，电路自动复位。

　　负载电路由脉冲变压器 T 组成降压电路，T 次级绕组 N_2 输出脉冲，经共阴极肖特基二极管全波整流，输出 12 V/20 A 电流，点亮 200 W 的钠灯。T 绕组 N_3 输出经 V_{D6} 整流为 16 V 电压，经隔离二极管 V_{D3} 向 IR2155 提供工作电压，同时经 V_{D5}、V_{ZD4} 接入晶闸管 V_S 的触发极作为过压保护。当钠灯开路性损坏时，T 的初级 N_1 有效电感量增大，感应电势升高，使绕组 N_3 整流电压升高，将 18 V 稳压管 V_{ZD4} 反向击穿，V_S 触发导通，变换器停止工作，无输出脉冲。V_{D3}、V_{D5} 的作用是将过压、过流保护取样电路相互隔离。C_5 是防止电路干扰尖峰造成 V_S 误动作。

3. 全桥式变换器

　　图 5-25 为两只 IR2153 组成的全桥式变换器。

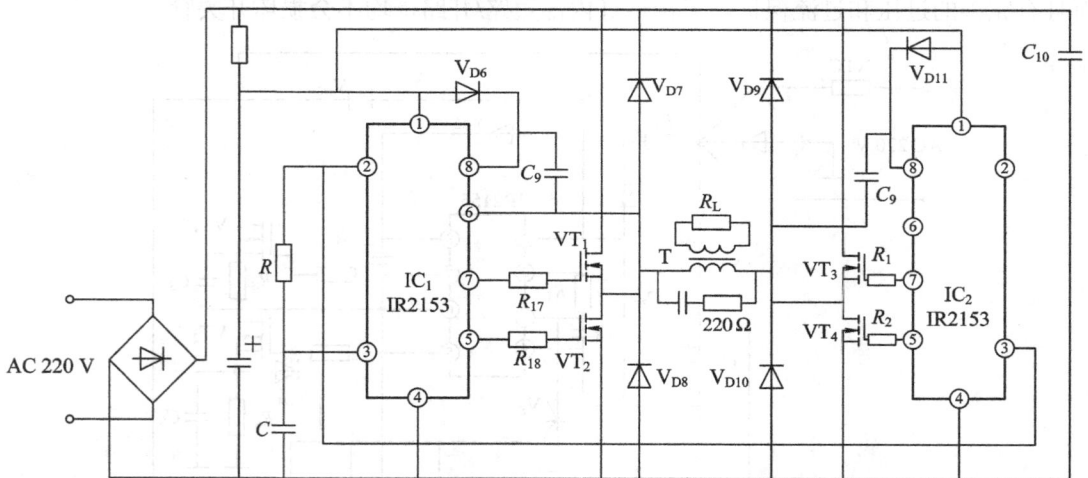

图 5-25　全桥式变换器电路

　　全桥式开关电路由开关管 VT_1、VT_2、VT_3、VT_4 组成。当开关管 VT_1、VT_4 导通时，加在负载变压器 T 初级绕组的脉冲电压是电源电压。当 VT_2、VT_3 导通时，加在 T 初级绕组的脉冲电压反相。为了输出 VT_1、VT_4 和 VT_2、VT_3 的驱动脉冲，必须使用两只 IR2153，而且输出相位要相反。因此，将 IC_1 的 2 脚与 IC_2 的 3 脚直接相连，IC_2 本身不振荡，只将 IC_1 的振荡波形倒相，即可驱动全桥电路。

　　由于全桥式电路加在变压器 T 上的电压是电源电压，因此全桥式电路可以输出 4 倍于半桥式电路的输出功率。若使用与图 5-24 相同的元器件，则输出功率可达 1 kW。由于负载变压器 T 初级绕组的电压提高了 1 倍，故 T 的初级绕组圈数也应增加 1 倍，以便使次级输出电压不变。

5.5　谐振开关电源

谐振式开关电路由于谐振电流的波形随输入电压、负载电流有极大的变化，在谐振状态下，脉冲宽度与输出电压的关系不是简单的空间平均值可以分析计算的。本节中仅对已进入实用阶段的谐振式变换器及谐振式开关电源进行分析。

5.5.1　低通滤波式谐振变换器

图 5-26 是根据低通滤波原理滤除三次以上谐波组成的小功率准正弦波逆变电源。图中，时基电路 555 组成频率为 50 Hz 的方波振荡器，其 3 脚输出单向振荡脉冲，驱动 PNP 和 NPN 互补功率开关电路。单电源供电的 555，其 3 脚输出单向方波，当其波形上冲时 VT_1 导通，+12 V 电源向 C_4 充电，充电电流经变压器 T_1 初级形成回路。当输出脉冲开始下降到某一电压时，VT_1 截止；PNP 管 VT_2 基极电压也随之下降，而 VT_2 导通，因其发射极为 C_4 正电压，C_4 通过 VT_2 的 c-e 极和 T_1 初级放电，此时通过变压器 T_1 的电流与 VT_1 导通时电流方向相反。555 输出的单向脉冲通过互补开关电路后，每个周期内通过变压器 T_1 初级的是双向交变电流，在 T_1 的初级串联接入了 C_4 和 L_1 构成的低通滤波回路。为了减小基波损耗，采用串联 LC 的滤波方式，以避免并联 LC 滤波电路对基波的分流损耗。图中 C_4 为 2700 μF，C_4 容量越大，对基波频率的阻抗越低，即可减小基波频率输出的损耗。L_1 电感量为 1 H，选择较大电感是为了增大对高次谐波的阻抗。如果 L_1 的感抗在基波频率 f_1 时为 X_L，则对三次谐波的感抗将为 $3X_L$，五次谐波的感抗为 $5X_L$，降低了基波频率的损耗。

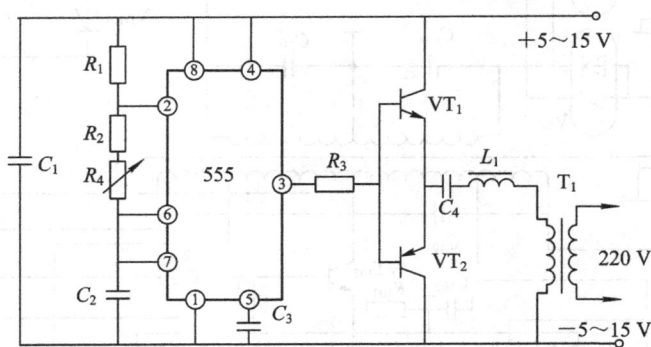

图 5-26　串联谐振变换器电路

5.5.2　并联谐振电源

1. 谐振式变换器

谐振式变换器的基本应用电路见图 5-27，电路属自激式变换器。其中 R_1、R_2 和 R_3、R_4 构成 VT_1、VT_2 的启动偏置电路。为了提高工作频率，开关管采用 MOSFET 管。T 初级绕组 N_1、N_2 两端并联接入 C_2，使绕组的电感量与 C_2 谐振于自激振荡的频率。T 绕组 N_4 为正反馈绕组，使电路维持自激振荡。通电后，若 VT_1 首先导通，电源电压经 L_1 和 VT_1

加到 N_1 的两端，在 N_1、N_2 和 C_2 之间产生谐振电流，此电流在 N_3 两端产生相同波形的感应电压输出。加到 VT_1 的是相位相同的正反馈电压，使 VT_1 维持导通，直到谐振电压过零时才截止。然后谐振电压反相，VT_2 导通，VT_1 截止。如此周而复始，产生类似正弦波的振荡波形。

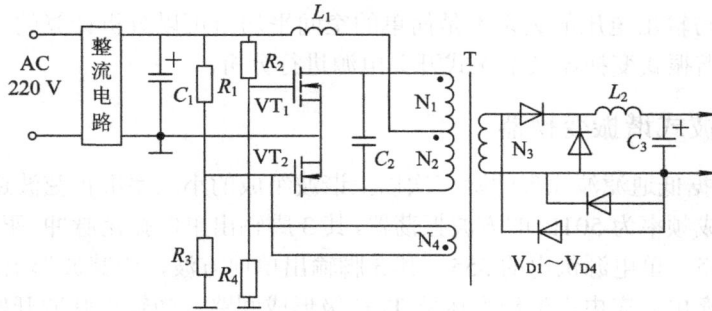

图 5-27　自激变换器电路

2. DC/DC 变换器

图 5-28 电路为典型的 DC/DC 变换器。利用直流变换器可以向负载提供较高的供电电压，但大功率 DC 变换器到蓄电池供电端必须采用 3～5 mm 粗铜条连接，同时要把电源变换器屏蔽起来，以避免其干扰功放。电源变换器分为有稳压功能的直流开关电源和无稳压

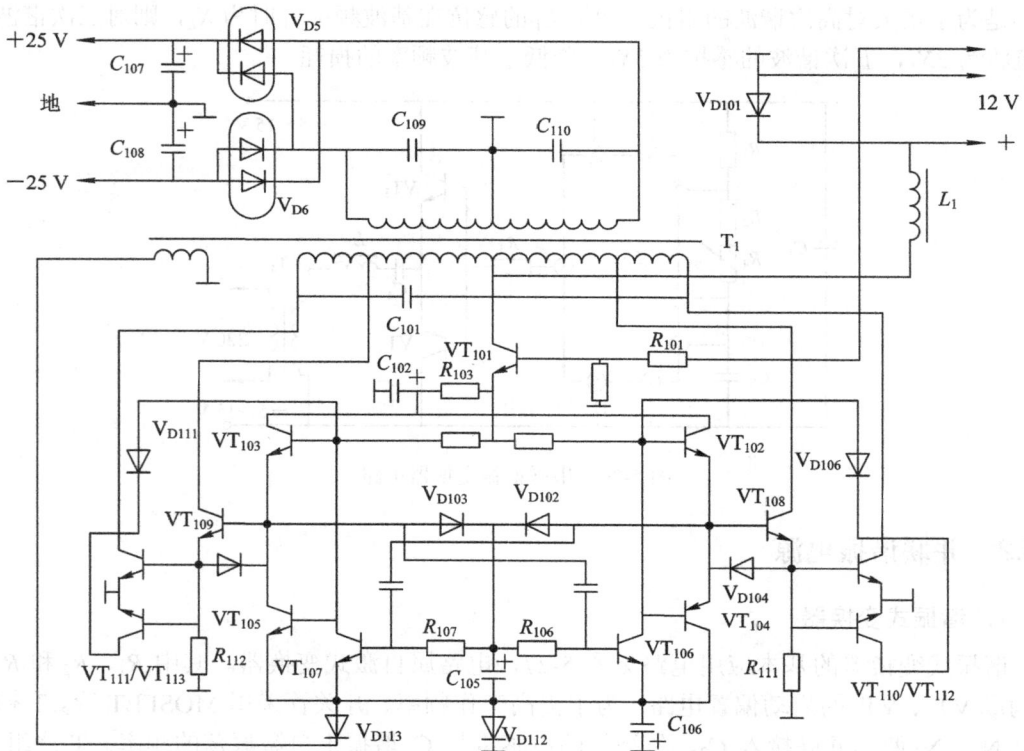

图 5-28　DC/DC 变换器电路

功能的单纯直流变换器两种。无论采用何种电源变换器，都要求对功放的干扰必须控制在
-40～-70 dB 之内，质量越高的功放要求电源变换器的干扰越小，同时对电源变换器电磁屏
蔽要求较高。为了减小电源变换器对功放的干扰，一般将其放在距蓄电池较近的地方，这
样做有利于用较大截面积的铜条连接电源变换器，也便于连接电源变换器输出的高电压小
电流至功放。

在图 5-28 DC/DC 的电源变换器电路中，三极管 VT_{106} 和 VT_{107} 等组成对称的多谐振荡
器，VT_{101} 为变换器开关控制三极管，VT_{103}、VT_{105} 和 VT_{102}、VT_{104} 等组成推挽缓冲级，VT_{108}、
VT_{109} 组成射极输出驱动级，以改善变换器的波形。输出级 VT_{111}、VT_{113} 和 VT_{110}、VT_{112} 并
联接入脉冲变压器。L_1 为隔离电感，C_{101} 为谐振电容。因为该电路为自激式电路，在调试时
加入额定负载的 50%，通过示波器观察脉冲变压器初级的波形，在 0.01～0.033 μF 范围内改
变电容 C_{101} 的容量，使波形尽量缓变成为近似的正弦波。

二极管 V_{D106}、V_{D111} 可以控制三极管 VT_{102}、VT_{103} 的 be 结反相脉冲。脉冲变压器附加
绕组的输出脉冲经 V_{D113} 整流、C_{106} 滤波后向 VT_{106}、VT_{107} 提供负电压，以控制振荡器输出
脉冲，通过控制输出三极管来稳定输出电压。当输出级电流为 10～15 A 时，该负电压为 1 V。
若输出级电流增大，该负电压升高。为了降低脉冲干扰，可在变换器初、次级地之间接入
一只 1 kΩ 电阻。

3. 它激式变换器

图 5-29 是由 TL494 组成的 MOSFET 管它激式变换器。利用 MOSFET 管作为开关管可
以提高电源变换器的工作频率，有利于抑制脉冲干扰，同时可以减小电源变换器的体积。
变换器的振荡器和控制系统全部集成在 TL494 内部。TL494 为理想的它激式开关电源驱动
控制器，内部除含有振荡器、脉宽调制器以外，还有基准电压稳压电路、死区时间控制电
路和两组比较器组成的误差检测电路。由 TL494 构成的它激式变换器，只利用了其振荡器、
驱动电路，用作驱动开关管的脉冲信号源。TL494 的取样输入部分未用，可使电路组成无
稳压功能的变换器，使供电的响应时间更快。

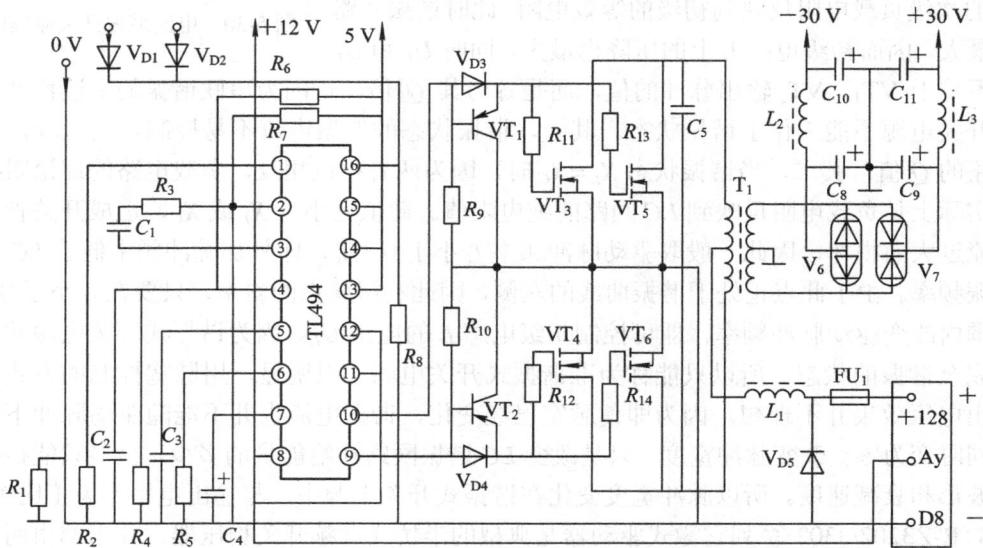

图 5-29 它激式变换器电路

TL494 的 5、6 脚外接时间常数电路(C_3、R_5)。振荡器产生 80 kHz 的脉冲信号经 TL494 内部两组驱动级由 9、10 脚输出时序不同的正向驱动脉冲。为避免在两路脉冲交替处的时候，推挽开关管 VT_3、VT_5 和 VT_4、VT_6 同时导通，TL494 的 4 脚通过外接 R_6、C_2、R_4 设定死区时间。TL494 的 1、2 脚分别为第一组取样比较器的同相和反相输入端，可控制内部脉宽调制器设定占空比小于 0.45。C_1、R_3 可防止内部放大器产生自激。

在本电路中 TL494 引脚功能如下：7 脚为 IC 的共地端；8 脚和 11 脚为内部驱动级三极管的集电极；12 脚接蓄电池 12 V 供电端；9 脚和 10 脚为两路驱动放大器的发射极，输出时序不同的两路正相驱动脉冲，分别控制 VT_3、VT_4 和 VT_5、VT_6 导通(或截止)；13 脚为 TL494 输出方式控制端，13 脚接高电平(5 V)基准电压时可输出时序不同的两路脉冲，适合驱动推挽式或半桥式开关电路，13 脚接地则输出两路时序相同的正驱动脉冲，可并联输出驱动单端式变换器开关电路；10 脚为内部 5 V 基准电压输出端，该电路以 5 V 电压向功放过载保护电路供电；15、16 脚为第二组取样比较器输入端，反相输入端 15 脚接入 5 V 基准电压，16 脚同相输入端经 V_{D1}、V_{D2} 接入功放过载和芯片超温保护电路。正常时 16 脚为第二组取样比较器输出端，可设置占空比和输出电压，若 16 脚输出为高电平，通过触发器可以降低占空比或关断驱动脉冲。

5.5.3 串联谐振电源

大多数负载中，电源的输出电压与输入整流电压相比均为降压型，所以采用串联谐振更合理。串联谐振电路又称电流谐振电路，其电路图如图 5-30 所示。

图 5-30 中，C_3 是耦合电容，T 为脉冲变压器。如果 C_3 和 T 的初级电感 L 的自然谐振频率 f_0 接近 VT_1、VT_2 输出脉冲频率 f_1 时，电路的性质将发生根本变化。当 $f_1=f_0$ 时，谐振回路阻抗中电抗部分 $X_C=X_L$，相抵消，总阻抗只等于变压器 T 的次级负载电阻反映到初级的等效电阻。此时谐振回路电流最大，因而初级电感 L 上的压降也最大，同时 U_L 和 U_C

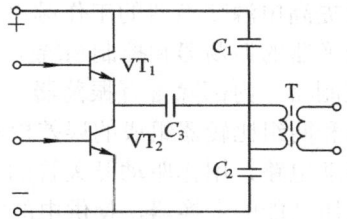

图 5-30 电流谐振开关原理图

的值不等于 VT_1、VT_2 输出脉冲的值，而是各为其 Q 倍。正因为串联谐振的上述特性，谐振式开关电源不能工作于谐振状态。其一，谐振状态的谐振电流不易控制，它只取决于谐振回路的 Q 值；其二，当谐振状态 $X_L=X_C$ 时，因为两者相位相反，负载电路的理论阻抗为零，实际上是负载电阻反映到 LC 回路的纯电阻值。此值远小于 X_L 或 X_C，造成开关管的负载电流过大而损坏，因此一般取驱动脉冲频率 f_1 小于 $0.75f_0$，即外加脉冲频率低于 LC 回路的谐振频率。由于此点正处于谐振曲线的左侧，因此利用此点的斜率，只要在 f_1 小于 $0.75f_0$ 的范围内改变驱动脉冲频率，即可控制初级电感 L 的电压 U_L。因为谐振式开关电源并不工作在完全谐振的状态，所以只能称为准谐振式开关电源。很明显，用脉宽控制的方式其稳定输出电压效果并不理想。因为即使脉宽已经变化，谐振电流也并不能随驱动脉冲下降为零而同时变为零。改变脉冲宽度，只是改变 LC 谐振回路补给能量的多少，至多只能控制其振荡波形和衰减速度。所以脉冲宽度变化在谐振式开关电源中，与输出电压不为正比关系。

STR-Z3202/3302 系列它激式驱动器是典型的半桥式调频开关稳压器，其内部由两大部分组成：其一，它激脉冲产生和控制电路(集成化芯片)；其二，少数外围元件和两只 MOSFET

开关管组成的厚膜式结构。两者组合后的厚膜集成电路包括了它激调频式开关变换电路的所有功能。由 STR-Z3302 构成的半桥式开关电源电路见图 5-31 所示。

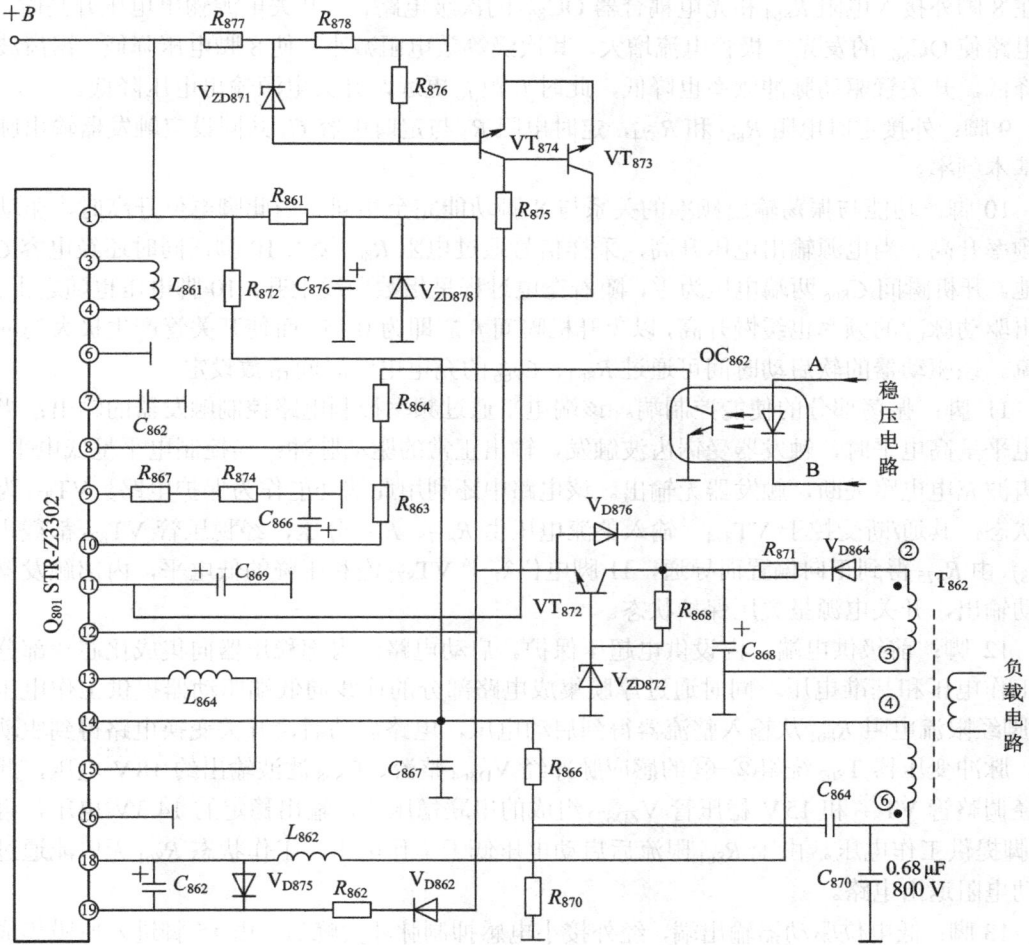

图 5-31　STR-Z3302 构成的半桥式开关电源电路

芯片内驱动电路设计专用于驱动 MOSFET 管，因而工作频率可以选择在 50 kHz 以上。为了驱动半桥式开关电路，高端驱动器的供电端单独引出，以在外电路加入自举升压电路，使高端驱动器的供电近似为 $2U_{CC}$。开关电源电路较为简单，其初级电路由半桥式驱动器 VT_{801} 和 T_{862} 组成外围电路。以下是 STR-Z3302 各脚功能及实际应用。

1 脚：高端开关管的漏极引出端，接入输入整流器的正极。

2、5、17 脚：空端。

3 脚：高端开关管的栅极引出端，通过小电感 L_{861} 从 4 脚引入高端驱动脉冲。

6 脚：前级电路共地端。

7 脚：内部锯齿波发生器，外接锯齿波形成电容 C_{862}，由内部基准电压向 C_{862} 充电，充电速度决定于锯齿波的频率。

8 脚：驱动脉冲频率控制端，内部基准电压与 C_{862} 之间设有电流控制电路。当 8 脚电压升高时，C_{862} 的充电电流最大，使锯齿波频率升高。当 8 脚外接对地电阻减小时，8 脚电压下降，内部控制电路使 C_{862} 充电电流减小，充电周期延长，使频率降低。利用此特点，同时在 8 脚外接入电阻 R_{864} 和光电耦合器 OC_{862} 的次级电路，当开关电源输出电压升高时，取样电路使 OC_{862} 的发光二极管电流增大，其次级等效电阻减小，使 8 脚电压降低，锯齿波频率降低，开关管驱动脉冲频率也降低，此时 f_1 距 f_0 更远，开关电源输出电压降低。

9 脚：外接定时电阻 R_{867} 和 R_{874}，定时电阻 R_T 与定时电容 C_T 共同设定触发器输出脉冲的基本频率。

10 脚：功能与振荡输出频率的关系与 8 脚功能完全相同。当此脚电位升高时，驱动脉冲频率升高。当电源输出电压升高，采样信号通过电阻 R_{863} 接入 10 脚，同时还经电容 C_{866} 接地。开机瞬间 C_{866} 两端电压为零，随着充电过程呈指数曲线上升，10 脚电压也随之上升，输出驱动脉冲的频率也缓慢升高，以免开机瞬间 f_1 立即为 $0.75f_0$ 而使开关管产生极大的冲击电流。该驱动器的软启动时间可通过 R_{863}、C_{866} 的充电电路时间常数设定。

11 脚：振荡部分的使能控制端。该端电平通过频率控制电路控制触发器的输出：当控制电平呈高电平时，触发器受锯齿波触发，输出正常的驱动脉冲；当控制电平呈低电平时，锯齿波充电电路关断，触发器无输出。该电路中还利用此端功能作为保护电路。VT_{873} 为开关状态，其通/断受控于 VT_{874}。输入整流电压由 R_{877}、R_{878} 分压，经稳压管 VT_{874} 都截止，VT_{873} 由 R_{875} 得到正向偏置而导通，11 脚电位等于 VT_{873} 饱和压降的低电平，内部触发器无驱动输出，开关电源呈欠压保护状态。

12 脚：前级供电端，内设供电超压保护。启动电路经内部稳压器向集成化芯片部分提供工作电压和基准电压，同时通过厚膜集成电路部分的连线向低端驱动器提供工作电压。12 脚经限流电阻 R_{861} 从输入整流器得到启动电压，电路启动后，开关变换电路得到驱动脉冲。脉冲变压器 T_{862} 绕组②-③的感应脉冲经 V_{D864} 整流、C_{868} 滤波输出约 18 V 电压，此电压经调整管 VT_{872} 和 15 V 稳压管 V_{ZD872} 组成的串联稳压器，输出稳定的 14.3 V 电压，再向 12 脚提供工作电压。由于 R_{861} 限流后启动电压低于工作电压，工作状态 R_{861} 无电流通过，启动电阻退出电路。

13 脚：低电位驱动器输出端，经外接小电感抑制脉冲尖峰后，由 15 脚进入厚膜集成电路内低端开关管 VT_2 的栅极。

14 脚：过流保护取样输入端。当此脚电压超过 0.6 V 时，内部电路关断驱动脉冲输出。其推荐电路是在低端开关管源极与输入整流输出负极之间串联接入小阻值取样电阻(小于 1Ω)。当开关电路过流时，取样电阻上压降大于 0.6 V 时开关电源保护。该电源中利用此功能完成输入整流电压超压保护和开关脉冲超压保护。在输入供电超压保护电路中，由电阻 R_{872} 和 R_{866}、R_{870} 将输入整流电压分压后引入 14 脚。另外将 T_{862} 初级谐振电容 C_{870} 上的谐振电压 U_C 经电容 C_{864} 加到分压电阻 R_{870} 上，因而 R_{870} 上压降为两者之和。无论由于输入供电超压还是由于稳压环路频率控制系统失控(f_1 接近 f_0)使 U_C 大幅度升高，R_{870} 上压降都将超过 0.6 V，使开关电源保护性停止工作。

16 脚：低端开关管源极引出端，在该端与地之间接入开关电流取样电阻，以实现过流保护。

18 脚：半桥式开关电路的脉冲输出端，经 L_{862} 接入脉冲变压器 T_{862} 的初级绕组④端。T_{862} 初级绕组⑥端经电容 C_{870} 接共地。T_{862} 初级绕组电感量与 C_{870} 构成串联谐振电路，其谐

振频率为 f_0。

19 脚：高端驱动器输出端。高端驱动器的供电端由自举升压电路供电，使高端驱动器供电电压近似为 $2U_{CC}$。

5.5.4　谐振电源的应用

1．半桥自激电路

图 5-32 为国内市场广泛采用的日光灯电子镇流器的原理图。可以看出图左半部分是输入整流器和自激半桥变换器的组合，其作用是将交流输入整流滤波为直流电，再将高压直流电经半桥变换为高频脉冲。自激振荡的正反馈元件是脉冲变压器 $T(L_1、L_2、L_3)$，L_3 构成初级电感，$L_1、L_2$ 为 $VT_1、VT_2$ 基极绕组。T 由双磁环构成，$L_1、L_2$ 各绕在一个磁环上，L_3 则穿绕在两个磁环的内孔中。这种结构的目的是，L_3 对 $L_1、L_2$ 有必需的互感，而 $L_1、L_2$ 之间互感近似为零，以避免 $L_1、L_2$ 对 $VT_1、VT_2$ 开关动作的影响。

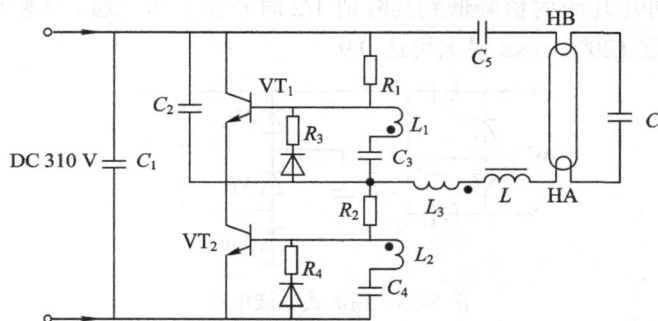

图 5-32　半桥自激镇流器电路

启动电压和工作电压的形成过程是，由脉冲变压器 L_3 端输出双向矩形脉冲，C_5 作为变换器输出参考点。电源启动后，矩形波经电感 L、灯管灯丝 HA、电容 C、灯丝 HB 构成负载回路。C_5 的容量远大于电容 C，其作用只是隔离直流。电路中 L、C 的值设定以后，通过微调 L 使电路谐振于自激变换器的脉冲频率，因此，灯丝 HA、HB 的电阻 R 构成 LC 振荡的串联衰减电阻。在开关频率 f 为固定值时，电路的总阻抗为灯丝电阻 R 和 LC 谐振回路的谐振阻抗 ρ 之和。当灯丝电阻已固定的情况下，灯丝预热电流取决于谐振阻抗 ρ。因此，选择 L、C 值的原则是，在开关频率下使 $X_L=X_C$。在此原则下选择不同数值的 L，配合不同的 C 值设定灯管所需要的预热电流。在灯丝预热的同时，谐振电容 C 上产生谐振电压，其值正比于谐振回路 Q 值，该电压的最大值大于输出脉冲的峰值。当灯丝发射电子以后，该电压将灯管气体电离而点亮。灯管点亮以后，其内阻降低，此内阻并联于 C 的两端，等效于谐振回路衰减电阻增大，Q 值降低，U_C 降低，向灯管提供工作电压。

2．电路的改进

IR215× 系列用于镇流器电路和图 5-24 的 12 V 变换器基本相同，区别只是将脉冲变压器和负载电路等换成 LC 谐振回路和日光灯。IR215× 系列内部的振荡器由稳压电路供电，输入电压的变化不影响其工作频率，只对开关脉冲的幅度有所影响。频率稳定使谐振状态也相对稳定，灯管寿命得以延长。只要将电感量限定于一定误差范围内，通过调整 IR215×

的定时电阻 R_T 即可达到谐振状态。用此类集成化它激式变换器组装半桥式镇流器，可省去自激振荡脉冲变压器。

IR215×虽然解决了频率稳定问题，此类镇流器仍存在一系列不足之处，主要是其负载特性使功率因数极低。传统的整流滤波电路为了使整流后交流输入纹波更小，采用容量较大的滤波电容，使电容的放电时间比充电时间长，因此导致滤波电容在整流后半周期内，大部分时间其两端电压高于整流输出半周电压，只有在半周期峰值附近充电电压才低于半周期瞬时值。所以，整流二极管导通角极小，通过电网的是一系列尖峰脉冲，交流电每个半周期内利用率降低，功率因数减小。

为了解决上述问题，小功率镇流器中采用一种逐流式滤波电路，见图 5-33。该电路由二极管将滤波电容充放电相互隔离，整流后的脉冲电压经 C_2、V_{D2}、C_1 充电，此时 V_{D1}、V_{D3} 截止。当放电时间大于充电时间时，C_1、C_2 各自充电为交流电峰值的 1/2。当 C_1、C_2 放电时，V_{D2} 截止，V_{D1}、V_{D3} 导通，C_1 通过 V_{D1}、C_2 通过 V_{D3} 并联放电，使放电电压为 1/2 交流峰值，所以脉冲电压瞬时值降低到其峰值 1/2 时整流管即导通。实验证明，这种电路使整流管导通角达到近 120°，$\cos\varphi$ 最大可达 0.9。

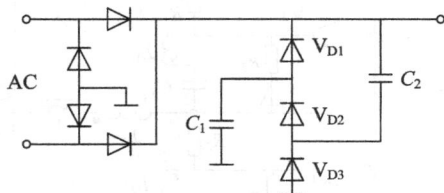

图 5-33 逐流式滤波电路

思考与复习

1. 说明主要变换电路的形式和特点。
2. 试将图 5-7 的自激半桥式变换器改为全桥式电路。
3. 说明驱动集成电路 UC3524 的使用方法。
4. 说明驱动集成电路 TL494 的使用方法。
5. 什么叫死区，TL494 是如何控制死区的？
6. 说明半桥式开关驱动器 IR2112 的使用方法。

第 6 章　开关电源设计

选定主电路拓扑是开关电源设计中重要的基础工作之一，其他相关设计包括元器件设计、磁芯件设计、控制电路设计等都取决于主电路。因此设计之始，仔细研究电源的要求和技术指标，以保证能选取合适的主电路拓扑是十分必要的。许多有关电源的书籍文献大多只介绍每一种电路的工作原理，很少对每一种电路的优缺点进行分析。最新的资料表明，仅仅电源谐振变换器的电路拓扑数目就达上百种之多。本章将通过对实用的设计例子进行分析，介绍中、小功率电源中广泛采用的电路拓扑，并详尽阐述各种电路的优缺点，同时列出一些设计原则作为参考依据。

6.1　小功率开关电源

6.1.1　50 W 电源设计

本节以小型电源的设计为例，说明电源设计的方法。

1. 电源设计指标

典型小功率电源输入、输出参数如下：

输入电压：AC 220 V；

输入电压变动范围：190～240 V；

输入频率：50 Hz；

输出电压：12 V；

输出电流：2.5 A。

控制电路形式为它激式，采用 UC3842 为 PWM 控制电路。电源开关频率的选择决定了变换器的特性，开关频率越高，变压器、电感器的体积越小，电路的动态响应也越好。但随着频率的提高，诸如开关损耗、门极驱动损耗、输出整流管的损耗等会越来越突出，而且频率越高，对磁性材料的选择和参数设计的要求会越苛刻。另外，高频下线路的寄生参数对线路的影响程度难以预料，整个电路的稳定性、运行特性以及系统的调试会比较困难。在本电源中，选定工作频率为 85 kHz。

2. 电路结构的选择

小功率开关电源可以采用单端反激式或者单端正激式电路，电源结构简单，工作可靠，成本低。与单端反激式电路相比，单端正激式电路开关电流小，输出纹波小，更容易适应高频化。用电流型 PWM 控制芯片 UC3842 构成的单端正激式开关稳压电源的主电路如图 6-1 所示。

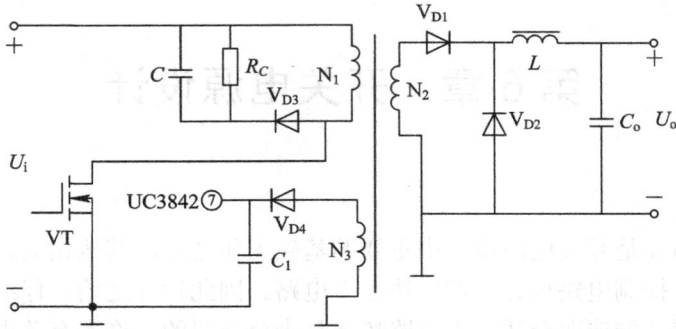

图 6-1 UC3842 构成的单端正激式开关稳压电源主电路

单端正激式开关稳压电源加有磁通复位电路，以释放励磁电路的能量。在图 6-1 中，开关管 VT 导通时 V_{D1} 导通，次级绕组 N_2 向负载供电，V_{D4} 截止，反馈电绕组 N_3 的电流为零；VT 关断时 V_{D1} 截止，V_{D4} 导通，N_3 经电容 C_1 滤波后向 UC3842 的 7 脚供电，同时初级绕组 N_1 上产生的感应电动势使 V_{D3} 导通并加在 RC 吸收回路。由于变压器中的磁场能量不像一般的 RCD 磁通复位电路消耗在电阻上，而是通过 N_3 泄放，因此可达到减少发热、提高效率的目的。

3. 变压器和输出电感的设计

依据 UC3842 应用方式，选用定时电阻 $R_T = 18 \text{ k}\Omega$，定时电容 $C_T = 3300 \text{ pF}$。确定开关频率 $f = 30 \text{ kHz}$，周期 $T = 33.3 \text{ μs}$。选电源占空比 $D = 0.5$，得

$$t_{on} = T \times D = 16.65 \text{ μs} \tag{6-1}$$

选择磁芯截面积 $S = 1.13 \text{ cm}^2$，磁路有效长度 $l = 6.4 \text{ cm}$，$\mu = 2000$(MXO 材料)，则电感系数 ϕ_L 为

$$\phi_L = \left(\frac{0.4 \pi \mu S}{l} \right) \times 10^{-6} \approx 4.44 \text{ μH} \tag{6-2}$$

变压器初级绕组匝数 N_1 为

$$N_1 = U_i \cdot \frac{t_{on}}{B_{max} S} \tag{6-3}$$

式中：U_i 为最小直流输入电压，取 $U_i = 90\sqrt{2} \approx 127 \text{ V}$；饱和磁通密度 $B_S = 0.4 \text{ T}$，取变压器最大工作磁感应强度 $B_{max} = B_S/3 \approx 0.133 \text{ T}$，得 $N_1 = 140$。

初级绕组电感为

$$L_1 = \phi_L N_1^2 = 87 \text{ mH}$$

次级绕组匝数为

$$N_2 = \frac{N_1(U_o + U_{VD1} + U_L)}{U_i D} \tag{6-4}$$

式中：U_{VD1} 为整流二极管 V_{D1} 的压降，U_L 为输出电感 L 的压降。取 $U_{VD1} + U_L = 0.7 \text{ V}$，代

入式(6-4)，得 $N_2 = 28$ 匝。由式(6-2)，次级绕组电感为

$$L_2 = \phi_L N_2^{\,2} \approx 3.48 \text{ mH} \tag{6-5}$$

设开关管断开时，N_1 两端感应电动势 $e = 300$ V；反馈绕组向 UC3842 的 7 脚提供工作电压，设电容 C_1 上的电压 $U_C = 16$ V，由 $N_3 = (U_C / e)N_1$，得 $N_3 \approx 7.5$，取 8 匝。

变压器次级电流为矩形波，其有效值为

$$I_2 = I_o \sqrt{D} = 2.5 \times 0.707 \approx 1.77 \text{ A} \tag{6-6}$$

导线电流密度取 4 A/mm²，所需绕组导线截面积为 $1.77/4 \approx 0.44$ mm²。同样可选择初级绕组导线，初级电流有效值为

$$I_1 = \frac{N_2}{N_1} I_o \sqrt{D} = 0.35 \text{ A} \tag{6-7}$$

导线截面积为 $0.35/4 = 0.0875$ mm²，选用截面积为 0.1 mm² 的导线。取输出电感的电流变化量 $\Delta I_L = 0.2 I_o = 0.5$ A，则输出电感为

$$L = \frac{U_2 - U_{\text{VD1}} - U_o}{\Delta I_L} t_{\text{on}} \tag{6-8}$$

式中，U_2 为次级绕组电压。计算得：

$$U_2 = \frac{U_o + U_{\text{VD1}} + U_L}{D} = 25.4 \text{ V} \tag{6-9}$$

取 $U_{\text{VD1}} = 0.5$ V，$U_o = 12$ V，代入式(6-8)得 $L = 429.57$ μH。

根据输出电感上的电流 $I_L = I_o$，绕组导线截面积约为 $2.5/4 = 0.65$ mm²，选择截面积为 0.75 mm² 的导线。

4．开关管、整流二极管和续流二极管的选择

由于开关管断开时初级绕组 N_1 两端的感应电动势限制为 $e_L \approx 300$ V，交流输入电压经全波整流、电容滤波后，直流输入电压的最大值为

$$U_{\text{i max}} = 240 \times \sqrt{2} = 339 \text{ V} \tag{6-10}$$

整流二极管所承受的最高反向电压为

$$U_D = e \frac{N_2}{N_1} = 60 \text{ V} \tag{6-11}$$

续流二极管所承受的最高反向电压为

$$U_F = U_{\text{i max}} \frac{N_2}{N_1} = 68 \text{ V} \tag{6-12}$$

整流二极管和续流二极管的最大电流为

$$I_{\text{VD1}} = I_{\text{VD2}} = 1.1 I_o = 2.75 \text{ A} \tag{6-13}$$

根据以上计算选择肖特基半桥 MBR05120CT，平均整流电流为 5 A，反向峰值电压为 120 V。开关管选用 MOSFET 2SK793，漏源击穿电压为 900 V，最大漏极电流为 3 A。

5. 反馈电路的设计

电流反馈电路采用电流互感器，通过检测开关管上的电流作为采样电流，原理如图 6-2 所示。电流互感器的输出分为电流瞬时值反馈和电流平均值反馈两路，R_2 上的电压反映电流瞬时值。开关管上的电流变化会使 U_{R2} 变化，U_{R2} 接入 UC3842 的保护输入端 3 脚，当 $U_{R2} = 1\,V$ 时，UC3842 芯片的输出脉冲将关断。通过调节 R_1、R_2 的分压比可改变开关管的限流值，实现电流瞬时值的逐周期比较，属于限流式保护。输出脉冲关断，实现对电流平均值的保护，属于截流式保护。两种过流保护互为补充，使电源更为安全可靠。采用电流互感器采样，使控制电路与主电路隔离，同时与电阻采样相比降低了功耗，有利于提高整个电源的效率

电压反馈电路如图 6-3 所示。输出电压通过集成稳压器 TL431 和光电耦合器反馈到 UC3842 的 1 脚，调节 R_1、R_2 的分压比可设定和调节输出电压，达到较高的稳压精度。如果输出电压 U_o 升高，集成稳压器 TL431 的阴极到阳极的电流增大，使光电耦合器输出的三极管电流增大，即 UC3842 的 1 脚对地的分流变大，UC3842 的输出脉宽相应变窄，输出电压 U_o 减小。同样，如果输出电压 U_o 减小，可通过反馈调节使之升高。

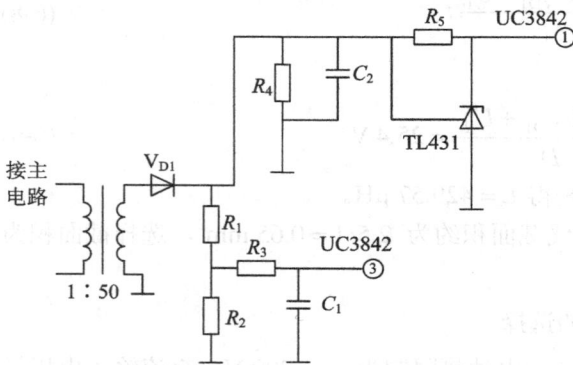

图 6-2 电流反馈电路

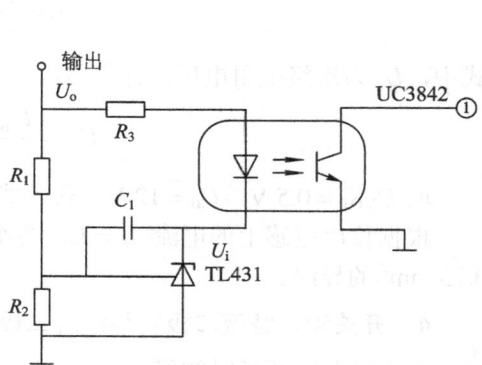

图 6-3 电压反馈电路

6. 保护电路的设计

图 6-4 所示为变压器过热保护电路，NTC 为测变压器温度的一个负温度系数的热敏电阻。由 NTC、R_2、运放 A_1 构成滞环比较器。在正常工作时，变压器温度正常，NTC 的阻值较大，运放两输入端电压 $U_+ < U_-$，输出为零；当变压器异常，温度上升到设定值时，运放 A_1 输出高电平，并送到 PWM 控制芯片使输出脉冲关断。

图 6-5 所示为输出过电压保护电路。输出正常时，V_{ZD} 不导通，晶闸管 V_S 的门极电压为零，不导通；当输出过压时，V_{ZD} 击穿，V_S 受触发导通，使光电耦合器输出三极管电流增大，通过 UC3842 控制开关管关断。

图 6-6 所示为空载保护电路。为了防止变压器绕组上的电压过高，同时也为了使电源从空载到满载的负载效应较小，开关稳压电源的输出端不允许开路。在图 6-6 中，R_2、R_3 给运

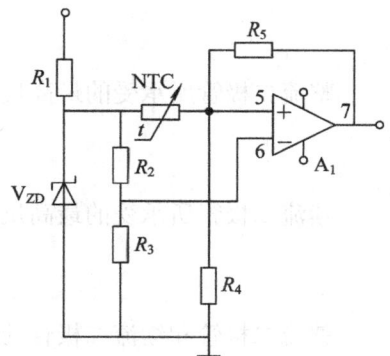

图 6-4 变压器过热保护电路

放同相输入端提供固定的电压 U_+。R_8 为取样负载电流的分流器，当外电路未接负载 R_L 时，R_8 上无电流，运放的反相输入端电压 $U_- = 0\ \text{V}$，因而 $U_+ > U_-$，运放的输出电压较高，使三极管 VT 饱和导通，将电源内部的假负载 R_7 自动接入。当电源接入负载 R_L 时，R_8 上的压降使 $U_+ < U_-$，运放的输出电压为零，VT 截止，将 R_7 断开。

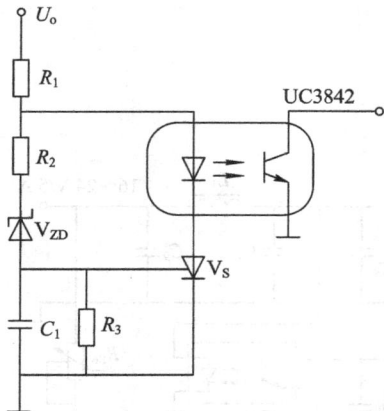

图 6-5　输出过电压保护电路

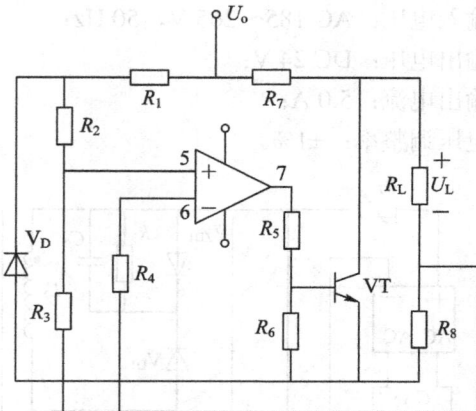

图 6-6　空载保护电路

7．调试

在输入电压为 220 V 的条件下，输入功率是个脉冲序列，周期为 10 ms，即每半个工频周期电源输入端通过整流桥为输入平滑滤波电容充一次电。在各种不同的负载状况下，当输入电压从 90 V 变化到 250 V 时，相应的输出电压的测试结果如表 6-1 所示。

表 6-1　不同负载下的输出电压

输入电压/V	输出电压/V		
	空载	半载(10Ω)	满载(5Ω)
90	12.456	12.360	12.242
110	12.459	12.368	12.247
220	12.467	12.375	12.265
250	12.471	12.381	12.262

实测各种负载状况下的效率如表 6-2 所示。

表 6-2　不同负载下的效率

负　载	空　载	半 载(10 Ω)	满 载(5 Ω)
输入功率/W	3.00	20.03	36.02
输出功率/W	0	15.29	30.04
效率	0	76.34%	83.40%

6.1.2 120W/24V 电源设计

1. 设计要求

以图 6-7 所示的 120W、24V 开关稳压电源原理图来说明其设计步骤。设计指标为：

输入电压：AC 185~265 V，50 Hz；

输出电压：DC 24 V；

输出电流：5.0 A；

电压调整率：±1%。

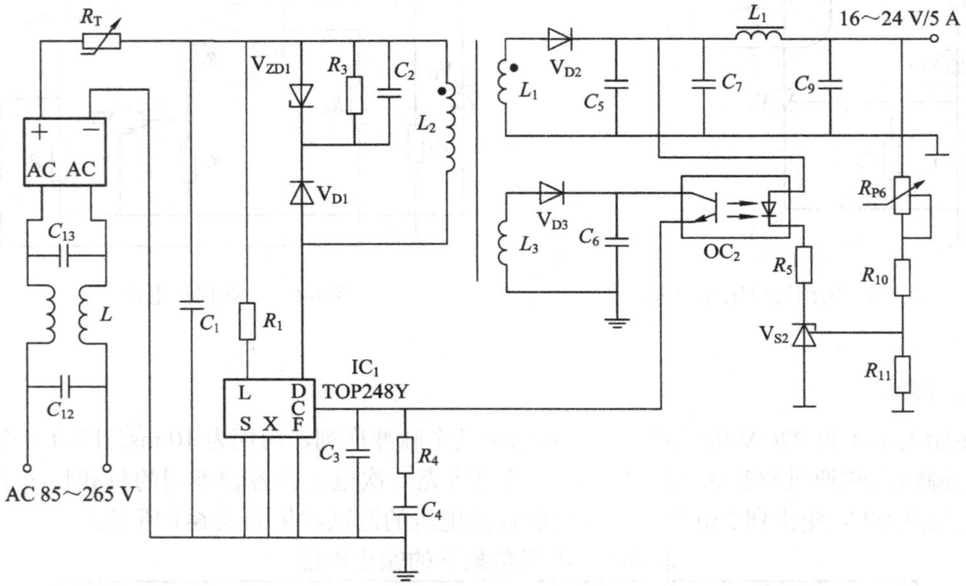

图 6-7 120W、24V 开关稳压电源原理图

2. 器件选择

选择 TOP 系列的 TOP248Y 作为开关器件。由于 TOP248Y 工作在输出功率的上限，电流设定在最大值，即将 TOP248Y 的 X 端直接与源极相连。过压值设定在 DC 450 V，若输入电压超过此值，则 TOP248Y 将自行关断，直到输入电压恢复正常值时 TOP248Y 自行恢复启动。频率选择端 F 也与源极直接相连，此时开关工作频率设定在 130 kHz。

3. 脉冲变压器的设计

脉冲变压器的初级电感 L 中的电流与电压的关系为

$$I_L = \frac{U_0}{L} \cdot \tau \tag{6-14}$$

式中：U_0 为初级电感两端的电压；τ 为开关脉冲宽度。

脉冲变压器的初级电感值在 300~3000 μH 之间，输出功率大时应取下限，反之则取上限。变压器初级电感值不能太小，否则会造成 TOP248Y 中的功率 MOSFET 的漏极电流太大，使开关损耗增加，同时易造成过流保护动作，使电源难以启动。同样，初级电感值也不能太大，否则不能满足输出功率的要求。

4．电源次级电路的设计

次级电路设计主要是选择整流管和滤波电容。整流管的选择应根据输出电流和电压进行，其最大值为

$$I_{RLC} \approx 2I_o = 2 \times 5 = 10 \text{ A} \tag{6-15}$$

$$U_{RLC} \geq \frac{U_{imax}}{n} \tag{6-16}$$

$$n = \frac{U_{i\,max}}{U_o} \cdot D_{min} \tag{6-17}$$

式中：U_o 为输出电压；I_o 为输出电流；$U_{i\,max}$ 为最大直流输入电压；D_{min} 为开关的最小占空比；n 为脉冲变压器的变比。

将 $U_{i\,max} = 375$ V，$U_o = 24$ V，$D_{min} = 0.25$ 代入式(6-17)，得到脉冲变压器的变比为 $n \approx 4$。此时脉冲变压器的初级励磁电流为

$$I_L = \frac{5}{4} = 1.25 \text{ A} \tag{6-18}$$

此值远小于 TOP248Y 的漏极电流 7.2 A。

电源次级整流管在输出电压较低的情况下采用肖特基二极管，以减小二极管的损耗。当输出电压较高时，则需要采用快恢复二极管。当开关频率较高时，应采用超快恢复二极管作整流管，以减小其反向电流对初级的影响。滤波电容 C_7 的容量应满足输出电压纹波的要求，L_1 及 C_9 应能有效地滤除开关过程所产生的高频噪声干扰。

5．反馈电路的设计

图 6-7 所示电路的反馈电路采用光电耦合器和可调式三端稳压器 V_{ZD2} 以及 R_{P6}、R_{10}、R_{11} 组成的输出电压调整电路，R_5 为光电耦合器的限流电阻。在启动瞬间，检测的电流通过光电耦合器改变 IC_1 控制端的电流，实现预调整，以确保电源在低电网电压和满载启动时达到规定的调整值。C_3 和 C_4、R_4 组成环路补偿电路。

6.2　大功率开关电源

现有的高频开关电源模块单机功率普遍较小，仅可用于小容量直流系统，性能价格比和可靠性比较高。而对于大容量直流系统，就必须并联许多模块。这样会导致直流系统的可靠性大大降低，同时使造价升高。本节介绍的开关电源正是为解决这两方面的问题而设计的。

6.2.1　技术指标

交流输入电压：三相，$380 \times (1 \pm 20\%)$ V，50 Hz；
输出直流电压：0～300 V；
输出直流电流：0～20 A；

稳压稳流精度：≤0.01%；

效率：≥95%；

运行方式：100%连续。

6.2.2 功率变换部分

电路的功率变换部分是采用 IGBT 模块组成半桥式电路，如图 6-8 所示。此部分是开关电源的核心，其性能的好坏直接影响整个电源的性能与可靠性。

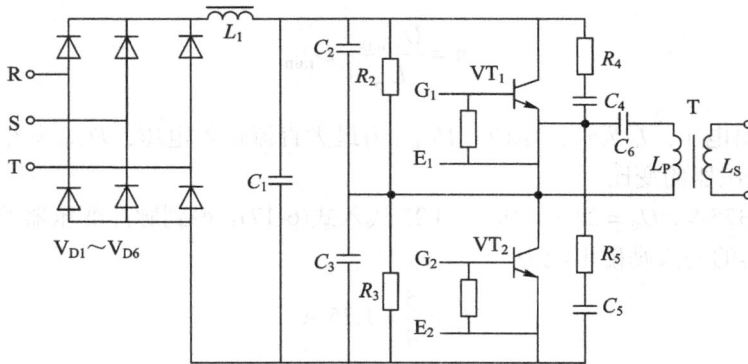

图 6-8 功率变换部分电路图

1. 主电路

经过 $V_{D1} \sim V_{D6}$ 组成的三相全波整流后，得到约 560 V 直流电压，再经输入滤波电容 C_2、C_3 分压，它们各承受约 280 V 电压。当 VT_1 的门极电压 U_1 达到一定电平值时，VT_1 导通，电容器 C_2 经过 VT_1 的漏极和源极、变压器 T 的初级绕组放电，给次级传递能量。当 VT_1 截止时，VT_2 的门极电压 U_2 也达到一定的电平值，使 VT_2 由截止转为导通，电容器 C_3 经 T 的初级绕组及 VT_2 的漏极和源极放电，给次级传递能量。为了避免因 VT_1 与 VT_2 同时导通造成直通故障而损坏，必须要保证 VT_1 和 VT_2 的门极驱动电压有一个共同截止的时间，称为控制脉冲的"死区"时间，要求"死区"时间必须大于 VT_1 和 VT_2 的最长导通饱和延迟时间。

2. RC 缓冲电路

如图 6-8 所示，以 VT_1 为例，当 VT_1 截止时，电容器 C_4 通过 R_4 充电；当 VT_1 导通时，电容器 C_4 经 R_4 放电。尽管 RC 缓冲电路消耗了一定量的功率，但却减轻了开关管关断瞬间的电压应力。

RC 电路必须保证以下两点：一是在开关管截止期间，必须能使电容器充电到接近正偏压 U_{GS}；二是在开关管导通期间，必须使电容器上的电荷经过电阻全部放掉。

3. 门极抗干扰钳位保护电路

如图 6-9 所示，并联在 IGBT 的门极与发射极之间的稳压管极性相反，串联在一起使用的目的是把门极正向电压限制在 20 V 以内，将负偏压限制在 15 V 以内。把加在门极的电压钳位到预定电平，可有效地消除干扰在驱动电路中产生的尖峰电压信号对 IGBT 的潜在危害。

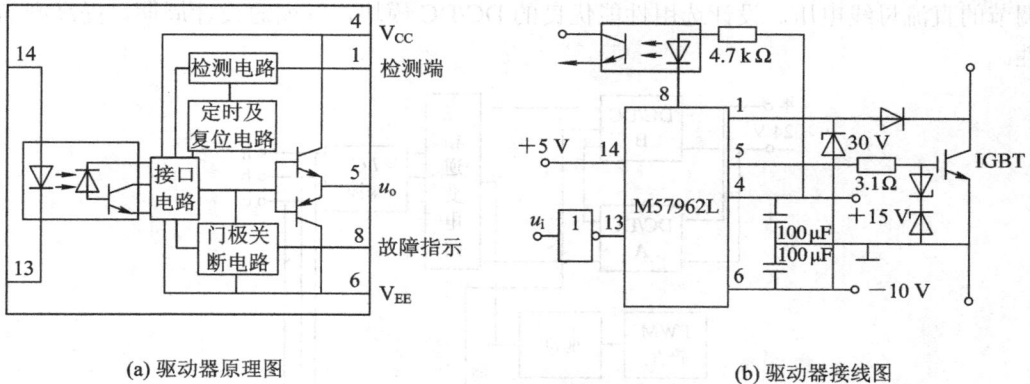

(a) 驱动器原理图　　　　　　　　　　　　　　　　(b) 驱动器接线图

图 6-9　M57962L 型 IGBT 驱动器的原理图和接线图

4．驱动电路

IGBT 的驱动采用专用的混合集成驱动器，内部应具有退饱和检测与保护环节，当发生过电流时能快速响应但慢速关断 IGBT，并向外部电路发出故障信号。本例采用 M57962L 芯片，输出的正驱动电压均为 +15 V 左右，负驱动电压为 –10 V。图 6-9 为 M57962L 型 IGBT 驱动器的原理图和接线图。

IGBT 的门极驱动电路密切地关系到其静态和动态特性。门极电路的正偏压 U_{GS}、负偏压 $-U_{GS}$ 和门极电阻 R_C 的大小，对 IGBT 的通态电压、开关时间、开关损耗、承受短路能力以及 du/dt 参数均有不同程度的影响。

在 IGBT 的门极与源极之间，应加 11 kΩ 的泄放电阻。考虑正偏电压 U_{GS} 的影响，当 U_{GS} 增加时，开通时间缩短，因而开通损耗减小。U_{GS} 的增加对减小通态电压和开通损耗有利，但是 U_{GS} 不能随意增加，因为当增加到一定程度后，对 IGBT 的负载短路能力以及 du/dt 有不利影响，该电路采用 $U_{GS} = 15$ V。负偏电压是很重要的门极驱动条件，它直接影响 IGBT 的可靠运行。过高的 du/dt 产生较大的位移电流，使门极和源极之间的电压上升，并超过 IGBT 的门极阈值电压，产生一个较大的漏极脉冲浪涌电流，过大的漏极浪涌电流会使 IGBT 发生不可控的擎柱现象。为了避免 IGBT 发生这种误触发，可在门极加反向偏置电压，该电路中 $-U_{GS} = -12$ V。

6.3　逆 变 电 源

随着逆变技术的进一步发展，越来越多的用户要求逆变电源像直流电源一样模块化，要求设计的电源体积小、成本低。这需要仔细考虑系统方案，简化控制，在保证性能指标的同时，减小体积，降低成本。设计的逆变电源的要求如下：直流输入 24 V 电压，输出为三相 400 Hz，输出电压 68 V，负载电流为 3 A；30 s 后，输出电压无间断地切换为 36 V，并提供 1 A 负载电流，稳压精度为 2%，输入、输出隔离。

6.3.1　系统设计

1．主电路设计

逆变电源系统框图如图 6-10 所示。主电路首先需将 24 V 直流输入电压变换为 96 V、可调节的直流母线电压。设计选用性能优良的 DC/DC 模块，以缩短设计周期，提高产品可靠性。

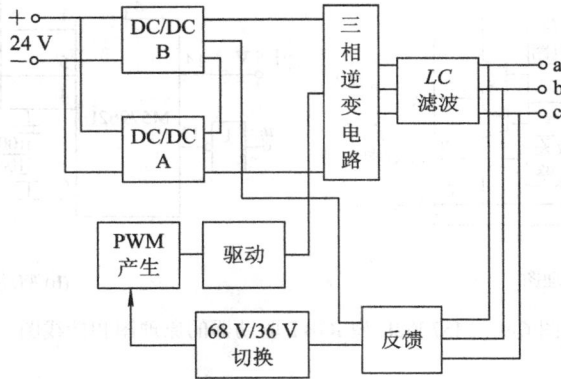

图 6-10　逆变电源系统框图

采用 VICOR 系列模块进行逆变电源的设计，其中的 DC/DC 模块采用了零电流/零电压(ZCS/ZVS)技术，同时可以利用其 I/O 隔离的特性实现系统的隔离。本节设计中使用两只 24 V 变 48 V、输出功率为 150 W 的 DC/DC 模块 A 和模块 B，输入为 A、B 并联，输出为 A、B 串联，以获得 96 V 的直流母线电压。在不考虑电源的损耗时，电源的最大输出功率为 300 W。

电源在正常工作时输出电压为 36 V，若直流利用率为 0.7，调制度为最大值 1，则所需直流电压为 $36/0.7 \approx 51.4$ V。输出电压为 68 V 时，若直流利用率仍为 0.7，调制度为最大值 1，则所需直流电压为 $68/0.7 \approx 97$ V。这是空载时所需的直流电压，当带重载时，由于线路阻抗和系统输出阻抗的存在，所需的直流母线电压更高，所以必须采取措施提高直流利用率。计算 SPWM 数据时，可适当地过调制，并在电路中加大滤波电容器的容量，以达到提高和稳定直流母线电压的目的。逆变桥使用功率 MOSFET 构成三相逆变全桥，滤波网络中的电容采用三角形连接方式，以加强滤波作用。

2. 保护与控制电源

电源在有异常情况出现时，有两种切断输出方法：一是封锁控制数据，选择 ROM 数据全为零的空页，此法方便、快速；二是断开直流母线电压，此法有利于负载的安全。这里选择后者。V 系列模块的 GATE-IN 端是其功率提升同步端，也是该模块的使能端，拉低该端电压即可关闭模块。GATE-IN 端电位为基准电位，所检测的过流、过压信号均需以光电耦合与之隔离。

6.3.2　PWM 控制

1. SPWM 基本原理

逆变过程需要控制开关管的动作模式，使得输出波形为正弦波。本设计利用 SPWM 采样方法对开关管进行控制。在 ROM 中的 PWM 数据是离线计算，灵活性大。取得 SPWM 方法是通过利用规则采样法计算数据，准确地得到开关器件的导通、关断时间，其原理误差与存储数据时取整带来的误差相比可以忽略。计算程序的入口参数主要有 3 个，即载波频率 f_c、调制频率 f_M 和调制度 M，其中调制度代表预期的输出幅值。输出电压切换前后的幅值相差很大，不能使用同一个调制度，所以在 ROM 中存储两组数据(每组 2 KB)，通过控制高位地址线实现电压切换。在启动阶段输出 68 V 电压时，

需适当过调制，此时 SPWM 就近似为梯形波比较调制，使直流利用率提高；而正常工作输出 36 V 电压时，调制度较低，谐波含量将很少。

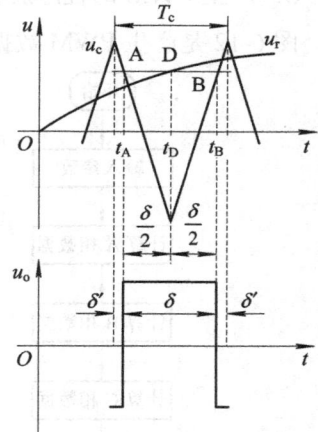

按 SPWM 基本原理，自然采样法中要求解复杂的超越方程，难以在实时控制中在线计算，工程应用不多。而规则采样法是一种工程实用方法，效果接近自然采样法，计算量小得多。

规则采样法原理见图 6-11 所示，三角波两个正峰值之间为一个采样周期 T_c。自然采样法中，脉冲中点与三角波一周期中点不重合。规则采样法使两者重合，每个脉冲中点为相应三角波中点，计算大为简化。三角波负峰时刻 t_D 对信号波采样得 D 点，过 D 作水平线和三角波交于 A、B 点，

图 6-11　规则采样法

在 A 点时刻 t_A 和 B 点时刻 t_B 控制器件的通断，脉冲宽度 δ 和用自然采样法得到的脉冲宽度非常接近。

2．规则采样法计算

规则采样法计算公式推导过程如下。正弦调制信号波公式中，a 称为调制度，$0 \leqslant a < 1$；ω_r 为信号波角频率。从图 6-11 可得

$$u_r = a \sin \omega_r t \tag{6-19}$$

三角波的一周期内，脉冲两边间隙宽度为

$$\frac{1 + a \sin \omega_r t_D}{\delta/2} = \frac{2}{T_c/2} \tag{6-20}$$

对于三相桥逆变电路而言，通常三相的三角波载波公用，三相调制波相位依次差 120°，同一三角波周期内三相的脉宽分别为 δ_U、δ_V 和 δ_W，脉冲两边的间隙宽度分别为 δ'_U、δ'_V 和 δ'_W，同一时刻三相正弦调制波电压之和为零。由式(6-20)得脉宽为

$$\delta = \frac{T_c}{2}(1 + a \sin \omega_r t_D) \tag{6-21}$$

由式(6-21)得间隙宽度为

$$\delta' = \frac{1}{2}(T_c - \delta) = \frac{T_c}{4}(1 - a \sin \omega_r t_D) \tag{6-22}$$

由式(6-21)可得一个周期内脉冲总宽度为

$$\delta_U + \delta_V + \delta_W = \frac{3T_c}{2} \tag{6-23}$$

同样由式(6-23)可得一个周期内间隙总宽度为

$$\delta'_U + \delta'_V + \delta'_W = \frac{3T_c}{4} \tag{6-24}$$

利用式(6-23)和式(6-24)可简化三相 SPWM 波的计算。

3．产生 PWM 的程序流程图

图 6-12 是产生 PWM 数据的程序流程图。

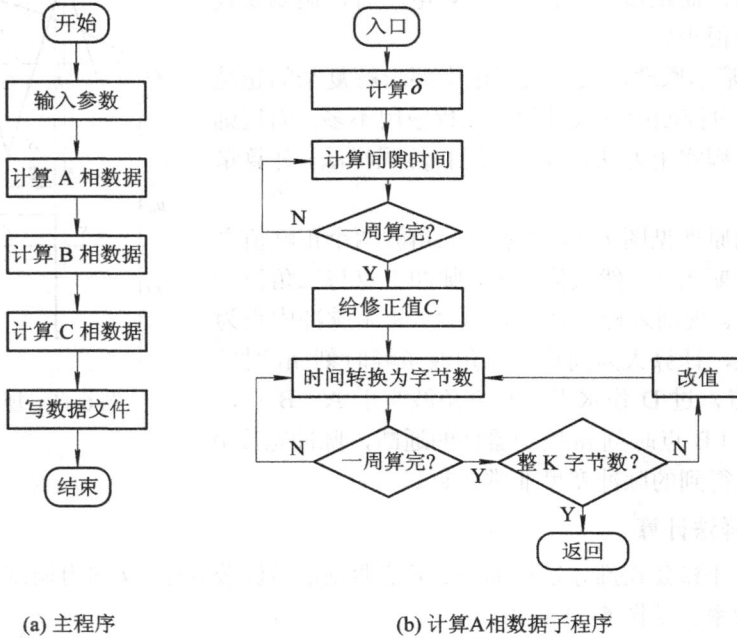

(a) 主程序　　　　(b) 计算A相数据子程序

图 6-12　产生 PWM 数据的程序流程图

程序中以 A 相数据子程序计算为例，B、C 相可以通用。其中一个参数是正弦调制波相位，改变这个参数可分别计算出 A、B、C 数据，并且可以补偿因滤波元件参数不一致而导致的三相不平衡。计算完各开关点时间后，将时间转换为 0、1 位串的字节长度，这个过程要进行四舍五入，修正值初值为 0.5。为了保证总的字节数成整 K，需要以逐次逼近方式修改修正值。在此部分电路中，多谐振荡器产生 819.2 kHz 时钟信号，经 12 位计数器进行地址变换，使存储于 ROM 中的 PWM 数据周期性地输出，再由驱动芯片 IR2110 驱动功率 MOSFET 三相全桥进行逆变。

6.3.3　输出电压控制

V 系列模块的调压原理如图 6-13 所示，电压调节端 TRIM 同时也是模块内部误差放大器的电压给定端，经一个 10 kΩ 电阻与 2.5 V 基准电压串联。此端悬空时，误差放大器的给定电压为 2.5 V，模块输出额定电压。由 TRIM 端外接电阻 R_4 到 –OUT 端，与 10 kΩ 电阻对 2.5 V 电压分压，使误差放大器的给定电压降低，模块的输出电压即被按比例地调低；由 +OUT 端外接电阻 R_3 到 TRIM 端，与 10 kΩ 电阻对输出电压分压，输出电压亦被按比例地调高。模块的输出电压范围是额定值的 5%～110%。TRIM 端同时对输出电压进行检测，若 TRIM 端电压过高，将导致模块的过压保护动作。

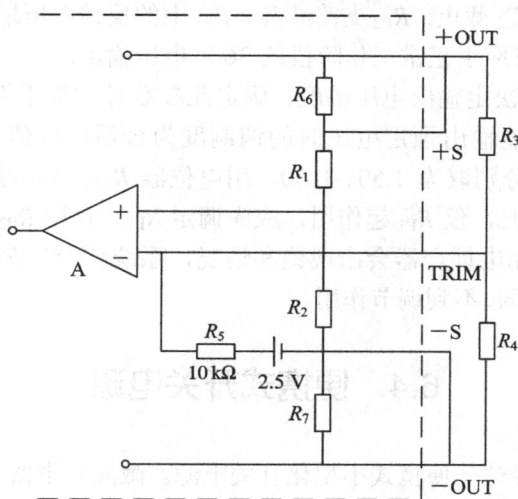

图 6-13   V 模块调压原理

使模块的电压调节端 TRIM 随着系统输出电压有效值的变化而反向变化，即可构成负反馈闭环回路。系统有 68 V、36 V 两次稳压过程，只需在切换数据页的同时相应改变反馈系数即可。此部分的电路如图 6-14 所示。

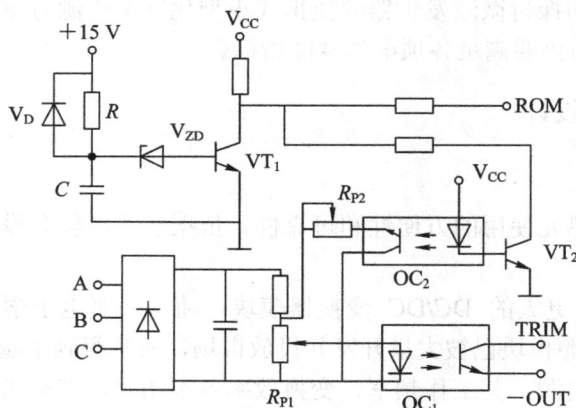

图 6-14   电压控制电路

输出的三相电压经整流、滤波后，在电位器 R_{P1} 的滑臂上取得反馈电压，该电压经光电耦合器 OC$_1$ 隔离、反相后送到 V 模块的 TRIM 端，即构成了负反馈环。这里光电耦合器 OC$_1$ 的三极管等效为一个接在 TRIM 和 −OUT 端的受控可变电阻，这样有效地防止了 TRIM 端上的反馈电压过高。

如图 6-14 所示，通电后首先 +15 V 电压经 R 对 C 充电，充电时间常数由二者的乘积决定。当 C 上的电压不超过稳压管 V$_{ZD}$ 的稳压值加 0.7 V 时，VT$_1$ 不导通，集电极输出为高电平到 ROM，选中 ROM 里存储 68 V 数据的页面，同时三极管 VT$_2$、达林顿光电耦合器 OC$_2$ 导通，电位器 R_{P2} 与 R_{P1} 并联，这个状态对应于启动阶段输出 68 V 高电压；当 C 上的电压超过稳压管稳压值加 0.7 V 时，VT$_1$ 导通，集电极输出为低电平到 ROM，选中存储 36 V 数据的页面，同时 VT_2、OC_2 截止，R_{P2} 支路断开，R_{P1} 上的反馈电压增大，系统反馈系数也变大，输出将降低，这时对应于正常工作阶段的 36 V 电压输出。

PWM 数据的调制度决定输出电压幅度，确定此参数时，断开负反馈环，V 模块输出额定电压，系统带满载并能输出预定电压时的调制度为合适的取值。该电源在输出电压为 68 V、36 V 时的调制度分别取为 1.50、0.50，用电位器 R_{P1}、R_{P2} 可对输出电压在一定范围内微调。输出 36 V 电压时，仅 R_{P1} 起作用，应先调定 R_{P1}，再用 R_{P2} 对 68 V 电压进行调节。取样电阻值选得过小，光电耦合器会出现饱和情况，系统就会振荡；选得过大，光电耦合器不足以导通，负反馈环起不到调节作用。

6.4　便携式开关电源

本节为微波发生器设计一便携式小型化开关电源。微波发生器要求工作在恶劣环境下，必须能够在 −55℃～+60℃ 的宽温域内正常工作，并能经受严酷的冲击、震动、高低温循环、输入电压拉偏以及电磁兼容性等例行试验。微波发生器属于抗恶劣环境的设备，必须具有较强的抗电磁干扰能力。供电网络的各种干扰，特别是传导干扰首先进入稳压电源，另外负载内部产生的各种干扰也经过电源再传入供电网络，从而对其他电子设备产生干扰。所以，稳压电源必须能够抑制来自两个方向的电磁干扰，才能使负载既正常工作又不干扰其他电子设备。在分析和探讨微波发生器的便携式小型化开关电源方案时，须考虑到该电源需工作在恶劣环境下而仍要满足各项电气性能指标。

6.4.1　结构与系统设计

1. 结构的要求

结构设计关系到单元使用的方便性和可靠性。依据实践经验和设计要求，应首先考虑采用以下措施：

(1) 采用功率密度更大的 DC/DC 变换器模块。随着功率电子学的兴起与快速发展，DC/DC 变换器集成电源模块已被大量开发并投放市场，而且得到了越来越广泛的应用，但各供应商生产的模块电源，其工作频率、变换效率各不相同，在输出功率相同的情况下，体积、重量相差较大，同时应用环境也各不相同，因而应设计体积小、重量轻且能适应恶劣环境的电源部件。

(2) 优先选用具有多路输出电压的电源模块。单路电压输出与多路电压输出的电源模块各有优缺点：前者只有一路输出电压，是直接受调控的，因而输出电压的精度高；后者输出电压有几路，但只有主回路输出的电压精度高，其余的间接受到控制，因而输出电压的精度比较低。由于多种电压要由多块单输出模块来实现，所以要比直接采用多路电压输出模块体积大。为了减小体积和重量，在满足技术要求的前提下，应优先选用多路电压输出的电源模块。

(3) 采用低压差线性集成稳压器进行二次稳压。在普遍采用开关式集成稳压模块的情况下，线性集成稳压器，特别是低压差的线性集成稳压器仍然广泛地被采用。例如，采用三端低压差线性集成稳压器，将 5 V 电压经二次稳压得到 3.3 V 电压，将 ±15 V 电压经二次稳

压获得精密的 ±10 V 电压。

(4) 必要的少量外围分立元件也尽量采用体积小、重量轻的片式表面贴装元件。采用集成电源模块组成的电源部件，仍有少量的分立元件，如滤波用的电感、X 电容、Y 电容以及调节电压的电阻等也一律采用贴片式元件。

(5) 当无法从单块电源模块获得电源部件所需的某些非标准输出电压时，可采用标准电压输出的小型电源模块进行相互串联得到。例如，将体积小的 ±15 V 电源模块作单路输出而得到 ±30 V 电压，再相互串联得到 ±60 V 电压。

(6) 要减小整个电源的体积和重量，将电源模块基板贴在机箱内壁，利用金属壳体散热是非常必要的。

2. 系统设计

设计一个高可靠性的稳压电源，需要在以下两个方面做好准备工作：一个是电源的系统设计，根据整机负载对电源总的技术要求，包括电源电压种类、输出电流、稳定度、纹波电压、掉电保护、过流保护、过压保护、抗电磁干扰以及重量、体积等，对电源进行系统设计；另一个是实现高可靠性稳压电源的设计要求。

系统设计应考虑以下方面：

(1) 供电电源的选择。可供选择的供电电源有两种：50 Hz、220 V 交流电源和 48 V 直流电源。两种电源各有优缺点，前者电源波动小、干扰小，但所需的器件耐压相对要高；而后者却相反。可根据应用环境和负载特性确定电源类型。

(2) 确定电源的系统方案。电源系统方案的确定在很大程度上决定了电源的性能和可靠性水平，其主要内容有：选择高可靠性的电源元器件；设计电源系统的电路图，并做好必要的试验；采用合理的热设计和电磁兼容性设计；采取其他可靠性设计和可维修性设计。

(3) 选择性能优良、可靠性高的电源元器件。有针对性地对某些器件和电路进行基础试验，掌握第一手资料是设计高可靠性电源的先决条件。本例选用 VICOR 电源模块作为主要器件。VIC 电源模块的主要特点是：采用 "零电流" 开关技术，工作频率高达 2 MHz，效率为 80%～90%，功率密度为 3～7 W/cm^3，可靠性 MTBF ≥ 100 万小时，适应输入电压变化范围宽等。

(4) 设计特殊要求的稳压电源。根据需要，整机可能提出某些有特殊要求的非标准稳压电源。例如，某负载需要 ±10 V 精密电源，要求稳定度不大于 0.1%，纹波电压不大于 2 mV，温度系数不大于 0.1 MV/℃。为此，可设计高性能的线性稳压电源，在 ±15 V 的基础上进行二次稳压得到精密的 ±10 V 稳定电源。

(5) 可靠性设计。重点考虑外围电路的设计以及整机的热设计、电磁兼容性设计和其他可靠性设计。

6.4.2　主要元件参数计算

1. 输入滤波电容的计算

采用交流 220 V 供电的开关电源，直接将 220 V 交流电整流、滤波成 310 V 左右的直流电，再进行 DC/DC 变换。现以微波发生器的电源为例来计算输入滤波电容，其原理框图如图 6-15 所示。

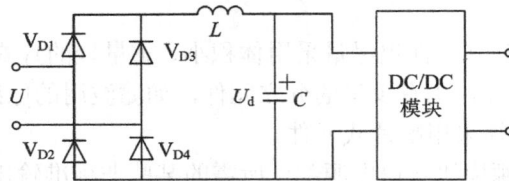

图 6-15　整流滤波原理框图

电容器 C 的功能为平滑滤波作用和储能作用。根据负载的情况选择电容 C 的值,使 $RC \gg \dfrac{3 \sim 5}{2} T$,$T$ 为交流电的周期。此时输出电压为

$$U_d \approx 1.2U \tag{6-25}$$

2. 掉电保护电路的设计与参数计算

为了在瞬间掉电时不丢失信息,要求电源具有掉电保护功能,如要求电源正常供电时提供一低电平,而在掉电瞬间电压由 +5 V 下降到 4.6 V 这一期间提供并维持一高电平。

掉电保护电路如图 6-16 所示。该电路为 DC/DC 变换模块,其中二极管 V_{D1} 的作用是防止输入电源的正、负极插错以及阻止 C_1 向输入侧放电。OC_1 选用 4N27 光电耦合器,用以隔离输入、输出地线。

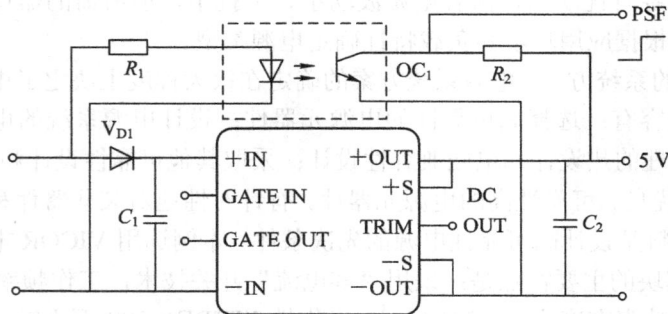

图 6-16　掉电保护电路

R_1 的计算需根据输入电压和使三极管饱和导通($U_{CE} \leq 0.3 \text{ V}$)的低电平及流过二极管的最小电流 I_1 确定。

取电流 $I_1 = 15$ mA,则有

$$R_1 = \frac{48 - 0.3}{15 \times 10^3} \approx 3.2 \text{ k}\Omega \tag{6-26}$$

按供电电压 48 V 计算损耗功率为

$$P_m = U \times I = (48 - 0.7) \times 0.015 \approx 0.7\text{W} \tag{6-27}$$

选 RJ1W-3.2 kΩ。

R_2 由 +5 V 电压和流经三极管的电流 I_2 确定。

取 $I_2 = 5$mA,则有

$$R_2 = \frac{(5 - 0.3)}{(0.005 \times 100)} \approx 1 \text{ k}\Omega \tag{6-28}$$

$$P_{R2} = 5 \times 0.005 = 0.025 \text{ W} \tag{6-29}$$

选 RJ-0.025W-1kΩ。

3. 模块输出电压调节

微波发生器电源的 DC/DC 变换模块为了使用方便，设置了输出电压调节端。当输出电流较大、传输线路较长时，为弥补线路上的压降，需要将输出电压调高。组件的 +5 V 电源设置有调压电阻 R_3，调节原理如图 6-17 所示。调节过程就是改变基准电压，电阻 R_3 基准电压调高后，输出电压将同比例提高。

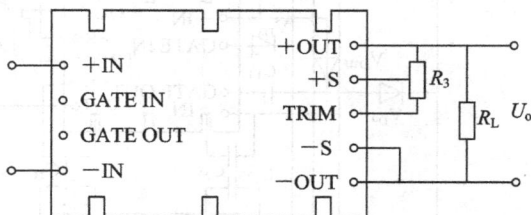

图 6-17　输出电压调整电路

4. 保护电路

VIC 系列模块的 VI-200 系列设有过流、过压和过热保护电路，设置的过压保护电路采用图 6-18 所示电路。

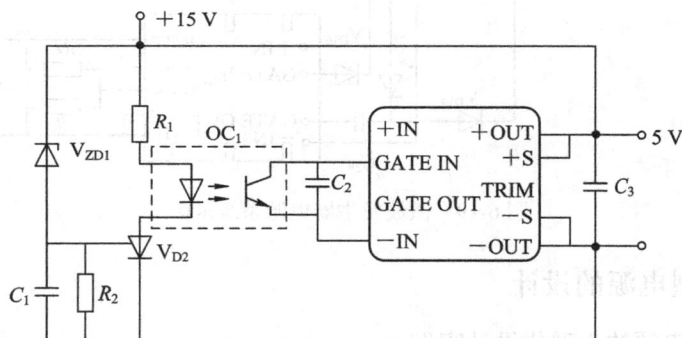

图 6-18　过压保护电路

当 +5 V 电压过压时，+15 V 电压使晶闸管导通，使光电耦合器饱和导通，低电平信号进入 GATE-IN 端，从而禁止 DC/DC 变换器工作，使输出电压为零。

5. 电磁兼容性设计

电源的电磁兼容性(EMC)设计主要包括以下内容：

(1) 在输入端加 EMI 滤波器，以抑制传导干扰。

(2) 采用具有 EMI 功能的 VIC 前端模块。

(3) 在输入线之间加电容和在输入、输出端子与基板间加电容，分别抑制差模干扰和共模干扰。

(4) 良好的屏蔽是减少电磁辐射的有效措施，加宽、缩短大电流的功率线。

微波发生器电源系统框图如图 6-19 所示。

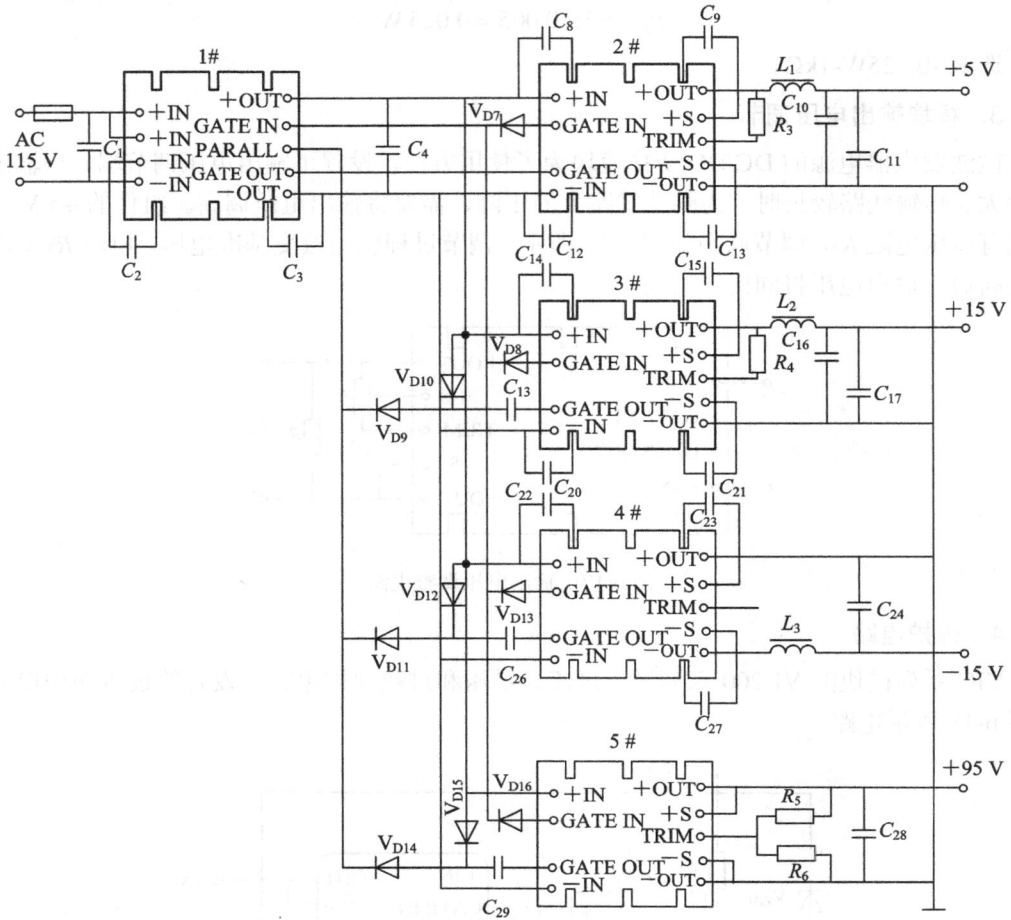

图 6-19　微波发生器电源系统框图

6.4.3　机载小型电源的设计

1．机载仪表电源的小型化设计实例

机载仪表电源为一台 DC/DC 变换电源，它可将单一 48 V 直流变换为多种直流，以供仪器所需。设计该电源时可采用模块电源组合实现。

机载仪表对电源的技术要求如下：

输入电压：48 V；

输出电压：+5 V，±15 V，±24 V，±60 V；

输出电流：5 A，2 A，1 A，0.5 A；

稳压精度：≤±1%，≤±1%，≤±1.5%，≤±2%；

纹波噪声峰-峰值：50 mV，80 mV，100 mV；

工作温度：-55℃～+60℃。

2．电源部件的设计方案

由于该电源部件输出电压种类多，给定的外形尺寸小，且输入电压变化范围大，工作温度范围宽，所以必须选用小型、高可靠性的电源模块。

(1) 5 V(5 A)电源选用 GAA 电源模块。该模块输出为 5 V(5 A)，工作温度为 −55℃～+100℃，采用金属壳封装，其性能满足设计要求。

(2) ±15 V(2 A)电源选用 VIC 电源模块。该模块的输出为 ±15 V(3 A)，工作温度为 −55～+100℃，采用金属壳封装，其性能满足设计要求。

(3) ±24 V(1 A)电源选用两块 VIC 电源模块。该模块的输出为 24 V(2 A)，工作温度为 −55～+100℃，其性能满足设计要求。

(4) ±60 V(0.5 A)电源选用 VIC 电源模块。该模块输出为 30 V(1 A)，将两块串联可得 60 V 电压，工作温度均为 −55～+100℃，其性能满足设计要求。

3. 电源电路的结构

图 6-20 所示为机载仪表电源结构图。

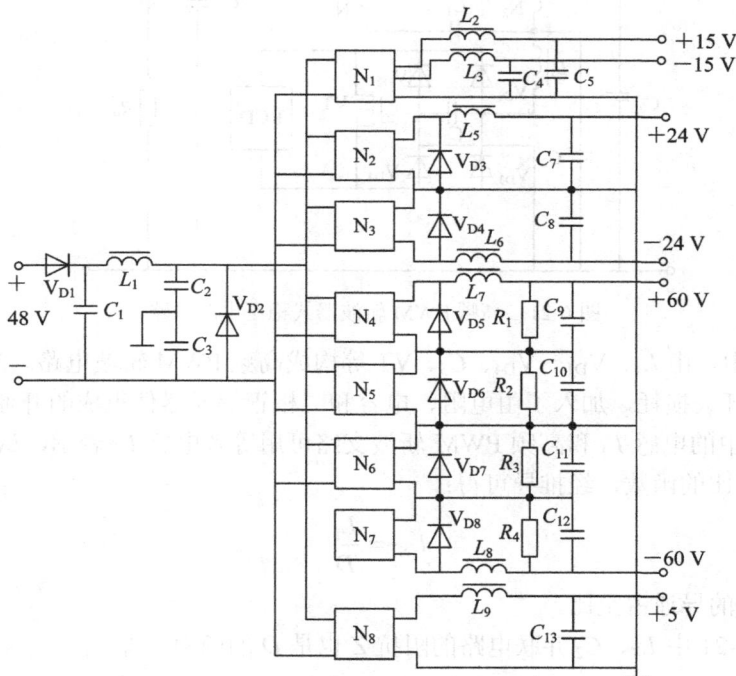

图 6-20 机载仪表电源结构图

6.4.4 机载三相交流电源的设计

机载交流稳压电源的主要功能是为特种电子系统中的传感器提供交流激磁信号，要求性能稳定、体积小、重量轻、效率高、可靠性好。近几年来关于交流稳压电源研究的主要内容之一是线性谐振型技术及其改进，以及开关型交流稳压电源。线性谐振型通过 LC 谐振参量的改变使交流输出电压得到调整，以连续可调式获得优越的稳压性能。该电源主电路中不含电力半导体器件，线路简单，可靠性高。但是由于线性谐振型电源存在输入电压范围不够宽、源端空载无功电流和谐波电流较大以及容易发生振荡等缺点，因此其发展和应用受到了限制，特别是在大功率场合的应用比较少。

开关型交流稳压电源采用了先进的高频开关电源技术，具有效率高、响应速度快等优点。它先将交流电整流成脉动的直流电，再通过高频脉宽调制技术，将脉动的直流电逆变成交流电，再通过相位跟踪与转换电路取得与输入侧同频同相的补偿电压，加在输入与输出之间，使输出电压稳定。这项技术成为当今交流稳压电源技术发展的方向。

1. 电路基本原理

机载交流稳压电源是一种 AC/AC 变换器，其关键部分是单相 48 V、400 Hz AC/AC 变换稳压电路。设计该电源采用的是高频 PWM 斩波器调感法构成的新型交流稳压电源电路，具有产生谐波小、抗各类电磁干扰能力强、稳压精度高、动态响应快等诸多优点，其电路原理如图 6-21 所示。

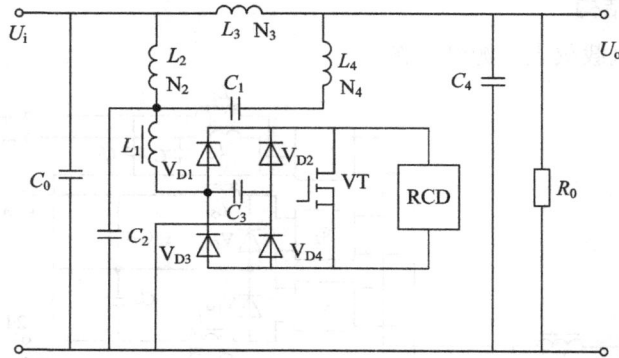

图 6-21　高频 PWM 斩波器式稳压电源电路

在图 6-21 中，由 L_1、V_{D1}～V_{D4}、C_3、VT 等构成高频 PWM 斩波电路。为减小 MOS 场效应管 VT 的开关损耗，加入了由电阻、电容和二极管等元器件组成的开通关断缓冲电路 RCD。图 6-21 中的电感 L_1 和高频 PWM 斩波支路可用等效电感 L_X 表示，L_X 是功率场效应管 VT 导通占空比的函数，经推导可得：

$$L_X = \frac{L_1}{D} \tag{6-30}$$

式中，D 为 VT 的导通占空比。

同理，图 6-21 中 L_X、C_2 并联电路的阻抗 Z 也是 D 的函数，即

$$Z = j\omega L_X (1 - \omega^2 C_2 L_X) \tag{6-31}$$

式中，ω 为输入电压 U_i 的角频率。

当输入电压降低或负载加重引起输出电压降低时，D 增大，L_2、C_2 支路呈感性，支路电流在线性电感绕组 N_2 上的压降与 U_i 同相，耦合到 N_3 绕组上的电压 U_{N3} 与 U_i 串联相加后补偿了输入电压的不足。

当输入电压升高或负载减轻引起输出电压升高时，D 减小，L_X、C_2 支路呈容性，支路电流在线性电感绕组 N_2 上的压降与 U_i 反相，耦合到 N_3 绕组上的电压 U_N 与 U_i 串联相减后抵消了过剩的输入电压。

由以上分析可知，通过对输出电压进行采样闭环反馈，控制导通占空比 D 的大小，自动改变 N_3 绕组上电压的大小和相位，可实现输出电压的稳定。

2. 电路参数选择

将 L_1 和高频 PWM 斩波器支路等效为一电感 L_X 后，则图 6-21 所示电路可认为是一线性电路，将其中的耦合电感 L_2、L_3 进行去耦等效，并忽略 L_4、C_1 滤波支路后，对等效电路运用基尔霍夫定律列回路方程，可解得

$$U_o = \frac{R_0 U_i}{(L_2 + L_M) \times \dfrac{R_0 + j\omega(L_2 + L_3 + 2M + L_M)}{L_2 + M + L_M} - j\omega(L_2 + M + L_M)} \tag{6-32}$$

式中：

$$L_M = \frac{L_X}{1 - \omega^2 C_2 L_X}$$

由于 U 与 U_o 同相，故忽略两者的相位差，可得

$$|U_o| = \sqrt{\frac{R_0^2 (L_2 + M + L_M)^2}{R_0^2 (L_2 + L_M)^2 + \omega^2 L_2^3 L_M^2}} \cdot |U_i| \tag{6-33}$$

式中，$M = \sqrt{L_2 L_3}$ 为耦合电感 L_2、L_3 的互感。

根据式(6-33)所提供的输入和输出电压之间的函数关系式，即可根据系统需求确定 L_1、L_2、L_3，从而设计出满足性能要求的主电路。在实际的电路参数选择中，为加快设计速度，提高设计质量，采用根据工程估算并结合仿真软件进行优化设计的方法。

根据以下原则估算 L_1、L_2、L_3 等的参数：

(1) 由 L_2、L_3、C_2 等构成正弦能量分配网络，其自然谐振频率应设在输入源频率的 1.5～2 倍之间，以保证源频率变化对网络的影响较小。在本设计中，由于电源频率为 400 Hz，故网络谐振频率应取为 520～800 Hz。

(2) N_3/N_2 是决定输入电压范围的主要参数。N_3/N_2 过小时，输入电压的范围不够宽；N_3/N_2 过大时，则导致系统的瞬态响应特性变坏，负载适应能力下降。实际的 N_3/N_2 取 0.4～0.7，可获得良好的瞬态响应性能和负载特性等。

(3) 电路中由于谐波失真等指标的限制，L_1 不能过小。在实际的开关控制中，由于采用的是高频 PWM 方式，输出的高次谐波只要用小容量的电容器 C_3 即可消除。当电源频率为 400 Hz 时，PWM 开关频率取 80 kHz。主电路选 $L_1 = 20$ mH，$C_3 = 110$ pF，可滤掉高频斩波器中的高次谐波。

(4) 主电路的 N_4 和 C_1 支路具有滤波和减少电流波形失真的功能。电容 C_1 的取值不可过大，若 C_1 的值过分增大时，电路的调节极性将逆转，不再具有稳压功能。

3. 电路计算机仿真

根据上述原则估算得出一组参数值后，在输出为 AC 48 V、400 Hz、50 VA 的条件下，运用 ISSPICE4 模拟及数字混合电路仿真软件对主电路进行仿真。仿真电路如图 6-22 所示。

在仿真电路中，分别用电压源 E_1 和 E_2 等效输入源和 PWM 高频脉冲源，输出负载用一纯电阻等效。在输入分别为 AC 55 V / 400Hz 和 AC 40 V / 400 Hz 的条件下，电路输入和输出的仿真波形如图 6-23 所示。

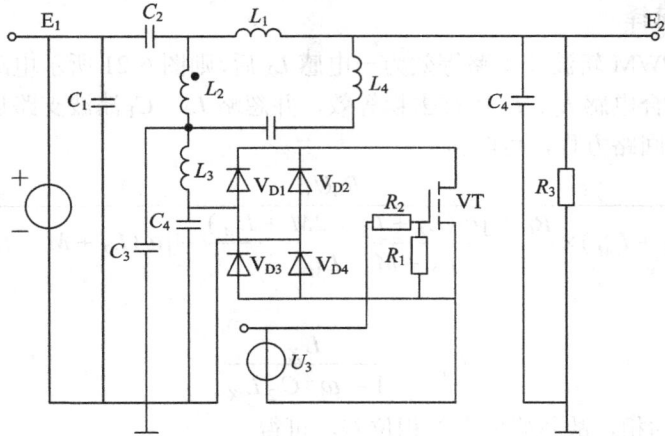

图 6-22 主电路的仿真电路

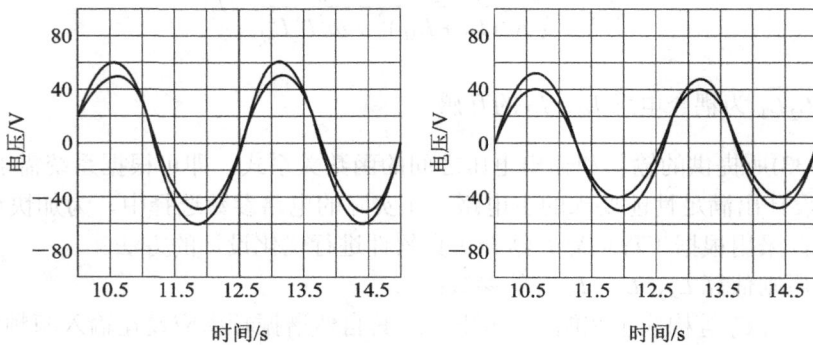

(a) 输入为 AC 55 V/400 Hz 时的仿真波形　(b) 输入为 AC 40 V/400 Hz 时的仿真波形

图 6-23 仿真输入与输出电压波形

由以上仿真结果可以看出，当输入源在 AC 40～55 V / 400 Hz 范围内变化时，输出始终稳定在 AC 48 V / 400 Hz。

6.5 多输出高精度直流电源

设计多输出高精度直流电源时，要求每路输出回路具有高精度稳压和隔离，可采用多个双输出变换器来实现。每个双输出变换器都有单独的控制和保护环节，从结构上可视为一个独立的电源，但它们间的工作是通过同步电路和时序电路来协调的，用这种方法构成的电源实际上是一个电源系统。与单个集中电源相比，其控制更加复杂，但性能更加优越。

本节设计一个 5 路输出的电源，每路输出的电压、电流如表 6-3 所示。该电源采用 3 个变换器实现各路输出的精密稳压：用变换器 I 实现输出 1，为单输出电源；用变换器 II 实现输出 2、输出 3 和输出 4，为三输出电源；用变换器 III 实现输出 5 和两个 +12 V 辅助电源，为三输出电源。其中变换器 I 和变换器 II 为有源钳位正激电路，变换器 III 为反激电路，次级的整流二极管均采用肖特基二极管。

表6-4 输 出 电 压

变换器	I	II			III
输出电压 U_o	输出1	输出2	输出3	输出4	输出5
输入24~36 V	5.0 V, 15 A	9.0 V, 5.0 A	12.0 V, 3.5 A	15.0 V, 2.5 A	−9 V, 1.0 A

6.5.1 系统的结构与原理

图 6-24 是多输出高精度直流电源系统的结构图,由 3 个变换器、输入滤波器、同步电路和检测保护电路四大部分组成。每个变换器都构成一个单独的可工作电源,用以提供相应的输出。

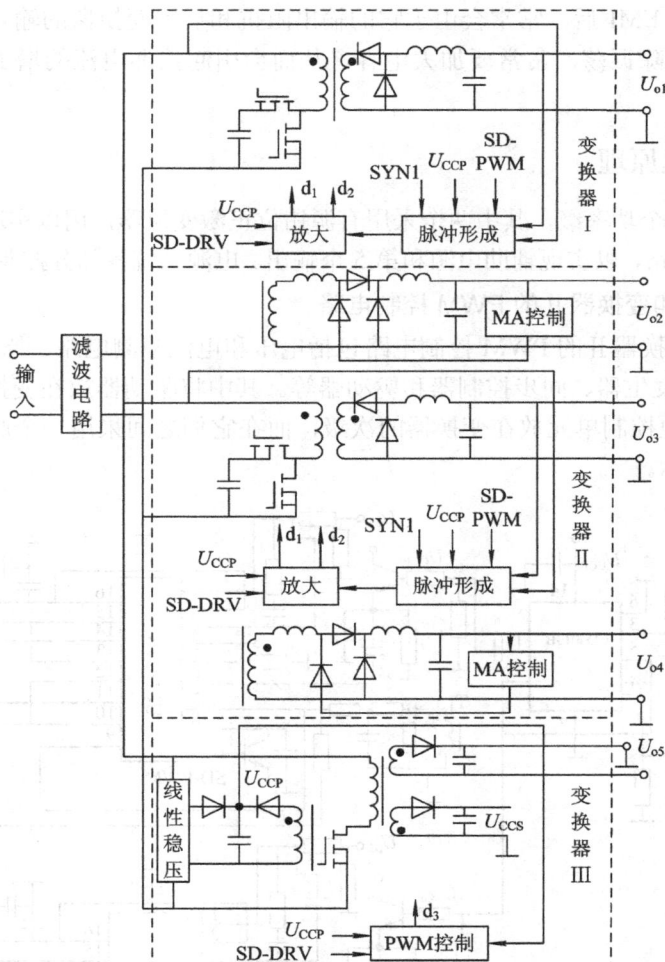

图 6-24 多输出高精度直流电源系统的结构图

图 6-24 所示系统的工作原理如下:在接通输入后,先由三极管和稳压管等构成的一线性稳压器启动变换器 III 的 PWM 控制电路,产生具有最大占空比输出的信号去驱动变换器 III 的主开关,从而使其触发一个 D 触发器,产生两列反相的方波,经微分后分别作为变换器 I 和变换器 II 的同步控制信号。这样使得变换器 I 和变换器 II 的工作频率相同,相位相差 180°。此电路的结构还可减小输入电流纹波。变换器 I 和变换器 II 的工作频率是 100 kHz,

变换器 Ⅲ 的工作频率是 200 kHz。

为了保证系统的可靠工作，系统设计有两套检测保护电路(其输出信号分别为 SD-DRV、SD-PWM)。其中检测保护电路用以防止输入过压或欠压，以及输出 U_{o5} 的过压。一旦这些故障发生后，便产生一个 SD-DRV 信号去关闭变换器 Ⅰ 和变换器 Ⅱ 的驱动电路，同时也关闭变换器 Ⅲ 的 PWM 控制器，结果是整个系统关机，从而保护系统的各个部分。另一检测保护电路则用来保护变换器 Ⅰ 和变换器 Ⅱ 的输出过压和过流，如果某个变换器产生过压或过流，则经由脉冲形成和放大部分组成的保护电路产生 SD-PWM 信号封锁变换器 Ⅰ 和变换器 Ⅱ 的 PWM 控制器，从而中止两个变换器的工作。

输入 EMI 滤波器的设计既要满足 EMI 的要求，又要满足输入浪涌电流以及系统稳定性的要求。由于接入 EMI 后，常常会由于它的输出阻抗和后置变换器的输入阻抗的匹配问题而引起振荡，为消除振荡，常常要加大电容，从而会引起浪涌电流的增加，因此它的设计也需折衷考虑。

6.5.2 控制单元原理

电源系统有 3 个功率级，其中两个采用有源钳位正激变换器，用以实现主要的输出，第三个则采用反激电路，以实现辅助电源和第 5 个输出。电源系统各部分控制电路的原理如下。

1. 变换器 Ⅰ 和变换器 Ⅱ 的 PWM 控制电路

变换器 Ⅰ 和变换器 Ⅱ 的 PWM 控制电路包括电压和电流检测电路、误差放大电路、斜坡补偿电路、PWM 发生器、同步控制器和驱动器等。其中将驱动器放在变换器的初级，如图 6-25 所示。将其他控制单元放在变换器的次级，而在它们之间采用一个脉冲变压器加以隔离，如图 6-26 所示。

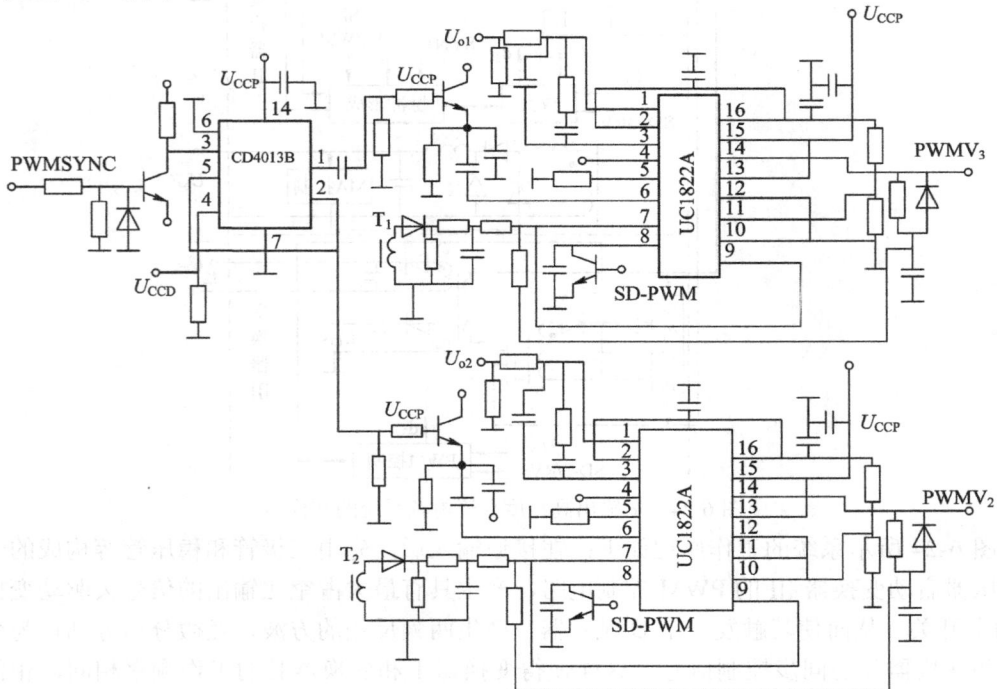

图 6-25　初级控制电路

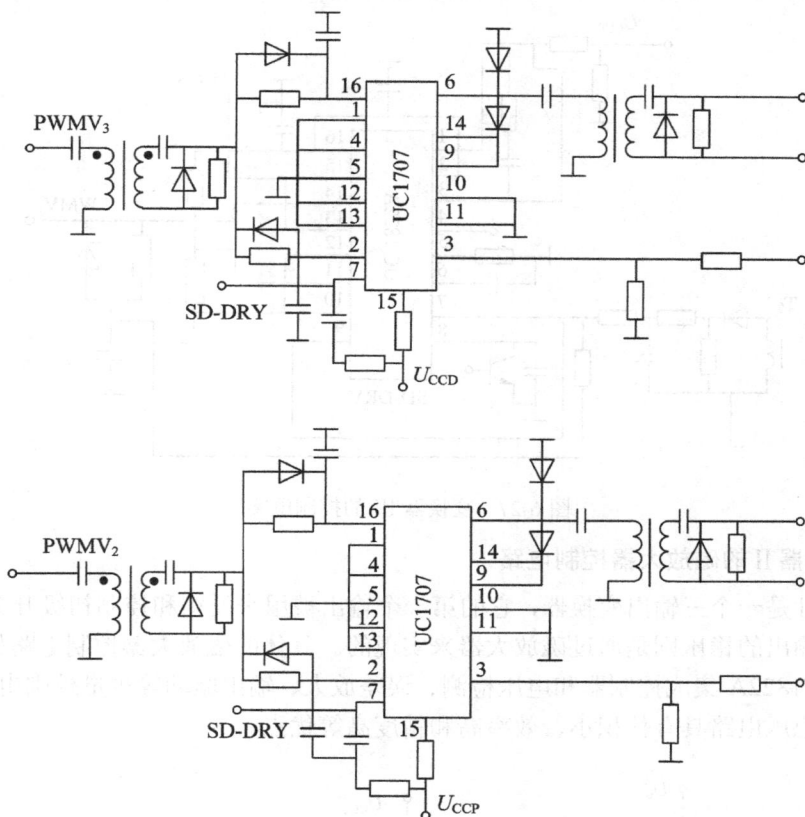

图 6-26　次级控制电路

　　两个 UC1822A 是集成 PWM 控制器，经由同步电路 CD4013B、双 D 触发器产生的两列尖脉冲加至每一 UC1822A 的 6 脚，使两控制器产生同频且反相的控制信号，每个控制器都将检测的开关电流加上斜坡信号，由 PWM 输出信号端 9 脚产生，加至各自芯片的电流端 7 脚。电压信号 U_{C1} 经取样电阻分压和误差放大器补偿后产生一输出信号加至 3 脚，此信号与 7 脚信号比较后产生输出占空比信号 PWMV3、PWMV4，再由脉冲变压器隔离和初级驱动器 UC1707 产生两路互补驱动脉冲，驱动变换器的主管和钳位管。合适的参数设计，尤其是电压补偿器和斜坡补偿的选择，将使系统稳定、可靠地工作。

2. 反激变换器的控制电路

　　系统的变换器 III 产生两个辅助电源 U_{CCP}、U_{CCS} 和一个主输出，两个辅助电源分别作为初级控制电路和次级控制电路的供电电源。其 PWM 控制同样采用 UC1822A，原理与变换器 I 和变换器 II 的 PWM 控制相似，只是振荡频率是它们的两倍，用此信号分频后即可同步另外两个变换器。

　　变换器 III 的控制电路如图 6-27 所示。由于反激电路提供辅助电源，故需先用临时电源启动 UC1822A，使它工作后，再断开临时电源，进入系统的自供运行状态。这种工作方式与传统的反激式开关电源类似。

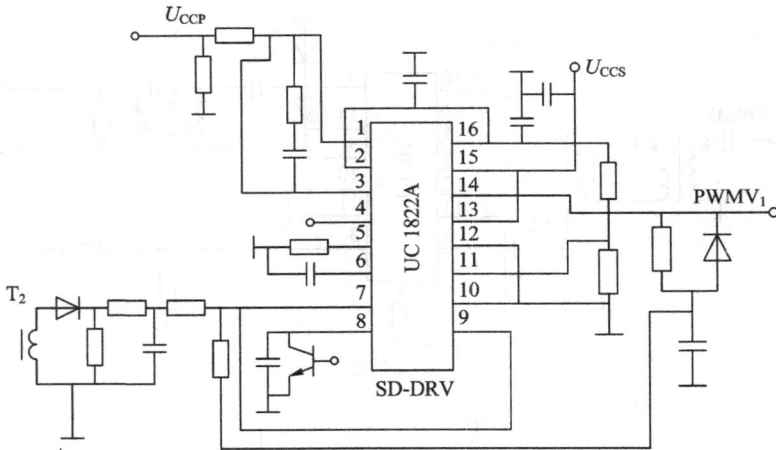

图 6-27 变换器 III 的控制电路

3. 变换器 II 的磁放大器控制电路

变换器 II 是一个三输出变换器，它的第一个输出被用来反馈和控制初级开关的占空比，而另外两个输出的稳压则是通过磁放大器来实现的。具体的磁放大器控制电路如图 6-28 所示。它由 UC1822A 集成控制器和电压检测、误差放大、输出驱动等少量外围电路实现。这种多输出的稳压电路具有体积小、效率高和精度高等优点。

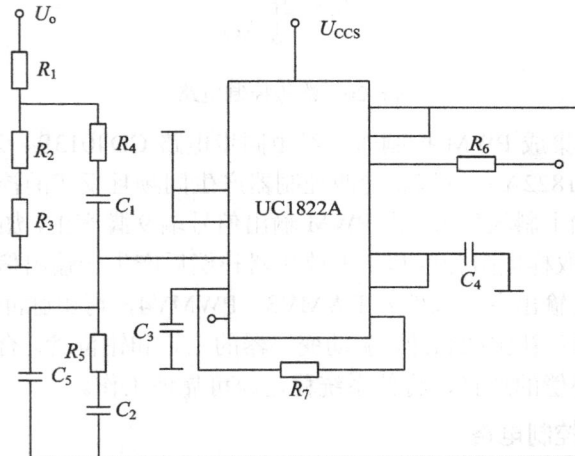

图 6-28 磁放大器的控制电路

4. 保护电路

本系统的保护电路主要由比较器和 D 触发器实现，有下面几种保护功能：

(1) 输入过/欠压保护。保护电路动作的结果是封锁辅助电源的脉冲和关闭变换器 I 与变换器 II 的初级驱动器，如图 6-29 所示。当辅助电源停止工作时，次级输出电压 U_{CCP} 将自动降为零，从而变换器 I 和变换器 II 的次级控制电路便被关断，而初级 U_{CCP} 仍然存在，因此信号 SD-DRV 需同时关闭变换器 I 和变换器 II 的初级驱动器，实现系统的真正保护。

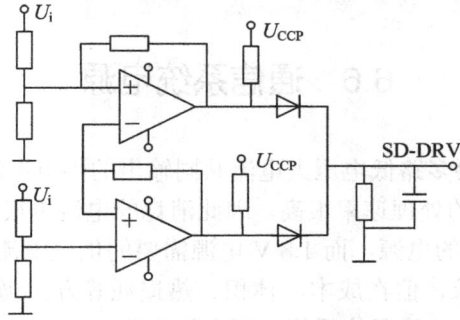

图 6-29　输入保护电路

(2) 变换器 Ⅲ 的输出过压和过流保护电路。保护电路动作的结果也是封锁它的 **PWM** 控制器和变换器 Ⅰ 和变换器 Ⅱ 的初级驱动电路，实现系统的完全断开，如图 6-30 所示。

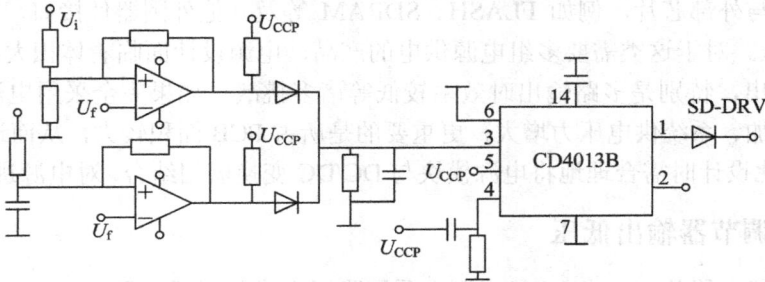

图 6-30　变换器 Ⅲ 的保护电路

(3) 变换器 Ⅰ 和变换器 Ⅱ 的输出过压和过流保护电路。一旦产生故障，保护电路将产生一个 **SD-PWM** 信号去关闭这两个变换器，具体电路如图 6-31 所示。

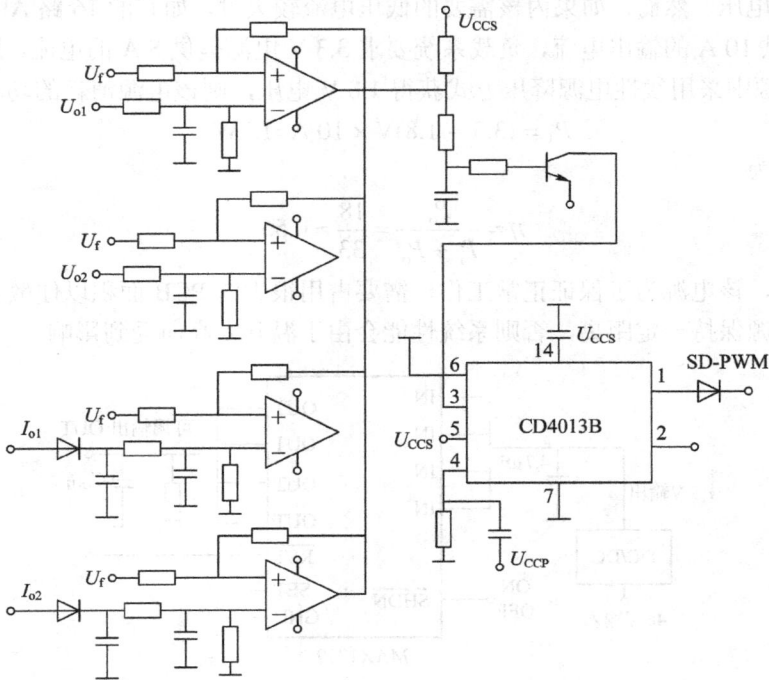

图 6-31　变换器 Ⅰ、Ⅱ 的保护电路

6.6　通信系统电源

通信系统的特点是需要多路低电压大电流共同输出的供电电源，如 3.3 V、2.5 V，甚至 1.8 V。由于 MCU 或 DSP 的处理速率很高，因此消耗的电流也很大，如 16 路 ADSI 局端板的 3.3 V 电源需要高达 8 A 的电源，而 1.8 V 电源需要的供电电流则更大。虽然传统的开关电源模块能够满足上述要求，但在成本、体积、热损耗等方面仍给电源的系统设计带来很高的要求。本节分析几种优化的通信系统电源实际电路。

传统的通信产品需要的电源通常以 +5 V 为主输出，但是随着高速、宽带通信系统的出现，DSP 或 MCU 所需要的供电电压越来越低，内核电压已降至 3.3 V、2.5 V，甚至 1.8 V。另外，为了能与外部芯片，例如 FLASH、SDRAM 等及其他外围器件接口，还需要 5 V、3.3 V 供电电压。对于这类需要多组电源供电的产品，电源设计面临着体积大、价格昂贵、低压大电流输出，特别是多路输出时效率较低等诸多挑战。如果完全采用电源模块，则会使产品成本增加、系统供电压力增大，更重要的是所占 PCB 面积较大，从而造成系统 PCB 布局困难。因此设计时需合理地将电源模块与 DC/DC 变换器相结合，对电源进行优化设计。

6.6.1　线性调节器输出低压

利用线性稳压器从 5 V 或 3.3 V 电源中采用降压方式获得所需要的 3.3 V、2.5 V 或 1.8 V 电压。在系统所需低压电源电流较小时，采用图 6-32 所示电路是一种较好的低成本的解决方案。另外，由于线性电源具有干扰小、输出噪声低等优点，它还能为 DSP 或 MCU 内核提供很稳定的电压。然而，如果内核需要的低压电流较大时，如有的 16 路 ADSL 可能需要 1.8 V 电源提供 10 A 的输出电流，负载系统要求 3.3 V 电源提供 8 A 的电流，对于前者，如果从 3.3 V 电源中采用线性电源降压方式获得 1.8 V 电压，则该电源消耗的功率为

$$P_1 = (3.3 - 1.8)\text{V} \times 10\ \text{A} = 15\ \text{W} \tag{6-34}$$

转换效率 η 仅为

$$\eta = \frac{P_\text{o}}{P_\text{i} + P_\text{o}} = \frac{18}{33} \approx 0.55 \tag{6-35}$$

除此之外，该电源为了保证正常工作，需要占用很大的 PCB 面积以便散热；同时负载还需要与该电源保持一定距离，否则系统性能会由于温升太高而受到影响。

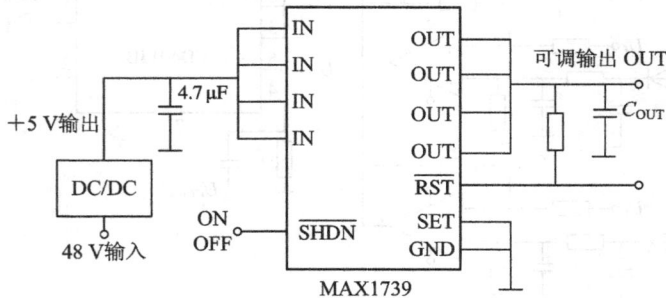

图 6-32　采用线性调节器的低压输出电路

6.6.2 升压型 DC/DC 变换器

如果系统的外围器件所需要的 3.3 V 或 5 V 电源电流较小，比如 2 A 以下，而 DSP 或 MCU 所需的 3.3 V 或 5 V 电源电流较大，比如 5 A 以上，采用图 6-33 所示的升压方案可有效地减小功耗。

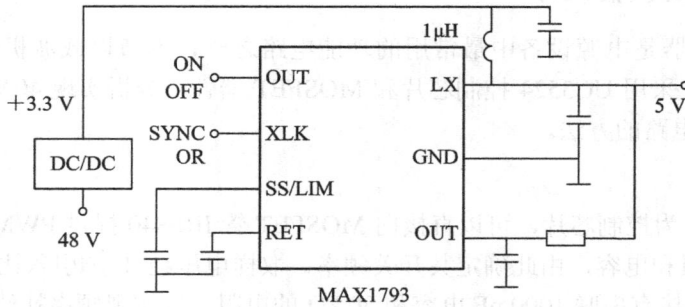

图 6-33　升压输出电路

6.6.3 降压型开关电源

设计电源时除了功耗、价格、体积等因素必须考虑外，电源的输出噪声，特别是输出纹波的大小也必须考虑。如果 DSP 或 MCU 消耗的电流保持不变，而工作电压降低到 1.8 V，外围电路的供电要求应为 +3.3 V / 2 A。

可以采用图 6-34 所示的降压型电路，由 DC/DC 转换模块提供 3.3 V 电源。由于图中的 MAX1714 的偏置电压最低不小于 4.5 V，因此需要增加一个升压芯片将 3.3 V 电压变为 5 V，而 MAX1714 内部控制及偏置电路所需的 5 V 电源仅需要不到 40 mA 的电流。MAX1714 由于采用了同步开关整流技术，转换效率比普通变换器提高了 7%~8%，因而其电源的转换效率可高达 90%以上。

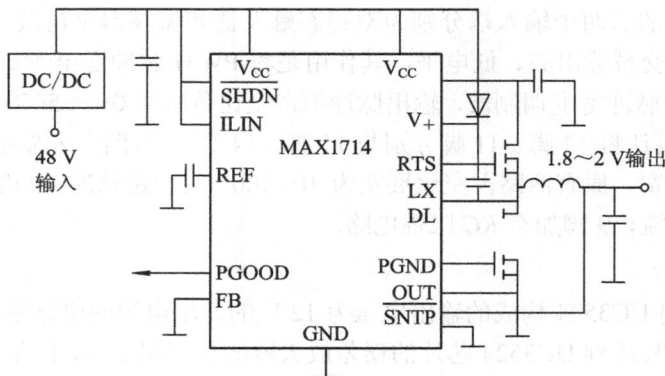

图 6-34　低压大电流电路

高速、宽带通信产品由于 DSP 或 MCU 的运算处理速率越来越高，工作电压越来越低，消耗的功率也越来越大，如果需要多路低压大电流供电，则传统的开关电源模块及线性电压调节器已不能满足要求，因此需要结合当今高效、低压开关集成电源技术才能更好地解决问题。虽然利用 DC/DC 变换器设计所需电源与采用模块电源相比需要外部配套元件及一定的设计经验，但它却能大幅度降低电源成本，减小电源所占 PCB 的面积，同时提高转换效率。

6.6.4 DC/DC 变换器设计

DC/DC 变换器是电源设备中最常用的功能电路之一，本节以载波机电源为例，利用 BUCK 变换原理，采用 UC3524 控制芯片和 MOSFET 器件，分析实现 40 V 变换到 12 V 的 DC/DC 电压变换电路的方法。

1．控制芯片

采用 UC3524 为控制芯片，可以直接向 MOSFET 管 IRF840 提供 PWM 信号，6 脚和 7 脚对地分别接电阻和电容，由此确定其开关频率，取样电压经 1 脚引入比较放大器的反相输入端；9 脚对地接有串联 1000 pF 电容和 20 kΩ 的电阻，以实现频率补偿。

UC3524 的工作过程是：直流电源 V_{CC} 从 15 脚接入后在内部分为两路，一路加到或非门，另一路送到基准电压稳压器的输入端产生稳定的 +5 V 基准电压。+5 V 再送到内部(或外部)电路的其他元器件作为电源。振荡器 7 脚外接电容 C_T，6 脚外接电阻 R_T。

振荡器频率为

$$f = \frac{1.18}{R_T C_T} \tag{6-36}$$

设计电源的开关频率定为 30 kHz，取 $C_T = 2200$ pF，$R_T = 28$ kΩ；仅用了 UC3524 的一路振荡器输出驱动 MOSFET 管。UC3524 的 1 脚为反相输入端，2 脚为同相输入端。电路图中 UC3524 芯片 2 脚输入端连到 16 脚的基准电压的分压电阻上，以取得 2.5 V 的电压。1 脚输入端接控制反馈信号电压。

误差放大器的输出与锯齿波电压在比较器中进行比较，从而在比较器的输出端出现一个随误差放大器输出的电压高低而改变宽度的方波脉冲，再将此方波脉冲送到或非门的一个输入端。或非门的另两个输入端分别为双稳态触发器和振荡器锯齿波。双稳态触发器的两个输出端互补，交替输出高、低电平，其作用是将 PWM 脉冲送至 MOSFET 的栅极，使 MOSFET 源极输出脉冲宽度调制波，输出脉冲的占空比范围为 0%～50%，脉冲频率为振荡器频率的 1/2。本设计将 12 脚、11 脚分别与 13 脚、14 脚并联(图中未显示)，由 11 脚输出，使整体输出脉冲展宽，原有两路占空比展宽为 0～100% 的一路脉冲。为防止由于脉冲过宽而引起的主电路过流，9 脚加有 RC 限幅电路。

2．稳压过程

图 6-35 是采用 UC3524 构成的输出电压为 12 V 的稳压电源的电路原理图。通过采样电阻取出输出电压信号送到 UC3524 芯片的误差放大器的反相端 1 脚，误差放大器的同相端 2 脚接参考电平(2.5 V)。UC3524 的输出脉冲的占空比受该反馈信号的控制。调节过程是当输出电压因突加负载而降低时，使加在 UC3524 的 1 脚的输入反馈电压下降，迅速导致 UC3524 输出脉冲占空比增加，从而使得电源电路输出电压升高；反之亦然。通过 UC3524 的脉宽调制组件的控制作用，实现了整个电源输出自动稳压调节功能。

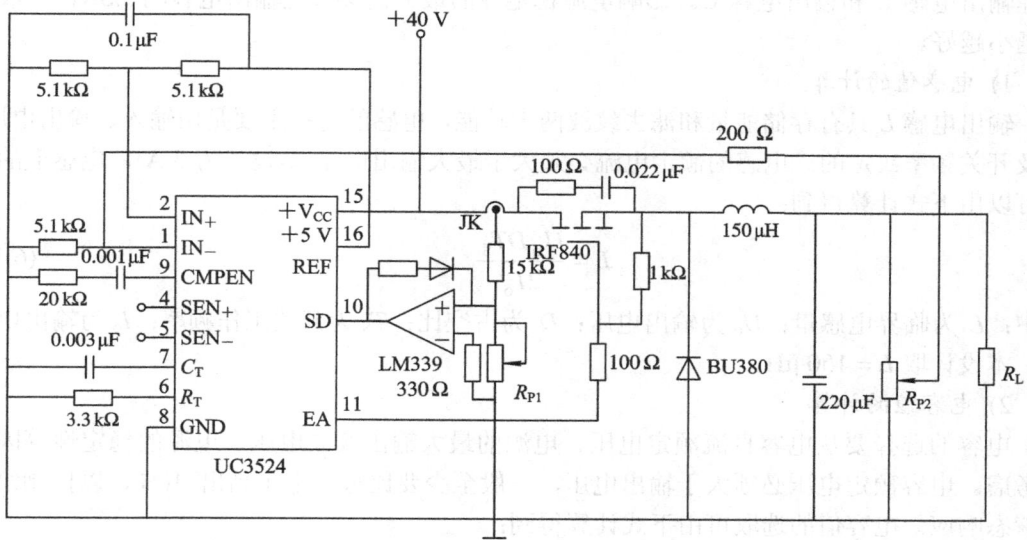

图 6-35　系统电路原理图

3. 过流保护电路

过流保护电路是利用 UC3524 的 10 脚加高电平后封锁脉冲输出的功能完成的。当 10 脚为高电平时，UC3524 的 11 脚上输出的脉宽调制脉冲立即消失，输出为零。过流信号通过采样互感器 JK 取自场效应晶体管，经电阻分压送入比较器 LM339。若有过流发生，比较器将输出高电平加至 UC3524 的 10 脚，封锁 PWM 脉冲，UC3524 电路停止工作，从而达到过流保护的目的。R_{P1} 用于调节过流保护的动作电流值。

4. 功率开关管的选用

选用型号为 IRF840 的功率开关管，是一种电力场效应晶体管，即 MOSFET，其开关速度提高，驱动功率小，电路简单。功率 MOSFET 的栅极驱动需要考虑保护、隔离等问题。IRF840 是电压控制型器件，静态时几乎不需要输入电流，但由于栅极输入电容 C_{in} 的存在，在开通和关断过程中仍需要一定的驱动电流给输入电容充、放电。栅极电压 U_G 的上升时间为 t_r，若采用放电阻止型缓冲电路，其缓冲电路的电容 C_S、电阻 R_S 的选择需按 MOSFET 在关断信号到来之前，将缓冲电容所积累的电荷放净的原则。如果缓冲电路电阻过小，会使电流波动，MOSFET 开通时的漏极电流初始值将会增大。实验证明，缓冲电阻的功耗与其阻值无关，经计算选取图 6-35 所示的缓冲电路和元件参数。

当 UC3524 的 11 脚输出的脉冲信号是高电平时，MOSFET 管导通，其 G-S 极间接一 1 kΩ 电阻，当脉冲信号是低电平时，电流经过控制极 G 流向 11 脚，以防止有遗漏的电流流过开关管的漏极 D 而使开关管导通。BU380 是快速二极管，起续流作用，当开关管关闭时，为电感中的电流形成回路，使负载继续有电流通过。电感、电容起滤波作用，负载端与开关电源集成控制器的 1 脚相连，形成反馈，以控制开关管的打开与闭合的时间。

5. 输出滤波元件的选用

输出滤波元件决定了电源的稳定性，是 DC/DC 变换器设计中最关键的部分。重点是要

选择输出电感 L 和输出电容 C。影响电源稳定性的最关键参数是输出电容的 ESR，一般该值越小越好。

1) 电感值的计算

输出电感 L 具有存储能量和滤去纹波两大功能，电感的选择主要是由输入、输出电压，以及开关频率决定的。电感的额定电流必须大于最大输出电流(本设计为 3 A)，电感值的选取可以由下式计算得到：

$$L = \frac{U_\mathrm{o}DT_\mathrm{S}}{2I_\mathrm{o}} \tag{6-37}$$

式中：L 为临界电感量；U_o 为输出电压；D 为占空比；T_S 为开关工作频率；I_o 为输出电流值。本设计取 $L = 150\ \mu\mathrm{H}$。

2) 电容值的计算

电容的选择要从电容直流额定电压、电源的最大输出纹波电压、电源的稳定性等因素去考虑。电容额定电压必须大于输出电压，一般至少要比输出电压高出 10%，以控制纹波和瞬态响应。电容值的选取可由下式计算得到：

$$C = \frac{U_\mathrm{o}T_\mathrm{S}^2(1-D)}{8L\Delta U_\mathrm{o}} \tag{6-38}$$

式中，ΔU_o 为输出纹波电压，其他定义同(6-37)式。本设计取 $C = 220\ \mu\mathrm{F}$。

思考与复习

1. 模块化电源的优点是什么？
2. 通信电源的特点是什么？
3. 电感元件的选择要点是什么？
4. 电容元件的选择要点是什么？

第 7 章　UPS 电路原理与应用

UPS(Uninterruptible Power Supply)也称为不间断电源，应用在金融、通信、消防、紧急照明等重要场合。UPS 不仅在输入电源突然中断时可立即继续供应电力，在电源输入正常时，还可对品质不良的来自电网的电源进行稳压、稳频、抑制浪涌、滤除噪声、防雷击、避免高频干扰等，以提供用户稳定、纯净的电源。UPS 在工业生产的关键设备也有广泛应用。

UPS 问世后，在近十几年中得到了迅速发展。就其技术性能而言，UPS 经历了输出波形从方波到正弦波、从离线式到在线式、从小功率到大功率、从常规延时的分钟级到长延时的小时级、从简单不停电供电到智能化操作和处理功能的发展历程。随着蓄电池和电子技术的发展，其控制电路也发展很快，由开始的立分元件的简单控制发展到目前的微处理机控制，由硬件控制又发展成软件控制，甚至光纤通信也被引入 UPS，而且微处理机也已被广泛应用于小容量的 UPS 中，甚至还专门为蓄电池的监控设立了微处理机，以保持电池的最佳状态。

新型的 UPS 本身融合了多种新技术，随着计算机网络结构的扩展，现在网络中应用的 UPS 不再只是单纯的电源设备，而逐步成为整个网络中电源的管理中心。UPS 由最初单纯供电设备发展到今天的智能化、多功能设备，不仅是提供不间断电源的工具，而且当作为负载的设备在无人值守时或电网供电故障后，可以按照事先的约定顺序关机，甚至还可以自动发传呼或 E-mail 给管理者。目前，有些 UPS 与服务器上的软件协同工作，还能实现事件记录、故障告警、UPS 参数自动测试分析和调节等多项功能，提供了完全的电源管理解决方案。国外有些 UPS 甚至可以对环境温度、湿度和烟雾等进行监视。

UPS 产品种类繁多，其分类可以用不同的方法。UPS 的设计生产者大多按其主电路结构的技术属性，例如在线式和后备式等来区分设备的技术等级。这种分类方法已经被广大用户所接受，并以此来判断不同品牌 UPS 产品的优劣，成为用户选用 UPS 的重要指标之一。了解 UPS 系统的工作原理、安装调试、使用维护等基本知识，是电气工程专业人员必备的基础知识，可最大限度地避免 UPS 在使用过程中性能下降、寿命缩短、损坏等不良后果。

7.1　UPS 的电路结构及性能特点

为达到不间断供电的基本目的，在技术比较成熟的各类 UPS 中，就其主电路结构和不停电供电运行机制方面主要有四大类形式，即后备式、在线互动式、双变换在线式、双向变换串并联补偿在线式。

7.1.1 后备式 UPS

后备式 UPS 是 UPS 的基本形式，经多年发展，其技术和产品都比较成熟。后备式 UPS 电路结构见图 7-1 所示。

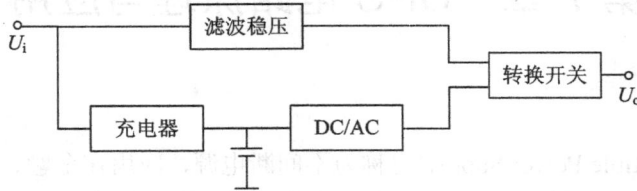

图 7-1 后备式 UPS 电路结构

1．电路各环节功能

充电器：当输入供电存在时，对蓄电池充电并浮充。

DC/AC 逆变器：当输入供电存在时，逆变器不工作；输入供电断电时，由它将直流电压(电池供给)变成符合负载要求的交流电压，电压波形有方波、准方波、正弦波三种形式。

输出转换开关：当输入供电存在时，接通输入电网电源向负载供电；输入供电断电时，断开电网接通逆变器，继续向负载供电。

滤波稳压：输入供电存在时，可对电网滤波并稳定输出电压。

2．后备式 UPS 的性能特点

(1) 电路简单，成本低，可靠性高。

(2) 由于输出有转换开关，对切换电流能力和动作时间有所限制，当前常用的后备式 UPS 多在 2 kVA 以下。

(3) 当输入供电存在时，效率高，可达 98% 以上；输入功率因数和输入电流谐波取决于负载电流，UPS 本身不产生附加输入功率因数和谐波电流失真；输出能力强；输出电压稳定，精度差，但能满足负载要求；整机要靠附加滤波电路提高 UPS 双向抗干扰能力。

(4) 当输入供电掉电时，输出有转换时间，一般在 4 ms 左右，可以满足普通负载要求。

7.1.2 在线互动式 UPS

在线互动式的"在线"的含意是 DC/AC 变换器一直处于通电工作状态，同时兼顾了对电池的充电。该方式具有输入供电掉电时的转换时间短、对输出电压有滤波作用的特点。在线互动式 UPS 电路结构见图 7-2。

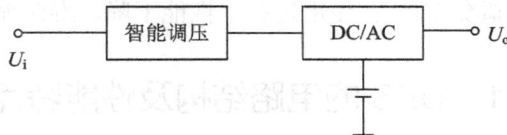

图 7-2 在线互动式 UPS 电路结构

1．电路各环节功能

智能调压：当输入供电存在时，可调节输出电压。

DC/AC 变换器：此变换器可双向变换。当输入供电存在时，变换方向是 AC/DC，给电池充电并浮充；输入供电停电后，变换方向为 DC/AC，由电池供电，保持 UPS 继续向负载供电。

2．在线互动式 UPS 的性能特点

(1) 电路稍复杂，供电连续性好。

(2) 逆变器同时有充电功能，省掉了一般双变换 UPS 的附加充电器，其充电能力要比附加充电器强。当要求长延时供电时，无须再增加机外充电设备。

(3) 由于变换器与输出直接连接在一起，没有转换开关的限制，所以输出功率高。

(4) 当输入供电存在时，效率可达 98% 以上；输入功率因数和输入电流谐波成分取决于负载电流，UPS 本身不产生附加输入功率因数和谐波电流失真；输出电压稳定精度差，但能满足负载要求。

(5) 因为变换器直接接在输出端，并且处在热调整状态，对输出电压尖峰干扰有滤波作用。

为了进一步改善在线互动式 UPS 的功能，有的产品在智能调压前部串接一个大电感，目的在于当输入供电掉电时，通过串联电感对逆变输出反馈到电网的电流有很强的抑制作用，避免了输入未断开时短路逆变器输出的危险，使得逆变器可立即向负载供电。这样做可以使在线互动式的转换时间减小到零，使其完全具备双变换在线式的转换功能，同时还增加了整个 UPS 的抗干扰能力。

7.1.3　双变换在线式

1．电路各部分功能

大多数在线式特别是大功率在线式 UPS，都采用双变换电路结构，电路结构如图 7-3 所示。

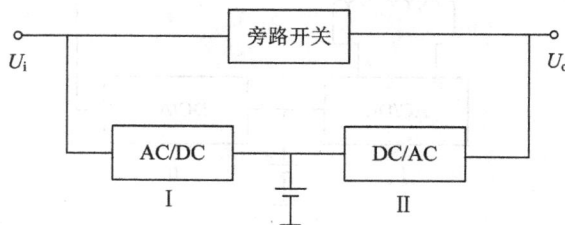

图 7-3　双变换电路结构

变换器Ⅰ：该变换器为 AC/DC 单向变换器。当输入供电存在时，它完成对电池的充电，并通过变换器Ⅱ向负载供电。该变换器由不可控整流或可控整流电路组成。

变换器Ⅱ：该变换器为 DC/AC 单向逆变。当输入供电存在时，它由变换器Ⅰ取得功率后再送到输出端，并保证向负载提供高质量的电源；当输入供电掉电时，将电池电能通过变换器Ⅱ逆变向负载供电。

旁路开关：平时处在断开状态，当变换电路发生故障，或者当负载有冲击性(例如启动负载时)或故障过载时，变换器停止输出，旁路开关接通，由电网直接向负载供电，旁路开

关多为智能型的功率容量很大的无触点开关。

2. 双变换在线式 UPS 的性能特点

(1) 不论输入供电有无，负载的全部功率都由变换器供给，所以可以向负载提供高质量的电源。

(2) 此类 UPS 的各项技术指标，如输出电压稳定精度、频率稳定度、输出电压动态响应、波形失真度等，都是比较高的。

(3) 输入供电掉电时，输出电压不受任何影响，没有转换时间。

(4) 无论输入供电有无，全部负载功率都由逆变器供出，但是 UPS 的功率容量有限，带负载能力不理想，所以对负载提出限制条件，例如输出电流峰值系数(一般只达到 3：1)、过载能力、输出功率因数(一般为 0.8)、输出有功功率小于标定的 kAV 数等。该电路应付冲击性负载的能力差。

(5) 由于变换器 I 为整流电路，对电网形成电流谐波干扰，输入功率因数低，经滤波后，最小的谐波电流成分在 10%左右，而输入功率因数只有 0.8 左右。

(6) 此类 UPS 的新产品在变换器 I 中使用了功率因数校正技术，可把输入功率因数提高到接近 1，输入电流谐波成分也大幅度降低。

(7) 在输入供电存在时，由于两个变换器都承担 100%的负载功率，所以整机效率低，10 kVA 以下的 UPS 为 80%左右，50 kAV 的可达 85%～90%，100 kAV 以上的可达 90%～94%。

7.1.4 双向变换串/并联补偿在线式

双向变换串/并联补偿在线式 UPS 是双变换电路结构，在线工作，但由于使用了串/并联补偿原理，相对双变换在线式 UPS 而言，在适应电网环境、不干扰电网、输出能力和可靠性等多项主要指标方面都有了新的突破，电路结构如图 7-4 所示。

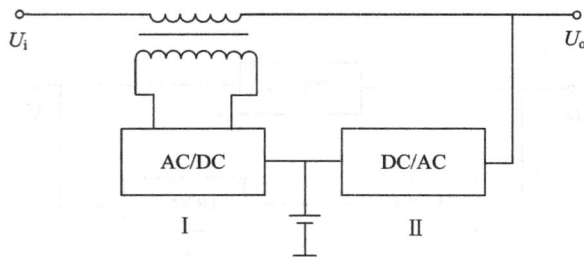

图 7-4 双向变换串/并联补偿在线式

1. 各部分的功能

变换器 I：该变换器是一组 DC/AC 和 AC/DC 双向变换器，其输出变压器的次级串联在 UPS 主电路中。其功能有 3 项：

① 对 UPS 输入端进行输入功率因数补偿，是个正弦波电流源。

② 与变换器 II 一起完成对输入电压的补偿。当输入电压高于输出电压额定值时，变换器 I 吸收功率，反极性补偿输入、输出电压的差值；当输入电压低于输出电压额定值时，变换器 I 输出功率，正极性补偿输入、输出电压的差值。

③ 与变换器 II 一起完成对电池的充电功能。

变换器Ⅱ：该变换器同样是 DC/AC 和 AC/DC 双向变换器。其功能有 4 项：

① 同变换器Ⅰ一起，完成对输入、输出电压差值的补偿。

② 同变换器Ⅰ一起完成对电池的充电和电压浮充功能。

③ 随时监测输出电压，保证输出电压的稳定，是个电压源，并对负载电流谐波成分进行补偿，使其不对电网产生影响。

④ 当输入供电断电时，全部输出功率由变换器Ⅱ给出，并且保证输出电压不间断，转换时间为零。

2．双向变换串/并联补偿在线式的性能特点

(1) 因为变换器Ⅱ随时监视控制输出电压，并通过变换器Ⅰ参与主回路电压的调整，所以不管有无输入供电，都可以向负载提供高质量的电源。

(2) 该电路输出电压稳定度、输出电压动态响应、波形失真等指标都是比较高的。输入供电掉电时，输出电压不受影响，没有转换时间。

(3) 当负载电流发生畸变时，也由变换器Ⅱ调整补偿掉，是典型的在线工作方式。

(4) 当输入供电存在时，变换器Ⅰ和变换器Ⅱ只对输入电压与输出电压的差值进行调整和补偿，逆变器承担的最大功率仅为输出功率的 20%，所以这种类型的 UPS 功率容量很小，为输出功率的 1/5 左右，功率裕量大，这就极大地增强了 UPS 的输出能力。

(5) 与双变换在线式相比，过载能力增强，可达 200% / 1 min，电流波峰系数大，可应用于冲击性负载，输出有功功率等于标定的 kAV 值。

(6) 变换器Ⅰ同时具有对输入端的功率因数校正功能，使输入功率因数等于 1，输入谐波电流降到 3%以下。在输入供电存在时，由于两个逆变器承担的最大功率仅为输出功率的 1/5，所以整机效率在很大的功率范围内都可达到 96%。

(7) 在输入供电存在的情况下，UPS 连续运行时间的 99%是有输入供电的，变换器功率强度仅为设计值的 1/5，所以元器件乃至整机的寿命和可靠性大幅度提高。

尽管 UPS 技术发展很快，但是上述四种结构的 UPS 均有广泛应用，这种现象是在对 UPS 使用要求不断提高和 UPS 技术不断进步的过程中形成的，如果从技术先进性、主要性能指标(对电网的适应能力，输出能力和可靠性)的优劣、输出功率等级、生产成本、不同的使用场合等方面作一综合性的比较，可以肯定，虽然这四种类型的 UPS 将并存下去，但必会在使用过程中不断改进技术，提高性能。

7.2　新型 UPS 变换技术

对蓄电池的处理是 UPS 重要的技术特征之一。UPS 的研究重点也集中于提出新的充放电技术。在向蓄电池充电时，传统 UPS 电路采用不控整流的方式。这种方式的整流器存在从电网吸取畸变电流造成电网的谐波污染，而直流侧能量无法回馈电网等缺点。为了消除谐波并提高功率因数，一般在整流桥后还要设计一级 PFC 电路。

出于降低成本方面的考虑，常常需要尽量减少蓄电池的个数。这样又需要为蓄电池设计专门的充电和放电电路。充电电路要将输入供电整流后较高的直流电压降低到较低的蓄电池充电电压；而放电电路又要将较低的蓄电池电压升高到较高的逆变器所需的直流端压。

因此传统的 UPS 一般要设计不控整流→PFC→充电→蓄电池→放电→逆变器这样一系列电路，结构相当复杂，控制也比较繁琐。

7.2.1 新型 UPS 电源电路

针对传统 UPS 电路的缺点，本节提出一种新型 UPS 电路。与一般 UPS 电路不同，这种主电路均采用双向拓扑，其原理框图如图 7-5 所示。其工作原理是：

(1) 当电网正常时，输入电压一路直接向负载供电，另一路经双向功率变换器全控整流后再由双向 DC/DC 电路降压，给蓄电池充电。

(2) 当电网出现故障时，旁路开关关断，切断负载与电网的连接。蓄电池放电，经双向 DC/DC 电路升压后，由双向功率变换器逆变将直流电压转化成交流电压，供给负载。

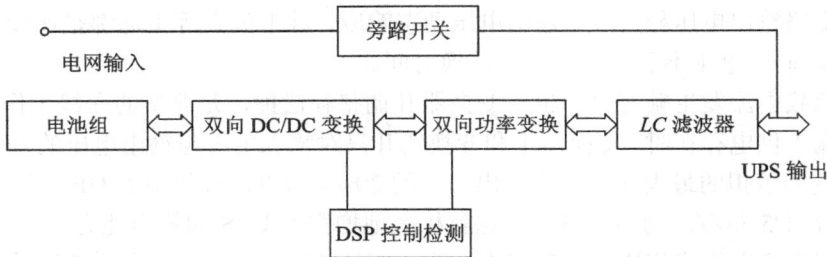

图 7-5　新型 UPS 电源系统原理框图

在新型 UPS 电源电路中，双向功率变换器既可以实现输入供电正常时的整流和功率因数校正，也可以实现输入供电故障时的逆变；双向 DC/DC 电路既可以实现在输入供电正常时的降压功能给蓄电池充电，也可以实现输入供电故障时的升压功能。这种设计再加上 DSP控制，使 UPS 电路结构得到优化，较好地解决了传统电路的不足。

图 7-6 所示的是新型 UPS 电源系统的主电路示意图。$VT_1 \sim VT_8$ 为 8 个开关器件 IGBT，其中 $VT_1 \sim VT_6$ 构成三相桥，组成双向 PWM 变流器，VT_7、VT_8 为双向开关，L_P、C_P 组成低通电源滤波器。工作中，由 VT_7、VT_8 和电感 L、电容 C 组成的双向 DC/DC 电路对蓄电池进行充电和放电；由电流、电压互感器分别检测被控电流、电压并送入 DSP 芯片，由 DSP处理器经过设计的控制算法进行运算，产生 PWM 控制信号，经过驱动控制开关管动作。

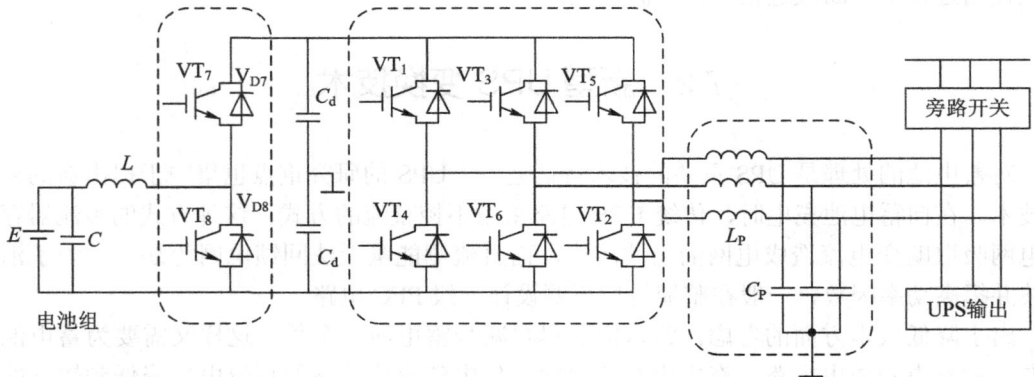

图 7-6　新型 UPS 电源系统主电路图

7.2.2　双向 DC/DC 变换器的工作原理

双向 DC/DC 变换器由电感 L、IGBT 双管 VT_7、VT_8 组成，如图 7-7 所示。该双向 DC/DC 电路有升压和降压两种工作模式。

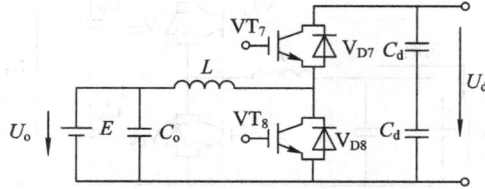

图 7-7　双向 DC/DC 变换器电路

1．升压模式

双向 DC/DC 电路工作在升压模式时，蓄电池 E 处于放电状态。该升压电路由电感 L、VT_8 和续流二极管 V_{D7} 组成，如图 7-8 所示。

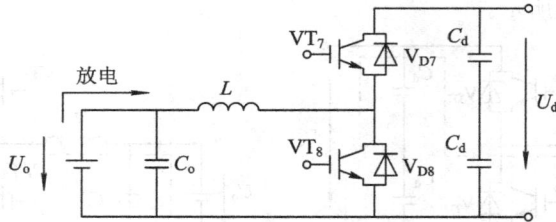

图 7-8　双向 DC/DC 电路的升压模式

在升压模式下，双向 DC/DC 电路又有两种工作状态：

工作状态 1：当 VT_8 导通时，蓄电池电压加到储能电感 L 的两端，二极管 V_{D7} 处于反偏截止状态，电流通过储能电感 L 将电能转换成磁能存在 L 中。同时提供给负载的电能由滤波电容 C_d 放电来供给。其等效电路如图 7-9(a) 所示。

工作状态 2：当 VT_8 截止时，储能电感两端的电压极性反向，二极管变为正偏，为储能电感 L 和蓄电池串联放电提供通路，电流流经二极管至负载和滤波电容 C_d。储能电感 L 和蓄电池一起向负载和滤波电容 C_d 提供能量。其等效电路如图 7-9(b) 所示。

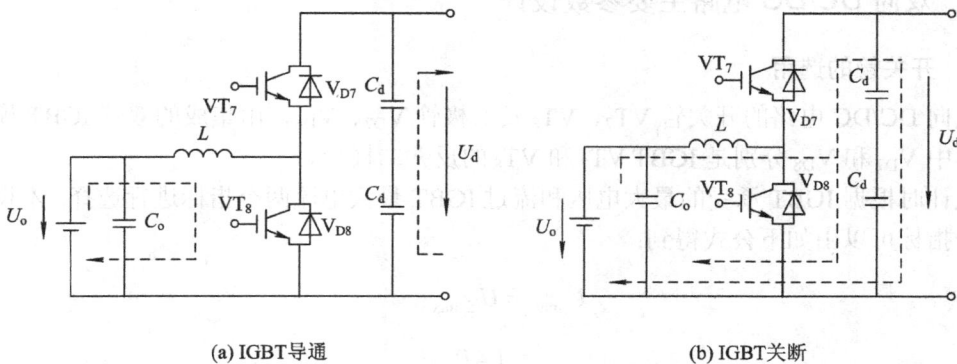

(a) IGBT 导通　　　　　　　　　　　(b) IGBT 关断

图 7-9　双向 DC/DC 升压模式 IGBT 导通和关断的等效电路

2．降压模式

双向 DC/DC 电路工作在降压模式时，蓄电池处于充电状态。该降压电路由电感 L、VT_7、续流二极管 V_{D8} 组成，如图 7-10 所示。

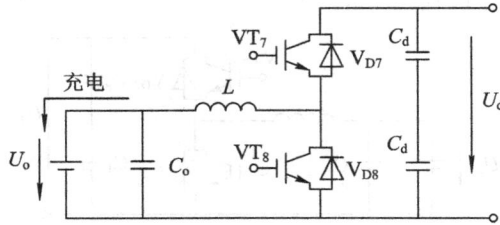

图 7-10　双向 DC/DC 电路的降压模式

在降压模式下，双向 DC/DC 电路也有两种工作状态：

工作状态 1：当 VT_7 导通时，二极管 V_{D8} 处于反偏截止状态，电流通过储能电感 L 向蓄电池供电，并同时向滤波电容 C_o 充电，电流通过储能电感 L 将电能转换成磁能存在 L 中。其等效电路如图 7-11(a)所示。

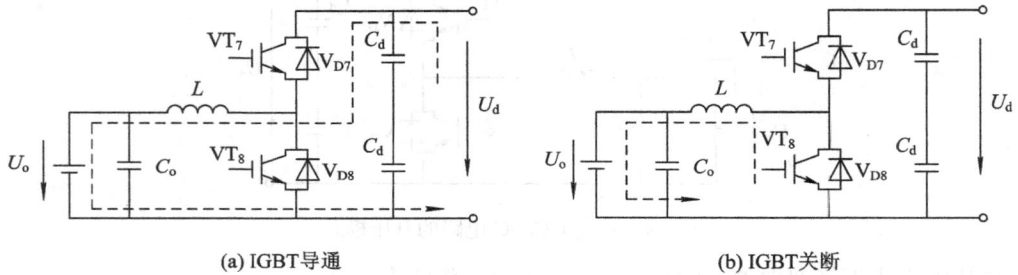

(a) IGBT导通　　　　　　　　　　(b) IGBT关断

图 7-11　双向 DC/DC 降压模式 IGBT 导通和关断的等效电路

工作状态 2：当 VT_7 截止时，由于储能电感的电流不能突变，所以在它的两端便感应出一个与原来极性相反的自感电势，使续流二极管 V_{D8} 导通。此时储能电感 L 便把原先储存的磁能转换成电能供给蓄电池。滤波电容 C_o 是为了降低电池输出电压 U_o 的脉动而加入的。其等效电路如图 7-11(b)所示。

7.2.3　双向 DC/DC 电路主要参数设计

1．开关管的选用

双向 DC/DC 电路的开关管 VT_7、VT_8 及二极管 V_{D7}、V_{D8}，由集成的双管 IGBT 模块构成，其中 V_{D7} 和 V_{D8} 分别是 IGBT VT_7 和 VT_8 的反并二极管。

设计时根据 IGBT 承受的最大电压和流过 IGBT 最大电流两个指标进行选择。本设计中这两个指标可以由如下公式得到：

$$U_{max} = U_{d\,max} \tag{7-1}$$

$$I_{max} = \frac{1.4P}{U_{d\,min}} \tag{7-2}$$

式中：U_{max} 为 IGBT 上承受的最大电压；U_{dmax} 为直流母线上的最大电压；I_{max} 为 IGBT 上流过的最大电流；P 为蓄电池端输出功率；U_{dmin} 为直流母线最低电压。

2．储能电感 L 的设计

储能电感 L 的大小可由如下公式得到：

$$L = \frac{U_d TD(1-D)}{2I_1} \tag{7-3}$$

$$I_1 = 0.25I_{0m} \tag{7-4}$$

式中：U_d 为充电电源直流端电压；T 为开关周期；D 为占空比；I_1 为临界连续电流；I_{0m} 为最小负载电流。

3．蓄电池端滤波电容的设计

在充电过程中，蓄电池电压脉动量 ΔU_0 需满足设计要求，可用下式确定滤波电容 C_0 的大小。

$$C_0 = \frac{U_d T^2}{8L\Delta U_o} \tag{7-5}$$

式中：U_d 为充电电源直流端电压；T 为开关周期；L 为储能电感；ΔU_o 为蓄电池两端电压脉动量。

4．功率开关管及双向 DC/DC 变流器功率器件的选择

本设计中，双向 DC/DC 变流器选用双管 IGBT 模块，双向 PWM 变流器可以选用六管 IPM 模块。假设系统工作效率为 80%，对于双向 DC/DC 变流器选用的双管 IGBT 模块而言，其最大电压和电流值为

$$U_{max} = U_{d\,max} = 800 \text{ V} \tag{7-6}$$

$$I_{max} = \frac{1.2P/\eta}{U_o} = \frac{1.2 \times 10\,000/0.8}{360} \approx 41 \text{ A} \tag{7-7}$$

式中：U_o 为蓄电池电压，设计选用 IGBT 模块 CM75DY 24H，其耐压为 1200 V，最大电流容量为 75 A。P 为蓄电池充电功率。

5．双向变换器功率器件的选用

对于双向 PWM 变换器选用的 6 管 IPM 模块，直流侧最大直流电压 800 V，最大电流由下式可得：

$$I_{max} = \frac{P \cdot O_L \sqrt{2}R}{\eta \cdot \text{PF} \cdot \sqrt{3}U_{AC}} = \frac{10\,000 \times 1.2 \times \sqrt{2} \times 1.2}{0.8 \times 0.98 \times \sqrt{3} \times 380} \approx 32 \text{ A} \tag{7-8}$$

式中：P 为系统输出功率；O_L 为系统最大过载系数；R 为电流纹波脉动系数；η 为系统效率；PF 为功率因数；U_{AC} 为三相交流线电压。

本设计选取 IPM 模块 PM50CLA120，其耐压为 1200 V，最大电流容量为 50 A。

6. 逆变器输出滤波器的设计

逆变器的输出线电流可由下式得到:

$$I_A = \frac{P/\eta}{3U_A \cos\varphi} = \frac{10\,000/0.8}{3 \times 220 \times 0.98} = 19.33 \text{ A} \tag{7-9}$$

式中: I_A、U_A 分别是 A 相线电流和相电压。

设电感上的最大电压持续的时间为 $T_S/2$,T_S 为开关周期,开关频率为 10 kHz,电感上电流最大纹波峰-峰值 ΔI_L 为 $20\%I_A$,电感 L 值则由下式得

$$L = \frac{\left(\dfrac{U_d}{2}\right)\left(\dfrac{T_S}{2}\right)}{\Delta I_L} = \frac{\left(\dfrac{720}{2}\right)\left(\dfrac{1}{2} \times \dfrac{1}{10\,000}\right)}{20\% \times 20} = 4.5 \text{ mH} \tag{7-10}$$

设计中选取 5 mH。

7. 直流母线电容的设计

直流母线电容有两个作用:一个是滤波,一个是掉电维持电压。设系统功率为 10 kW,直流工作电压 $U_N = 800$ V,最低工作电压 $U_L = 650$ V,掉电维持时间 T_H 为 1 个周期 20 ms,直流侧电容可按下式选取:

$$C_d = \frac{2PT_H}{U_N^2 - U_L^2} = \frac{2 \times 10\,000 \times 0.02}{800^2 - 650^2} \approx 1840 \text{ }\mu\text{F} \tag{7-11}$$

设计中取 2000 μF/450 V 的电解电容。

8. 控制微处理器电路

传统的 UPS 电源多为模拟控制或者模拟与数字相结合的控制系统,虽然模拟控制技术已经非常成熟,但其存在很多固有的不足。随着大规模集成电路 ASIC、现场可编程逻辑器件 FPGA 及数字信号处理器 DSP 技术的发展,开关电源的控制逐渐向全数字化控制方向发展。

在 UPS 设计中可以采用全数字控制。要求控制用微处理芯片具有高速处理能力、较高的控制精度和完善的外围设备。本系统所选用的控制电路就是以 TI 公司生产的 TMS320LF2407A 型号的 DSP 作为核心控制芯片,辅以必要的外围电路而构成的数字控制系统。TMS320LF2407A 是专门面向交流电机调速、电力电子设备控制应用的新一代的 16 位定点 DSP,其以优良的性能和相对便宜的价格在正弦波逆变电源、变频器以及 UPS 等领域得到了广泛的应用。其特点如下:

(1) 由于采用了高性能的静态 CMOS 制造技术,因此该 DSP 具有低功耗和高速度的特点。工作电压为 3.3 V,有 4 种低功耗工作方式。单指令周期最短为 25 ns,最高运算速度可达 40 MIPS,四级指令执行流水线。低功耗有利于电池供电的应用场合,而高速度非常适用于电动机的实时控制。

(2) 有两个专用于电机和电力电子装置控制的事件管理器,它包含产生 PWM 波形的多种硬件资源:2 个 16 位的通用定时器;8 个 16 位脉宽调制输出通道;1 个能够快速封锁输出的外部引脚;可防止上、下桥臂直通的可编程死区功能;3 个捕捉单元;1 个增量式光电位置编码器接口。

(3) 可编程的看门狗定时器,保证程序运行的安全性;16 通道 10 位 A/D 转换器,具有

可编程自动排序功能，4 个启动 A/D 转换的触发源，最快 A/D 转换时间为 375 ns；控制局域网(CAN)2.0B 模块；串行接口 SPI 和 SCI 模块；基于锁相环的时钟发生器(PLL)；41 个通用 I/O 引脚；32 位累加器和 32 位中央算术逻辑单元；16 B × 16 位并行乘法器，可以实现单指令周期乘法算法；5 个外部中断。

由上述特点可见，TMS320LF2407A 是一种面向控制的专用 DSP 芯片，其运算功能强大、算法先进、编程灵活等特点符合本 UPS 电源系统的要求。其他辅助电路设计请参照相关资料。

7.2.4 在线式 UPS 的控制和保护技术

在线式 UPS 的控制和保护功能基本上是由 CPU 的内部程序控制完成的。根据 UPS 使用要求，在线式 UPS 的控制和保护技术有如下内容。

1. 基本定义

(1) 输入供电电压正常：电压在 160～280 V 之间，视为电压输入正常。

(2) 输入供电频率正常：输入供电频率在 47～53 Hz 之间，且频率变化率小于 1 Hz/s，视为输入供电频率正常。

(3) 输入供电逆变状态：输入供电输入正常，UPS 工作在 AC→DC→AC 时的状态。

(4) 电池逆变状态：输入供电异常，UPS 工作在 BATTERY→AC 时的状态。

(5) CPU 交流电压取样信号：交流电压经分压、隔直、全波整流、限幅后，供给 CPU 进行 A/D 转换的信号。UPS 上有输入供电电压取样信号和逆变电压取样信号两部分电路。

(6) 零点发生器：交流正弦波经过由运算放大器组成的交流差动放大器，变成方波信号，再经滤除高频谐波和限幅后，送给 CPU。CPU 通过对方波下降沿(对应正弦波的过零点)的检测，计算出正弦波的频率和相位。UPS 有输入供电零点发生器和逆变零点发生器两部分电路。

(7) BUS 电压：BUS 电压是指供给逆变器的直流电压，UPS 有正、负两路 BUS 电压，其正常值为 400 V。

2. 控制技术

(1) 开机逐渐提升逆变电压。当 UPS 开机或系统重置时，包括过载解除、自动重启等，CPU 控制 UPS 缓慢提升逆变电压，每 32 ms 提升逆变电压 3 V，直至 220 V 停止。

(2) 逐渐提升输出电压。在缓开机结束后，逆变电压尚未切换到对外输出前，为防止输入供电灌入 UPS，输入供电正常时，CPU 控制逆变电压跟踪输入电压，逆变电压随输入供电电压高低每隔 128 ms 加减 3 V。如果输入供电电压高于 280 V，逆变电压为 280 V；如果输入供电电压低于 160 V，逆变电压为 160 V。

(3) 供电电压的监测与控制。CPU 每 20 ms 读取一次供电电压值，当供电的电压读值连续低于 160 V 或高于 280 V 时，视为输入供电电压输入异常；只有当供电的电压读值连续恢复到 170～270 V 之间时，才确定供电输入转为正常。输入供电正常时，UPS 工作在供电逆变状态；当供电电压低于 160 V 或高于 280 V 时，UPS 立即转入电池逆变状态；为防止输入供电频繁切换，只有当供电恢复到 170～270 V 时，UPS 转入输入供电逆变状态。

(4) 市供电频率的监测与控制。监测供电频率的目的是作为逆变锁相的依据，通过调整逆变的过零点调整逆变相位，使在输入供电状态下的逆变输出与输入供电基本同频率、同相位。输入供电下开机时，UPS 侦测输入供电的频率作为逆变输出的频率；电池状态下开机时，逆变输出的频率以上次输出的频率来设定。当输入供电正常时，执行锁相，逆变频率先跟随输入供电频率，频率相同后再跟随相位，通过变动逆变频率完成逆变和输入供电同相位。锁相后，逆变和输入供电的相位差小于 3°，频率误差小于 0.01 Hz。当输入供电频率超出 47~53 Hz 范围时，UPS 不执行锁相操作，立即转入电池逆变状态，只有当输入供电频率恢复到 48~52 Hz 时，UPS 再执行锁相，并转入输入供电逆变状态。

(5) 信号发生器。该信号发生器包括三角波发生器、正弦波发生器、PWM 信号发生器等。

(6) 逆变电压调整。CPU 每 20 ms 读取一次逆变电压值，并与设定的电压值做比较。当差值高于 10 V 时，CPU 立即调整标准正弦波，从而调整 PWM 信号，使输出电压相应加减 5 V，以缩小差值；当差值低于 10 V 时，CPU 累积差值，当累积值达到 30 V 时，CPU 调整标准正弦波，使输出电压相应加减 2 V。

(7) CPU 的 A/D 采样。CPU 每半周期读一次电池电压值、正 BUS 电压值、负 BUS 电压值和机内温度值，每隔 8 个标准正弦波点读取一次输入供电电压值、逆变电压和逆变电流值。在每个周期开始，CPU 变更读点的初始位置，使每隔 8 个标准正弦波点读一次的共 128 点的 A/D 读取达到扫描效果，读取值存入 RAM 内。

(8) 瞬间断电检测。CPU 每 4 ms 计算一次最近一周期所读取的输入供电 A/D 值，如果小于 140 V，则确认为断电，UPS 立即转入电池逆变状态。

3. 保护技术

(1) 逆变输出短路和过电压保护。当逆变输出电压的正弦波反馈信号连续 64 ms 无过零信号时，视为逆变输出短路，UPS 关闭输出并报警；当逆变输出电压值连续 80 ms 低于 160 V 或高于 280 V 时，视为逆变输出过电压，UPS 立即转到旁路并报警。

(2) 输出限流保护。保护电路侦测逆变输出的电流值，当其超过额定值的 3.6 倍时，限流保护电路立即关闭 PWM；只有在输出电流值小于 3.6 倍额定值后，PWM 才重新工作。

(3) BUS 过电压保护。当 BUS 电压的绝对值连续 64 ms 超过 440 V 时，UPS 实施 BUS 过电压保护，转入旁路并报警。

(4) 电池过压和欠压保护。当每个电池电压高于 15 V 时，视为电池过压，UPS 自动转入电池逆变状态，在电池电压下降到每个 13.5 V 后，UPS 重新回到原工作状态。输入供电异常，UPS 转入电池逆变状态，电池开始放电，CPU 控制蜂鸣器 4 秒鸣叫一次；当每个电池电压下降到 11 V 时，CPU 控制蜂鸣器每秒鸣叫一次；当每个电池电压下降到 10 V 时，UPS 自动关机。输入供电恢复正常时，UPS 会自动重启。

(5) 负载保护。如果 UPS 在从旁路转入逆变输出前，检测到负载超过 110% 时，则 UPS 不能转入逆变输出，CPU 控制蜂鸣器鸣叫报警；如果开机后负载加至 110%~130%，CPU 控制蜂鸣器鸣叫报警，UPS 将在 10 秒后转入旁路；如果开机后负载加至 130% 以上，UPS 将会立即转入旁路。

7.3 UPS 专用免维护蓄电池

UPS 中蓄电池是通用储存电能的装置。蓄电池需先用直流电源对其充电，将电能转化为化学能储存起来。当输入供电中断时，UPS 将依靠储存在蓄电池中的能量维持其逆变器的正常工作，此时，蓄电池通过放电将化学能转化为电能提供给 UPS 使用。目前在 UPS 中被广泛使用的是无需维护的密封式铅酸蓄电池，它的价格比较贵，约占 UPS 生产成本的 1/4～2/5 左右。而在返修的 UPS 中，由于蓄电池故障而引起的 UPS 不能正常工作的比例大约占 1/3。因此深入了解蓄电池的工作原理，正确地使用好蓄电池组，对 UPS 无故障运行意义极大。

7.3.1　免维护蓄电池的工作原理与应用

免维护蓄电池的工作原理基本上仍沿袭传统的铅酸蓄电池，它的正极活性物质是二氧化铅(PbO_2)，负极活性物质是海绵状金属铅(Pb)，电解液是稀硫酸(H_2SO_4)，免维护蓄电池在结构、材料上做了重要改进，正极板采用铅钙合金或铅锡合金、低锑合金，负极板采用铅钙合金，隔板为超细玻璃纤维，并采用紧装配和贫液设计工艺技术，整个蓄电池的化学反应在密封塑料蓄电池壳内进行，出气孔上加上单向的安全阀。

蓄电池在规定充电电压下进行充电时，正极析出的氧(O_2)可通过隔板通道传送到负极板表面，还原为水(H_2O)。其反应式如下：

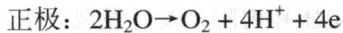

$$正极：2H_2O \rightarrow O_2 + 4H^+ + 4e$$
$$负极：2H^+ + 2e \rightarrow H_2 \uparrow$$
$$2PbO + 2H_2SO_4 \rightarrow 2PbSO_4 + 2H_2O$$

在充电过程中，电解液中的水几乎不损失，使蓄电池在使用过程中达到不需加水的目的。经过了上述的改进，免维护蓄电池与普通蓄电池相比具有体积小、重量轻、自放电小、维护少、寿命长、使用方便、对环境无污染等优良特性。免维护蓄电池在使用、维护和管理上有着以下优点：

(1) 使用方便。免维护蓄电池只需严格控制充电电压，根据浮充使用和循环使用的不同要求，采用规定的电压进行恒压充电，无需值班人员过多关注蓄电池组的充电过程，不需添加蒸馏水，也不必经常检测电解液的比重及温度，只需定期检测蓄电池端压和放电容量。

(2) 安装简便。免维护蓄电池已经进行过充放电处理，为荷电出厂，所以用户在安装和使用时，无需再进行烦琐的初充电过程。

(3) 安全可靠。免维护蓄电池采用密封结构，可竖放或卧放使用，无酸雾，无有毒、有害气体溢出。由于蓄电池采用恒压充电制，蓄电池内部实现氧循环过程，水损失很少，即使偶尔过充少量的气体可通过安全阀向外排出，蓄电池壳不至于因压力过大而爆裂。

尽管免维护铅酸蓄电池的生产厂家采取各种办法极力减少氢气和氧气的析出，使它们尽量消化在电池内部，但是绝对控制氢气和氧气的析出是不可能的。从这方面说，全封闭免维护铅酸蓄电池不是免维护而是少维护。因此在使用中应遵循下列原则：

(1) 密封铅酸蓄电池允许在 -15℃～50℃的温度范围内使用，但在 5℃～35℃范围内使用可延长蓄电池寿命，在 20℃～25℃范围内使用是最理想的推荐环境，将获得最高的工作寿命。

(2) 每节 2 V 的免维护蓄电池的浮充电压为 2.3 V，12 V 蓄电池的浮充电压为 13.8 V。相对于 2 V 的蓄电池，单节蓄电池放电终止电压在满负荷情况下为 1.67 V，在低放电率情况下要升高至 1.7～1.8 V。

(3) 蓄电池安装场地应保证通风，避免阳光直射，环境温度不宜过高或过低，最好在 20℃～25℃之间。定期对蓄电池进行检查，如有性能异常，池壳、盖子龟裂或变形等损伤及漏液发生时，要及时更换。

(4) 长时间存放的蓄电池要每隔 2～3 个月人为地将 UPS 电源输入端断开一次，效仿输入供电中断，再观察蓄电池放电时间是否足够。若不足时，则可考虑更换蓄电池，以保持当电源中断时能有足够的放电时间。

(5) 免维护蓄电池都配有安全阀，当蓄电池内部气压升高到一定程度时，安全阀可自动打开排除过剩气体，在内部气压恢复时安全阀会自动关闭。免维护蓄电池意味着可以不用加液，但定期检查外壳有无裂缝、电解液有无渗漏等仍是必要的。阀控式密封铅酸蓄电池的安全阀在排气栓下面。禁止拆下安全阀和排气栓；否则有造成蓄电池性能降低、寿命劣化或破损的危险。

(6) 蓄电池的周期寿命即充放电次数取决于放电率、放电深度和恢复性充电的方式。其中最重要的因素是放电深度，在放电率和时间一定时，放电深度越浅，蓄电池周期寿命越长。严禁蓄电池过度放电，如小电流放电至自动关机，人为调低蓄电池最低保护值等，均可能造成蓄电池过度放电。

(7) 要定期检查蓄电池的端电压和内阻，及时发现"落后"电池，以进行个别处理。

7.3.2 利用双向 DC/DC 电路实现蓄电池的充放电

在 UPS 设计中，直流母线电压 U_d 是一个重要数据，因为 U_d 值的高低将影响到整个系统的指标。从减小电路馈电损耗和分布电感的影响出发，希望在功率器件电压值允许的条件下尽可能提高 U_d 值，即采取高电压低电流的设计；但从减少电池串联个数，提高功率密度，降低电源成本的角度出发，则希望尽可能地降低 U_d 值。因此将蓄电池直接与直流母线连接的方案很难达到设计的优化，而由电感 L、开关管 IGBT 及其反并二极管 V_D 组成的双向 DC/DC 电路可以有效地解决这一问题。

1. 蓄电池放电电路

当电网发生故障时，蓄电池放电，双向 DC/DC 变流器工作在升压模式。由 L、VT、V_D 组成一个 Boost 升压电路，通过调整 VT 的占空比可以将较低的蓄电池电压 E 升压到逆变器所需要的较高的直流母线电压 U_d，如此可以减少蓄电池串联个数，从而降低成本。蓄电池放电电路原理图如图 7-12 所示。

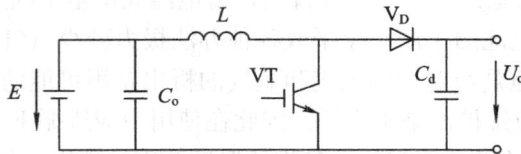

图 7-12 蓄电池放电电路原理图

放电电路采用电压型控制方法，直流输出电压 U_o 的采样值 U_F 与基准电压 U_R 比较后产生的误差信号再与三角波比较，得到控制 VT 管开关的 PWM 信号。这种控制方法通过负反馈使得直流端输出电压可控，实现输出直流电压的恒压控制，向逆变器提供稳定的直流电压。由于只是电压单环控制，而没有电流控制环节，就使得储能电感的电流不可控。因为系统逆变器输出的负载是在工频情况下工作的，就使储能电感 L 上的电流变成了 2 倍工频频率的有较大高频纹波的脉动的电流，尤其当负载是非线性负载时，脉动的电流峰值非常大，使储能电感很容易就饱和。因此在电压型控制方法的情况下，必须设计大容量的储能电感，以防止电感饱和。而更大的电流容量就意味着储能电感的尺寸就越大，重量就越重，同时成本也越高。

2．蓄电池充电电路

当电网恢复正常时，蓄电池处于充电状态，双向 DC/DC 变流器工作在降压模式。由 L、VT、V_D 组成 Buck 降压电路，通过调整 VT 的占空比，可以将较高的直流母线电压 U_d 降压到蓄电池允许的较低的充电电压 E，实现对蓄电池的充电。蓄电池充电电路原理图如图 7-13 所示。

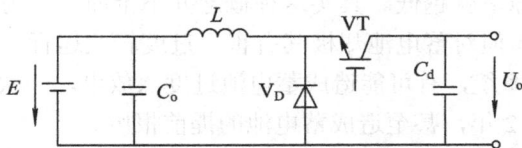

图 7-13 蓄电池充电电路原理图

恒压充电电路中初期充电电流较大，对蓄电池寿命有很大影响。所以一般蓄电池充电电路采用分级充电电路，即在充电初期采用恒流充电，当蓄电池端电压达到其浮充电压后，则采用恒压充电。该分级充电电路可以通过如下的控制实现：在充电初期，对蓄电池组先采用恒流充电，给定电流限制在 0.25C(C 是蓄电池组容量)，利用电流单环 PWM 控制，使流到蓄电池的电流不至于过大；当蓄电池容量达到 80% 左右，即检测到端压上升到 2.3 V/单体时，转为恒压充电，给定电压 2.35 V/单体，利用电压单环 PWM 控制，对蓄电池进行浮充充电；当检测到充电电流下降到 C/60 时，即可认为蓄电池组基本充满。

7.4 UPS 的性能指标与测试

7.4.1 UPS 的技术指标

1．常规指标

UPS 的常规指标指输出电压稳定精度、失真度、频率稳定精度、相位差、电压平衡度、转换时间(即后备式 UPS 以及在线式向旁路转换的时间)等。这些指标代表了 UPS 输出电压的质量。

2．UPS 的输入/输出能力

作为一级供电设备，UPS 必须能在复杂的电网环境下正常投入运行，并不对电网造成干扰和破坏。当前有些 UPS 还有很多不足之处，例如输入电压可变范围不够，一般为 ±15% 左右，不能适应我国电网电压变动幅度较大的实际情况；UPS 输入功率因数低，在 0.8 左右；输入电流谐波大，一般大于等于 10%，对电网电压有干扰作用；至于输出能力存在的局限性就更明显，如对特殊负载诸如强容性负载、强感性负载、非周期性冲击负载、周期性冲击负载的承载能力就比电网的差很多。至于负载故障乃至人为误操作故障所造成的对 UPS 输出的破坏，威胁就更大。

实际中 UPS 的损坏是在启动过程、上述特殊负载或故障中发生的。为此，使用者要用在前级附加的交流稳压设备来解决 UPS(特别是大功率 UPS)不允许电网电压变化范围太大的问题。至于输入功率因数低和谐波电流大，是难以控制的。在输出能力方面，UPS 对负载提出了种种限制，例如，输出电流峰值系数一般不能超过 3：1，非周期性冲击负载需增加 UPS 配电容量，负载功率因数(一般在 0.8 左右)使 UPS 标定的 kAV ≠ kW 等。这些限制反映了 UPS 输入/输出能力的局限性。应该说，输出能力和可靠性才是 UPS 硬件技术最关键的指标。

大多数 UPS 在 50%~100%负载时，其效率最高，当负载低于 50%时，其效率急剧下降。因此当 UPS 过度轻载运行时，从经济角度讲是不合算的。另外有观点认为，负载越轻，机器的可靠性就越高，故障率就越低。其实这种概念并不全面。因为负载轻虽然可以降低末级功率管被损坏的概率，但对蓄电池却极其有害。过度轻载运行，一旦输入供电停电，如果 UPS 没有深放电保护系统，有可能造成蓄电池过度深放电。一次深度过放电可能会使蓄电池的使用寿命减少 1~2 年，甚至造成蓄电池的提前报废。

3．UPS 功率定义

UPS 的输出功率与功率因数关系密切，在容性负载条件下，UPS 的输出功率可以达到标称功率。在感性负载条件下，UPS 的输出功率则大大下降。即使在功率因数为 0.8(感性)时，其输出也只能达到标称功率的 50%。UPS 的负载一般都是计算机负载，而计算机负载的内部电源大都是开关电源，在开关电源负载条件下，瞬时功率很高，但实际平均功率却很小。故一般 UPS 在开关电源作负载时，其功率因数只能达到 0.65。而 UPS 在非开关电源作负载时，其功率因数指标一般为 0.8，按此指标来带开关电源负载，就有可能损坏 UPS 设备。因此选择 UPS 的功率时，必须要考虑负载的功率因数。

后备式方式输出的 UPS 不能带电感性负载，而且负载量在额定负载的约 50%最好。因为在这种负载条件下，可以消除 50 Hz 主波输出波形中的三次谐波，即 150 Hz 正弦波分量，减小开关电源中流过直流滤波电容中的电流，防止滤波电容因长期过流工作而损坏。

4．转换时间

一般认为在线式 UPS 没有转换时间，通过仔细研究可知，后备式 UPS 只是在输入供电掉电一种情况下存在转换时间，而在线式 UPS 不仅在逆变器故障时存在逆变旁路的转换时间，还由于逆变器输出能力有局限，当负载故障、过载和启动时(存在冲击电流)也存在向旁路的转换时间。当负载输入端存在整流滤波电路(例如计算机)时，负载输入电流只在正弦波电压峰值时存在，电流脉冲宽度只有 3~4 ms(与负载量及电路参数有关)，也就是说，每 10 ms 期间就有 6~7 ms 是断电的，每秒钟要断电 100 次。从这个意义上看，不间断电源是不存在的，问题在于 UPS 转换时间的大小。一般计算机输入整流滤波电路的储能都可维持几十毫秒的向负载供电时间，而目前后备式 UPS 的转换时间对负载基本上不造成任何影响，所以才可以说它是不间断的。

5．UPS 的输入功率因数和输入电流谐波

双变换在线式 UPS 的 AC/DC 变换器多为整流滤波电路，输入功率因数低，一般在 0.8 左右；输入电流谐波大，可达 30%，加专门滤波措施后，也仅能降到 10%。

输入功率因数低，意味着输入无功功率大；输入谐波电流则干扰、破坏电网，特别是三相大功率 UPS。这两项指标不良的危害很大，能形成所谓的电力公害：它能使由同一电网供电的变压器、电动机、电容器等产生附加谐波损耗，因过热而加速绝缘老化；引起异步电动机转矩降低、振动加剧、噪声增大；引起继电器和自动装置误动作；高次谐波对通信线路、测量仪器产生辐射干扰；影响电能计量的精度等。所以，UPS 的输入功率因数和输入谐波电流应被视为重要性能指标之一，应该把输入功率因数大于 0.95、输入电流谐波小于 5% 作为判定 UPS 性能指标是否合格的标准之一。

输出功率因数、输出电流波峰系数、输出过载能力、输出不平衡负载的能力等指标直接反映了 UPS 的输出能力，对这些指标的限制，说明了 UPS 输出能力的局限性和脆弱的缺陷，尽管在配置 UPS 容量时尽可以使负载量满足 UPS 的要求，甚至留出很大的余量，但这些指标却直接反映了 UPS 的可靠性。过载能力强、允许输出电流波峰系数高、对负载功率因数限制小的 UPS，在同样电网环境和负载条件运行，其可靠性必然高。

6. UPS 的频率稳定度

UPS 输出的常规指标中有频率稳定精度一项，特别是双变换在线式 UPS，把此指标标定为小于 ±1%(甚至是 0.1)，但这只是在输入供电掉电后由电池供电时的情况。UPS 有 99.99% 的时间是在有输入供电的情况下运行的，这时 UPS 无频率稳定可言。在线式 UPS 为防止由逆变器转旁路时因逆变器输出短路而损坏，在正常运行时要求逆变器工作频率和相位都是要跟踪输入电网电压，所以标识 UPS 频率稳定度的高指标是没有意义的。况且一般电子设备在输入电源频率变化范围为 ±3% 时丝毫不影响其正常工作。

7. UPS 的效率

UPS 的工作效率高，意味着节省电能，是绿色电源的标识之一。效率与可靠性是密切相关的，效率高意味着电路技术先进、元器件选用得好、功率器件功率损耗小、功率强度小、发热量小，这必然会增强元器件乃至整机的寿命和可靠性。

用户在使用 UPS 时，可通过电源监控软件掌握 UPS 状态，及对输入供电的稳定度与状况记录，并提供给相关人员分析。当输入供电中断或蓄电池供电终止时，该软件具有自动储存档案、关闭系统及关闭 UPS 等功能。新一代电源监控软件还具有远程监控 UPS 及定时开关 UPS 等功能。

为增加并完整发挥 UPS 的效能，一套适当的 UPS 监控软件是必须的。一般使用者最需要知道的是输入供电及蓄电池状态是否正常。当输入供电异常且又未装置电源监控软件时，使用者需采取应对措施，如储存档案、关闭系统等。但若输入供电异常，又未配置监控软件，且使用者又不在现场，当 UPS 的蓄电池供电耗尽时，有形的损失是资料流失，无形的损失是计算机与外围设备内部组件损坏而造成产品寿命减短。此时所造成的损失如同未安装 UPS 一样。所以购买 UPS 时，应同时配置电源监控软件以保护电力。

对于现在多人多任务所使用的计算机网络系统，它肩负着计算机工作站资料的管理与使用，虽仅是短短的停电，但对系统本身所造成的损坏与大量资料的流失则无法估计。所以使用者未来若有发展计算机工作站的计划，则选购 UPS 时要选购具备联网功能的 UPS，从而实现对 UPS 的网络远程监控。在输入供电条件下，各类型 UPS 在性能方面的差别比较明显。表 7-1 中为各类 UPS 性能对比。

表 7-1 各类 UPS 性能对比

	电网适应能力	输出能力和可靠性	输出指标
后备式	一般	强	差
在线互动式	一般	强	较好
双逆变在线式	较强	差	好
双逆变补偿在线式	强	强	好

7.4.2 UPS 系统的测试

所谓静态测试是指设备进入"系统正常"状态时的测试，一般可测波形、频率和电压。

1. 测试的准备

(1) UPS 一般为计算机和相关接口设备提供电源，如显示器、调制解调器、通信设备、外接式存储器等，切勿使用在纯电感性或纯电容性负荷环境中。UPS 不宜带感性负载，在验收机器时，如使用大功率风机、空调检验 UPS 的性能与输出功率，这是不允许的。将风扇、马达等加到小功率的方波输出的 UPS 上，这更是不允许的。

(2) 在做任何维修服务时，须先将蓄电池保险丝取出，以切断蓄电池电路。

(3) 开机前，必须先从 UPS 配电箱中量测 UPS 输入的零、火线和零、地之间电压，确认其正常后再开机。

(4) 相序问题。三进三出的 UPS 输入电源若相序接反，LCD 将显示相序反常故障(phase abnormal)。此时，当逆变器关机时，不能自动跳旁路；在运行期间，闭合旁路电源输入断路器，将产生操作过电压，会引起烧毁线路板、损坏压敏电阻等事故。

(5) 手动旁路开关只能在旁路(by-pass)模式下才可使用。

UPS 的测试一般包括静态测试和动态测试两类。静态测试是在空载、50%额定负载以及100%额定负载条件下，测试输入和输出端的各相电压、线电压、空载损耗、功率因数、效率、输出电压波形、失真度及输出电压的频率等。动态测试一般是在负载突变(一般选择负载由 0～100%和由 100%～0)时，测试 UPS 输出电压波形的变化，以检验 UPS 的动态特性和能量反馈通路。

2. 波形测试

波形测试是在空载和满载状态时观测波形是否正常，用失真度测量仪测量输出电压波形的失真度。在正常工作条件下，接电阻负载，用失真度测量仪测量输出电压总谐波相对含量，应符合产品规定的要求，一般小于 5%。

3. 频率测试

频率测试可用示波器观测输出电压的频率和用电源扰动分析仪进行测量。目前 UPS 的输出电压频率一般都能满足要求。但当 UPS 的频率产生电路——本机振荡器不够精确时，也有可能在输入供电频率不稳定时，UPS 输出电压的频率也跟着变化。UPS 输出频率的精度一般在与输入供电同步时能达到 ±0.2%。

4．输出电压测试

UPS 的输出电压可以通过以下方法进行测试判断：

(1) 当输入电压为额定电压的 90%，而输出负载为 100%，或输入电压为额定电压的 110%，输出负载为 0 时，其输出电压应保持在额定值的 ±3% 的范围内。

(2) 当输入电压为额定电压 90% 或 110%，输出电压一相为空载，另外两相为 100% 负载时，其输出电压应保持在额定值的 ±3% 的范围内，其相位差应保持在 4° 范围内。

(3) 当 UPS 逆变器的输入直流电压变化 ±15%，输出负载为 0~100% 变化时，其输出电压值应保持在额定电压值的 ±3% 范围内。这一指标表面上与前面所述指标重复，但实际上它比前面的指标要求更高。这是因为控制系统的输入信号在大范围内变化时，表现出明显的非线性特性，要使输出电压不超出允许范围，对电路要求更高。

5．效率测试

UPS 的效率可以通过测量 UPS 的输出功率与输入功率求得。UPS 的效率主要决定于逆变器的设计。大多数 UPS 只有在 50%~100% 负载时才有比较高的效率，当低于 50% 负载时，其效率就急剧下降。厂家提供的效率指标也多是在额定直流电压、额定负载条件下的效率，用户选型时最好选用效率与输出功率关系曲线中直流电压变化 ±15% 时的效率。

6．动态测试

1) 突加或突减负载测试

在进行突加或突减负载测试时，先用电源扰动分析仪测量空载、静态时的相电压与频率，然后突加负载由 0 至 100% 或突减负载由 100% 至 0，若 UPS 输出瞬变电压在 -8% 至 10% 之间，且在 20 ms 内恢复到静态，则此 UPS 该项指标合格；若 UPS 输出瞬变电压超出此范围，则会产生较大的浪涌电流，无论对负载还是对 UPS 本身都是极为不利的，则该种 UPS 就不宜选用。

2) 转换特性测试

此项主要测试由逆变器供电转换到输入供电或由输入供电转换到逆变器供电时的转换特性。测试时需有存储示波器和能模拟输入供电变化的调压器。

7．其他常规测试

1) 过载测试

过载测试是衡量 UPS 电源的一项重要指标。过载测试主要是检验 UPS 整机的过载能力，保证即使运行中出现过负荷现象时，UPS 也能维持一定时间而不损坏设备。过载设备必须按设备指标测试，并且要在 25℃ 以内的室温下进行。

2) 输入电压过压、欠压保护测试

该项测试按设备指标输入电压允许变化范围进行测试。一般 UPS 允许输入电压变化 10%，当输入电压超过此范围时应报警，并转换到蓄电池供电，整流器自动关闭；当输入电压恢复到额定允许范围内时，设备应自动恢复运行，即蓄电池自动解除转为由输入供电运行。在蓄电池自动投入和解除的过程中，UPS 输出电源波形应无变化。

3) 放电测试

放电测试主要是检验蓄电池的性能。放电试验时，一是要记录放电时间；二是要观测

放电时的输出电压波形及放电保护值；三是要检查是否有"落后"电池，放电试验前必须对蓄电池作连续 24 小时的不间断充电。

UPS 逆变器正常运行时，禁止用示波器观察控制电路波形，以避免因表笔接上后引起电路工作状态的变化导致末级驱动元件烧毁的危险。

7.4.3　UPS 的安全运行

1．UPS 额定输出容量的选择

用户应根据所用设备的负荷量统计值来选择所需的 UPS 输出功率(kVA 值)。为确保 UPS 系统的效率和尽可能延长 UPS 的使用寿命，参考数据是：

(1) 用户的负载量仅占 UPS 的输出功率的 60%～70% 为宜，后备满载供电时间不少于 30 分钟。

(2) 尽可能选用单台大容量 UPS。采用单台容量较大的 UPS 集中供电方式，不仅有利于集中管理 UPS，有效利用电池能量，而且降低了 UPS 的故障率。

2．电源相数

根据用户的不同配送系统，对电源相数有三种 UPS 机型可供用户选择。

(1) 单相进(220 V 输入)/单相出(220 V 输出)机型。选用此机型时，虽然用户无需考虑输入供电三相输入平衡带载问题，但必须考虑输入供电配电的三相均衡带载问题。

(2) 三相进(380 V 输入)/单相出(220 V 输出)机型。表面上看用户无需考虑电源三相输入平衡带载问题，实际上用户需对交流旁路上的输入供电相线及中线配置足以负荷 UPS 单相额定输出电流的导线。

(3) 三相进(380 V 输入)/三相出(380 V 输出)机型。要求用户将 UPS 输出端的负载不平衡度控制在不超过 20%～30% 范围内。

3．容错冗余供电

对供电质量要求很高的计算中心、网管中心和银行、证券所、指挥中心等场合，为确保对负载供电的万无一失，需要采用如下几种具有"容错"功能的冗余供电系统：

(1) 主机—从机型的热备份冗余供电系统。其结构形式是将主机 UPS 的交流旁路连接到从机 UPS 的逆变器电源输出端，万一主机 UPS 出故障时，改由从机 UPS 带载。这种冗余工作方式由于没有"扩容"功能和可能出现 4 ms 的供电中断，而使其应用范围有限。

(2) "1+1"型直接并机冗余供电系统。它是通过将两台具有相同功率 UPS 的输出置于同幅度、同相位和同频率的状态而直接并联起来。正常工作时，由两台 UPS 各承担 1/2 负载电流，万一其中一台 UPS 出故障时，由剩下的一台 UPS 来承担全部负载。这种并机系统的平均故障工作时间(MTBF)是单机 UPS 的 7～8 倍，从而大大提高系统的可靠性。

(3) 多机直接并机冗余供电系统。某些 UPS 可以将多台 UPS 以 $N+1$ 冗余方式直接并机工作。随着多台并机系统中 N 的数量增大，并机系统的 MTBF 值会逐渐下降。因此，在条件允许时，应尽可能减少多机并机系统中 UPS 单机的数量。鉴于计算机和通信设备等非线性负载均属于整流滤波型负载，从而造成流过供电系统中的中线电流急剧增大，为防止因中线过流或中线电压过高而造成不必要的麻烦，应将中线的截面积加粗为相线的 1.5～2 倍。

(4) 宜选用具有双初级绕组(交流旁路和逆变器)输出隔离变压器的 UPS 机型。大量运行实践证明，如果 UPS 输出端的中线对地线的"干扰"电位过高，会导致计算机网络的数据通信的误码率增高。

4. 安装空间要求

(1) 为减少电击之危险，UPS 应安装于污染少，且温度、湿度适当的室内，并请注意周围环境温度。蓄电池寿命最长的周围环境温度为 15～25℃。蓄电池在超过 25℃时，每升高 10℃，则其寿命将减低一半，容量也将降低一半。在正常运转情况下，电池寿命在 3～5 年左右。

(2) UPS 要装置在通风良好之区域，勿使其暴露于雨水、尘垢太重或湿气太重的地方，并远离易燃易爆液体、气体或爆炸物。

(3) 为确保 UPS 有良好的可靠性和避免过热，箱体的通风口不可被堵塞。安装 UPS 时，后面需有 300 mm 空间作为通风。

(4) 磁性载体或对强磁场比较敏感的物体，如仪器仪表等必须与 UPS 保持 1.0 m 以上距离，避免 UPS 所产生的磁场的不良影响。

5. UPS 的开机和关机操作

没有延迟启动功能的 UPS，带载开机很容易在启动的瞬间烧毁逆变器的末级驱动元件。因为刚开启时，控制电路的工作还未进入稳定状态，启动瞬间会产生较大的浪涌电流，对 UPS 的末级驱动元件而言，更是如此。当负载中包含有电感性负载时，带载关机也同样可能引起末级驱动元件的损坏。因此，不能带载开机和关机。

后备式 UPS 在逆变器供电时，一般都没有过载和短路自动保护功能，但在输入供电时，一般靠输入交流保险担当过载保护任务，所以用户不可轻易地加大输入供电保险丝的容量；否则，一旦 UPS 输出发生短路事故时，有可能出现输入保险烧不断，印制板上的印制线却被烧毁的危险。

6. 实现长延时

长延时 UPS 由许多部分构成，如 UPS 主机、充电器、电池、开关、电池柜(架)，各个部分选择不当，都有可能增加长延时系统的故障概率。以下几方面内容应重点考虑：

(1) 应首选在线式 UPS，因为在线式 UPS 其逆变器可以长时间工作，功率器件的容量和散热在产品设计时有充分的保障。后备式、三端口式的 UPS 的逆变器长时间工作能力较差，其原因是在产品设计时只考虑 UPS 短时间的后备工作状态，无论是功率器件还是散热器都是低标准的，不宜作为长延时 UPS 主机选择。

(2) 大功率 UPS 采用超长时间后备电池供电弊大于利。有些用户选择 UPS 时只追求后备供电时间，要求 4 小时、8 小时甚至十几小时，却忽略了整个电源系统的可靠性和经济性。实践证明：

① 大功率 UPS 一旦后备时间超长，必然要使用上百只电池供电形成多组电池的串联和并联使用。每只电池对整个系统而言均为一个故障单元。一旦一只电池损坏，一组电池很快损坏。时间越长故障单元越多，系统可靠性降低。据统计，UPS 系统的故障 80% 来自电池。

② 后备时间越长，购买电池所用资金比重越大。以 60 kVA UPS 为例，8 小时电池所用资金是整套设备的 50%，而且电池是易耗品，3～5 年必须更换，这将造成资金浪费。

7.5　大功率 UPS 干扰原因与抑制方法

由于 UPS 是电网的负载，其自身的元件大多工作在开关状态，功率开关器件的高频开关动作是导致电源产生电磁干扰(EMI)的主要原因。开关频率的提高尽管减小了电源的体积和重量，另一方面也导致了相当严重的 EMI 问题。因此 UPS 既是干扰的受害者，又是干扰的生产者。

UPS 主要应用于重要设备或重要场合，一旦出现干扰，将影响到主机的工作，特别是当 UPS 具备通信功能时，其干扰造成的后果往往使系统误动作，甚至瘫痪。本节从分析 UPS 电路结构入手，探讨干扰产生的根源，提出对应的解决方案。为了解决 UPS 电源应用中的噪声干扰问题，有必要探讨噪声来源及相关因素。

7.5.1　UPS 干扰来源

有用信号以外的其他任何电流或电压都是干扰信号或噪声。除电子元件本身固有的噪声外，组成电子设备的各部件之间的信号都可通过电场耦合、磁场耦合、传导耦合、公共阻抗耦合等方式形成相互干扰。开关型电能变换器中开关元件的通断使得电路中的电流、电压产生周期性突变，这些周期性的脉冲信号也可通过上述各种耦合方式形成电磁干扰。

UPS 电源是开关工作方式的电能变换器，采用 SPWM 逆变而产生 50 Hz 交流电。UPS 的噪声主要由于逆变回路中电流、电压的突变而产生，突变的电流、电压又通过电、磁场等传播到其他部分。传导干扰通过阻抗耦合或接地回路将干扰带入其他电路，其传播的路程可以很远。差模干扰和共模干扰是主要的传导干扰形态。逆变电源中的差模干扰主要是由开关元件动作产生，其大小主要与直流滤波电容的寄生电抗有关系；共模干扰与位移电流相关，其大小与电路的杂散参数有关，很大程度上决定于电源设备中各元件尺寸、位置等因数的影响。下面以图 7-14 所示的桥式 SPWM 逆变电路为例分析这两种干扰。

1. 输入差模干扰

图 7-14 中逆变电路工作在高频开关方式，通过开关管 $VT_1 \sim VT_4$ 的高频脉冲电流在输入端产生高频脉冲电压，叠加在输入的直流电压总线上，形成输入端差模干扰。

逆变电路输出的高频 SPWM 开关信号通过电感 L、电容 C_7 滤波后变成所需的正弦波电压，滤波电路在滤除干扰的同时也增加了基波的损失，所以生产商设计的滤波器参数均不会取得太大，造成输出正弦波电压中仍残留着高频开关信号的脉动分量，成为输出差模干扰的一部分，且在正弦波变化幅度大处尤其明显。

另一方面，由于线路中不可避免地有分布电感和分布电容的存在，在开关通断时必定要产生高频衰减振荡，这一振荡将通过变压器影响到输出端，其振幅远高于前述高频脉动电压幅值。加之变压器绕组匝间存在分布电容，相当于一个微分电容，对 SPWM 信号上升沿有放大作用，形成脉冲型干扰电平。

上述三者叠加在输出正弦波上即形成了不可忽视的差模干扰。

2. 共模干扰

UPS 电路存在共地点，开关电路中突变的电压又可成为共模干扰源，通过各种分布电容的耦合在电源的输入/输出端形成共模干扰。如在图 7-14 所示的电路中，由于开关管 $VT_1 \sim VT_4$ 开关速度很高，两个桥臂的中点 A、B 是电路中电位变化率最大之处，也是产生干扰最强的部位之一。变化如此大的高频信号通过 A、B 点及引线与机壳间的分布电容，以及变压器初级和次级绕组间的分布电容及输入/输出线与机壳间的分布电容等，在输入电源线、输出线与地之间产生感应电压，成为输入/输出端的共模干扰电压。当逆变电源与实际负载连接时，负载内部电路与地有着密切的联系，负载两端与地之间也存在分布电容，这些分布电容使共模干扰得以构成回路，使实际供电网络中的共模干扰要比用电阻、电感等模拟逆变器的负载时的干扰要大得多，而且不同的电子负载可能产生的共模干扰电平不同。突变的电流也可通过磁场耦合而在输入、输出端产生共模干扰。

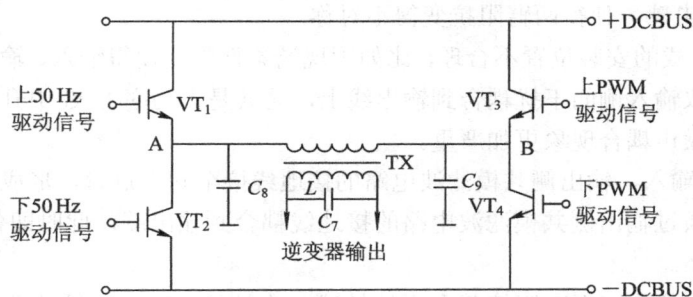

图 7-14　逆变器主电路原理图

3. UPS 谐波分析

UPS 属于整流滤波型负载，工作时将向供电电网大量反射其频率高于 50 Hz 的正弦波的谐波电流，从而造成原来从发电厂向用户所馈送的纯正的正弦波电源发生畸变。有关谐波电流对电网造成"污染"的不利影响见表 7-2 所示。

表 7-2　谐波电流对电网造成的不利影响

谐波次数	基波	2 次	3 次	4 次	5 次	6 次	7 次	8 次
相　　序	+	-	0	+	-	0	+	-
谐波次数	9 次	10 次	11 次	12 次	13 次	14 次	15 次	
相　　序	0	+	-	0	+	-	0	

由表分析，出现在输入供电电网上的谐波电流分量多种多样，按其对电网的"污染"及后接负载的影响将其分为三类：

(1) 正序电流：与 50 Hz 基波分量相似，不同的是由于谐波分量的提高和趋肤效应的加重而产生的高频损耗将加大。

(2) 负序电流：企图迫使位于电网上的电动机负载向反方向旋转，造成电机类负载异常发热。

(3) 零序电流：导致流过输入供电电网的中线电流异常增大，引起导线传导损耗增加和导线发热。

7.5.2 抗干扰措施

1. 干扰电平超标的原因

实际应用中，UPS 的输出干扰可以直接影响负载的工作。有些 UPS 电源即使通过了 EMC 测试，在实际应用时仍可能出现干扰电平超标的现象，其主要原因有：

(1) UPS 的负载大多是开关电源类等非线性负载，此类负载可将其开关干扰传导到其输入端，即 UPS 的输出端。逆变电路元件质量下降，造成上、下臂的阻抗不对称时，引起的共模干扰电平不相等，两者之差转变为差模干扰。另外，逆变电路输出滤波器采用单臂串接电感的方式，某些整流负载为缓和合闸时的冲击电流，而在其输入侧(即逆变电源的输出侧)单臂串接扼流电感，使得两臂阻抗变得不对称。

(2) UPS 与负载的安装位置不合理，比如因现场条件限制使得输入、输出电缆平行敷设且距离很近，导致输入侧的干扰耦合到输出线上，尤其是大功率 UPS 中升压型逆变电路的输入电流较大，噪声耦合现象更加严重。

(3) 当 UPS 输入、输出侧共模滤波电路的接地线接至同一点时，形成了地线环流，输入侧的共模干扰通过输出侧共模滤波电路的接地线耦合到输出端，此时即使再加一级 EMI 滤波器也于事无补。

(4) 用户对地线不按规定连接甚至不接地线，无法给 UPS 提供基准电位和抗干扰能力。另外，有些用户为加强机器散热，随意打开机箱，失掉屏蔽，也是造成干扰的原因之一。

2. 抑制干扰的有效方法

抑制干扰的根本方法是在电路中采取措施，以减少干扰源所产生的噪声。作者通过大量实践，总结出如下几种抑制干扰的有效方法：

(1) 采用合适的缓冲电路网络或软开关方式，降低干扰源的变化速率，使之通过电场、磁场、传导、阻抗耦合的程度变弱。

(2) 减小分布电容(与结构、布线有关)。如桥臂中点及其引线上的电压变化速率最大，应尽量缩短这一段导线，并使其与开关管的散热片都远离机壳，以减少干扰源与机壳之间分布电容，同时避免输入、输出电缆平行敷设。

(3) 为防止出现中线过流，并造成整个供电系统用户负载端的中线电位过高，在 UPS 输出端所用的中线截面积应为相线截面积的 1.2～1.5 倍，绝不能采用传统的 0.25～0.3 倍三相四线制的普通电缆。

(4) 良好的接地处理。对接地点电阻率大的场地，必须采用浸渍和置换两种方法减小电阻率。

(5) 单相整流滤波电路的谐波电流以三次谐波为主，三相 6 脉冲整流滤波电路的谐波电流以五次、七次谐波为主。可针对性地在输入、输出侧均设置特定谐波滤波器，并将这两个滤波器的地线各自分开单独接地，以避免接地的耦合干扰。

7.6　专用电池充电电源设计

7.6.1　电路组成及工作机理

密封电池是高效储能装置，大量应用于 UPS、通信设施等重要供电场合，随着计算机系统及其外部设备的广泛应用，密封电池的需求量也急剧增加。由于其产品的特殊性，密封电池在使用过程中会经常损坏。例如，使用前的不正确充电降低了输出功率；使用中由于设备或人为因素，使电池处于过充电或过放电状态，减少了使用寿命；有的充电装置输出的直流浮充电压上叠加的交流纹波分量过大，导致电池处于"暂时过压充电"状态，内部产生额外温升，使电池极板产生应力，加速电池的损坏。目前，国内使用的密封电池的充电设备大多采用自耦变压器或晶闸管电路，设备复杂，效率不高，充电模式主要沿用恒流恒压直流式。这种模式存在极化作用，尤其是恒压式充电，在开始时的充电电流甚至大于充电曲线所允许的电流值，所以对电池的损坏较大。本节所设计的高频开关电源系统采用多级恒流递减式的新型特殊改进型充电，深度脉冲放电模式工作，既消除了一般恒压充电模式在充电初期所产生的过电流充电问题，又解决了一般恒流充电模式在充电后期所产生的过压充电问题。

高频开关电源工作原理如图 7-15 所示。该系统包括电网滤波电路、整流滤波器、半桥逆变器、高频变压器、高频整流器、LC 滤波等。半桥逆变器中的功率开关管采用 IGBT，具有输入阻抗高、电压驱动控制、容量大、工作频率高等优点。系统选用 BSN150GB1200N2 IGBT 模块，图中用 VT_1、VT_2 表示；用脉冲变压器实现阻抗匹配，起到了电网与用户系统隔离的目的；选用 40 kHz 的工作频率，变压器体积较小，变压器次级滤波用的扼流圈也可做得较小，减小了整个系统的体积和重量；高频整流部分采用快恢复二极管，以减小整流管反向恢复时间对整流输出电压的影响。

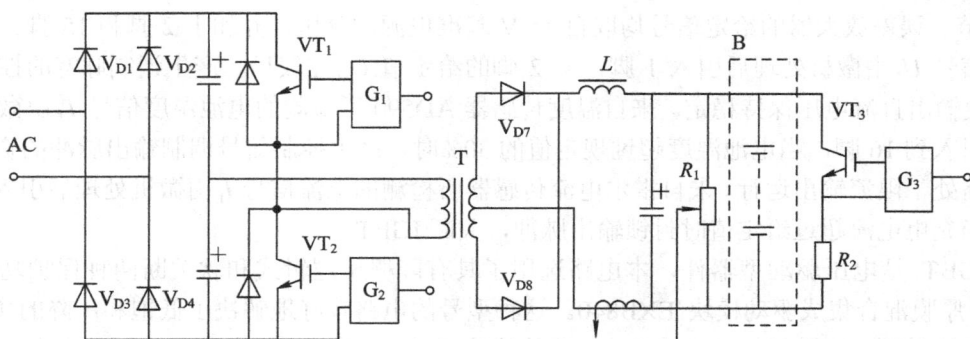

图 7-15　高频开关电源原理图

7.6.2　PWM 控制器电路

PWM 控制器电路的核心是采用专用集成芯片 TL494，原理见图 7-16 所示。通过设计的外接电路，不但可以产生 PWM 信号输出，而且还有多种保护功能。TL494 含有振荡器、

误差放大器、PWM 比较器及输出级电路等部分。OSC 振荡频率由外接元件 R、C 决定，表达式为

$$f_{\mathrm{OSC}} = \frac{1.1}{RC} \tag{7-12}$$

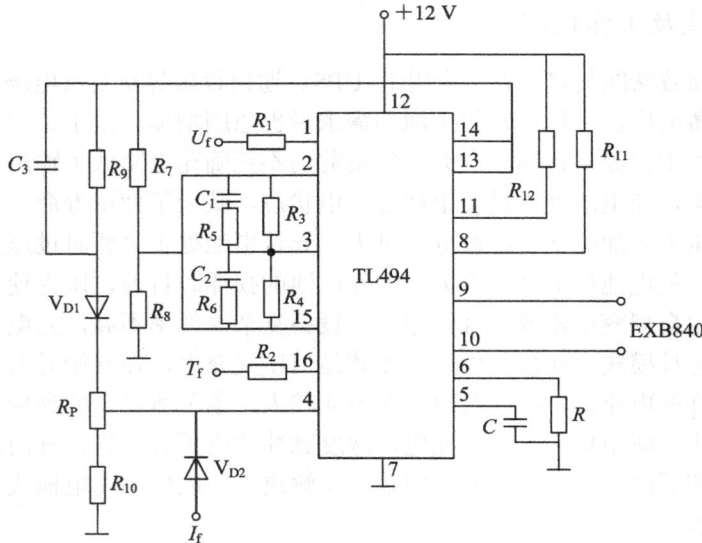

图 7-16　　TL494 接线图

f_{OSC} 可选定 1～200 kHz 之间，本电路选用 $f_{\mathrm{OSC}}=40$ kHz。TL494 内部的稳压电源将外部供给的 +12 V 电压变换成 +5 V 电压，除提供芯片内部电路作电源外，并通过 TL494 的 14 脚对外输出 +5 V 基准电源。13 脚为输出脉冲控制端，当 13 脚接地时，输出脉冲最大占空比为 96%，当接高电位时，最大占空比为 48%。TL494 输出脉冲的宽度调节由振荡器电容 C 两端的正向锯齿波和两个控制信号相比较来实现。只有锯齿波电压高于控制信号时，才会有脉冲输出，内部两个误差放大器及外接电阻、电容构成电压和电流反馈调节器，都采用 PI 调节。误差放大器的给定信号均取自 +5 V 基准电源的分压，并加于 2 脚和 15 脚。反馈电压信号 U_{f} 由微机处理后引入 1 脚，与 2 脚的给定值 U_{G} 比较后，产生调制脉宽的控制信号，使输出直流电压保持稳定。来自温度传感器 AD590 所检测的电池温度信号 T_{f} 由微机处理后引入到 16 脚，当电池温度超过规定值的 30% 时，产生控制信号调制输出脉冲的宽度，使电路处于限流输出运行。来自霍尔电流传感器所检测的电流信号 I_{f} 由微机处理后引入到 4 脚，当充电电流超过给定值时封锁输出脉冲，关断 IGBT。

IGBT 是电压驱动型器件，本电路选用了具有降栅压逻辑式和软关断两种保护功能的 IGBT 厚膜混合集成驱动模块 EXB840。这种型号的电路较好地解决了低饱和压降的 IGBT 短路保护问题，能满足 IGBT 对驱动电路的特殊要求，保证 IGBT 能可靠开通和关断，且电路简单，工作频率高，输入控制信号电流为 10 mA。以 EXB840 为核心构成的驱动电路中，驱动模块 EXB840 的电源为 +20 V，在模块内部将 20 V 电压变换为 +15 V 和 −5 V 两种电压，供 IGBT 栅、射极导通时所需正偏电压和关断时所需的负偏压。TL494 输出的 PWM 脉冲从 9 脚或 10 脚送至 EXB840 的 15 脚。EXB840 驱动模块从 3 脚和 1 脚输出正、负驱动脉冲至 IGBT 的栅、射极之间，开通和关断 IGBT。

7.6.3　监控系统设计

监控电路是以 8098 单片机为核心的控制器，具有体积小、重量轻、功率大、智能度高、输出电压可自动调整等特点。监控电路的功能是监控系统高频开关电源的工作状况并进行智能管理，包括电压调整、电池检测、模块限流、故障判断及报警、参数及状态显示等，同时可通过串行口进行远程通信。监控系统硬件框图如图 7-17 所示。控制器可输入 10 个模拟量，包括可采样交流输入电压、输出充电电压、充电电流、电池端电压、电池温度等。基于 8098 单片机仅有 4 个 A/D 转换通道，故增加两片 4051 芯片为多路转换电路开关，上述各模拟量传感器变换后送 4051 输入通道，4051 的输出端连至 8098 芯片的模/数转换口，由软件控制 4051 各通道的通/断控制采样，通过调理获得模拟量数值。利用 8098 芯片的输出端产生控制信号，经放大后送至 TL494 电源控制模块控制端，输出 PWM 信号对 IGBT 驱动模块 EXB840 进行控制，达到控制充电电压及充电电流的目的。

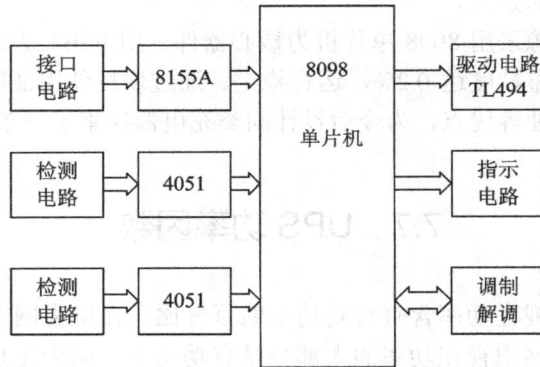

图 7-17　监控系统硬件框图

辅助电路选可编程芯片 8155A 为接口电路，处理键盘信号、开关输入信号、冷却风扇故障信号以及输出继电器、指示灯和蜂鸣器等，所有输入、输出信号均经过光电隔离，以提高系统抗干扰能力。系统显示部分采用 DMET250D 数字式多参量指示仪表，具有 RS485 数字通信接口，可通过 8098 单片机的 TXD、RXD 口，由 MODEM 接入电话网，进行远程通信。

监控系统软件采用树状分支结构，以适应显示参数较多的要求。开机初始化后，显示三个主要的参数值(充电电压、充电电流电压、电池温度)，并且参数数值实时刷新。当需要设置或查看系统有关参数等其他信息时，按"设置"键可进入主菜单选项页面，通过"↑"和"↓"键移动光标，分别选择电压、电流、温度、充电模式、工作时间等状态，根据要求进行参数设置。按"回车"键确认输入数据，可进入程序运行。运行中依据误差给出控制信号，调整 TL494 的输出，进而控制 IGBT 导通状态，改变输出电压。若设备运行出现故障，则蜂鸣器报警，显示器闪烁发出故障信号，操作人员通过按"故障"键进入故障追踪操作，查找故障内容；故障处理程序将故障内容编号、故障发生时间等保存。为了便于参数调试，专门设计有一子程序用于计算 A/D 转换的系数，通过在线修改这些系数值，使显示的电压、电流值与实际值相符。程序设计采用有效、实用的模块设计方法，模块间相互独立，所用到的辅助单元均有压栈保护。参数修改实际上只是修改对应二进制数转换的 10 个辅助单元中的十进制数值，同时连续显示出来。

7.6.4 通信功能

通信功能主要利用 8098 单片机的串行数据传输口功能来保证远程控制。软件运行时对串行口初始检测，若有数据中断，判断为上位机通信请求则发出应答信号，然后根据上位机的控制字，先接受数据，将上位机发来的系统设置参数作奇偶校验后传入系统参数设置单元，程序运行后再由软件刷新设定值。发送时，将系统监测的电池电压、充电电流、电池温升等数据向上位机传送。为防止受到干扰，在上位机和单片机之间的通信数据除作奇偶校验外，还规定了若干种限制，以保证通信数据的准确性。例如，在通信数据中添加有特定的限制字符；上、下位机中的软件要对传输数据作统一的上下限幅，一旦发现有数据越限，即认定传输数据无效。在编制接收程序时应注意处理接收时间的溢出，以适应上位机与下位机速度不匹配的条件。

本节设计的充电电源采用 8098 单片机为核心器件，用 IGBT 为功率元件，满足了充电性能指标要求，电压调整精度达 0.2%，运行稳定。通过现场使用证明，该充电电源具有体积小、效率高、使用简便等优点，为今后设计同类充电器探索了一条新途径。

7.7 UPS 功率因数

功率因数指设备的视在功率含有有功功率的百分比。在电力网运行中，要求功率因数越大越好，这意味着电网中视在功率的大部分是有功功率，减少无功功率的消耗。设备功率因数的高低，对于电力系统设备的充分利用有着显著的影响。提高电源的功率因数，既发挥设备的设计能力，减少损失，改善电压质量，又提高用户用电设备的工作效率和为用户本身节约电能。其社会效益及经济效益都会非常显著。

7.7.1 整流电路的理想状态

UPS 和其他电力电子设备一样，希望其整流电路处于理想状态。以单相电源为例，设网压无谐波且可表示为

$$u_N = U_{Nm} \sin \omega t \tag{7-13}$$

则网侧电流应为

$$i_N = I_{Nm} \sin \omega t \tag{7-14}$$

上式表明，电流 i_N 也无谐波且与 u_N 同相，因为在非正弦电路中，网侧功率因数 λ 定义为

$$\lambda = \frac{\sum_{n=1}^{\infty} P_n}{S} = \frac{P_1 + \sum_{n=2}^{\infty} P_n}{S} \tag{7-15}$$

式中：P_1 是基波有功功率；S 是表观功率。

根据网压 u_N 无谐波的设定, 式(7-15)中所有谐波有功功率应为零, 即 $\sum\limits_{n=2}^{\infty} P_n = 0$, 式(7-15)可改写为

$$\lambda = \frac{P_1}{S} \tag{7-16}$$

对于单相电路:

$$P = UI_1 \cos\phi_1 \tag{7-17}$$

$$S = UI = U_1 I_1 \tag{7-18}$$

式中: U 和 I_1 是电压、电流有效值(均方根值); ϕ_1 是 u_{N1} 和 i_{N1} 间的移相角。

将式(7-17)和式(7-18)代入式(7-16), 有

$$\lambda = \frac{I_1}{I} \cos\phi_1 = \mu\cos\phi_1 \mid_{\mu = I_1/I} \tag{7-19}$$

式(7-19)表明, 网侧功率因数 λ 是基波位移因数 $\cos\phi_1$ 和电流正弦因数 μ 的乘积, 而 μ 可表示为

$$\mu = \frac{I_1}{I} = \frac{I_1}{\sqrt{I_1{}^2 + \sum\limits_{n=2}^{\infty} I_n{}^2}} = \frac{I_1}{\sqrt{1 + THD^2}} \tag{7-20}$$

式中, $THD = \sqrt{\sum\limits_{n=2}^{\infty} \left(\dfrac{I_n}{I_1}\right)^2}$, THD 指电流总谐波含量。

式(7-20)表明, THD 值越低, 则 μ 值越高, 若接向电网的电力电子装置可用线性阻抗等效, 则电流无谐波分量, 即 THD = 0, $\mu = 1$, 则

$$\lambda = \cos\phi_1 \mid_{\mu=1} \tag{7-21}$$

式(7-21)表明, 在正弦电路中, 网侧功率因数 λ 可用基波位移因数 $\cos\phi_1$ 表示; 若电力电子装置可用线性电阻等效, 则式(7-19)可写成

$$\lambda = 1 \mid_{\mu=1, \phi_1=0} \tag{7-22}$$

由此可见, 所有网侧功率因数校正技术(PFC)是围绕网侧电流正弦化和等效电阻线性化展开的。当 $\lambda = 1$ 时, 电网仅对整流电路提供有功功率。

对于三相电路, 若电路对称, 则有

$$P_1 = 3U_{a1} I_{a1} \cos\phi_1 \tag{7-23}$$

$$S = 3U_a I_a \tag{7-24}$$

式中: U_{a1} 为相电压基波有效值; I_{a1} 为相电流基波有效值; U_a 为相电压有效值; I_a 为相电流有效值。

将式(7-23)和式(7-24)代入式(7-16)有:

$$\lambda = \frac{P_1}{S} = \frac{I_{a1}}{I_a}\cos\phi_1 = \mu\cos\phi_1 \bigg|_{U_a=U_{a1}} \tag{7-25}$$

式(7-25)表明, 三相对称交流电路, 其网侧功率因数与单相电路相同, 在网压为正弦条件下, 仍可表示为 μ 和 $\cos\phi_1$ 的乘积。

理想整流电路的工作状态为:

(1) 网侧功率因数 $\lambda = 1$。

(2) 输出电压 $u_o \equiv U_o$(电压型)或输出电流 $i_o \equiv I_o$(电流型)。

(3) 具有双向传递电能的能力。当电网向负载传送电能时, 电路工作于整流状态, 输出功率 $P_o > 0$; 当有源负载(如直流电动机)向电网反馈电能时, 电路工作于有源逆变状态, 输出功率 $P_o < 0$。具备上述能力的电压型整流电路, 其出端电流平均值必定可逆, 电路可工作于电流双象限; 具备上述能力的电流型整流电路, 其出端电压平均值必定可逆, 电路可工作于电压双象限。

(4) 能实现输出电压的快速调节以保证系统有良好的动态性能。

(5) 具有较高的功率密度。

(6) 整流电路无内耗, 即电路中所有元器件均无损耗。

7.7.2 相控整流电路存在的问题

1. 网侧功率因数低

由相控整流电路分析可知, 在输出电流连续并忽略换流过程时有

$$\cos\phi_1 = \cos\alpha \tag{7-26}$$

式中, α 是滞后控制角。

式(7-26)表明, 移相角 ϕ_1 越大, 相应的网侧功率因数也很低, 即在输出有功功率降低的同时, 电路向电网吸取的基波无功功率 Q_1 却随之增大。Q_1 可表示为

$$Q_1 = U_1 I_1 \sin\phi_1 = U_1 I_1 \sin\alpha \tag{7-27}$$

网侧功率因数低的现象也存在于不控整流电路。例如, 为提高电路功率密度, 实现产品小型、轻量化, 目前小容量开关电源普遍采用不控整流加电容滤波的输入电路, 由于负载的非线性特性, 网侧电流已严重失真, 经测算其电流正弦因数 $\mu = 0.6 \sim 0.7$。因此尽管位移因数 $\cos\phi_1$ 较高, 但网侧功率因数 $\lambda = 0.5 \sim 0.6$, 由于上述开关电源是量大面广的产品, 对电网的危害并不亚于相控整流电路。

2. 谐波电流对电网的危害

相控整流电路电流严重畸变, 包含了大量谐波。对脉波数为 a_m 的相控式理想化整流电路分析可知, 在电流连续平滑并忽略换流过程影响时, 网侧电流的 n 次谐波幅值 I_{nm} 可表示为

$$I_{nm} = \frac{I_{1m}}{n} \tag{7-28}$$

式中，$n = a_m k \pm 1$ $(k = 1,\ 2,\ 3\cdots\cdots)$，$I_{1m}$ 为基波幅值。

设 $a_m = 6$ 的三相整流电路在上述条件下，其网侧相电流 i_{Na} 可表示为

$$i_{Na} = I_{1m}\left(\sin \omega t - \frac{1}{5}\sin 5\omega t - \frac{1}{7}\sin 7\omega t + \frac{1}{11}\sin 11\omega t + \frac{1}{13}\sin 13\omega t\right) \tag{7-29}$$

上式表明，网侧电流包含各次谐波，它们不仅使网侧功率因数下降(导致发电、配电及变电设备的利用率降低、功耗加大和效率下降)，还使线路阻抗产生谐波压降，使原为正弦的网压也产生畸变；谐波电流还使线路和配电变压器过热，高次谐波还会使电网高压电容过电流、过热以至损坏。谐波不仅危害电网，还可对网间各种负载造成不良影响，诸如电动机、变压器和继电器等。此外，谐波对通信系统的干扰会引起噪声，降低通信质量等。

3．难以实现快速调节

传统的 SCR 相控整流电路具有较大惯性，因而难以对外扰作出快速反应。其惯性来自两方面：

(1) 整流电路自身因 SCR 在导通后就失控，对于三相桥式电路，相邻两转换点时间为 3.3 ms，故时滞在 0～3.3 ms 间随机分布。

(2) 为了抑制出端谐波，附加输出滤波器。由于滤波元件参数较大，不仅增加电磁惯性，而且降低功率密度。

7.7.3　决定功率因数的主要因素

功率因数的产生主要是因为交流用电设备在其工作过程中，除消耗有功功率外，还需要无功功率。当有功功率 P 一定时，如减少无功功率 Q，功率因数便能够提高。在理想条件下，当 $Q = 0$ 时，则功率因数 = 1。因此，提高功率因数问题的实质就是减少用电设备的无功功率需要量。

1．耗用无功功率的主要设备

耗用无功功率的主要设备是异步电动机和电力变压器。由异步电动机的构造可知，定子与转子间的气隙是异步电动机需要无功的主要原因。异步电动机所耗用的无功功率是由其空载时的无功功率和一定负载下无功功率增加值两部分所组成。所以要增加异步电动机的功率因数就必须提高负载率，防止电动机的空载运行。

变压器消耗的无功功率主要为空载无功功率，和负载率的大小无关。因而，为了提高电力系统和企业的功率因数，变压器不应空载运行或长期处于低负载运行状态。

2．使用大量电力电子装置

采用电力电子装置是变换电路形态，提供多种使用电能的手段。但是电力电子装置的广泛应用使电网的谐波污染和低功率因数问题日益严重，影响了供电的质量。因此，对电网谐波采取有效抑制并对无功功率进行动态补偿已成为重要的研究方向。

3．供电电压超出规定范围

当供电电压高于额定值的 10%时，由于磁路饱和的影响，无功功率将增长得很快。据有关资料统计，当供电电压为额定值的 110%时，一般用户的无功将增加 35% 左右；当供电

电压低于额定值时，无功功率也相应减少而使它们的功率因数有所提高。但供电电压降低会影响电气设备的正常工作，所以，应当采取措施使电力系统的供电电压尽可能保持稳定。电网频率的波动也会对异步电机和变压器的磁化无功功率造成一定的影响。

　　以上所述是影响电力系统功率因数的主要因素，可有针对性地实现一些行之有效的、能够使电力网功率因数提高的一些实用方法，使低压网能够实现无功的就地平衡，达到降损、节能的效果。提高功率因数可在不添置任何补偿设备的情况下，采用降低各用电设备所需的无功功率，减少负载取用无功，从而提高工矿企业功率因数的方法，它不需要增加投资，是最经济的提高功率因数的方法。可以采用以下措施有效提高功率因数：

　　(1) 合理选用电动机，充分利用电动机的过载能力。合理选用电动机的型号和容量，使其接近满载运行。避免电动机长期处于低负载下运行，造成既增大功率损耗，又降低功率因数的后果。

　　(2) 选用同步电动机。同步电动机消耗的有功功率取决于电动机上所带机械负荷的大小，而无功取决于转子中的励磁电流大小。在欠激状态时，定子绕组向电网"吸取"无功；在过激状态时，定子绕组向电网"回送"无功。因此，只要调节电机的励磁电流，使其处于过激状态，就可以使同步电机向电网"送出"无功功率，减少电网输送给工矿企业的无功功率，从而提高功率因数。

　　(3) 功率因数补偿。电网仅仅依靠提高自然功率因数的办法不能满足用户对功率因数的要求，用户自身需加装补偿装置，以对功率因数进行补偿和提高。

7.7.4　功率因数的提高

1. 静止无功补偿

　　感性负载比较多时，从供电系统吸取的无功是滞后(负值)功率，如果用一组电容器和感性负载并联，电容需要的无功功率是引前(正值)功率，如果电容 C 选得合适，令 $Q_C + Q_L = 0$，这时用户已不需向供电系统吸取无功功率，功率因数为1，达到最佳值。静止无功补偿装置原理图如图7-18所示。

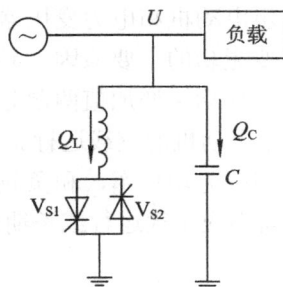

图7-18　静止无功补偿装置原理图

　　并联补偿移相电容器补偿容量的确定，应满足以下电压和容量的要求：
$$U_N \geq U_C, \quad nQ_N \geq Q_C \tag{7-30}$$
式中：U_N 为电容器的额定电压(kV)；U_C 为电容器的工作电压(kV)；n 为并联的电容器数量；Q_N 为电容器的工作容量(kVAR)；Q_C 为电容器的补偿容量(kVAR)。

　　这种传统的无功补偿方法属无源滤波技术，该无源滤波器与需补偿的非线性负载并联，为谐波提供一个低阻通路的同时也提供负载所需要的无功功率。虽然无源滤波器具有简单、方便的优点，但它存在如下不足：

(1) 只能抑制固定的几次谐波，并对某次谐波在一定条件下会产生谐振而使谐波放大。

(2) 只能补偿固定的无功功率，对变化的无功负载不能进行精确补偿。

(3) 其滤波特性受系统参数影响大，并且其滤波特性很难与调压要求相协调。

2．APF 与动态无功功率补偿

APF(有源电力滤波器)的定义是：将系统中所含有害电流(高次谐波电流、无功电流及零序和负序电流)检出，并产生与其相反的补偿电流，以抵消输电线路中有害电流的半导体变流装置。APF 在检测系统的控制下将直流电能转化为抵消有害电流所需要的能量，或者说，APF 所产生的电流波形正好与有害电流的频率幅值完全相同，而相位正好相差 180°，从而达到了补偿有害电流的效果。作为一种用于动态抑制谐波、补偿无功的新型电力电子装置，APF 能对大小和频率都变化的谐波以及变化的无功进行实时补偿。

对于用电容量大、负载大小剧烈变化并具有电网冲击性的用电企业，应采用动态无功功率补偿。新型动态无功功率补偿设备具有稳定系统电压、改善电网运行性能、动态补偿反应迅速、调节性能优越等优点。利用功率开关的 APF 是一种有效方法。与无源滤波器相比，APF 具有高度可控和快速响应特性，并能跟踪补偿各次谐波，自动产生所需变化的无功功率，其特性不受系统影响，无谐波放大危险，且体积和重量较小，因而已成为电力谐波抑制和无功补偿的重要手段。

下面以典型 APF 补偿装置为例说明工作过程。

由补偿理论可知，电力电子器件随着容量的增大，其所容许的开关频率越来越低，而较低的开关频率又直接影响到补偿效果，所以当谐波滤波器用于大容量谐波补偿时就面临着器件开关频率与容量之间的矛盾。为解决大容量谐波滤波器所用的开关器件的容量和开关速度之间的矛盾，大容量滤波器的实现有多种方案可供选择，通过作者的研究和实验认为，多台独立的小容量滤波器并联使用，有独到的优点，尤其对具有电流源性质的设备更具有优越性。补偿控制电路原理如图 7-19 所示。

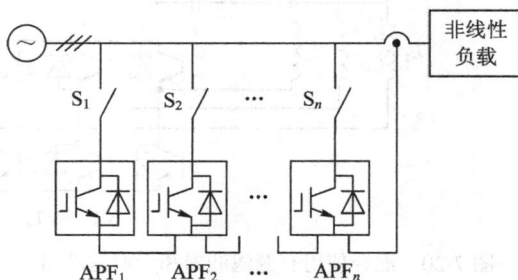

图 7-19　补偿控制电路原理

有源滤波器 APF 以 PWM 变流器为主电路，以一定的开关频率控制桥中的半导体开关器件，使电源电流正弦波化，同时因无须测量负荷的瞬时功率，使得瞬时无功功率得到有效的补偿。微机系统在一个工频周期内对负载电流采样，处理后将数字信号模拟输出，利用电流跟踪控制输出电流补偿指令，驱动主电路的 APF 通过电网向负载端注入与谐波和无功大小相等、方向相反的电流，抑制和补偿负载产生的谐波和无功功率。其中每台 APF 装置有独立的主电路和控制电路，装置的控制和补偿由其自身来完成。为了协调每台滤波器装置之间的工作情况和控制各自功率输出，每台滤波器装置上设计有一控制电路，通过微机监测自身的工作情况、传递负载电流信号和协调各自的输出功率。由于每台滤波器装置相对独立，即使其中某个出现故障时，不会影响整个滤波器系统工作。整台设备由微机监控，集谐波测量、滤波器投入/切除控制、器件保护等功能于一体，其功能齐全、通用性强。

AFP 的研究和设计包括以下主要内容：

(1) 补偿容量的计算。

有源电力滤波器容量取决于其自身母线电压有效值与补偿电流有效值的乘积。如果同时补偿谐波和无功，装置容量由要求的谐波组成及要求补偿的无功程度共同决定。只补偿谐波时，有源电力滤波器的补偿电流与负载电流的谐波分量大小相等而方向相反。

(2) 控制方式。

有源电力滤波器的控制可采用模拟和数字相结合的控制方式，特别在电流反馈控制的时候，模拟控制方式优于数字控制方式。当有源电力滤波器用于大容量谐波补偿时，将面临着器件开关频率与容量之间的矛盾。可以采用多台小容量有源电力滤波器并联，每个 APF 有独立的主电路和控制电路，APF 的控制和补偿由其自身来完成。

(3) 有源滤波器和无源滤波器结合使用。

将 APF 与无源滤波器并联使用，合理分担补偿需求，可使 APF 容量减小。但由于并联无源滤波器的影响，负荷的等效谐波阻抗将减小，因此要求无功补偿电容器安装在有源滤波器的电网侧外，还应对 APF 和无源滤波器的投入和切除进行特殊考虑，电路如图 7-20 所示。

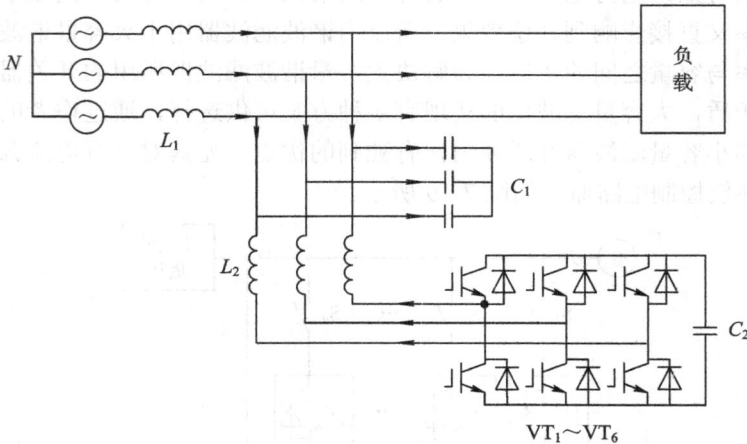

图 7-20　混合使用有源滤波器和无源滤波器

3. 无功补偿的效益

电网中无功补偿设备的合理配置，与电网的供电电压质量的关系十分密切，合理安装补偿设备可以改善电压质量。负荷$(P + JQ)$电压损失 ΔU 简化计算公式为

$$\Delta U = \frac{PR + QX}{U} \tag{7-31}$$

式中：U 为线路额定电压(kV)；P 为输送的有功功率(kW)；Q 为输送的无功功率(kVAR)；R

为线路电阻(Ω)；X 为线路电抗(Ω)。

安装补偿设备容量 Q_C 后，线路电压降为 ΔU_1，计算如下：

$$\Delta U_1 = \frac{PR + (Q - Q_C)X}{U} \tag{7-32}$$

很明显，$\Delta U_1 < \Delta U$，即安装补偿电容后电压损失减小了。由式(7-31)和式(7-32)可得接入无功补偿容量 Q 后电压升高值：

$$\Delta U - \Delta U_1 = \frac{Q_C X}{U} \tag{7-33}$$

在靠近线路末端，线路的电抗 X 越大。由上式可知，越靠近线路末端装设无功补偿装置效果越好。

7.7.5 滞环电流变换器及其在 PFC 中的应用

1. 滞环电流变换器控制原理

提高电源设备的功率因数是充分利用电网能量的有效途径。在不同的功率变换器系统中，滞环控制属于闭环电流跟踪控制方法。滞环电流控制最初用于控制电压型逆变器的交流电流输出，是最简单的电流控制方式。采用滞环控制可以使网侧功率因数为 1，且不产生无功和谐波电流。图 7-21 为滞环电流控制的电路原理图。

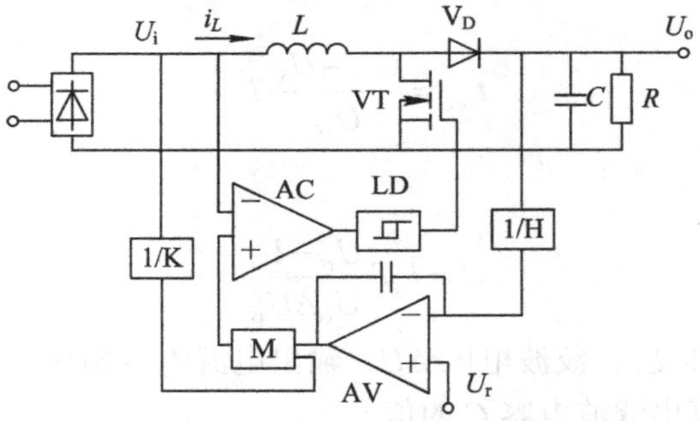

图 7-21 滞环法控制电路原理图

滞环电流控制同时兼有两种功能：① 作为电流调节器；② 实现 PWM 调节器的功能，可以获得很宽的电流频宽。

滞环控制无需外加调制信号，检测的电流是电感电流。控制电路设有一个滞环逻辑控制器 LD，其特性和继电器特性类似，有一电流滞环带。滞环带的带宽决定了电流纹波的大小，它可以取固定值，也可以与瞬时平均电流成比例。滞环电流控制的特点是：控制方式简单、动态响应快、具有内在的电流限制能力。

在滞环电流控制系统中，外环的作用是为滞环控制单元提供瞬时电流参考信号 i，作为滞环逻辑控制器 LD 的输入，通过与实际电感电流反馈信号进行比较，产生对应的开关驱动脉冲信号。电流的检测通过霍尔电流传感器完成。在 VT 导通状态下，电感电流 i_L 近似直线上升，当达到预定的滞环带上限时，LD 的输出由负跃变为正，驱使开关元件关断，导致电感电流开始衰减；类似地，随着电流减至滞环带下限，开关元件又转为导通状态，如此循环，迫使电感电流跟踪参考电流的变化。换言之，即电感电流将限定在以参考电流为中心的滞环带之中，如图 7-22 所示。

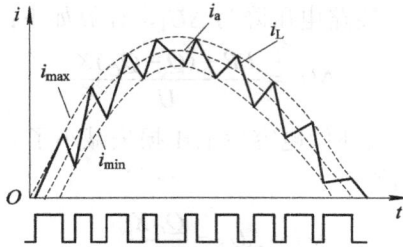

图 7-22 滞环法控制电流波形图

2. 输出滤波电容 C 的计算

电路中储能元件 L 和 C 的参数选择，是滞环控制系统设计的一个重要内容，只有正确的计算方法，才便于系统工作的稳定。以下从滞环电流控制的物理过程出发，分析影响储能元件参数的主要因素，推导有关储能元件参数计算公式。

稳压电源达到稳态后，输出电压稳定在某一恒定值 U_o。当要求纹波为 ΔU_o，直流输出电流为 I_o 时，在 VT 导通期间全部负载都由 C 供电。C 的选择取决于下式：

$$C = \frac{I_o t_{on}}{\Delta U_o} \tag{7-34}$$

由于

$$t_{on} = \frac{U_o - U_i}{U_o} T \tag{7-35}$$

故有

$$C = I_o T \frac{U_o - U_i}{U_o \Delta U_o} \tag{7-36}$$

对于给定的输出电压 U_o、纹波电压 ΔU、输出电流 I_o 等指标，在确定了输入电压 U_i 和工作频率 f 后，就能计算出滤波电容 C 的值。

3. 储能电感 L 的计算

在 t_{on} 期间，VT 导通，C 供给负载的电流为 I_o；而在 t_{off} 期间，VT 截止，电感 L 中的感应电势是右端为正，二极管 V_D 导通，电感储存的磁能经二极管 V_D 后，一部分供给负载电流 I_o，另一部分补充在 t_{on} 期间电容 C 给负载供电所损失的电荷 $Q = CU_o$。设在 t_{on} 期间，C 上的电压下降值为

$$\Delta U_{C-} = \frac{I_o t_{on}}{C} \tag{7-37}$$

而在 t_{off} 期间，C 上电压上升值为

$$\Delta U_{C+} = \frac{1}{C} \int_0^{t_{off}} I_o \, \mathrm{d}t \tag{7-38}$$

在稳态时，两者的 V-S(伏秒)面积平均值必须相等，故有

$$\Delta U_{C-} = \Delta U_{C+} \tag{7-39}$$

因此有

$$\int_0^{t_{off}} I_o \mathrm{d}t = I_o t_{on} \tag{7-40}$$

在 t_{off} 期间流入 C 的实际电流是电感电流和负载电流之间的差值。电感电流包括直流平均值及纹波分量。忽略电路内部损耗，有

$$U_i I_i = U_o I_o \tag{7-41}$$

故有

$$I_L = I_o \frac{U_o}{U_d} = I_o \frac{T}{t_{off}} \tag{7-42}$$

由于电流的纹波分量是三角波，在 t_{on} 期间，L 上的电压为 U_i，电流增量为

$$\Delta I_{L+} = \frac{U_i t_{on}}{L} \tag{7-43}$$

在 t_{off} 期间，L 上的电压极性反向，电流线性下降，电流减量为

$$\Delta I_{L-} = \frac{(U_o - U_d)t_{off}}{L} \tag{7-44}$$

在稳态时，t_{on} 期间 L 中电流增量应等于 t_{off} 期间电流的减量，即

$$\Delta I_{L+} = \Delta I_{L-} \tag{7-45}$$

为防止电感饱和，同时也减少 L 中的峰值电流、电压和损耗，选择 ΔI 值应考虑电感的峰值电流不大于最大平均直流电流的 40%，因此取：

$$\Delta I = \frac{U_i t_{on}}{L} = 1.4 I_i \tag{7-46}$$

则电感 L 为

$$L = \frac{U_i t_{on}}{1.4 I_i} \tag{7-47}$$

由式(7-41)得

$$I_i = \frac{U_o I_o}{U_i} \tag{7-48}$$

将式(7-35)、式(7-48)代入式(7-47)得

$$L = \frac{U_i^2 T(U_o - U_i)}{1.4 U_o^2 I_o} \tag{7-49}$$

因此在给定了输出电压 U_o、输出电流 I_o、输入电压 U_i 和开关频率 f 等电源指标后，就可用式(7-49)方便地求出电感值。

为验证以上结论，用仿真软件 MATLAB 5.3 进行原理仿真，其参数为：输入电压为 $U_i = 300\,\mathrm{V}$，输出电压为 $U_o = 400\,\mathrm{V}$，开关频率为 $f = 100\,\mathrm{kHz}$，输出电流为 $I_o = 2\,\mathrm{A}$，选择纹波系数为 $\gamma = 0.01\%$。根据式(7-36)和式(7-49)，计算出电容 C 和电感 L 分别为 125 μF 和

0.2 mH。实测输入端功率因数为 0.987，与理论值有微小差别，其原因是电路损耗及误差的影响。图 7-23 是变换器的输入电压、电流波形图。

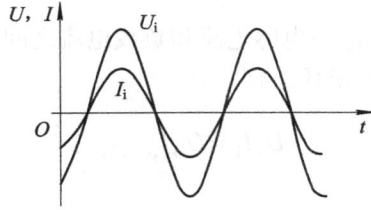

图 7-23　输入电压、电流波形图

　　本节对滞环电流变换器的功率因数校正功能进行了分析，推导了变换器主要储能元件的计算公式，提出的公式原理简单、计算方便。该原理对三相滞环变换器同样适用。

思考与复习

1. UPS 的主要电路形式有哪些？
2. UPS 的主要技术指标是什么？
3. 说明 UPS 的维护要点。
4. 如何实现电能的双向变换？
5. 功率因数的意义是什么？
6. 提高电源的功率因数的方法有哪些？

第 8 章　多电平直流变换

直流变换器用途广泛，一般分为 Buck、Boost、Buck-Boost、Cuk、Sepic、Zeta 等六种基本类型。尽管直流变换器结构简单，但由于开关管电压应力的限制，只能在中、小功率开关电源中得以应用，不适合在输入/输出电压较高的场合应用。把三电平变换技术应用于上述六种变换器中，提高变换器的输入/输出电压，拓宽其应用范围，是本章研究的内容之一。若再推广到中、小功率的推挽式直流变换器和全桥变换器等，变换效率可以更高。三电平拓扑变换的关键在于用两只串联的开关管替代原来的一只开关管，使得开关管的电压应力仅为原来电压应力的一半，达到对开关管的电压应力要求降低的效果。直流变换器是一种常用的电力变换器，将三电平拓扑变换方法应用在直流变换器，对多种直流变换器的结构进行改进是极有意义的工作。本章将根据前述的变换过程推导出基本的直流变换器三电平拓扑变换方法，可应用于不同的变换电路。

8.1　多电平变换的基本原理

8.1.1　多电平变换器的特点

现有的电力电子开关器件无法满足其功率与开关频率之间的矛盾，往往功率越大，耐压越高，开关频率越低。为了设计高频、高压、高性能和低 EMI 的大功率变换器，必须将高性能开关器件、主电路拓扑以及变换器所在系统的控制策略进行综合考虑，以寻找合理的解决方案。为此人们进行了大量的研究和探索，提出了多种中、高压大功率变换器的解决方案，如功率器件串/并联技术，功率变换器的串/并联，多重化技术以及组合变换器相移等。多电平结构成为其中一种具有代表性和较为理想的解决方案。

多电平变换器具有以下突出特点：

(1) 主电路中的每个开关器件仅承受部分的直流母线电压，可以采用较低耐压的器件的组合来实现高压大功率输出，且无需动态均压电路。

(2) 输出电压电平数的增加改善了输出电压波形，减小了输出电压波形的畸变。

(3) 相同的直流母线电压条件下，du/dt 应力减小。若在中、高压大电机驱动中应用，可有效防止电机绕组绝缘击穿，并改善变换器装置的 EMI 特性。

(4) 以较低的开关频率获得与高开关频率下两电平变换器类似的输出电压波形，开关损耗较小，效率高。

8.1.2　多电平变换器主电路拓扑结构

三电平结构的提出为研制高压大功率变换器提供了新的途径。通过改进变换器电路的结构，即增加输出电路电平数的方法减小 du/dt 和 EMI，从而减小输出电压中的谐波和开关损耗，提高变换器的输出电压和输出功率。将现有多电平变换器按主电路拓扑结构来区分，可以分为以下三种基本的拓扑结构。

1. 二极管钳位型电路(Diode-clamped)

在电压型变换器中，传统应用的是两电平逆变电路，即通过控制开关器件的导通和关断，在输出端将正、负端电压分别引出。三电平电路对原有两电平电路拓扑结构进行改进，在开关器件耐压水平不变的条件下，可获得更多电平的电压输出。三相三电平电路的某一相桥臂电路如图 8-1 所示。直流侧通过两个串联的电容将输入电压 U_{in} 分为三种电平，中点 O 为零电平；功率变换部分采用 4 个带有反并二极管 $V_{D1} \sim V_{D4}$ 的开关管 $VT_1 \sim VT_4$ 串联构成，并有两个钳位二极管 V_{D11}、V_{D12} 与内侧开关管 VT_2、VT_3 并联，中心点和直流侧电容的中点相连实现中点钳位，形成中点钳位变换器结构，也称为 NPC(Neutral Point Clamped)电路。

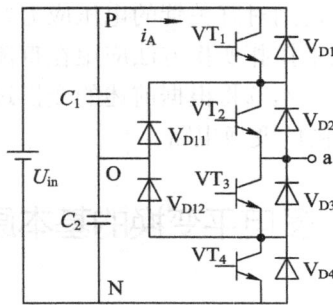

图 8-1　中点钳位型(NPC)三电平单相电路

图 8-1 所示变换器中的功率开关管由于二极管的钳位作用，所承受的电压是直流侧电压的 1/2，因此开关过程的电压应力 du/dt 减小，这种特性导致利用低压器件实现高压大功率变换成为可能。同时由于输出的相电压为三电平，使得输出的高次谐波比两电平变换器也大大降低。NPC 逆变器输出电压有 $+U_{in}/2$、0、$-U_{in}/2$ 三种电平，故称之为三电平逆变器。显然，NPC 逆变器的输出电压的谐波成分比传统的单相逆变器电路要小。对于每一种开关组合来说，由于钳位二极管的作用，每个关断的开关管均仅承受一半的输入直流母线电压，这与开关管串联技术相比，避免了动态电压的均压分配问题。图 8-2 所示为 NPC 逆变器与传统的逆变器的单相输出电压波形对比。由图可见，前者输出更接近正弦波。

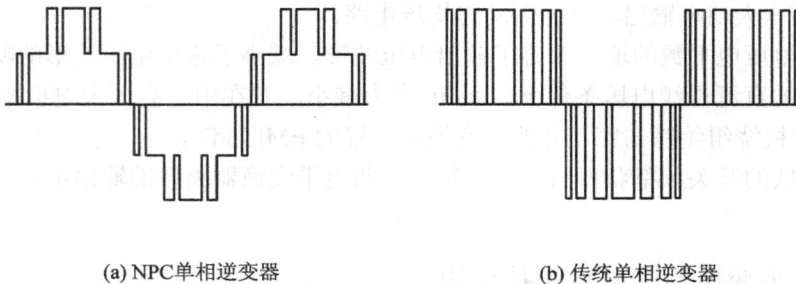

(a) NPC单相逆变器　　　　　　　　　　(b) 传统单相逆变器

图 8-2　两种逆变器输出电压波形对比

若要得到 n 电平，需将直流分压电容增为$(n-1)(n-2)/2$ 个，每 $n-1$ 个串联后分别跨接在正、负半桥臂对应开关器件之间进行钳位，再根据与三电平类似的控制方法进行控制即可。

NPC 变换和其他几种技术相比具有以下特点：

(1) 每个功率开关器件仅承受 $1/(n-1)$ 的母线电压。

(2) 随着电平数的增加，输出电压波形得到改善，输出电压谐波含量 THD 降低。di/dt 和 du/dt 减少，可有效防止击穿电机绕组的故障，也提高了设备的 EMI 特性。

(3) 阶梯波调制时器件在基频下工作，开关损耗小，效率高。

(4) 可控制无功功率。

2．飞跨电容钳位型电路(Flying-capacitor)

图 8-3 所示为飞跨电容型三电平变换器的结构。电路利用飞跨在串联开关器件之间的串联电容 C_S 进行钳位。C_S 的作用是将功率开关管的电压钳位在单个直流分压电容的电压上，从而实现三电平输出。图中，P 点电位为 $U_{in}/2$，N 点电位为 $-U_{in}/2$。飞跨电容型的拓扑结构也可以拓展到任意电平中，对于一个 n 电平变换器，每相所需开关器件 $2(n-1)$ 只，直流分压电容 $n-1$ 只，钳位电容 $\dfrac{(n-1)(n-2)}{2}$ 只。

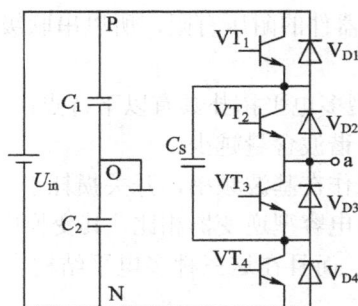

图 8-3　飞跨电容型三电平变换器的结构

飞跨电容型多电平变换器的特点是：

(1) 电平数越多，输出电压谐波含量越少。

(2) 阶梯波调制时，器件工作在基波频率，开关损耗小，效率高。

(3) 大量的开关状态组合冗余，可用于电压平衡控制。

(4) 可以采用背靠背的方式实现四象限运行。

3．级联多电平变换器(Cascaded-converters with separate DC sources)

级联多电平变换器是通过将具有独立直流电源的全桥变换器进行级联，将各个变换器的输出电压串联起来合成最终的电压输出波形。图 8-4 为两个单相独立直流电源的级联逆变器电路。每个逆变电路由独立直流电源 U_{in} 和一个单相的全桥逆变器相连。通过 4 个开关器件 $VT_1 \sim VT_4$ 的组合，每个逆变器都可以产生 3 个电平的电压：$+U_{in}$、0 和 $-U_{in}$。多个逆变器的输出串联在一起，合成为逆变器输出电压 u_{ao}。当独立的直流电源的电压值相等时，由 K 个单相全桥逆变单元组成的单相级联型多电平电路输出的电平数为 $n = 2K+1$。这种电路不需要前两种电路中大量的钳位二极管或钳位电容，但需要多个独立电源。对这种类型的 n 电平单相电路，需要 $(n-1)/2$ 个独立电源，$2(n-1)$ 个主开关器件。

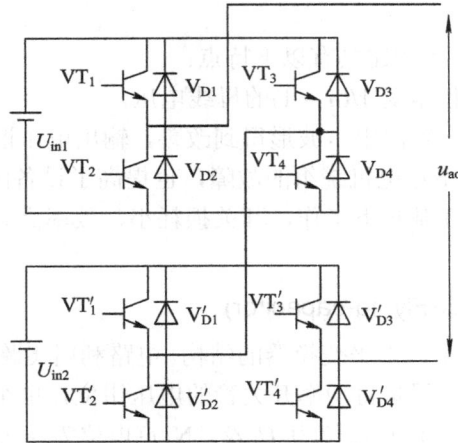

图 8-4　单相独立直流电源级联逆变器电路

该结构中若两个电源的电压存在 $U_{in2} = 2U_{in1}$ 的关系，则将有七种输出电位：0、$\pm U_{in1}$、$\pm 2U_{in1}$ 和 $\pm 3U_{in1}$。若两个电源的电压成 $U_{in2} = 3U_{in1}$ 的关系，则将有 9 种输出电位：0、$\pm U_{in1}$、$\pm 2U_{in1}$、$\pm 3U_{in1}$ 和 $\pm 4U_{in1}$。由于器件的耐压有限，所以串联级数不能无限增加，实际系统的级联数目一般不超过 3。

通过以上分析可知，级联型多电平拓扑具有以下特点：

(1) 电平数越多，输出电压谐波含量越少。

(2) 阶梯波调制时，器件工作在基波频率，开关损耗小，效率高。

(3) 与二极管钳位型和飞跨电容型逆变器相比，其变换电路简单；由于无钳位器件的限制，易于实现较大的电平数目，而且在这三种多电平结构中，对于相同的电平数，所需器件最少。

(4) 级联型逆变器易于实现冗余，易于模块化生产，提高了装置的可靠性。

近年来在级联型主电路拓扑的基础上又发展出了混合级联多电平拓扑，目前在三种基本拓扑结构的基础上，派生出的若干种拓扑主要集中于钳位型和级联型结构。以上三种主要拓扑结构各有优点和缺点，飞跨电容型虽然不需要钳位二极管，但是该拓扑结构引入了大量的钳位电容，不但造价高也影响了系统的可靠性，而且抑制电容电位漂移的冗余矢量的选择也使得控制算法显得复杂；级联型逆变器引入了独立直流源，造成逆变器本身不适合四象限运行，该结构变换器需要很多变压器，使得变换器的体积大且比较笨重，能量难以回馈，即使可回馈的拓扑结构，其回馈过程也很复杂，所以此种结构在不需要对能量回馈的场合可以使用；二极管钳位式逆变器可以实现能量回馈，因此得到了高度重视，受到硬件条件和控制复杂性的约束，一般在满足性能指标的前提下不需追求过高的电平，而以三电平最为普遍。

8.1.3　多电平变换器的控制方法

脉宽调制(PWM)控制技术是多电平逆变器的核心控制技术。微处理器应用于 PWM 数字化后不断提出新的 PWM 技术,目前研究较多的 PWM 算法有载波调制法、优化目标函数调制法、空间电压矢量调制法(SVPWM)等。这些 PWM 控制思想由两电平应用推广到多电平逆变器的控制中。但多电平逆变器的 PWM 控制方法与拓扑的联系更加紧密,不同的拓扑具有不同的特点,其性质要求也不相同。

归纳起来多电平逆变器 PWM 控制技术的主要控制目标如下:

(1) 输出电压的控制,即逆变器输出的脉冲序列在伏/秒意义上与参考电压波形等效。

(2) 逆变器本身运行状态的控制,包括电容电压的平衡控制、输出谐波控制、所有功率开关的输出功率平衡控制、器件开关损耗控制等。

多电平变换器的控制方法根据开关频率的大小可分为低频 PWM 和高频 PWM 两大类。低频的 PWM 具体的主要有阶梯波 PWM 和特定消谐波 PWM 两种控制策略。高频的 PWM 技术包括载波 PWM 和非载波 PWM 两种典型控制策略。

1. 阶梯波 PWM 调制

阶梯波 PWM 法利用输出电压阶梯电平台阶来逼近模拟电压参考信号,典型的阶梯波调制的参考电压和输出电压如图 8-5 所示。这种方法对功率器件的开关频率要求不高,可以用低开关频率的大功率器件如 GTO 实现。该方法的缺点是,开关频率较低使得输出电压谐波含量较大,波形质量差,不适用于对电压质量要求较高的负载。

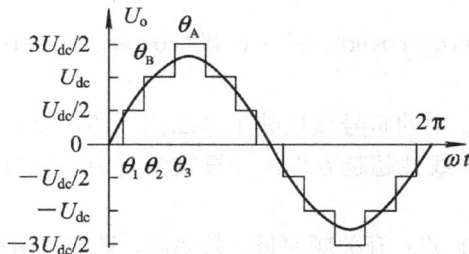

图 8-5　阶梯波调制

在阶梯波调制中,可以通过选择每一个电平持续时间的长短来实现低次谐波的消除。消除 k 次谐波的方法是使电压系数 $b_k = 0$,此方法的本质是对参考电压的模拟信号作量化逼近。此方法调制比变化范围宽而且算法简单,硬件电路实现方便。不足之处是这种方法输出波形的谐波含量高。$2m + 1$ 次的多电平阶梯波调制的输出电压波形的傅里叶分析如下:

$$\begin{cases} u(t) = \sum_{n=1}^{\infty} b_n \sin n\omega t \\ b_n = \dfrac{4U}{n\pi}[\cos(n\theta_1) + \cdots + \cos(n\theta_k)] \end{cases} \tag{8-1}$$

2. 特定消谐波 PWM 调制

特定消谐波 PWM(Selected Harmonic Elimination PWM,SHEPWM)是以优化输出谐波为目标的优化 PWM 方法,三电平 SHEPWM 通过在预先确定的时刻实现特定开关的切换,从而产生预期的最优 SPWM 控制,以消除选定的低频次谐波,是一种基于傅里叶级数分解、计算得出开关时刻的 PWM 方法。SHEPWM 的原理是在阶梯波上通过选择适当的“凹槽”

信息来选择性地消除特定次谐波，从而达到输出 THD 减小和输出波形质量提高的目的。图 8-6 所示为五电平的特定消谐波的一个输出电压波形。

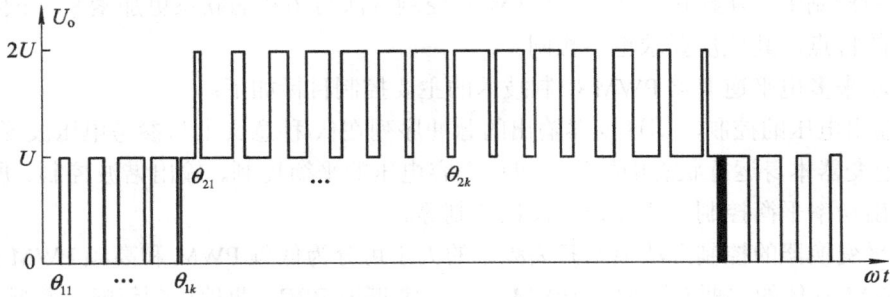

图 8-6　五电平的特定消谐波的输出电压波形

消除谐波和阶梯波的消谐波原理基本一样，不同之处是输出电压波形的傅里叶分析后的系数 b_n 不同：

$$
\begin{cases}
u(t)=\sum_{n=1}^{\infty} b_n \sin n\omega t \\
b_n=\dfrac{4}{n\pi}U[\cos n\alpha_{11}-\cos n\alpha_{12}+\cdots+(-1)^{j+1}\cos n\alpha_{1j}+\cdots+(-1)^{k+1}\cos n\alpha_{1k}] \\
\quad +2U[\cos n\alpha_{21}-\cos n\alpha_{22}+\cdots+(-1)^{i+1}\cos n\alpha_{2j}+\cdots+(-1)^{h+1}\cos n\alpha_{2k}]
\end{cases}
\tag{8-2}
$$

由式(8-2)可以看出，b_n 中的负号项反映了"凹槽"的信息。多电平特定消谐波法中，求解特定的开关点时要解非线性超越方程，计算较为复杂。目前资料中的实际应用仅局限在三、五电平结构中。

SHEPWM 方法的主要特点：开关频率低，效率高，谐波含量较少，电压利用率较高等。不足之处是计算比较复杂，不能够实现在线运算，牛顿迭代方法求解时存在发散问题。

3. 载波 PWM 技术

在 SPWM 调制方法中，载波比 n、调制系数 m 可分别表示为

$$
n=\frac{f_c}{f_s}
\tag{8-3}
$$

$$
m=\frac{A_s}{A_c}
\tag{8-4}
$$

当载波比 n 的数值较大时，n 为奇数或偶数对输出波形的影响很小，调制波与载波可以采取同步工作方式也可采取异步工作方式；当载波比 n 的数值较小时，n 的选择对输出波形影响很大。为了避免基波频率附近的谐波成分发生跳变，从而得到较好的输出波形，n 的选择需满足为 3 的倍数，这样输出波形是奇函数，输出频率不含有偶次谐波。在三电平逆变器中，调制波的起点必须在载波的正的最大值、零点或负的最大值处。调制系数 m 的范围在 0～1 之间，如果直流侧电压为 U_{in}，当 $m=1$ 时，输出相电压幅值的最大值为 $U_{in}/2$，线电压幅值的最大值为 $\sqrt{3}U_{in}/2=0.866U_{in}$（NPC 或飞跨电容型逆变器）。

　　载波 PWM 技术最具有代表性的是分谐波
PWM 方法,图 8-7 是五电平 SPWM 调制示意图。
载波是 n 个具有同相位、同频率 f_c、相同的峰值
A_c 且对称分布的三角波,参考信号是一个峰值为
A_s、频率为 f_s 正弦信号。当三角载波和正弦波相
交时,如果正弦波的值大于载波的值,则开通相
应的开关器件,输出为高电平;反之,则关断开
关器件,输出为低电平。

　　分谐波 PWM 方法的优点是:幅值调制比的
范围较宽;适合高压大功率负载;输出电平数较
多,电流谐波畸变率(THD)较小;不受电平数目

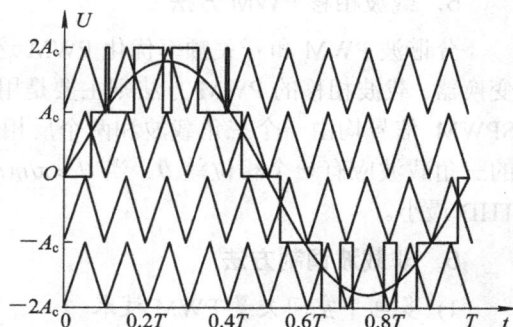

图 8-7　五电平 SPWM 调制示意图

的影响,可拓展到电平数较多的变换器电路。其不足之处是:直流侧电压利用率不高,输
出电压有效值仅为输入电压的 85%左右,自然换相点的计算较为复杂。

4. 开关频率优化 PWM

　　对于无中线的三相对称负载,若在三相变换器输出电压中加入 3 的倍数次谐波或直流
分量,对负载电压波形不会产生影响。同样,在正弦调制波中加入不同的零序分量不会改
变三相负载电压的基频分量。因此,通过加入的不同零序分量可以实现载波调制的优化控
制。开关优化的 PWM 方法来源于分谐波 PWM 方法,这种方法载波和后者完全相同,不同
之处是调制波中注入了零序分量。零序分量 u_0 表达式为

$$u_0 = \frac{\max(u_a, u_b, u_c) + \min(u_a, u_b, u_c)}{2} \tag{8-5}$$

　　调制波的表达式为

$$u_a = u_a - u_0, \qquad u_b = u_b - u_0, \qquad u_c = u_c - u_0, \tag{8-6}$$

式中:

$$u_a = m_a \cos(\omega_m t - \varphi)$$

$$u_b = m_a \cos\left(\omega_m t - \frac{2\pi}{3} - \varphi\right)$$

$$u_c = m_a \cos\left(\omega_m t + \frac{2\pi}{3} - \varphi\right)$$

　　开关优化的 PWM 调制的原理如图 8-8 所示。这种控制方法最大调制比可达 1.15,由于
每相的调制波都注入谐波,因此仅能用于三相系统中。

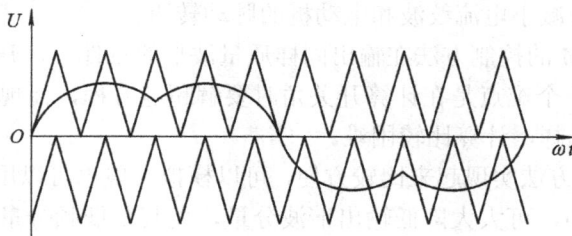

图 8-8　开关优化的 PWM 的原理图

5. 载波相移 PWM 方法

分谐波 PWM 和开关频率优化 PWM 这两种载波方法，主要应用于二极管钳位型多电平变换器。载波相移的 PWM 方法则主要是用于级联型多电平变换器方法。每一个级联模块的 SPWM 信号均由一个三角载波和两个反相位的正弦波产生。此时相互级联的多个模块之间的三角载波应有一个相位差 θ。当 $\theta = \pi/n(n$ 为级联模块的数量)时，输出相电压的谐波畸变 THD 最小。

6. 非载波调制方法

1) 多电平空间矢量 PWM 技术

多电平空间矢量方法是一种建立在空间矢量合成概念上的 PWM 方法。以三电平为例，为了减少谐波，被合成的空间矢量用空间矢量定点落在的特定小三角形的三个定点的电压矢量予以合成。

2) 多电平的 Sigma-delta 调制法(SDM)

SDM 是一种在离散脉冲调制系统合成电压波形的方法。这一概念起源于二电平逆变器的控制，控制原理图见图 8-9。其中 U_e 为给定输出电压波形，U 为系统合成的输出波形。控制部分有三个主要环节，即误差积分环节、量化环节和采样环节。设计的主要任务就是确定合理的开关频率和积分环节的增益。

一般定义增益为

$$G = \frac{K}{f_S} \tag{8-7}$$

式中：K 为微积分环节的增益；f_S 为开关频率。

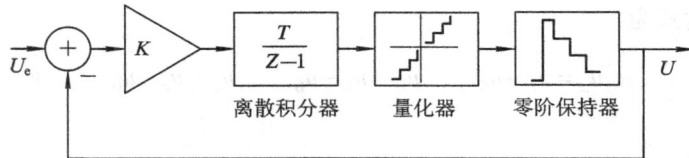

图 8-9　SDM 控制原理图

综上所述可以看出，现有多电平调制方法各自的特点如下：

(1) 空间矢量方法的优点是电压利用率高，对于二极管中点钳位的变换电路，需要利用冗余的电压矢量或其他方法实现中点即直流侧电容电压的平衡；其不足是数字实现的时候计算量非常大，一旦当电平数大于 3 时，控制实现更复杂。

(2) 特定消除谐波 PWM 方法通过开关时刻的优化选择，可以在较低的开关频率下输出最优的电压波形，从而减小电流纹波和电动机的脉动转矩。

(3) 采用 SHEPWM 的控制方法在输出同样质量波形的条件下，开关次数最少，所以效率最高。这种方法的一个难点是在计算开关角时要解超越方程，而现在通用的牛顿迭代法中开关角的初值难以选择，计算比较困难。

(4) 正弦波调制的方法实现起来比较方便，可以模拟实现也可以用数字来实现，而且用数字来实现时计算量小，可大大降低输出谐波分量，尤其是低频分量。它的谐波主要集中在载波频率的 k 倍的位置，因此在设计滤波器的时候，比较容易实现，而且成本较低；在载波中注入合适零序列，可以较好地平衡中点电位，注入合适的三次谐波可以实现最大调制比 1.15。

8.2　单管直流变换器三电平拓扑变换

由于单管直流变换器为非对称结构，无法直接将三电平拓扑变换方法应用于变换器的变换过程，所以在变换过程中首先研究对电路中不对称的元器件进行对称变换，为下一步的变换打好基础。

变换过程遵循下述步骤：

(1) 确定开关管关断时电压应力来源，将电源变换成电压源。若电压源在电路中的位置不对称，首先进行对称变换，再将该电压源由两个电压源串联替代。

(2) 原电路中的开关管由两只串联的开关管替代。

(3) 对电路中的位置不对称的开关管进行对称变换，并对电路中其他位置不对称的元器件进行对称变换。

(4) 在适当的位置接入钳位二极管，保证两只开关管的电压应力均衡；若由于接入了钳位二极管后电路中出现了冗余器件则去掉。

(5) 按需要将开关管与电压源的位置调换，将输入或输出电压源合并。

(6) 将步骤(1)中变换出的电压源进行反变换，换回原有的器件。

8.2.1　Buck 电路三电平变换

应用上述思路对 Buck 变换器进行变换。

(1) Buck 基本电路如图 8-10(a)所示。变换器中开关管 VT 关断时承受的电压应力为 U_{in}，为输入电压，可将该电压视为一电压源。

(2) 将电压源分为 $U_{in}/2$ 两等份，见图 8-10(b)所示。

(3) 开关管 VT 由两个串联的开关管 VT_1 和 VT_2 替代，见图 8-10(c)所示。

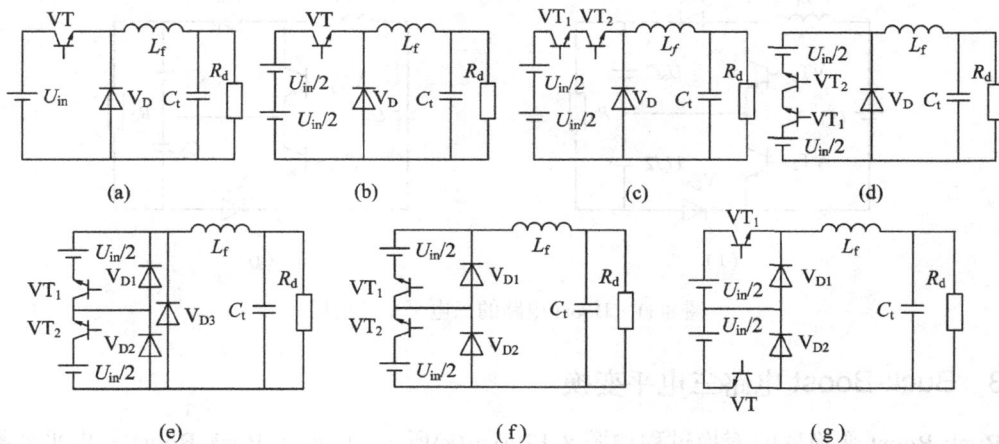

图 8-10　Buck 三电平变换器的拓扑变换过程

(4) 进行对称变换，将开关管变换到两个输入电压源中间，见图 8-10(d)所示。

(5) 接入钳位二极管 V_{D1} 和 V_{D2}，使每个开关管电压应力保持均衡，见图 8-10(e)所示。

(6) 去掉电路中的冗余器件 V_{D3}，见图 8-10(f)所示。

(7) 将开关管与电压源位置调换，输入电压源合并，见图 8-10(g)所示。

之后电路中电源由两只容量相等的电容替代，得到 Buck 三电平变换器的拓扑结构。该变换器中每只开关管的电压应力仅为输入电压的 1/2。

8.2.2 Boost 电路三电平变换

Boost 变换器的变换过程如图 8-11(a)～(g)所示，可得到 Boost 三电平变换器的拓扑结构。该变换器中每只开关管的电压应力为输出电压的 1/2。

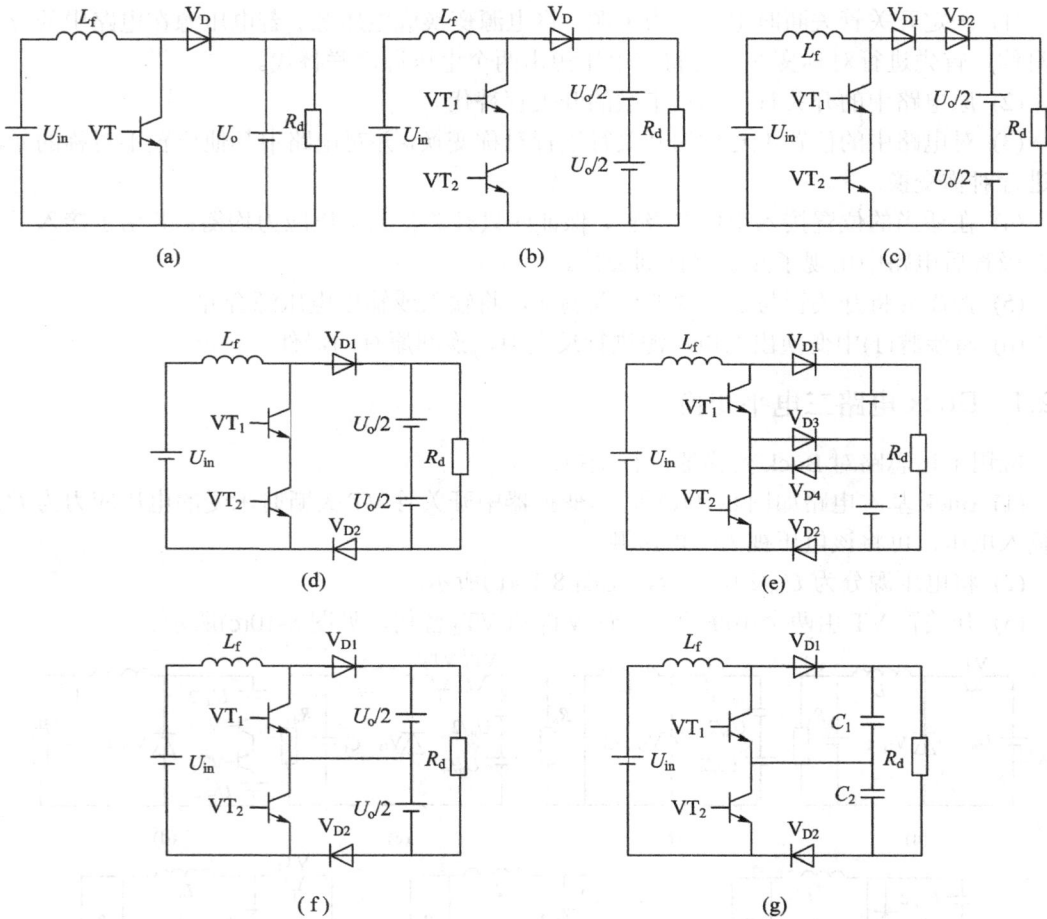

图 8-11 Boost 电路的三电平变换过程

8.2.3 Buck-Boost 电路三电平变换

Buck-Boost 变换器的变换过程如图 8-12(a)～(k)所示，可得到 Buck-Boost 三电平变换器的拓扑结构。该变换器中每只开关管的电压应力为输入电压与输出电压之和的 1/2。

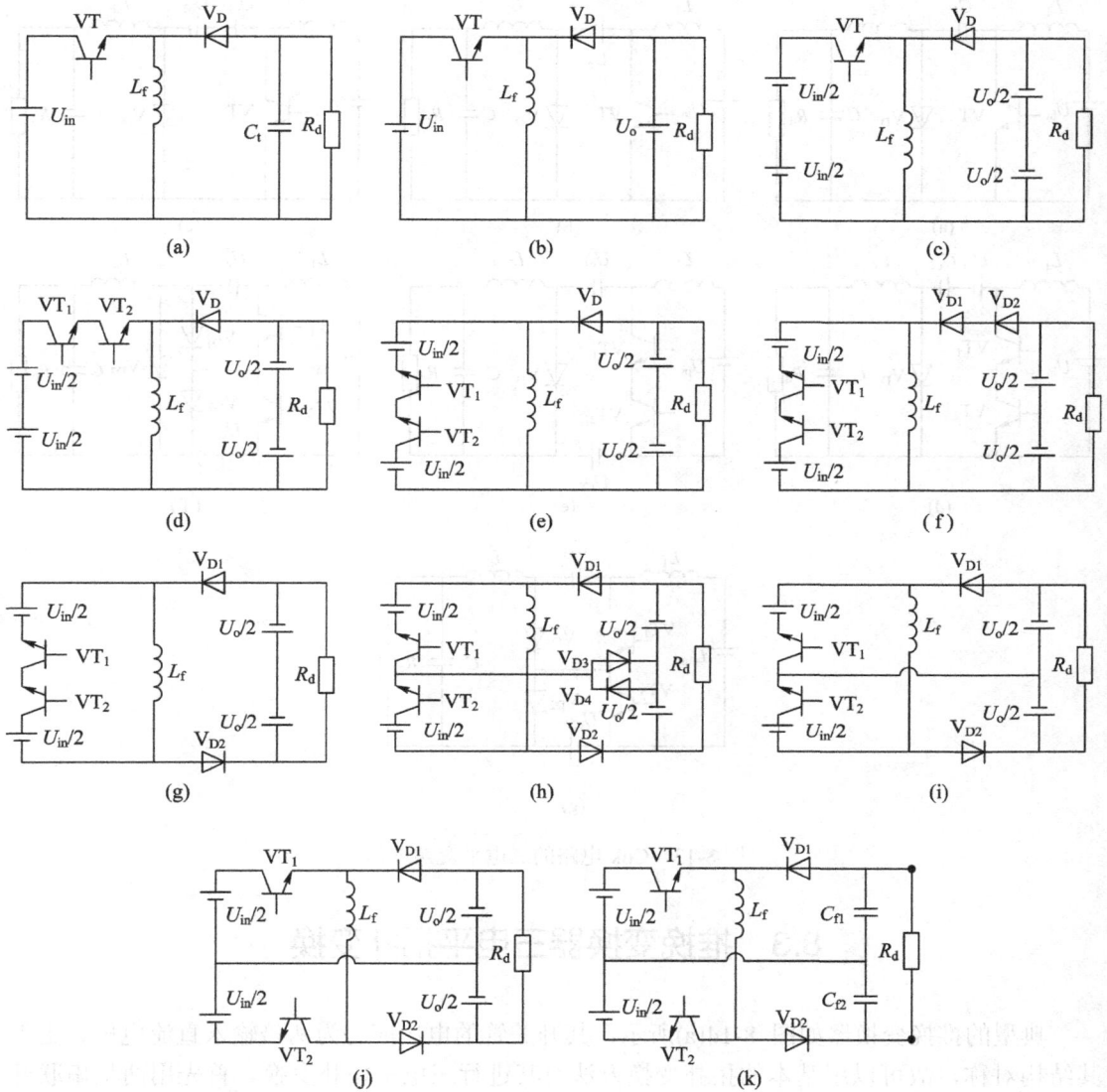

图 8-12　Buck-Boost 电路三电平变换过程

8.2.4　Cuk 三电平电路变换

Cuk 电路变换过程如图 8-13(a)～(g)所示，可得到 Cuk 三电平变换器的拓扑结构。变换器中每只开关管的电压应力仅为输入电压与输出电压之和的 1/2。

Sepic 和 Zeta 等变换器三电平变换过程不再赘述。由上述变换过程可见，典型的六种单管直流变换器进行三电平拓扑变换的原理和过程基本相同，区别在于：Buck、Boost 和 Buck-Boost 变换器中开关管的电压应力来自输入电压和输出电压，变换最后需把两个替代的电压源进行叠加，变换器才可正常工作；而 Cuk、Sepic 和 Zeta 变换器开关管电压应力来源之一是电容 C，在变换过程中需把替代电压源分为两部分，并置于对称位置。变换结束不需叠加，变换器可以正常工作。

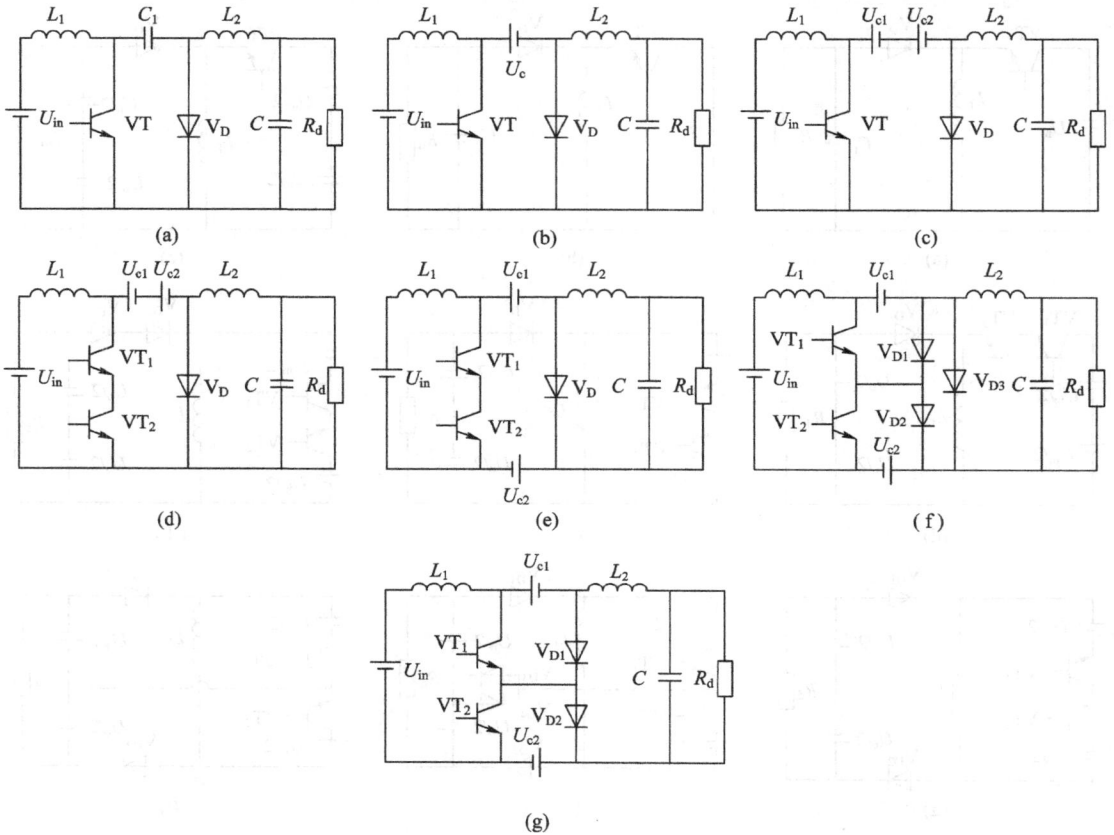

图 8-13　Cuk 电路的三电平变换过程

8.3　推挽变换器三电平拓扑变换

　　典型的推挽变换器如图 8-14(a)所示，其开关管的电压应力为两倍输入直流电压。由于其结构对称，故可以用基本的拓扑变换方法对其进行三电平拓扑变换。首先用两只串联开关管 VT₁ 和 VT₂ 取代原有单个开关管，两只串联开关管电压应力之和即是单个开关管的电压应力；然后接入钳位二极管 VD₁ 和 VD₂，使每只开关管的电压应力相等且为输入电压。变换后即可得到图 8-14(b)所示的拓扑结构，此电路降低了开关管的电压应力，解决了推挽直流变换器存在的第一个问题。

　　进一步分析可知，推挽变换器与半桥变换器不同，半桥三电平变换器的变压器只有一个初级绕组，可以通过串联谐振电感和控制方法使得该绕组中的电流在未改变方向以前将即要开通的开关管漏、源极之间结电容存储的电荷抽掉，以实现开关管的软开关控制。而推挽直流变换器中的变压器有两个初级绕组，当其中一个绕组工作时，另一个绕组的电流为零，而即将开通的开关管恰恰串联在电流为零的绕组中，开关管存储的电荷无法被抽掉，因此无法实现开关管的软开关控制。

　　为实现开关管的软开关控制，可将图 8-14(b)所示的电路变换为图 8-14(c)所示的电路。

该电路改变了开关管的接入形式，由 VT_1、VT_2 的内部二极管 V_{D1}、V_{D2} 代替钳位二极管，每只开关管的电压应力仍然为 U_{in}。当其中的一对 VT_1、VT_2 导通时，U_{in} 接在初级绕组 N_2 上，通过次级绕组向负载传递能量；另一对 VT_3、VT_4 导通时，U_{in} 加在初级绕组 N_1 上，通过次级绕组向负载传递能量。

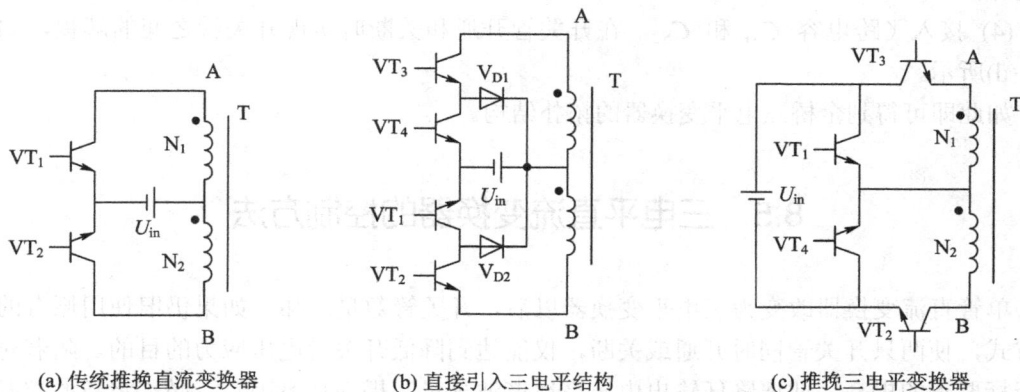

(a) 传统推挽直流变换器　　　　(b) 直接引入三电平结构　　　　(c) 推挽三电平变换器

图 8-14　推挽直流变换器的三电平拓扑变换

8.4　全桥直流变换器的三电平拓扑变换

全桥直流变换器为对称结构，可直接运用基本三电平拓扑变换方法。全桥直流变换器如图 8-15(a)所示，具体变换过程如下：

(1) 该变换器开关管关断时电压应力来源于输入电源，首先将输入电源分成两等份，在实际电路中接入两只容量相等的电容 C_1 和 C_2。设两只电容 C_1 和 C_2 中间的电位为 0，两边的电位分别为 $+U_{in}/2$ 和 $-U_{in}/2$，见图 8-15(b)所示。

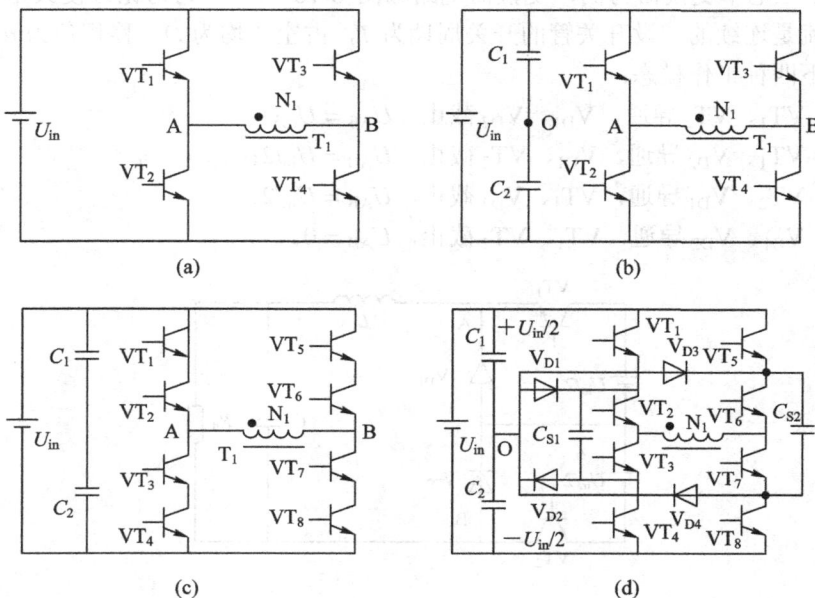

(a)　　　　　　　　　　　　　　(b)

(c)　　　　　　　　　　　　　　(d)

图 8-15　全桥直流变换器三电平拓扑变换过程

(2) 将每只开关管用两只串联的开关管取代，两只串联开关管的电压应力之和为原来一只开关管的电压应力，见图 8-15(c)所示。

(3) 接入钳位二极管 V_{D1}、V_{D2}、V_{D3}、V_{D4}，确保每只开关管的电压应力相同，均为输入电源电压的 1/2。

(4) 接入飞跨电容 C_{S1} 和 C_{S2}，在开关管开通和关断时实现开关管之间的解耦，如图 8-15(d)所示。

如此即可得到全桥三电平变换器的拓扑结构。

8.5　三电平直流变换器的控制方法

单管直流变换器改变为三电平变换器以后，开关管数量增加，如果仍旧使用原有的开关方式，使两只开关管同时开通或关断，仅能达到降低开关管电压应力的目的。随着对电源指标要求的提高，即要降低输出电压高次谐波分量，提高功率因数，必需将新的控制技术应用于三电平拓扑。本节研究通过改变开关管的控制方式，提高变换器效率的方法，即利用将两只开关管以某一相位差实现交错开通和关断的方法，得到性能更好的电压波形，从而提高变换器效率，并将新的拓扑结构与原有变换器进行比较，得出在采用交错开关方式后电感减小的幅度。基本控制方法是在保持占空比相同的条件下，使两只开关管的驱动信号具有相位差，并使开关管交错导通和关断，以控制电路输出一种新的电压波形。这种电压波形的交流分量较小，在同样的指标下可以降低滤波器的尺寸。

8.5.1　移相角与输出电压的关系

以 Buck 三电平变换器为例，变换器电路如图 8-16 所示。为讨论方便又不失一般性，假设电感电流是连续的。设开关管的开关周期为 T，占空比均为 D，移相角为 α。控制电路可以产生如下四种工作模态：

模态 1：VT_1、VT_2 导通，V_{D1}、V_{D2} 截止，$U_{AB} = U_{in}$；

模态 2：VT_1、V_{D2} 导通，V_{D1}、VT_2 截止，$U_{AB} = U_{in}/2$；

模态 3：VT_2、V_{D1} 导通，VT_1、V_{D2} 截止，$U_{AB} = U_{in}/2$；

模态 4：V_{D1}、V_{D2} 导通，VT_1、VT_2 截止，$U_{AB} = 0$。

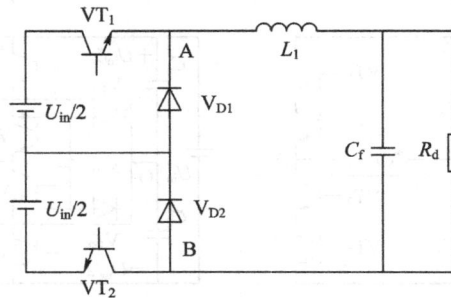

图 8-16　Buck 三电平变换器电路

1. 当 $0 \le D \le 0.5$ 时

以 $D = 0.25$ 为例，为方便讨论，移相角分别取：$\alpha = 0$、$0 < \alpha < 2\pi D$、$\alpha = 2\pi D$、$2\pi D < \alpha < \pi$ 和 $\alpha = \pi$ 等五种典型值。当 $\alpha > \pi$ 时，变换器波形与移相角为 $2\pi - \alpha$ 时基本一致，所以只考虑 $0 \le \alpha \le \pi$ 的情况。

图 8-17 给出了当移相角 α 由小到大变化时变换器的主要波形。在 $0 \le \alpha \le \pi$ 期间，四种工作模态出现的时刻不同，如表 8-1 所示。

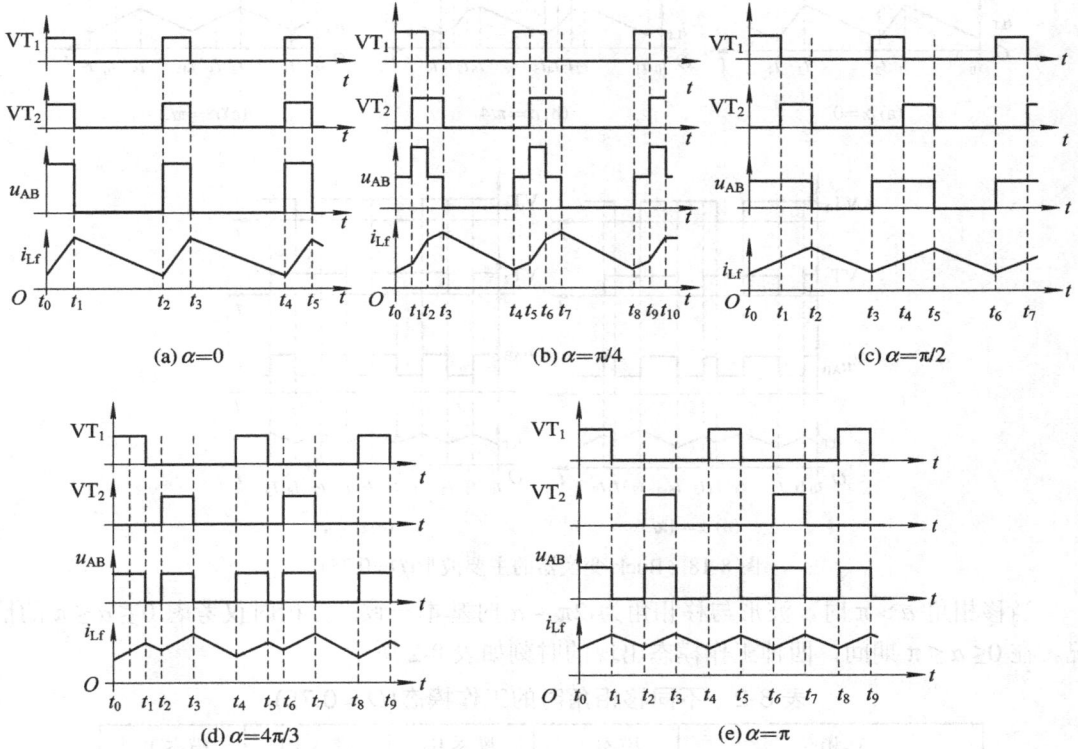

(a) $\alpha = 0$ (b) $\alpha = \pi/4$ (c) $\alpha = \pi/2$

(d) $\alpha = 4\pi/3$ (e) $\alpha = \pi$

图 8-17   Buck 三电平变换器主要波形($D = 0.25$)

表 8-1   不同移相角时的工作模态($D = 0.25$)

移相角	模态 I	模态 II	模态III	模态IV
$\alpha = 0$	$(t_0,\ t_1)$			$(t_1,\ t_2)$
$0 < \alpha < 2\pi D$	$(t_1,\ t_2)$	$(t_0,\ t_1)$	$(t_2,\ t_3)$	$(t_3,\ t_4)$
$\alpha = 2\pi D$		$(t_0,\ t_1)$	$(t_1,\ t_2)$	$(t_2,\ t_3)$
$2\pi D < \alpha < \pi$		$(t_0,\ t_1)$	$(t_2,\ t_3)$	$(t_1,\ t_2)$
$\alpha = \pi$		$(t_0,\ t_1)$	$(t_2,\ t_3)$	$(t_1,\ t_2)$

2. 当 $0.5 < D \le 1$ 时

取 $D = 0.75$，移相角 α 分别取：$\alpha = 0$、$0 < \alpha < 2\pi(1 - D)$、$\alpha = 2\pi(1 - D)$、$2\pi(1 - D) < \alpha < \pi$ 以及 $\alpha = \pi$ 等五种典型条件。图 8-18 给出了移相角 α 从小到大变化时变换器的主要波形。

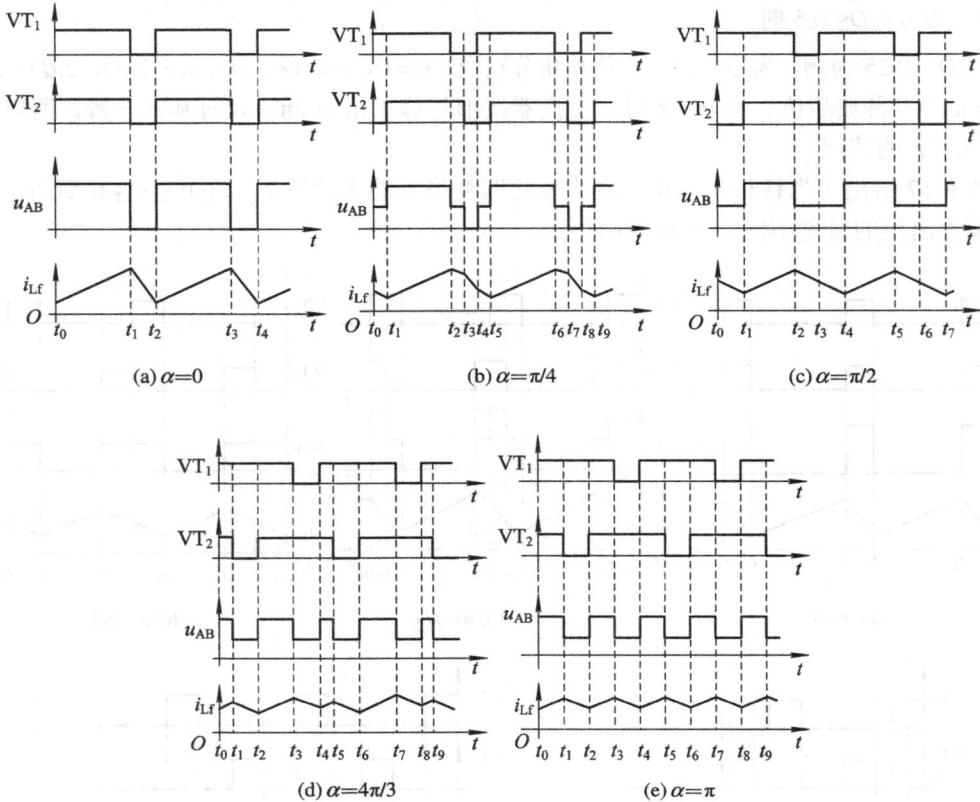

图 8-18 Buck 变换器的主要波形($D=0.75$)

当移相角 $\alpha > \pi$ 时，波形与移相角为 $2\pi - \alpha$ 时基本一致，分析时仅考虑 $0 \le \alpha \le \pi$ 的情况。在 $0 \le \alpha \le \pi$ 期间，四种工作模态出现的时刻如表 8-2 所示。

表 8-2 不同移相角时的工作模态($D = 0.75$)

移相角	模态 I	模态 II	模态 III	模态 IV
$\alpha = 0$	$(t_0,\ t_1)$			$(t_1,\ t_2)$
$0 < \alpha < 2\pi(1 - D)$	$(t_1,\ t_2)$	$(t_0,\ t_1)$	$(t_2,\ t_3)$	$(t_3,\ t_4)$
$\alpha = 2\pi(1 - D)$	$(t_1,\ t_2)$	$(t_0,\ t_1)$	$(t_2,\ t_3)$	
$2\pi(1 - D) < \alpha < \pi$	$(t_0,\ t_1)$	$(t_1,\ t_2)$	$(t_3,\ t_4)$	
$\alpha = \pi$	$(t_0,\ t_1)$	$(t_1,\ t_2)$	$(t_3,\ t_4)$	

由图 8-17 和图 8-18 得出输出电压与移相角的关系：变换器的输出电压 U_o 由 U_{AB} 经低通滤波输出，其平均值就是电压 U_{AB} 的平均值；VT_1 或 VT_2 单独导通时给 U_{AB} 提供的电压为 $U_{in}/2$；VT_1 和 VT_2 同时导通时 U_{AB} 为两只开关管分别提供的电压之和；两只开关管的 D 相等，得到输出电压表达式：

$$U_o = \frac{U_{in}}{2}D_1 + \frac{U_{in}}{2}D_2 = \frac{U_{in}}{2}(D_1 + D_2) = U_{in}D \tag{8-8}$$

由式(8-8)可见，U_o 与移相角 α 无关，输入电压和占空比固定之后，U_{AB} 将不会改变。

8.5.2　移相角与电感电流脉动的关系

1．当 $D = 0.25$ 时

分析 $0 \le D \le 0.5$ 时电感电流的脉动变化：$\alpha = 0$ 时 U_{AB} 有 0 和 U_{in} 两种电平；$0 < \alpha < 2\pi D$ 时，U_{AB} 有 0、$U_{in}/2$ 和 U_{in} 三种电平；$2\pi D < \alpha < \pi$ 时，U_{AB} 有 0 和 $U_{in}/2$ 两种电平，如图 8-18 所示。设在平均值恒定的条件下，电流上升值等于下降值，由于 $0 \le D \le 0.5$ 时，$U_o \le U_{in}/2$，即只有 $U_{AB} = 0$ 时电感电流出现下降，因此电感电流下降的时段就是在一个周期内 $U_{AB} = 0$ 的最长连续时间。该时间在 $\alpha \le \pi$ 时为 $T(1 - D - \alpha/2\pi)$，电感承受的反向电压为 U_o。电流的下降值可表示为：

$$\Delta i_{Lf} = \Delta t \frac{U_o}{L_f} = T\left(1 - D - \frac{\alpha}{2\pi}\right)\frac{U_o}{L_f} = \frac{U_o T(1-D)}{L_f} - \frac{U_o T}{2\pi L_f} \tag{8-9}$$

2．当 $D = 0.75$ 时

分析 $0.5 < D \le 1$ 时电流脉动情况：当 $\alpha = 0$ 时，U_{AB} 为 0 和 U_{in} 两种电平；当 $0 < \alpha < 2\pi(1 - D)$ 时，U_{AB} 为 0、$U_{in}/2$ 和 U_{in} 三种电平；当 $2\pi(1 - D) \le \alpha \le \pi$ 时，U_{AB} 为 $U_{in}/2$ 和 U_{in} 两种电平，如图 8-18 所示。因为 $0.5 < D \le 1$ 时，$U_o > U_{in}/2$，即只有 U_{AB} 为 0 时电感电流将会下降，因此考察电流上升值的时段就是一个周期内 $U_{AB} = U_{in}$ 的最长连续时间。该时段在 $\alpha \le \pi$ 时为 $T(D - \alpha/2\pi)$，此时电感所承受的电压为 $U_{in} - U_o$。

电感电流的变化值表示为：

$$\Delta i_{Lf} = \Delta t \frac{U_{in} - U_o}{L_f} = T\left(D - \frac{\alpha}{2\pi}\right)\frac{U_{in} - U_o}{L_f} = \frac{T(U_{in} - U_o)}{L_f}D - \frac{T(U_{in} - U_o)}{L_f}\frac{\alpha}{2\pi} \tag{8-10}$$

通过上述分析可知，在占空比固定的条件下，电流变化值与移相角呈线性关系。$\alpha = 0$ 时，电流变化值最大，随着移相角 α 由 $0 \sim \pi$ 的增加，电感电流的脉动变小，α 越大电流变化值越小；当移相角 $\alpha = \pi$ 时电流脉动达到最小值；当移相角 $\alpha > \pi$ 时，电感电流脉动与移相角为 $2\pi - \alpha$ 时相同。

8.5.3　Buck 变换器的电感电流脉动值分析

前述两只开关管占空比相同、移相角为 α 的开关方式也称为移相控制方式。对同样的滤波器来讲，采用移相控制方式时滤波器的电压、电流频率比传统开关方式时提高一倍。由于电感的电流脉动要小很多，所以滤波器和电容的设计都降低了指标，或者说在原有设计的条件下，输出电压的质量有所提高。下面定量分析电感电流脉动值的变化规律。

为简化分析过程，在 U_{in} 恒定和 U_o 恒定两个条件下分析电感电流脉动值的变化。

1．U_{in} 恒定条件

由式(8-9)和式(8-10)中解得电流脉动值为

$$\Delta i_{Lf\_\alpha} = \begin{cases} \dfrac{T \cdot U_{in}}{L_f} \cdot D\left(1 - D - \dfrac{\alpha}{2\pi}\right), & 0 \le D \le 0.5 \\[4mm] \dfrac{T \cdot U_{in}}{L_f} \cdot (1 - D) \cdot \left(D - \dfrac{\alpha}{2\pi}\right), & 0.5 < D \le 1 \end{cases} \tag{8-11}$$

其最大值为

$$\Delta i_{\text{Lf\_uin\_max}} = \frac{T \cdot U_{\text{in}}}{4 L_{\text{f}}} \tag{8-12}$$

设两者比值 k 为

$$k = \frac{\Delta i_{\text{Lf\_}\alpha}}{\Delta i_{\text{Lf\_uin\_max}}} = \begin{cases} 4D \cdot \left(1 - D - \dfrac{\alpha}{2\pi}\right), & 0 \le D \le 0.5 \\ 4(1-D) \cdot \left(D - \dfrac{\alpha}{2\pi}\right), & 0.5 < D \le 1 \end{cases} \tag{8-13}$$

当 $\alpha = 0$(传统控制方式),

$$k_0 = 4D - (1 - D), \quad 0 \le D \le 1 \tag{8-14}$$

当 $\alpha = \pi$(移相控制方式),

$$k_{\alpha} = \begin{cases} 4D \cdot (0.5 - D), & 0 \le D \le 0.5 \\ 4(1-D) \cdot (D - 0.5), & 0.5 < D \le 1 \end{cases} \tag{8-15}$$

2. U_{o} 恒定条件

由式(8-9)和式(8-10)得电流脉动值:

$$\Delta i_{\text{Lf\_}\alpha} = \begin{cases} \dfrac{T \cdot U_{\text{o}}}{L_{\text{f}}} \cdot \left(1 - D - \dfrac{\alpha}{2\pi}\right), & 0 \le D \le 0.5 \\ \dfrac{T \cdot U_{\text{o}}}{L_{\text{f}}} \cdot \dfrac{1-D}{D} \cdot \left(D - \dfrac{\alpha}{2\pi}\right), & 0.5 < D \le 1 \end{cases} \tag{8-16}$$

最大值为:

$$\Delta i_{\text{Lf\_uo\_max}} = \frac{T \cdot U_{\text{o}}}{L_{\text{f}}} \tag{8-17}$$

设两者比值 k 为

$$k = \frac{\Delta i_{\text{Lf\_}\alpha}}{\Delta i_{\text{Lf\_uo\_max}}} = \begin{cases} 1 - D - \dfrac{\alpha}{2\pi}, & 0 \le D \le 0.5 \\ \dfrac{1-D}{D} \cdot \left(D - \dfrac{\alpha}{2\pi}\right), & 0.5 < D \le 1 \end{cases} \tag{8-18}$$

当 $\alpha = 0$,

$$k_0 = 1 - D, \quad 0 \le D \le 1 \tag{8-19}$$

当 $\alpha = \pi$,

$$k_{\alpha} = \begin{cases} 0.5 - D, & 0 \le D \le 0.5 \\ \dfrac{1-D}{D} \cdot (D - 0.5), & 0.5 < D \le 1 \end{cases} \tag{8-20}$$

图 8-19 为依据上述表达式，当 U_{in} 和 U_o 恒定时电流脉动值与占空比的关系曲线。其中移相角 α 分别取 0、$\pi/4$、$\pi/2$、$3\pi/4$、π。$\alpha = 0$ 对应传统控制方式，$\alpha = \pi$ 对应移相控制方式。

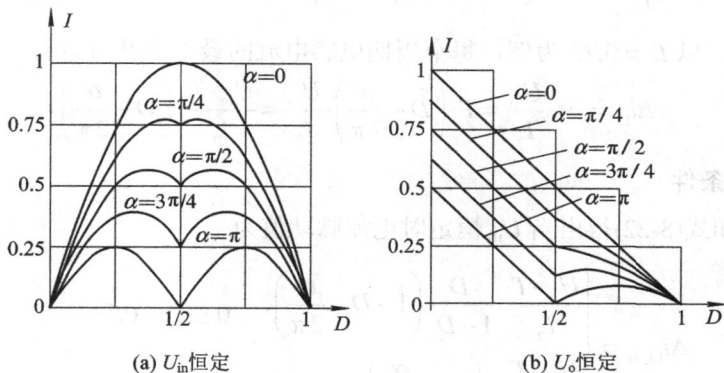

图 8-19 Buck 变换器电流脉动值与占空比的关系

由图看出，若 U_{in} 恒定，采用移相控制方式时的最大电流脉动仅为传统控制方式时的 1/4；若 U_o 恒定，采用移相控制方式时的最大电流脉动仅为传统控制方式时的 1/2。

8.5.4 Boost 变换器的电感电流脉动值分析

变换器如图 8-20 所示。设 Boost 三电平变换器为电感电流连续，在电流连续时变换器共有四种工作模态：

模态 1：VT_1、VT_2 导通，V_{D1}、V_{D2} 截止，$U_{AB} = 0$。

模态 2：VT_1、V_{D2} 导通，VT_2、V_{D1} 截止，$U_{AB} = U_o/2$。

模态 3：VT_2、V_{D1} 导通，VT_1、V_{D2} 截止，$U_{AB} = U_o/2$。

模态 4：V_{D1}、V_{D2} 导通，VT_1、VT_2 截止，$U_{AB} = U_o$。

设两只开关管占空比均为 D，开关周期为 T，移相角为 α。图 8-21 给出典型 D 的波形图。

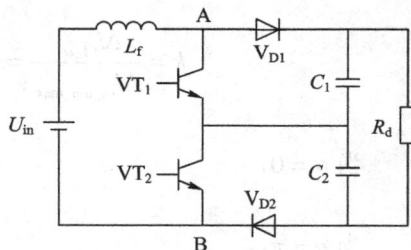

图 8-20 Boost 三电平变换器电路

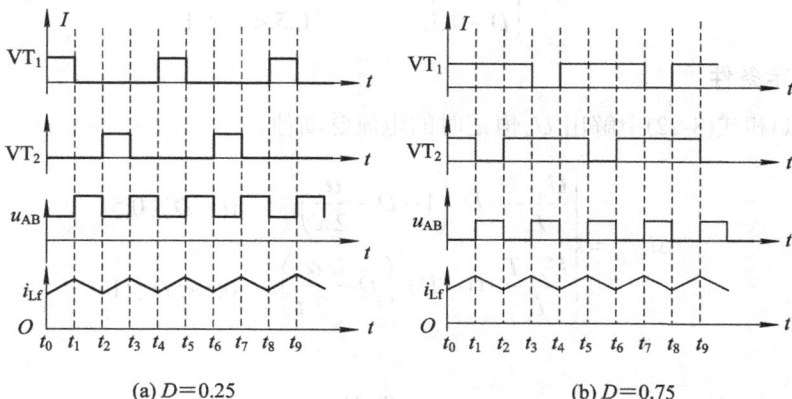

图 8-21 Boost 三电平变换器交错开关方式的波形

当 $0 \leqslant D \leqslant 0.5$ 时，以 $D = 0.25$ 为例，每个周期电感电流的最大下降值为

$$\Delta i_{\text{Lf}} = \Delta t \cdot \frac{U_{\text{o}} - U_{\text{in}}}{L_{\text{f}}} = T \cdot \left(1 - D - \frac{\alpha}{2\pi}\right) \cdot \frac{U_{\text{o}} - U_{\text{in}}}{L_{\text{f}}} = T \frac{U_{\text{in}}}{L_{\text{f}}} \left(1 - D - \frac{\alpha}{2\pi}\right) \left(\frac{D}{1 - D}\right) \tag{8-21}$$

当 $0 < D \leq 1$，以 $D = 0.75$ 为例，每个周期电感电流的最大上升值为

$$\Delta i_{\text{Lf}} = \Delta t \cdot \frac{U_{\text{in}}}{L_{\text{f}}} = T \cdot \left(D - \frac{\alpha}{2\pi}\right) \cdot \frac{U_{\text{in}}}{L_{\text{f}}} = \frac{U_{\text{in}} \cdot T}{L_{\text{f}}} \cdot \left(D - \frac{\alpha}{2\pi}\right) \tag{8-22}$$

1. U_{in} 恒定条件

由式(8-21)和式(8-22)得出当 U_{in} 恒定时电流脉动值为

$$\Delta i_{\text{Lf}\_\alpha} = \begin{cases} \dfrac{U_{\text{in}} \cdot T}{L_{\text{f}}} \cdot \dfrac{D}{1 - D} \left(1 - D - \dfrac{\alpha}{2\pi}\right), & 0 \leq D \leq 0.5 \\[3mm] \dfrac{U_{\text{in}} \cdot T}{L_{\text{f}}} \cdot \left(D - \dfrac{\alpha}{2\pi}\right), & 0.5 < D \leq 1 \end{cases} \tag{8-23}$$

其最大值为

$$\Delta i_{\text{Lf\_uin\_max}} = \frac{T \cdot U_{\text{in}}}{L_{\text{f}}} \tag{8-24}$$

设两者比值 k 为

$$k = \frac{\Delta i_{\text{Lf}\_\alpha}}{\Delta i_{\text{Lf\_uin\_max}}} = \begin{cases} \dfrac{D}{1 - D} \cdot \left(1 - D - \dfrac{\alpha}{2\pi}\right), & 0 \leq D \leq 0.5 \\[3mm] D - \dfrac{\alpha}{2\pi}, & 0.5 < D \leq 1 \end{cases} \tag{8-25}$$

当 $\alpha = 0$，

$$k_0 = D, \qquad 0 \leq D \leq 1 \tag{8-26}$$

当 $\alpha = \pi$，

$$k_\alpha = \begin{cases} \dfrac{D \cdot (0.5 - D)}{1 - D}, & 0 \leq D \leq 0.5 \\[3mm] D - 0.5, & 0.5 < D \leq 1 \end{cases} \tag{8-27}$$

2. U_{o} 恒定条件

从式(8-21)和式(8-22)中解出 U_{o} 恒定时的电流脉动值为

$$\Delta i_{\text{Lf}\_\alpha} = \begin{cases} \dfrac{U_{\text{o}} \cdot T}{L_{\text{f}}} \cdot D \cdot \left(1 - D - \dfrac{\alpha}{2\pi}\right), & 0 \leq D \leq 0.5 \\[3mm] \dfrac{U_{\text{o}} \cdot T}{L_{\text{f}}} \cdot (1 - D) \cdot \left(D - \dfrac{\alpha}{2\pi}\right), & 0.5 < D \leq 1 \end{cases} \tag{8-28}$$

其最大值为

$$\Delta i_{\text{Lf\_uo\_max}} = \frac{T \cdot U_{\text{o}}}{4 L_f} \tag{8-29}$$

设两者比值 k 为

$$k = \frac{\Delta i_{Lf\_\alpha}}{\Delta i_{Lf\_vin\_max}} = \begin{cases} 4 \cdot D \cdot \left(1 - D - \dfrac{\alpha}{2\pi}\right), & 0 \le D \le 0.5 \\[3mm] 4 \cdot (1 - D) \cdot \left(D - \dfrac{\alpha}{2\pi}\right), & 0.5 < D \le 1 \end{cases} \tag{8-30}$$

当 $\alpha = 0$，

$$k_0 = 4D - (1 - D), \qquad 0 \le D \le 1 \tag{8-31}$$

当 $\alpha = \pi$，

$$k_\alpha = \begin{cases} 4 \cdot D \cdot (0.5 - D), & 0 \le D \le 0.5 \\ 4 \cdot (1 - D) \cdot (D - 0.5), & 0.5 < D \le 1 \end{cases} \tag{8-32}$$

根据上述表达式，绘出电流脉动值与占空比变化的关系，如图 8-22 所示。移相角分别为 $\alpha = 0$、$\alpha = \pi/4$、$\alpha = \pi/2$、$\alpha = 3\pi/4$、$\alpha = \pi$，其中，移相角 $\alpha = 0$ 对应传统开关方式，$\alpha = \pi$ 对应交错开关方式。

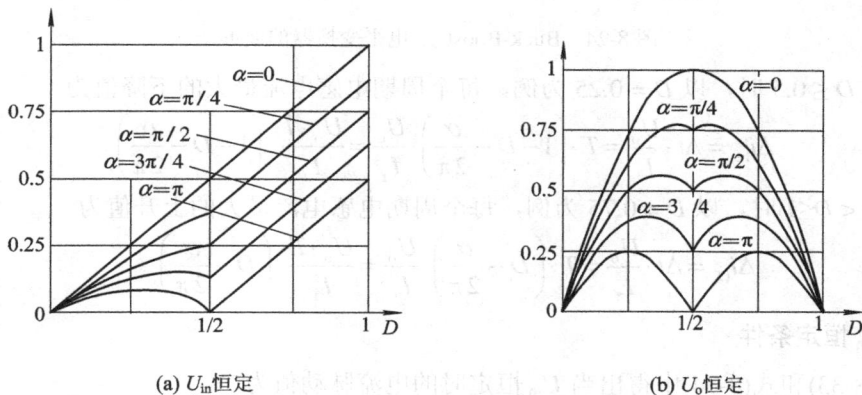

(a) U_{in} 恒定　　　　　　　　　(b) U_o 恒定

图 8-22　Boost 三电平变换器电流脉动值与占空比的关系

上述分析可得以下结论：

(1) 若 U_{in} 恒定，采用交错开关方式时的最大电流脉动是传统开关方式时的 1/2。

(2) 若 U_o 恒定，采用交错开关方式时的最大电流脉动是传统开关方式时的 1/4。

所以在相同电流脉动的要求下，可减小电感设计值。

8.5.5　Buck-Boost 变换器的电感电流脉动值分析

同样也只考虑电感电流连续时的情况，变换器电路如图 8-23 所示。在电流连续时变换器共有四种工作模式：

模式 1：VT_1、VT_2 导通，V_{D1}、V_{D2} 截止，$U_{AB} = U_{in}$。

模式 2：VT_1、V_{D2} 导通，VT_2、V_{D1} 截止，$U_{AB} = (U_{in} - U_o)/2$。

模式 3：VT_2、V_{D1} 导通，VT_1、V_{D2} 截止，$U_{AB} = (U_{in} - U_o)/2$。

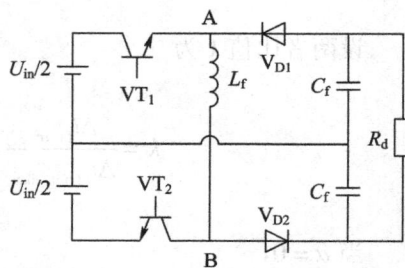

图 8-23　Buck-Boost 三电平变换电路

模态 4：V_{D1}、V_{D2} 导通，VT_1、VT_2 截止，$U_{AB} = U_o$。

设每只开关管的占空比均为 D，开关周期为 T，移相角为 α。图 8-24 给出典型 D 下电路的波形。

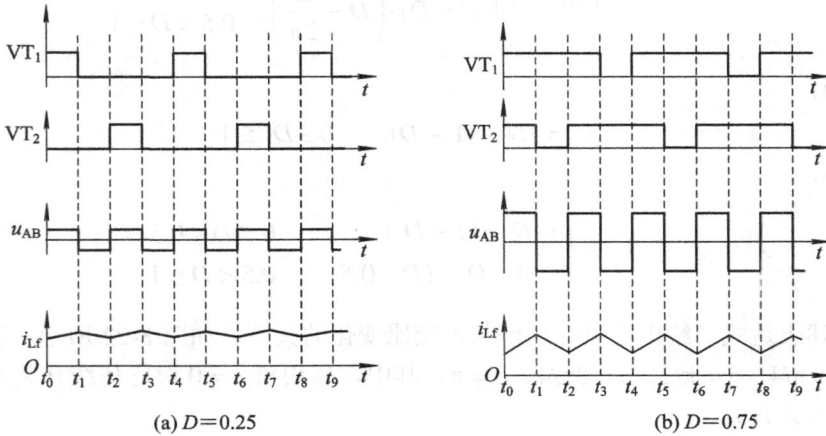

(a) $D = 0.25$　　　　　　(b) $D = 0.75$

图 8-24　Buck-Boost 三电平变换器的波形

当 $0 \le D \le 0.5$ 时，以 $D = 0.25$ 为例，每个周期电感电流最大的下降值为

$$\Delta i_{Lf} = \Delta t \cdot \frac{U_o}{L_f} = T \cdot \left(1 - D - \frac{\alpha}{2\pi}\right) \cdot \frac{U_o}{L_f} = \frac{U_o \cdot T}{L_f} \cdot \left(1 - D - \frac{\alpha}{2\pi}\right) \tag{8-33}$$

当 $0.5 < D \le 1$ 时，以 $D = 0.75$ 为例，每个周期电感电流最大的上升值为

$$\Delta i_{Lf} = \Delta t \cdot \frac{U_o}{L_f} = T \cdot \left(D - \frac{\alpha}{2\pi}\right) \cdot \frac{U_o}{L_f} = \frac{U_o \cdot T}{L_f} \cdot \left(D - \frac{\alpha}{2\pi}\right) \tag{8-34}$$

1. U_{in} 恒定条件

由式(8-33)和式(8-34)中得出当 U_{in} 恒定时的电流脉动值为

$$\Delta i_{Lf\_\alpha} = \begin{cases} \dfrac{U_{in} \cdot T}{L_f} \cdot \dfrac{D}{1-D}\left(1 - D - \dfrac{\alpha}{2\pi}\right), & 0 \le D \le 0.5 \\[3mm] \dfrac{U_{in} \cdot T}{L_f} \cdot \left(D - \dfrac{\alpha}{2\pi}\right), & 0.5 < D \le 1 \end{cases} \tag{8-35}$$

最大值为

$$\Delta i_{Lf\_uin\_max} = \frac{T \cdot U_{in}}{L_f} \tag{8-36}$$

设两者比值 k 为

$$k = \frac{\Delta i_{Lf\_\alpha}}{\Delta i_{Lf\_uin\_max}} = \begin{cases} \dfrac{D}{1-D} \cdot \left(1 - D - \dfrac{\alpha}{2\pi}\right), & 0 \le D \le 0.5 \\[3mm] D - \dfrac{\alpha}{2\pi}, & 0.5 < D \le 1 \end{cases} \tag{8-37}$$

当 $\alpha = 0$，

$$k_0 = D, \quad 0 \le D \le 1 \tag{8-38}$$

当 $\alpha = \pi$,

$$k_\alpha = \begin{cases} \dfrac{D \cdot (0.5-D)}{1-D}, & 0 \le D \le 0.5 \\ D - 0.5, & 0.5 < D \le 1 \end{cases} \tag{8-39}$$

2. U_o 恒定条件

由式(8-37)和式(8-38)中得出 U_o 恒定时的电流脉动值为

$$\Delta i_{\mathrm{Lf}\_\alpha} = \begin{cases} \dfrac{T \cdot U_o}{L_f} \cdot D \cdot \left(1 - D - \dfrac{\alpha}{2\pi}\right), & 0 \le D \le 0.5 \\ \dfrac{T \cdot U_o}{L_f} \cdot \dfrac{1-D}{D} \cdot \left(D - \dfrac{\alpha}{2\pi}\right), & 0.5 < D \le 1 \end{cases} \tag{8-40}$$

其最大值为

$$\Delta i_{\mathrm{Lf\_uo\_max}} = \frac{T \cdot U_o}{L_f} \tag{8-41}$$

设两者比值 k 为

$$k = \frac{\Delta i_{\mathrm{Lf}\_\alpha}}{\Delta i_{\mathrm{Lf\_uo\_max}}} = \begin{cases} 1 - D - \dfrac{\alpha}{2\pi}, & 0 \le D \le 0.5 \\ \dfrac{1-D}{D} \cdot \left(D - \dfrac{\alpha}{2\pi}\right), & 0.5 < D \le 1 \end{cases} \tag{8-42}$$

当 $\alpha = 0$,

$$k_0 = 1 - D, \qquad 0 \le D \le 1 \tag{8-43}$$

当 $\alpha = \pi$,

$$k_\alpha = \begin{cases} 0.5 - D, & 0 \le D \le 0.5 \\ \dfrac{1-D}{D} \cdot (D - 0.5), & 0.5 < D \le 1 \end{cases} \tag{8-44}$$

图 8-25 是根据上述表达式，电流脉动值随着占空比变化的关系图。

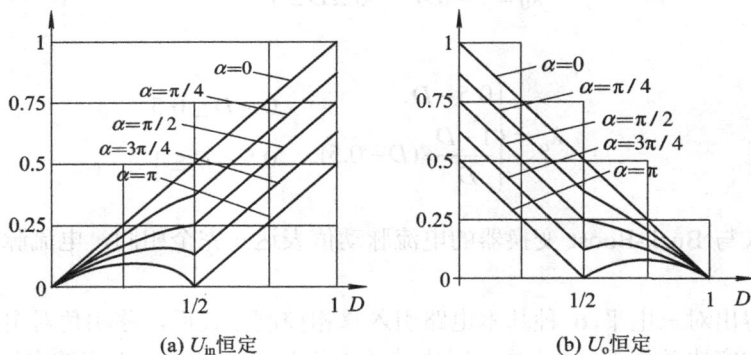

(a) U_{in}恒定　　　　　　　　　(b) U_o恒定

图 8-25　Buck-Boost 电路电流脉动与占空比关系

图 8-25 中，移相角分别为 $\alpha = 0$、$\alpha = \pi/4$、$\alpha = \pi/2$、$\alpha = 3\pi/4$、$\alpha = \pi$。可以看出，无论

U_{in} 恒定或 U_o 恒定,采用移相控制方式时的最大电流脉动都是传统控制方式时最大电流脉动的 1/2。所以,在同样电流脉动的条件下,设计者可以减小电感元件的取值。

8.5.6 其他类型电路的电感电流脉动分析

Cuk、Sepic 和 Zeta 等三种变换器与上述三种变换器的主要区别(仅考虑电感电流分析时)是前者都具有两个电感,所有电感的工作条件类似,结论相同,在此仅给出结论。

1. U_{in} 恒定条件

设电感电流脉动比 k 为

$$k=\frac{\Delta i_{Lf\_\alpha}}{\Delta i_{Lf\_uin\_max}}=\begin{cases}\dfrac{D}{1-D}\cdot\left(1-D-\dfrac{\alpha}{2\pi}\right), & 0\leq D\leq 0.5 \\[3mm] D-\dfrac{\alpha}{2\pi}, & 0.5<D<1\end{cases} \tag{8-45}$$

当 $\alpha=0$,

$$k_0=D, \qquad 0\leq D\leq 1 \tag{8-46}$$

当 $\alpha=\pi$,

$$k_\alpha=\begin{cases}\dfrac{D\cdot(0.5-D)}{1-D}, & 0\leq D\leq 0.5 \\[3mm] D-0.5, & 0.5<D\leq 1\end{cases} \tag{8-47}$$

2. U_o 恒定条件

设电感电流脉动比 k 为

$$k=\frac{\Delta i_{Lf\_\alpha}}{\Delta i_{Lf\_uo\_max}}=\begin{cases}1-D-\dfrac{\alpha}{2\pi}, & 0\leq D\leq 0.5 \\[3mm] \dfrac{1-D}{D}\cdot\left(D-\dfrac{\alpha}{2\pi}\right), & 0.5<D\leq 1\end{cases} \tag{8-48}$$

当 $\alpha=0$,

$$k_0=1-D, \qquad 0\leq D\leq 1 \tag{8-49}$$

当 $\alpha=\pi$,

$$k_\alpha=\begin{cases}0.5-D, & 0\leq D\leq 0.5 \\[3mm] \dfrac{1-D}{D}\cdot(D-0.5), & 0.5<D\leq 1\end{cases} \tag{8-50}$$

上述表达式与 Buck-Boost 变换器的电流脉动值表达式完全相同,电流脉动值变化曲线可参考图 8-25。

通过分析得出对三电平 6 种基本电路引入移相控制方式后,移相角对电压传输比未有影响。在固定占空比条件下,当 $\alpha=\pi$ 时电感的电流脉动值最小,电容的电压纹波也最小。因此完全可以将移相控制方式引入到三电平拓扑的控制中,使得电感电流脉动减小,电容电压脉动降低,达到提高电能质量,降低设计成本的目的。

思考与复习

1. 多电平技术的优点是什么？
2. 实现多电平的主要的电路有哪些？
3. 直流基本电路变换过程的共同点是什么？
4. 多电平电路的移相控制有什么优点？

第9章 变频电源原理与应用

9.1 变 频 电 源

9.1.1 变频电源技术

变频就是将直流或固定频率的交流输入转变为频率可变的交流输出。变频电源在人们的生产、生活和科研中发挥着重要的作用，不同场合对变频电源的要求也越来越高。变频技术的发展源于对交流异步电机的调速，如今变频技术已经不再局限于对电机的调速应用上，越来越多地应用在测控仪器、精密功率电源、家用电器等领域中。

变频电源的发展建立在电力电子器件与电力电子技术不断进步的基础之上，随着新型电力电子器件的不断涌现，变频技术获得了飞速的发展。从变频器的发展需要出发，大功率电力电子器件作为其开关器件，其研究和应用为变频技术打下了坚实的基础。大功率开关器件具有优良的特性：① 在正常开通状态下，通流容量大，导通压降小；在正常关断情况下，能承受高电压，漏电流小；② 在正常的开关状态下，开通与关断时间短，即开关频率高，而且能承受高的 $\mathrm{d}u/\mathrm{d}t$；③ 有全控功能，并具有寿命长、结构紧凑、体积小、散热性能良好等优点。

早期的开关器件主要是晶体管 SCR，其开关频率低，属于半控器件，主要采用脉幅调制，但它有谐波大、功率因数低、转速脉动大、动态响应慢以及线路复杂等缺点。为了使晶闸管具有关断能力，后来推出了门极关断晶闸管 GTO，但是其关断不易控制，工作频率也不够高，因此迅速被随之发展起来的大功率晶体管 GTR 所代替。GTR 也有其不足之处，由于是用电流信号进行驱动的，所需驱动功率较大，故驱动系统比较复杂，并使工作频率难以提高。功率场效应晶体管 Power MOSFET 的出现很好地解决了以上问题，它用电压信号控制开通与关断，开关频率也较高。绝缘栅双极晶体管 IGBT 是 MOSFET 和 GTR 相结合的产物，其控制部分与场效应晶体管相同是由电压控制，输入阻抗很高，而主电路部分则与 GTR 相同，因此击穿电压与击穿电流很高，非常适宜用于功率开关。近年来，又出现了智能功率模块 IPM 等模块化产品，为电源产品的设计和应用提供了极大的方便。

9.1.2 VVVF 的基本调制方法

变频电源的发展始终伴随着变压过程，因此通常也称为变频变压电源，即 VVVF 电源 (Variable Voltage Variable Frequency)。当输入为直流电时，又可称为逆变电源，即将直流电逆变成为幅频可调的交流电。

实现 VVVF 的基本调制方法有两种：

第一种方法称为脉幅调制(Pulse Amplitude Modulation)，简称 PAM 方式。该方法把变压与变频的过程分开完成，在对交流电整流的同时进行相控调压，而后逆变为可调频率的交流电；或者是把交流电整流为直流电之后用斩波器调压，然后再将直流逆变为可调频率的交流电。

第二种方法称为脉冲宽度调制(Pulse Width Modulation)方式，简称 PWM 方式，是将变压与变频集中于逆变器一起完成的，即前部为不可控整流器，中间产生恒定直流电压，最后由逆变器完成变频、变压过程。

1. 脉幅调制(PAM)

脉幅调制前后的输出电压波形如图 9-1 所示。由于逆变所得交流电压的幅值等于前级直流电压值，因此实现变频又变压最简单的方法便是在调节频率的同时也调节前级直流电压。设 f_N 为调制前的频率，T_N 为调制前的周期，U_{dN} 为调制前的直流电压，设定调制前逆变电路的输出波形如图 9-1 中(a)所示。根据脉幅调制规则，则可以得到调制后逆变电路的输出波形如图(b)所示，其中，f_X 为调制后的频率，T_X 为调制后的周期，U_{dx} 为调制后的直流电压。

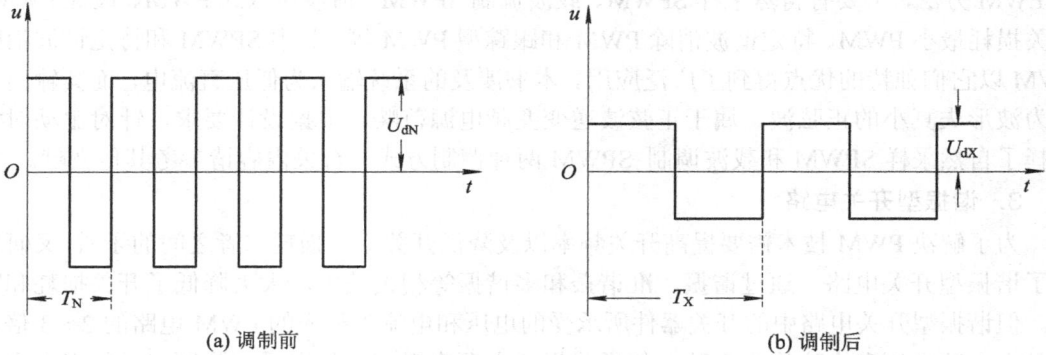

图 9-1　脉幅调制前后的输出电压波形

在 VVVF 控制技术发展的早期均采用 PAM 方式，由于当时的半导体器件主要是以普通晶闸管为主，其开关频率不高，属于半控器件，所以逆变电路输出的交流电压波形只能是方波。而要使方波电压的有效值随输出频率的变化而改变，只能靠改变方波的幅值，即只能依靠前面的环节来改变逆变电路前级直流电压的大小。因此变频电源在采用脉幅调制(PAM)方式的时候，需要同时调节整流和逆变两个部分，并且两者之间还必须满足一定的关系，故其控制电路比较复杂。这种方法现在较少使用。

2. 脉宽调制(PWM)

脉宽调制前后的输出电压波形如图 9-2 所示。如果将每半个周期内输出电压的波形分割成若干个脉冲波，每个脉冲的宽度为 t_1，每两个脉冲间隔宽度为 t_2，则脉冲的占空比为 $t_1 / (t_1 + t_2)$，由此可以看出电压的平均值与占空比成正比。所以在调节频率时，不改变直流电压的幅值，而是改变输出电压脉冲的占空比，这样便可以实现变频变压的效果。如图 9-2 所示，图(a)为调制前的波形，图(b)为调制后的波形。

脉宽调制技术只需要对逆变电路按照占空比规律进行控制便可以实现，控制电路较为简单，功率因数较高，同时又能克服 PAM 法的缺点。

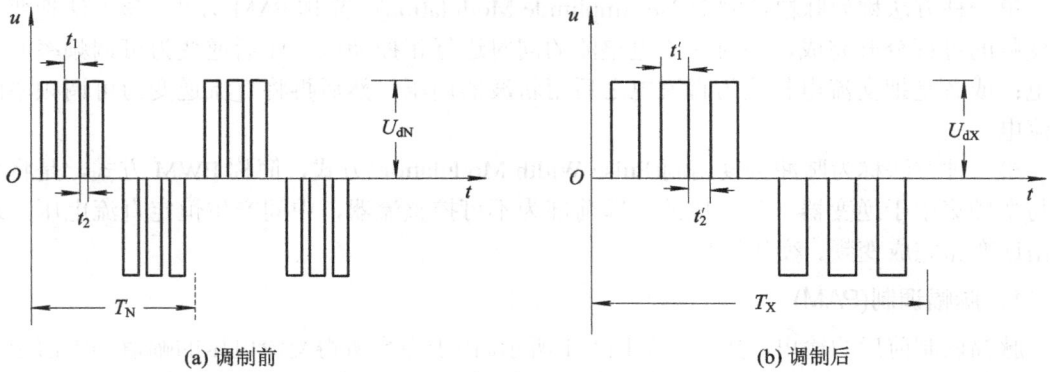

图 9-2　脉宽调制前后的输出电压波形

以上两种基本的调制方式，无论是 PAM 还是 PWM，其输出电压和电流的波形都是非正弦波，具有许多高次谐波成分。为了得到正弦波输出，人们又开发了多种改进的脉宽调制 PWM 方法，主要有自然采样 SPWM、载波调制 SPWM、谐波注入式 PWM、最优 PWM、开关损耗最小 PWM、特定谐波消除 PWM 和跟踪型 PWM 等。其中 SPWM 和特定谐波消除 PWM 以它们独特的优点得到了广泛应用。本书涉及的系统输入为低压直流电，而其输出要求为波形失真小的正弦波，属于正弦波逆变变频电源范畴，根据设计要求，针对驱动对象选择了自然采样 SPWM 和载波调制 SPWM 两种调制方式。有关内容请参考其他文献。

3. 谐振型开关电路

为了解决 PWM 技术需要提高开关频率以及降低开关器件损耗二者之间的矛盾，又研究出了谐振型开关电路。通过谐振、准谐振和多谐振等相关技术，大大降低了开关损耗和噪声。但谐振型开关电路中的开关器件所承受的电压和电流为相应的 PWM 电路的 2～3 倍，而且主电路电压和电流均为正弦，使环路损耗大幅度提高，使用受到限制。近年来提出的软开关 PWM 型电路则结合了传统的 PWM 型和谐振型二者的优点，它通过某种谐振技术来软化开关的动作过程，当开关动作完成以后又回到 PWM 工作方式。所以它能够在不提高开关耐压量的基础上大大降低开关损耗。

谐振式电源是新型开关电源的发展方向，它利用谐振电路产生正弦波，在正弦波过零时切换开关管，从而大大提高了开关管的控制能力，并减小了电源体积。同时也使得电源谐波成分大为降低，另外，开关元件的频率得到大幅度提高。PWM 一般只能达到几百 kHz，而谐振开关电源可以达到 1 MHz 以上。普通传统的开关电源功率因数在 0.6～0.8 之间，而谐振式电源结合功率因素校正技术，功率因素可以达到 0.95 以上甚至接近于 1，从而大大抑制了对电网的污染。

谐振式开关电源又分为 ZCS 零电流开关和 ZVS 零电压开关。ZCS 零电流开关即开关管在零电流时关断，ZVS 零电压开关即开关管在零电压时关断。在脉冲调制电路中，加入 LC 谐振电路，使得流过开关的电流及管子两端的压降为准正弦波。ZCS 电流谐振开关中，L_R、C_R 构成的谐振电路中，通过 L_R 的谐振电流通过开关 S，可以控制开关在电流过零时进行切换。这个谐振电路的电流是正弦波，而电压 U_S 为矩形波。ZVS 电压谐振开关中，将 L_R、C_R 构成的谐振电路中的 C_R 端谐振电压并联到开关 S，可以控制开关在电压过零时进行切换。这个谐振电路的电压是正弦波，而电流 I_S 接近矩形波。以上两种电路，由于开关切换时电流、电压重叠区很小，所以切换功率也很小。

4．逆变器的控制

在控制方式上，逆变电源控制从最早的开环控制发展到输出电压瞬时值反馈控制，由模拟控制逐渐发展到了数字控制，从而大幅度提高了电源系统的性能。早期的电源的闭环控制系统是由模拟电路来完成的，由于模拟电路的零漂和稳定性，使输出电压的调节精度和稳定性受到了限制。随着微电子技术和超大规模集成电路的发展，以及单片机和 DSP 等的出现，使输出电压的闭环调节实现数字化。数字闭环控制器精度提高，克服了模拟电路零漂的影响，可以明显提高电源的精度和稳定度，现在一片芯片即可完成 PWM 信号及闭环控制的计算，同时还可以对电源的状态进行监控和故障处理，从而成为现代变频电源的主流。

逆变器的控制一般采用反馈控制，同时由模拟控制转变为数字控制方式也是一种趋势。在正弦波逆变电源数字化控制方法中，目前国内外研究的比较多的主要有数字 PID 控制、无差拍控制、状态反馈控制、重复控制、滑模变结构控制、模糊控制以及神经网络控制等。

9.2　变频电源硬件电路设计

9.2.1　变频电源设计要点

在变频电源设计领域，利用微控制器取代专用集成电路，可以使得系统更具智能化，设计更加灵活，并且易于更新，缩短设计周期和升级周期。数字化技术使得更多的复杂控制得以实现，大大简化了硬件，降低了成本，提高了控制精度，而自诊断功能和自调试功能的实现又进一步提高了系统的可靠性，节约了大量的人力和时间。数字化变频电源具有模拟变频电源无可比拟的优点。微机运算速度的提高、存储器的大容量化，将进一步促进数字控制系统取代模拟控制系统，数字化变频电源已成为该领域发展的主流方向。因此本设计采用以 DSP 为核心的数字变频技术。

设计的变频电源要求其前置输入为 12 V 直流源，要求逆变电源输出能够提供电压峰值在 12 V 到 300 V 可变、频率在 20 Hz 到 5 kHz 之间能够连续可变的波形失真较小的正弦波电压。输出电流不超过 0.5 A。根据上述条件和设计要求，所设计的变频逆变电源的结构框图如图 9-3 所示。

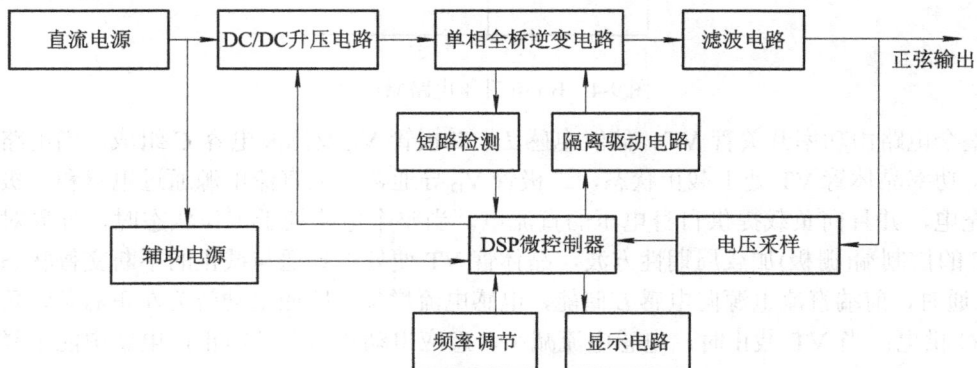

图 9-3　变频电源系统结构图

整个系统由四个功能模块构成，分别是升压模块、逆变模块、滤波模块和控制模块。第一级为 DC/DC 升压模块，将 12 V 低压直流电转换成系统所需要的 12~300 V 幅值可调的直流电压；第二级为逆变模块，通过全桥逆变电路将前级高压直流信号转换为交流合成脉宽调制波；第三级为滤波模块，其作用是通过滤除前级脉宽调制波中的谐波成分，将其还原为正弦波。整个系统通过以 TI 公司的最新 DSP 微控制器芯片 TMS320F2812 为核心的控制模块进行检测与控制。除此以外，还有隔离驱动电路、闭环采样电路、显示电路等必要的外围电路。

9.2.2　DC/DC 升压模块设计要求

从低压直流到高压交流的转换必定要设计升压方案。在电源设计的过程中，从不同角度考虑了多种升压方案。由升压环节所处位置的不同，主要考虑了前置升压和后置升压两种方法。所谓前置升压，就是将升压环节放在逆变环节之前，先对输入的 12 V 低压直流电进行 DC/DC 转换，升至所需较高直流电压，将此高压直流作为后续逆变电路的输入，对此高压直流电进行逆变，经过滤波后直接得到所需要的高压正弦交流电。所谓后置升压，就是将升压环节放在逆变、滤波环节之后，即先对热电发电器输入的 12 V 低压直流电进行逆变、滤波，得到的是低压正弦交流电，然后对该信号进行交流升压得到所需的正弦交流电输出。

9.2.3　直流升压原理

常用的升压是直流 DC/DC 升压，也就是将升压环节放在整个电源系统的最前端，首先通过直流变换器实现直流升压，然后再逆变、滤波。直流变换器按输入与输出间是否有电气隔离分为两类：没有电气隔离的称为不隔离直流变换器；有电气隔离的称为隔离直流变换器。其中不隔离直流变换器主要是采用升压式(Boost)直流变换电路。Boost 升压电路原理图如图 9-4 所示。

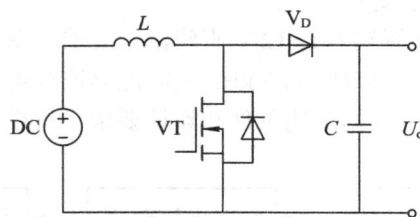

图 9-4　Boost 升压电路原理图

整个电路由功率开关管 VT、储能电感 L、二极管 V_D 及滤波电容 C 组成。当电路不工作时，功率晶体管 VT 处于截止状态，二极管 V_D 导通，前端直流电源通过电感和二极管向电容充电，并且向负载提供自身电压的直流电。当整个电路处于工作状态时，外界对晶体管 VT 的控制端(栅极)加载周期性方波，晶体管 VT 便处于导通与截止的不断交替状态。当 VT 导通时，前端直流电源向电感 L 储能，电感电流增加，感应电动势为左正右负，负载由电容 C 供电；当 VT 截止时，电感电流减小，感应电动势为左负右正，电感中能量释放，与输入电压顺极性叠加经二极管 V_D 向负载供电，并同时向电容充电。功率管的高频开关使得电感发生强大的电磁感应，从而产生高压，经电容稳压输出成高压直流。其输出电压平均值将超过前端直流电压。Boost DC/DC 变换器的输出电压值与晶体开关管栅极控制方波的占空比成反比，调节方波占空比便可以实现调压。变换电路中一般都有两种工作模式：电流连续和电流断续。由于电流断续输出电压与负载有关，为使电源输出不受负载影响，以下讨论以电流连续为基础。

单管反激型 DC/DC 变换电路如图 9-5 所示。当功率晶体管 VT 导通时，高频变压器 T 的初级将电源提供的电能转化为磁能存储起来，其电压极性为上正下负，与之对应的高频变压器 T 的次级电压为上负下正，此时整流二极管 V_D 承受的是反向偏置电压，故不导通，负载 R 上的电流是靠输出电容 C 的放电电流来提供；而在晶体管 VT 受控截止时，高频变压器 T 的初级和次级电压极性改变，整流二极管 V_D 由反偏变为正偏导通，高频变压器 T 将原先存储的磁能转变为电能，通过整流二极管向负载供电和向输出电容 C 充电。由此可以看出，变压器是工作于储能→放电→储能→放电这样一个工作过程，即变压器起着储能元件的作用。电源的输出电压一方面与绕组匝数比有关，另外还与开关周期和占空比有关，因此可以通过改变控制电路输出方波的占空比来调节输出电压值。反激型开关电源变换电路结构简单、元器件少、成本低，广泛适用于几瓦～几十瓦的小功率开关电源中。

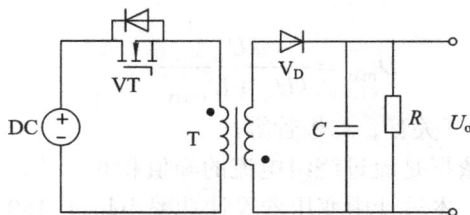

图 9-5　单管反激型 DC/DC 变换电路

在常用的电流连续模式中，当 VT 开通时，次级绕组中的电流尚未下降到零，VT 所承受电压的表达式为

$$u_{VT} = U_i + \frac{N_1}{N_2} U_o \tag{9-1}$$

式中：U_o、U_i 分别表示输出和输入电压；N_1、N_2 分别表示变压器初级和次级匝数。

在电流断续模式中，在 VT 开通前，次级绕组中的电流已经下降到零，输出电压高于电流连续模式，并随负载减小而升高，在负载为零的极限情况下，输出电压与输入电压的关系是：

$$\frac{U_o}{U_i} = \frac{N_2}{N_1} \frac{t_{on}}{t_{off}} \tag{9-2}$$

式中，t_{on}、t_{off} 分别表示开关管开通时间和关断时间。反激电路不应工作于负载开路状态。

9.2.4　反激直流升压电路设计

在采用反激式直流变换电路来实现前置升压时，设计重点就是电路中高频变压器。由于在反激式直流变换电路中变压器升压绕组的作用也相当于一个储能电感，与其他升压电路有差别，因此设计方法也不尽相同。在脉冲功率变压器设计中应该考虑的通用问题也同样适用反激式电路，这些问题主要包括变压器的瞬态饱和、集肤效应、绕组的漏感等。

变压器的设计步骤如下：

(1) 选择功率开关管的耐压值。

在反激式直流变换电路中，当功率管关断时，其两端电压值 u_{VT} 同式(9-1)。

本文设计中 U_i 为 12 V，U_o 最大为 300 V，N_1/N_2 为变压器变压比 k。

(2) 计算变压器的变压比。

设变压器变压比为 k，由式(9-1)可知其应满足：

$$k \leq \frac{U_{S\,max} - U_{i\,max}}{U_o} \tag{9-3}$$

式中：$U_{i\,max}$ 是输入直流电压最大值；U_o 为输出电压；$U_{S\,max}$ 是开关工作时允许承受的最大电压，该电压应低于所选开关器件的耐压值并留有一定裕量。本设计选择变压器变压比为 1：50。

(3) 计算电路工作时的最大占空比。

由反激式直流变换电路原理可知，当输出电流最大、输入直流电压最小时，开关的占空比达到最大。假设反激式电路处于电流临界连续工作模式，则电路工作时的最大占空比为

$$D_{max} = \frac{kU_o}{kU_o + U_{i\,max}} \tag{9-4}$$

(4) 选择合适的导线、开关管、二极管等。

选取导线线径的主要依据是流过绕组电流的峰值和有效值，根据漆包线标称直径及考虑集肤效应选定导线直径。本设计中变压器设计功率不超过 150 W，经过计算可得到各个参数值。开关管选用功率场效应管 MOSFET，其型号选择的主要依据是：最大电流值应大于初级电路电流峰值并留一定裕量，最大耐压值应大于电路中开关管两端关断电压峰值，导通电阻小，开关频率高，体积小。对于二极管，则要求有较低的导通压降，允许通过的最大电流大于次级电路的电流峰值，并留有裕量。

(5) 调压功能的设计。

整个电源的调压功能由直流升压变换电路来实现，如前所述，反激式直流变换电路的输出电压与变压器的变压比和激励方波占空比 D 有关，如下式所示：

$$\frac{U_o}{U_i} = \frac{N_2}{N_1} \frac{D}{1-D} \tag{9-5}$$

当变压器设计完成后，其变压比便是一个固定值，因此只能通过控制开关管改变变压器一侧激励方波的占空比来实现调压。电源系统由 DSP 控制器根据所需电压产生相应占空比的方波控制开关管的通断，从而在输出端得到不同的直流电压，然后对其进行逆变，从而实现变频电源的调压功能。

9.2.5 DC/AC 逆变模块设计

1. 逆变模块主电路结构

逆变模块的作用是将前一环节得到的高压直流电转变为交流电。DC/AC 逆变模块的主

电路结构如图 9-6 所示，该电路为单相全桥式逆变电路，将前置升压模块所得到的高压直流逆变输出为合成脉宽调制波。

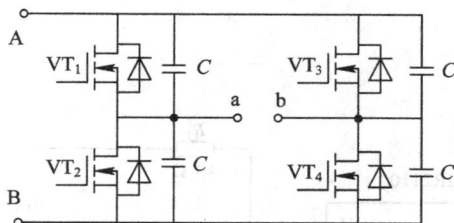

图 9-6　全桥式逆变模块主电路

整个电路由 4 个逆变管 VT_1～VT_4 组成。A、B 为前端升压模块输出的高压直流电源输入端，输入直流电压为 12～300 V 可调节电压；a、b 为交流输出端，输出为合成脉宽调制波。互为对角的一组逆变管同时导通，另一组关断，所有逆变管均受控于来自 DSP 的一对互补方波信号，产生所需要的脉宽调制波。为了防止桥臂一侧的两个逆变管同时导通而发生短路，需要设置一定的开关死区。为了防止过电流故障，电路中采用快速熔断器进行保护。过电流故障的产生主要有两种原因：一是控制逻辑不合理或死区时间太短，造成桥臂一侧直通；另一个是电源输出线路短路。由于全桥电路中的四个逆变管在硬开关方式下以较高频率关断与导通，产生瞬间尖峰电压与电流会对开关管造成危害，并且产生较大开关损耗，因此在电路中要添加电容缓冲电路来降低开关损耗并进行保护。

2．主电路逆变功率管选择

根据电源的应用条件与要求，逆变功率管开关器件选取的主要依据是耐压值不低于 300 V，考虑到电压安全系数应留有一定裕量，故可选择耐压值 500 V、电流值小、开关频率尽可能高的器件。功率场效应晶体管 MOSFET 的控制信号为电压信号，输入阻抗很大，控制电流几乎为零，驱动功率小，驱动电路简单，热稳定性好，安全工作区大，其击穿电压一般在千伏以下，工作电流较小，完全可以满足本设计需要，并且其工作频率为所有器件最高，可达几百千赫兹，因此功率场效应管为本设计的最终选择。本设计中选择 IRF830 作为开关器件，其最高耐压值为 500 V，最大工作电流为 4.5 A。

3．逆变模块的驱动电路设计

由于 DSP 微处理器输出的 PWM 控制信号仅为 3.3 V，驱动能力非常有限，而驱动控制逆变电路中的 MOSFET 需要 10～20 V 的驱动电压，因此如果利用 DSP 直接控制 MOSFET 的通断，需要中间加驱动电路。驱动电路分为直接驱动和隔离驱动。采用隔离驱动时，电路在发挥驱动功能的同时将控制电路和主电路电气关系隔离，以免互相影响。

隔离方式有光电隔离和电磁隔离。光电隔离具有体积小、结构简单和隔离效果好等优点，但其共模抑制能力差，传输速度慢，采用高速光耦成本也比较高。电磁隔离用脉冲变压器作为隔离元件，具有响应速度快、初级和次级的绝缘强度高、共模干扰抑制能力强等优点，但其受到很多限制，如信号的最大传输宽度受磁饱和特性的限制使信号的顶部不易传输，最大占空比需在 50%内，信号的最小宽度受磁化电流所限。本设计中的逆变器采用 IR 公司的专用驱动器芯片 IR2110，它兼有光电隔离和电磁隔离的优点，工作频率可达

500 kHz，体积小，速度快，高端悬浮自举电源的设计使得电路应用简便。IR2110 驱动电路如图 9-7 所示，图中 V_{D1} 为自举二极管，需要选择快速恢复二极管使用，以完成自举充电作用。

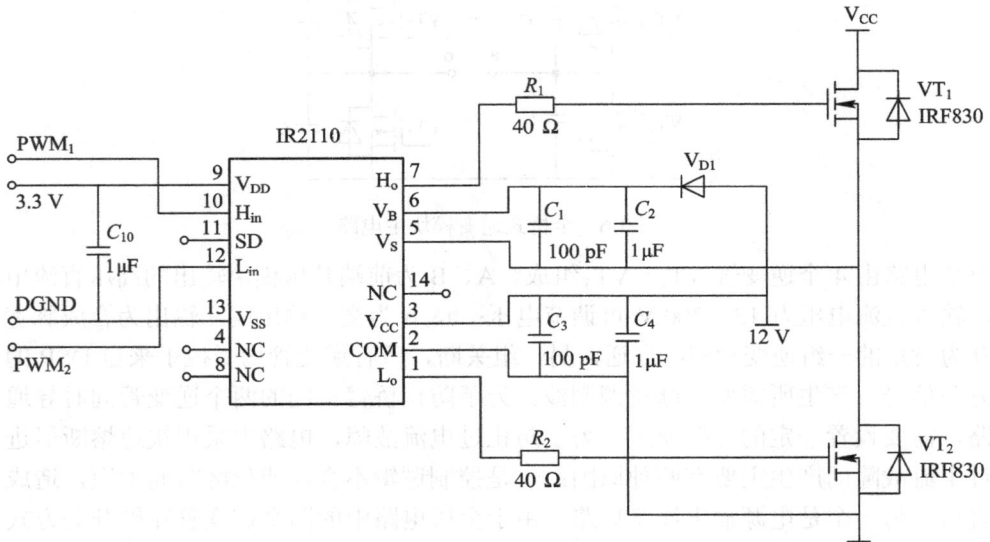

图 9-7　IR2110 驱动电路

4．滤波模块设计

由前述的分析可知，前部电路输出的低压直流经过 DC/DC 升压和 DC/AC 逆变得到的是以正弦波为基波的脉宽调制波，含有大量的谐波成分。如果想要得到所需的正弦波输出，必需滤除脉宽调制波中的高次谐波，而滤波器就是一种选频电路，它能使有用信号顺利通过，其衰减很小而且可大幅度抑制无用的高次谐波频率信号。一般情况下，变频电源的设计对其输出谐波含量有一定的要求，如单次谐波含量小于 3%，总谐波含量小于 5% 等。滤波器的设计必须满足上述要求。

本节设计中，在变频电源的输出频率范围为 5～20 kHz 情况下，滤波器通频带必需要求在 5 kHz 以上，故由逆变电路所得到的脉宽调制波的主要谐波成分频率最低也要大于 5 kHz 才能得到有效抑制。由于实际滤波器具有的非理想特性，本设计所采用的滤波器的截止频率为 7.5 kHz，主要谐波成分最低频率设定在 15 kHz 以上。对谐波的抑制主要采用软件和硬件相结合的方法。软件对谐波的抑制是通过软件编程将所生成的脉宽调制波谐波抑制在 15 kHz 以上的高频段，以便滤波器滤除；硬件对谐波的抑制是设计幅频特性较为理想的滤波器，可将 15 kHz 以上的谐波基本滤除。

9.2.6　电路模块设计

传统的变频电源控制系统采用模拟技术进行设计和分析，控制器采用模拟器件实现。变频电源的智能化发展方向使得传统的模拟控制电路已经很难满足要求，并且由于其控制电路设计复杂、维护困难、器件多，一旦设计完成控制策略便被固定，不便于改进和升级，并且受环境的影响较大等，正在逐步退出市场。随着微控制器的出现和迅速发展，数字化技术日渐成熟。与模拟信号处理系统相比，数字化控制技术具有灵活、精确、抗干扰能力强、设备尺寸小、速度快、性能稳定和易于升级等优点。

变频电源中大都采用微控制器数字控制，在数字化变频器设计中常用的控制器可以用单片机和 DSP。DSP 以其优越的控制性能和数据处理能力在高端电源设计中得到了广泛的应用。本节设计的变频电源中选用 TI 公司的最新 DSP 控制芯片 TMS320F2812 作为控制核心，控制系统结构如图 9-8 所示。微控制器实现的功能是产生开关管所需的脉宽调制波、对电路状态及系统输出进行实时监控和对变频电源的闭环控制等。

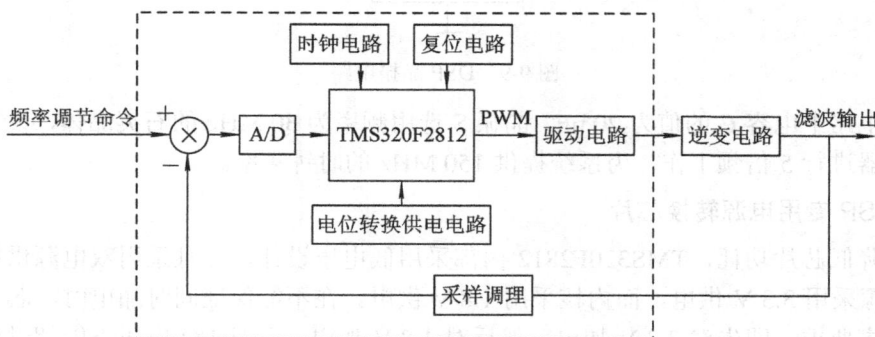

图 9-8　控制系统结构图

1．TMS320F2812 DSP 概述

TMS320F2812 数字信号处理器是 TMS320C2000 系列 DSP 中的一种，是一款 32 位定点 DSP 控制器，也是目前可应用于控制领域的最先进的处理器之一。它将各种高级数字控制功能集成在一块 IC 上，强大的数据处理功能和控制能力大幅度提高了应用效率并降低了功耗。该 DSP 的工作频率为 150 MHz，能够在一个周期内完成 32×32 位的乘法累加运算，极大地提高了控制系统的控制精度和处理速度。此外，由于器件集成了快速的中断管理单元，使得中断延迟时间大幅度减少，满足了实时控制的需要。该 DSP 内部采用了哈佛总线结构设计，可以在一个周期内对内存地址完成读取、修改、写入操作。该芯片基于 C/C++ 高效 32 位 DSP 内核，并提供浮点数学函数库，从而可以在定点处理器上方便地实现浮点运算。TMS320F2812 的具体技术指标可参考有关文献。

2．TMS320F2812 控制系统外围电路设计

设计的基于 TMS320F2812 的最小系统包括时钟电路、辅助电源电路、复位电路等，根据需要同时利用其他的外围电路。本节设计的变频电源中主要利用了片内 EVA 模块的三路 PWM 输出及 A/D 模块的三路模、数采集。三路 PWM 中的两路为一对互补信号，用来控制全桥逆变电路，另外一路用来控制 DC/DC 升压电路中的开关管，实现对输出电压的调节。三路 A/D 采集中有两路用来实现对输出频率的调节，另外一路实现对输出电压进行调节。

3．时钟电路设计

本节设计的变频电源中采用的 DSP 芯片 TMS320F2812 有内部振荡器，所以时钟模块电路相对简单。通常可以有两种操作模式：一是利用内部振荡器外接一石英晶体；二是采用外部时钟源。本设计中采用第一种方式。外部引脚 14 用来选择时钟源的接入方式，当其为低电平时，采用外部时钟或晶振直接作为系统时钟；当其为高电平时，外部时钟经过 PLL

倍频电路倍频后，为系统提供高速时钟。DSP 晶振电路如图 9-9 所示。

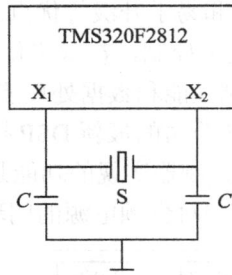

图 9-9 DSP 晶振电路

时钟电路中电容 C 的值为 20 pF，晶振 S 选用频率为 30 MHz 的石英晶体，设置锁相环控制寄存器进行 5 倍频工作，为系统提供 150 MHz 的时钟频率。

4．DSP 专用电源转换芯片

为了降低芯片功耗，TMS320F2812 内部采用低电压设计，并且采用双电源供电，即通用 I/O 电源采用 3.3 V 供电，而内核采用 1.8 V 供电。在不能保证同时加电时，芯片加电有严格的时序要求，即先对 3.3 V 加电，然后对 1.8 V 加电，并且 I/O 电压不能超过内核电压 2 V，以免烧坏内部器件。针对这种情况，在系统为数字模块提供 5 V 电压的情况下，可以采用两个单电压输出电源转换芯片，也可以采用一个双电压输出电源转换芯片两种解决方案。本设计采用了专用电源转换芯片 TPS767D318 为 DSP 供电来实现单片双电压输出，能够满足上述要求并能够提供最大 1 A 的电流。DSP 辅助电源电路如图 9-10 所示。

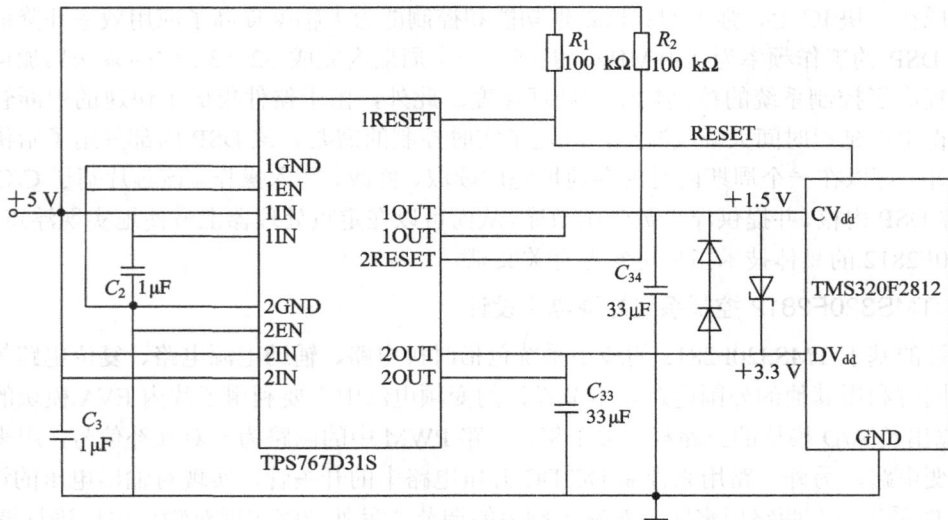

图 9-10 DSP 辅助电源电路

5．复位电路设计

由于 DSP 系统的时钟频率较高，在运行时极有可能发生干扰和被干扰的现象，严重时还会出现死机，因此，对于复位电路的设计对系统来说是一个关键部分。考虑到 TMS320 F2812 内部有集成看门狗，因此本系统中只设计了手动复位、上电复位电路。DSP 复位电路如图 9-11 所示。复位电路利用 RC 电路的延迟特性来产生复位所需要的低电平时间，在上电瞬间，由于电容 C 上的电压不能突变，使 RESET 端仍为低电平，芯片出现复位状态，电源通过电阻 R 对电容 C 充电，充电时间由 R 与 C 的乘积决定。为了使芯片正常初始化，通常应保证 RESET 端低电平持续时间至少为 3 个外部时钟周期。但是上电后系统的晶体振荡器通常需要保持几百毫秒的稳定期，要求为 100～200 ms，因此 RC 决定的复位时间要大于晶体振荡器的稳定期。实际应用证明，为了防止不完全复位，R、C 参数要选

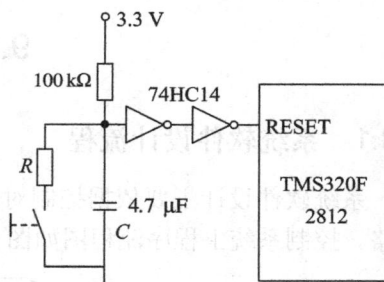

图 9-11　DSP 复位电路

择得大一些。在阈值电压为 1.5 V 时，选择 $R = 100$ kΩ，$C = 4.7$ μF，电源电压 $U_{CC} = 5$ V，可得复位时间为 150 ms，满足复位要求。电路中的施密特触发器 74HC14(此处仅用其中 2 个非门电路)可以防止复位电路在阈值附近受到干扰的情况下重复复位现象的产生。

6. 电压采样电路设计

为了得到幅值稳定的正弦波输出，需要对电路的输出电压进行采样，实现电源的闭环控制。电压采样电路如图 9-12 所示。图中省略了运算放大器的电源接入，其中 A_1、A_2 为 ±12 V 供电，A_3 为 +5 V 供电。采样电路要求具有成本低、线性度高、稳定性高、频带宽等特性，采用了光耦隔离器 HCNR201 实现主电路和控制电路的隔离。

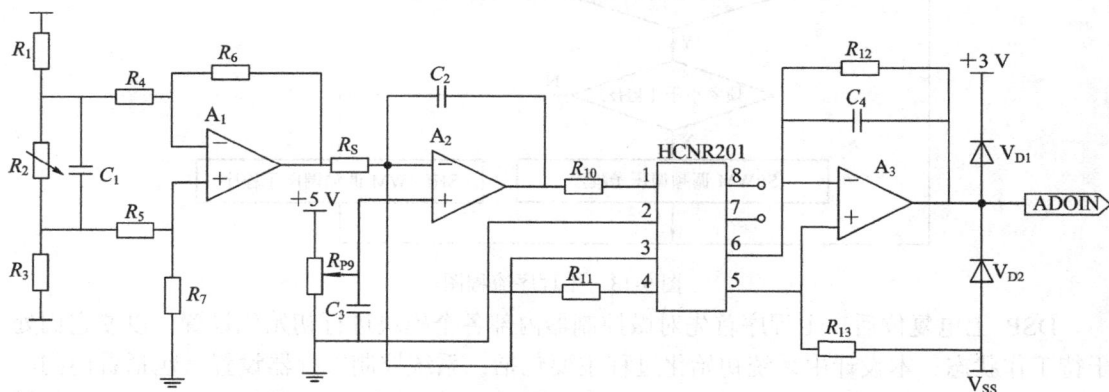

图 9-12　电压采样电路

由图 9-12 可以看出，在电源输出波形的电压采样电路的设计中，采用了差分采样结构。采样信号经过运算放大器的两级调理与放大，送到高精度线性光耦隔离器 HCNR201 中，以实现控制电路与主电路的电气隔离。隔离输出通过一级调理放大送到 DSP 的 A/D 采集输入端。由于微控制器的电压采集输入范围为 0～3 V，二极管 V_{D1} 和 V_{D2} 可以保证采集电压不超过 3 V，以免损坏 DSP 的 A/D 模块。R_{P9} 为可调电位器，通过调节 R_{P9} 可在运算放大器 A_2 的同相端预置一直流电压，对交流采样信号进行电压提升，使信号电压始终大于 0，然后送入光耦隔离器 HCNR201。采样电路的采样比例设定为 100∶1，即最高输出 300 V 时，采样值为 3 V。

9.3 系统软件设计

9.3.1 系统软件设计流程

系统软件设计主要依据控制对象和控制电路自身的要求进行，主要介绍主程序的设计思路。控制系统主程序流程图如图 9-13 所示。

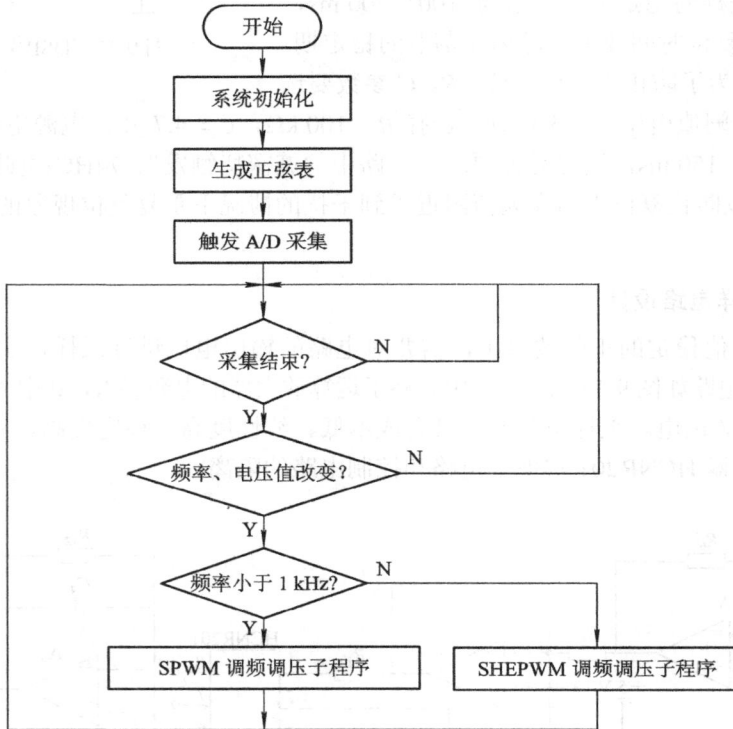

图 9-13 主程序流程图

DSP 上电复位后，主程序首先对微控制器内部各个模块进行初始化设置，以便它们处于待工作状态。本设计中系统初始化过程主要包括：系统控制寄存器设置，包括看门狗、锁相环、高速/低速系统时钟、EVA/ADC 模块使能；外设中断扩展模块 PIE 初始化，包括 PIE 控制寄存器、PIE 矢量表；事件管理器 A 初始化；A/D 模块初始化。

9.3.2 系统中断程序设计

1. A/D 采集中断服务程序

以 DSP 为核心的控制系统主要用到两个中断，一个是 A/D 采集中断，用来实现调频调压和对输出电压值的监控；另一个是事件管理器 A 中定时器 1 的周期中断，通过重新装入周期值和比较值来实现生成合成脉宽调制波。

A/D 转换中断服务程序流程图如图 9-14 所示。四路采集分别为两路调频、一路调压和一路输出采集。当定时器 2 定时时间到(通过设置其周期寄存器)，进入 A/D 采集，A/D 转换模块将所用到的 4 个通道按照顺序采样模式自动排序后，逐个进行采集并进行转换，然后将转换结果送入相应的结果寄存器，完毕后向系统申请中断。CPU 在执行完当前语句和下一句指令后，如果中断打开并且没有更高一级的中断申请，便转去执行上述中断服务程序。

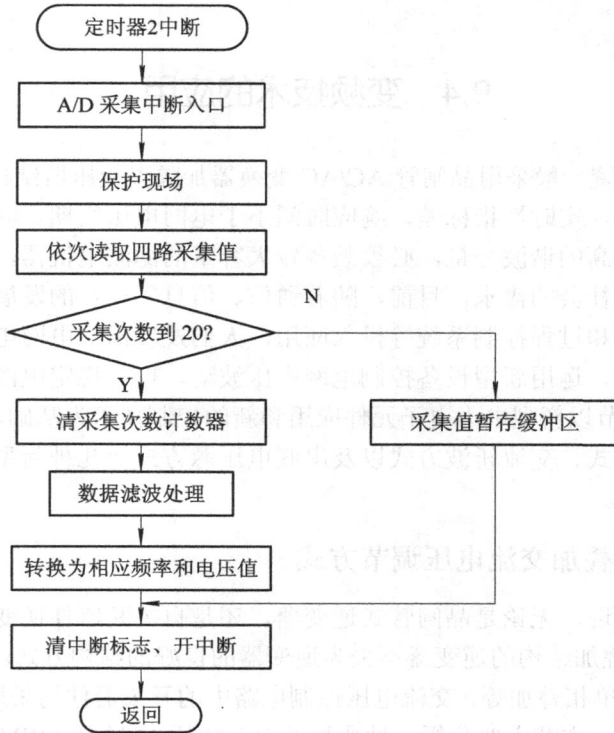

图 9-14 中断服务程序流程图

2. 定时器 1 周期中断服务程序

定时器 1 的周期中断服务程序主要是对周期寄存器和比较寄存器的值进行计算并装载，如图 9-15 所示。

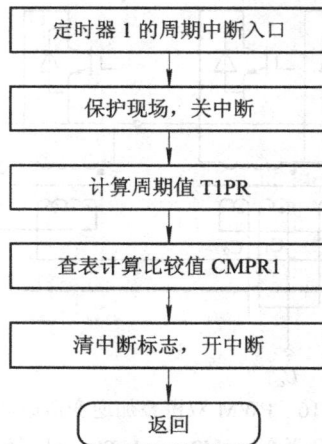

图 9-15 定时器 1 周期中断服务程序流程图

为保证系统能够输出及时、准确的脉宽调制波，设定定时器 1 的周期中断级别为外设中断级别最高，并且在服务程序中关中断。

以上只是介绍设计的主要部分，整个系统的设计还有其他内容，在此不作详尽介绍，读者可参考相关文献。

9.4　变频技术的应用

传统交流稳压装置一般采用晶闸管 AC/AC 变换器加隔离变压器结构，控制模式采用相控技术，其结构复杂，实时性指标差，响应时间小于电网电压周期。同时，此种结构的输出电压和电流含有较高的谐波分量，必须装备较大容量的滤波电抗器，并且输入功率因数较低，不能满足现代社会的需求。目前，随着通信、信息等产业的发展，大量敏感性负载如计算机、通信设备和过程控制系统等投入应用，人们发现由于电网电压波动造成的负面影响越来越大，因此，运用新型设备控制电网电压波动，提供稳定电源，对满足负载的正常运行十分必要。本节以新型电力电子元件应用和新的控制技术为基础，讨论 PWM 双桥叠加交流电压变换器方式、交流斩波方式以及串联电压源方式等几种新型高效的变频型交流电压调节技术的应用。

9.4.1　PWM 双桥叠加交流电压调节方式

通过大量实验发现，无论是晶闸管式逆变器，还是自关断器件逆变器，在中、大容量领域中，PWM 双桥叠加结构的逆变器不失为逆变器的良好的结构方式。双桥叠加形式可分为双三相桥叠加、双单相叠加等，交流电压控制电路中的开关器件均采用 GTO、IGBT 等新型大功率晶体管元件。本节主要分析一种典型的双三相桥 12 阶梯 PWM 逆变器结构。

图 9-16 为 PWM 双桥叠加逆变器原理图。

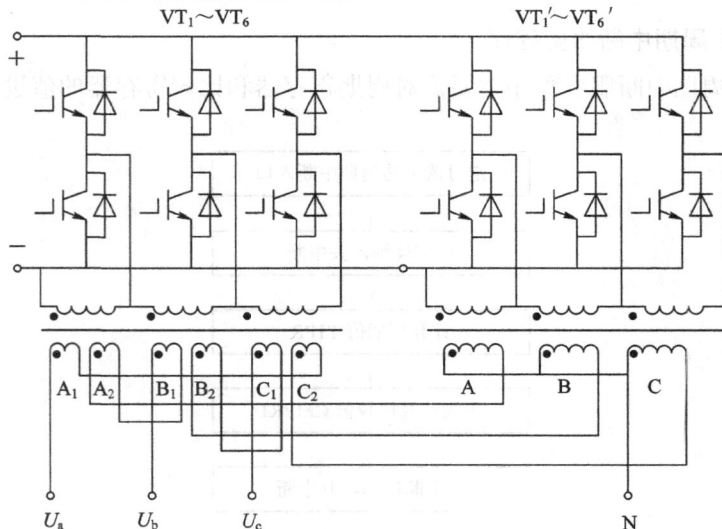

图 9-16　PWM 双桥叠加逆变器原理图

图中 $VT_1 \sim VT_6$ 为前桥功率开关管，$VT'_1 \sim VT'_6$ 为后桥功率开关管，每相输出电压 U_N

为前桥绕组反相叠加后序相绕组与后桥该相绕组的电压矢量和，例如 A 相输出电压 $U_{AN} = U_{A1} - (U_{C2} + U_A)$。每相主通管分别与其对应的前序和后序导通管构成回路，间隔 60° 输出双脉冲，前桥导通管号与后桥管号相对应。负半周输出波形反相，要求绕组电流方向反向，即工作功率管换流。这样就得到图 9-17 所示的双三相叠加电压输出波形，本设计的阶梯比设定为 0.5：0.866：1。

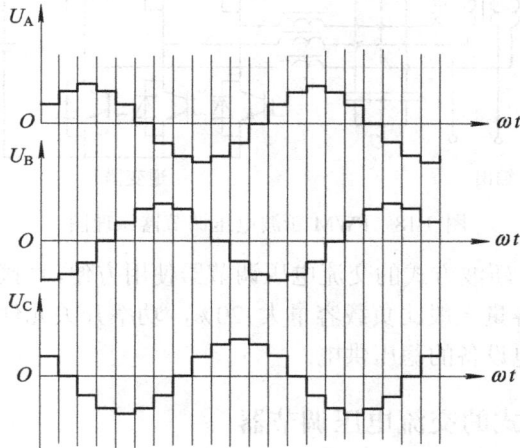

图 9-17 双三相叠加逆变器波形图

双桥三相逆变器功率开关管每周期内开关次数相同，均为三次。负载分配均匀，可选用同规格功率开关管。双桥 PWM 逆变器特点是：

(1) 既可用于三相输出又可用于单相输出。

(2) 把功率开关管大容量负载分散负担，不仅可用快速强迫关断器件，也可用一般自关断器件，器件要求低。

(3) 输出容量大，500 A 单个器件构成三相逆变器输出容量达 100 kVA。

(4) 谐波分量小，11 次以下谐波消除，要求滤波器容量小。

(5) 系统动态调节特性好。这种结构的稳压电路特别适用于实验检测设备等要求交流电压高度稳定的场合。

9.4.2 采用 PWM 斩波方式的交流电压调节器

随着全控型器件和相位控制技术的广泛应用，可以采用交流 PWM 斩波方式的交流电压控制电路。在中、小功率场合，采用单相 Back 型、Boost 型和 Back-Boost 型 PWM 交流斩波方式电压调节器，可以根据输入和输出电压决定开关元件的开关方式，用以解决换相引起的高电压尖峰，其开关元件仅在半周期进行调制，大大减小了开关损耗。在大功率场合，可以采用 AC/AC Back 型电压调节器。

针对传统交流 PWM 斩波器开关元件较多和对门控信号要求较高的缺点，设计了一种其主电路结构如图 9-18 所示的新型三相交流电压调节装置。该装置主要包括交流斩波控制器、旁路续流通路和工频升压隔离变压器。该装置仅采用 $VT_1 \sim VT_6$ 六只全控型功率开关器件 IGBT，对开关门控信号的要求大大降低，提高了系统的可靠性。旁路续流通路有 3 个旁路电容，保证前向通路和续流通路开关切换间的死区时间里有连续的能量通路。其输入电流、输出电压波形都接近正弦，响应速度较快，输入、输出端滤波器的体积可以很小。如果在输入、输出端加装隔离变压器，防谐波效果更好。

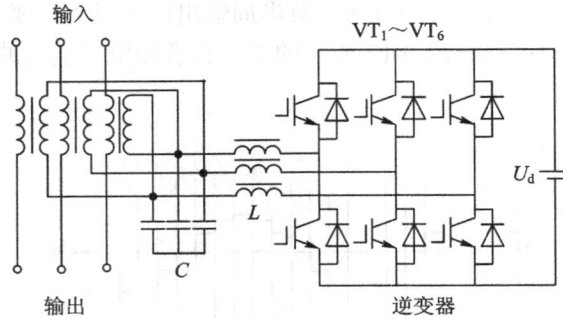

图 9-18　PWM 斩波电压调节器原理图

此种采用交流 PWM 斩波方式的交流电压调节器使用方便，直接连接于交流电源和负载之间，电压调节装置的容量一般比负载容量大 20%，功率开关元件的容量选得较大，特别适用于对中、小容量用电设备的稳压供电。

9.4.3　串联电压源模式的交流电压调节器

在对一些要求具有功率补偿功能的稳压供电场合，交流电压调节器可以采用三相电压型逆变器的串联型电压调节器，其电路原理如图 9-19 所示。三相变压器的绕组串联于电源和负载之间，等效于串联一个电源。如果要求消除电源的负序电压或电压瞬时波动，可在逆变器直流环节加装电容器组为装置提供长时间的有功功率。如果需要调节电源电压正序的长时间变化，则需要附加独立的直流电源 U_d。

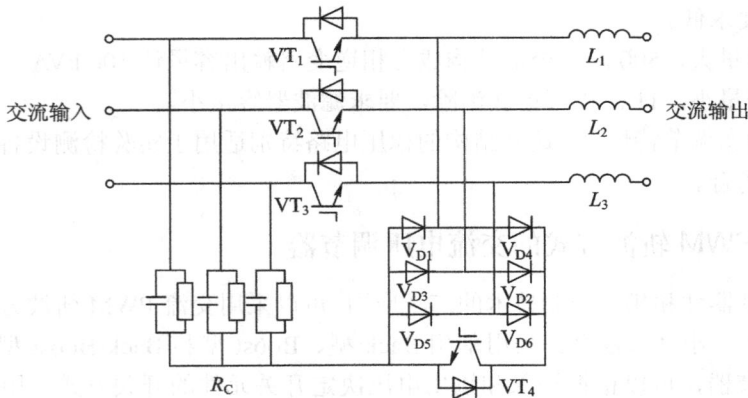

图 9-19　串联型调节器原理图

为解决三相电源的不对称问题，逆变器指令信号包含电源负序电压分量和正序电压分量的偏差，通过提取并消除电源负序电压分量可以保证负载三相电源对称，同时调节正序电压分量可以控制负载三相电源的幅值，逆变器控制则采用非对称开关函数 PWM 技术。

通过调节串联补偿电压的幅值和相位，串联型交流电压调节器可以实现输出到负载电路的电压调节和无功功率补偿。采用串联补偿式结构，装置的容量取决于负载容量和电源电压的变化范围，远低于负载容量，能够减小功率开关元件的容量和开关应力，具有较高的性能价格比，能够用于较大容量的负载。为适应高敏感负载，提高串联型电压调节器的性能，可以在负载端加上并联型有源电力滤波器。采用串联型电压调节环节和并联型有源电力滤波环节，以达到双向调节负载电压和能量双向流动的目的。此类装置可以全面提高交流电源品质，有一定的节能效果，是一种高效率的调压方式。

9.4.4　三种方案的对比

以上分析着重于电路结构与控制模式，实用装置的设计应针对不同负载添加辅助电路，以满足设备安全运行要求。表 9-1 是三种方案的主要特点的对比结果。

表 9-1　三种交流电压调节方法比较

调压类型	PWM 双桥叠加	PWM 斩波	串联电压源
拓扑结构	一般，特殊变压器	简单，普通变压器	复杂，特殊变压器
元件要求	数量多，应力小	数量少，应力大	数量多，应力小
系统容量	大，耗能较高	大，耗能较高	小，耗能较低
应用场合	中、小型负载	中、小型负载	大、中型负载

从以上对变频型交流电压调节装置所采用的三种调压方式的分析可以看出，串联电压源方式具有一定的应用优势，适宜应用到需要高品质交流电源的各个领域。由于使用了开关器件，应用范围有一定的局限，还存在着一些不足，但是在节能减排、提高效率的大环境要求下，随着控制技术研究的深入和开关元件性能的不断提高，人们将更多地接受包括串联电压源方式在内的变频型交流电压调节器。

9.5　大功率变频技术及其对负载的影响

中压(1～10 kV)交流电机主要负载是大功率风机和水泵，过去缺少用于中压大功率的交流调速装置。通过变频控制电机转速来调节风量或流量可以节约大量的电能，据统计，风机、泵类电动机节电率可以达到 30%～60%，节能效果非常显著。近年来，中压变频技术日趋成熟，应用前景很好，本节对中压大功率交流变频调速技术作出分析，并结合在应用过程中对电动机负载的影响等问题进行分析讨论。

9.5.1　器件串联方案

根据可应用的控制方案，中压变频可以分为两大类：一是有输出变压器的中—低—中方案；二是无输出变压器的中—中方案。前者采用输入/输出变压器，增加了成本，也增加了损耗，系统较复杂；后者优点突出，可以通过单元串联和多电平电路两种结构实现，具有良好的应用前景。

无输出变压器的器件串联方案大多用于 GTO 电流源逆变器，采用单元串联的方法实现高、中压输出，其原理如图 9-20 所示。电路中设计有大的平波电抗器和电流调节器，过电流保护比较容易。实用中为对接地短路实现保护，将电抗器分为两半，直流母线各串一半。

输入整流器采用多重化整流电路，输出交流端用电容器滤波，电压、电流波形近似正弦。此种方案的优点为有能量回馈功能，虽然直流环节电流方向不能改变，但整流电压可以反向，可实现负载四象限运行，动态性能好；其缺点是在动态条件下要解决好功率单元串联均压问题。

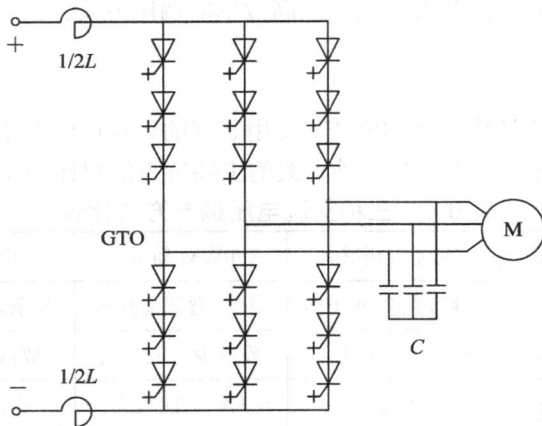

图 9-20   器件串联方案

9.5.2   多电平控制方案

典型的多电平变换器结构将若干电平合成为正弦波，随着电平数目的增加，合成的输出波形台阶数也增加，使输出电压波形更逼近正弦波形。变频器主回路中器件高速开关动作，造成对电机及周边设备的影响不可忽视，因而多电平变频器的作用引起人们的重视。多电平变频器在防止尖峰电压造成的电动机绝缘损坏以及防止轴电压引起的电动机轴承电蚀方面效果良好，同时也大幅度减小了 du/dt 引起的漏电流和噪音。我国标准中压电压等级为 6 kV 和 10 kV，采用 GTO 元件的三电平结构是常用的方案，GTO 单元电压达 4.5～6 kV，电流为 4～6 kA，元件无需串、并联，变频器容量即能到 10 MVA，满足了大功率风机和水泵的驱动要求。多电平电路结构主要有三电平电路及其派生形式。

1. 三电平电路

三电平电路也称为中点钳位(NPC)三电平逆变器，具有在直流母线上输出正、负、零三值电压的电路结构。三电平逆变器主电路如图 9-21 所示，每相电路有 4 只串联的开关器件和 2 只钳位二极管，直流侧滤波电容器用 2 只相同的电容 C_1、C_2 组成，等分直流母线的中性点电压，作为相电压输出。设直流侧电压为 U_d，每个电容器上的电压为 U_C，通过钳位二极管使每个功率器件上的电压限制于电容器电压 U_C 之内。具体工作原理见相关文献。

逆变器的输入端整流器若采用电机侧类似的多电平逆变器，即具备有功电能回馈功能，可实现电机四象限运行，也容易实现电容器电压均衡，电网谐波和输入功率因数得以改善。但这种逆变器控制的规律较复杂，不同的电动机控制方案按负载性质的不同采用了不同的 PWM 控制方法，而电容器电压的均衡控制方法也因 PWM 控制方法而异。目前，三电平变频器产品采用的方案有 V/F 控制、转子磁场定向控制以及直接转矩控制等。在大功率负载条件下，开关器件工作频率较低，尽管可以配置输出滤波器，但是最小脉宽及死区时间的影响不容忽视，使得逆变器的控制有一定困难。

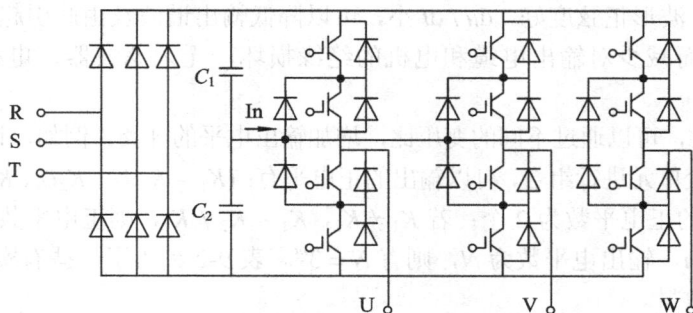

图 9-21　三电平逆变器主电路

2. 派生形式的多电平逆变器

由三电平变频器的技术扩展，可以实现多电平电路。以五电平级数设计为例，其原理是：每个单体单相逆变单元可以输出 $+U_d$、0、$-U_d$ 三种电平，将逆变器串联，即构成多级电平电路，如图 9-22 所示。

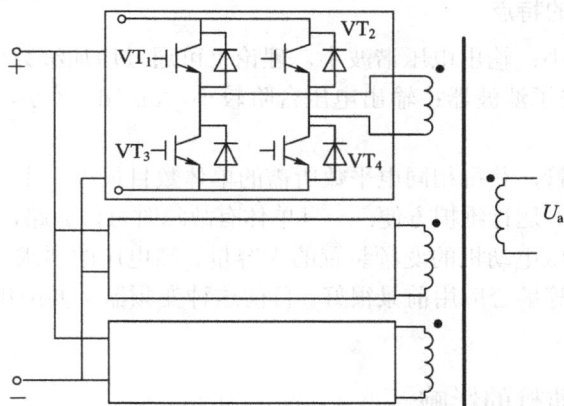

图 9-22　由单体单相逆变单元构成的多级电平电路

设原来的单体逆变器有 4 个功率元件 VT，其中 VT_1、VT_4 导通输出 $+U_d$(即 +1 电平)，VT_2、VT_3 导通输出 $-U_d$(即 -1 电平)，VT_1、VT_2 导通时或 VT_3、VT_4 导通输出零电平。实用的逆变单元串联多电平变频器主电路结构如图 9-23 所示，其中，A_1、B_1、C_1 组为相位超前组，A_2、B_2、C_2 为无相移组，A_3、B_3、C_3 为相位滞后组。此种结构不是采用器件串联方法实现高压输出，而是用整个功率单元串联的方式，因此不存在元件均压问题。输入端采用多重移相变压器，保证输入电流近似正弦波，单相逆变单元串联可输出 7 种电平，使输出电压接近正弦波。输出端由每个功率单元的

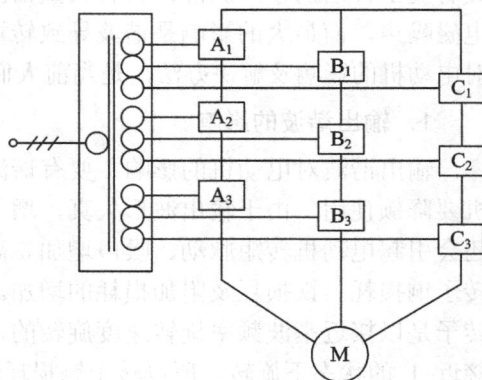

图 9-23　串联多电平变频器主电路结构

输出端子相互串联成星形接法给电机供电，通过对每个单元的 PWM 波形进行重组，得到阶梯的 PWM 波形，波形正弦度好，du/dt 小，可以降低输出谐波及由此引起的电机振动、发热、噪声等，从而减少对输出电缆和电机的绝缘损坏，无须滤波器，电机不需降低容量使用。

在实用设计时，可以通过不同的变压比，增加输出电平的种类。例如，设变压比为 K_1 和 K_2 的两个单体逆变单元进行组合，可以输出的正电平有：$(K_1 - K_2)U_i$、K_2U_i、K_1U_i、$(K_1 + K_2)U_i$；若 $K_1 = K_2$，输出的正电平数为 2 个；若 $K_1 \neq K_2$，$K_1 - K_2 \neq K_2$，则正电平数为 4 个。设逆变单元串联级数为 m，输出电平数为 N，则有 $N = 3^m$。表 9-2 列出了一些有实用价值的组合，其中 n 为变压比数量。

表 9-2　有实用价值的参考组合

n	变压比	数量	电 平 数 值
2	1∶3	9	−4，−3，−2，−1，0，1，2，3，4
3	1∶2∶5	17	−8，−7，−6，−5，−4，−3，−2，−1，0，1，2，3，4，5，6，7，8

3. 多电平逆变器的特点

(1) 输入电流谐波小；输出电压谐波小，理论上可通过增加级数使输出接近正弦波形；电动机运转平稳，省去了滤波器；输出电压台阶较小，du/dt 较小，有利于高压电动机的绝缘。

(2) 无需钳位二极管，获得相同电平数所需的单体数目最少；由于各单体的结构完全相同，可实现模块化设计，运行维护方便；一旦单体有故障时可以旁路，提高了设备的可靠性。

(3) 更加适合中高压电动机的变频装置的大容量、高电压的要求。这种电路在中压变频和静态无功补偿(SVC)等场合应用前景很好。目前这种变频器主要应用在风机泵类负载调速场合。

9.5.3　变频器对电动机的影响

变频器输出对电动机的影响主要取决于逆变电路的结构和特性。PWM 逆变器的输出是具有陡上升沿的系列脉冲，含有大量谐波分量，使电动机的损耗增大，效率降低，并产生电磁噪声，而最大的影响是谐波导致转矩的脉动，最终造成转速的脉动。因此高压变频器对电动机的影响及解决办法，是当前人们研究的重要课题之一。

1. 输出谐波的影响

输出谐波对电动机的影响主要有谐波引起电动机发热，导致电动机的额外温升，电动机要降额使用。由于输出波形失真，增加电动机的重复峰值电压，影响电动机绝缘，谐波还会引起电动机转矩脉动、噪声增加。高次谐波引起的损耗增加主要表现在定子铜损耗、转子铜损耗、铁损耗及附加损耗的增加。其中影响最为显著的是转子铜损耗，因为电动机转子是以接近基波频率旋转速度旋转的，因此对于高次谐波电压来说，转子总是在转差率接近 1 的状态下旋转，所以转子铜损耗较大，而且在这种状态下，除了直流电阻引起的铜损耗外，还必须考虑由于集肤效应所产生的实际阻抗增加而引起的铜损耗。

三电平变频器与普通的二电平 PWM 变频器相比，由于输出相电压电平数增加，每相电平幅值相对下降，提高了输出电压谐波消除算法的自由度，在相同开关频率的条件下，可使输出波形质量与二电平 PWM 变频器比较有很大提高，但最坏条件下输出电压谐波失真可达 29%，电动机电流谐波失真可达 17%，此时必须设置输出滤波器或使用专用电动机。

对于单元串联多电平变频器，当输出电压为 6 kV 等级时，典型的输出电压总谐波失真小于 7%，大大低于普通的电流源型变频器和三电平变频器，输出谐波都低于 5%。对于一般的异步电动机，所产生的各次谐波电流均小于 0.3%，电动机基本不会产生附加的谐波发热、噪声和转矩脉动，所以不必设置输出滤波器，可以直接使用普通的异步电动机。

根据电动机运动方程，因谐波原因产生电动机转速的脉动分量可由下式表示：

$$\Delta\omega = \frac{1}{J}\int\sum_{n=1}^{\infty}T_{\mathrm{m}}\cos(6n\omega_1 t + \varphi_{\mathrm{m}})\mathrm{d}\omega t = \frac{1}{6\omega_1 J}\sum_{n=1}^{\infty}\frac{T_{\mathrm{m}}}{n}\sin(6n\omega_1 t + \varphi_{\mathrm{m}}) \tag{9-6}$$

式中，ω_1 为电动机基波角频率；n 为变频器输出的谐波次数。

由式(9-6)可总结出转速脉动的规律如下：

(1) 转速脉动频率为电动机基波角频率 ω_1 的 $6n$ 倍，幅值与变频器输出的基波角频率 ω_1 成反比，即输出频率越低，转速波动越大。

(2) 转速脉动幅值与变频器输出的谐波次数 n 成反比，即低次谐波所引起的转速脉动比高次谐波的影响更大。

所以电动机在低速运行情况下，为了使转速波动量维持在同一水平，对输出谐波抑制的要求更高。要使电动机的转速脉动较小，首先要消除或抑制变频器输出的低次谐波。

三电平变频器在不采用输出滤波器时，也会产生较大的转矩脉动，采用输出滤波器后，转矩脉动可大大降低。单元串联多电平变频器输出电流谐波较低，电动机的转矩脉动分量极小，各次脉动转矩都在 0.1%以下。

2．共模电压和轴电流的影响

共模电压指电动机定子绕组的中心点和地之间的电压。共模电压最大可接近相电压的峰值，如果电源的中心点接地，电动机的机壳也接地，这样共模电压就施加到电动机定子绕组的中心点和机壳之间。这样高的共模电压使电动机绕组承受的绝缘应力为电网直接运行情况下的 2 倍，严重影响电动机绝缘。

变频器的共模电压中含有与开关频率相对应的高频分量，高频的电压分量会通过输出电缆和电动机的分布电容产生对地高频漏电流，影响逆变器功率电路的安全。电动机通过地产生的高频漏电流，一部分通过定子绕组和机壳间的分布电容，再经机壳流入地，另一部分通过绕组和转子间的分布电容，经过轴承再到机壳，然后到地。后者的作用相当于轴电流，会引起电动机轴承的"电蚀"，影响轴承的寿命。

3．du/dt 的影响

变频器输出 du/dt 对电动机绝缘产生的影响极大。du/dt 取决于电压跳变电平的幅值及功率元件的开关速度。对普通的二电平和三电平变频器而言，由于输出电压跳变电平较大，同时逆变器功率单元开关速度较快，将产生较大的 du/dt，相当于在电动机绕组上重复施加陡度极大的冲击电压，使电动机绝缘承受很大的电应力，特别当变频器输出与电动机之间电缆距离较长时，由于线路分布电感和分布电容的存在，会产生行波反射放大作用，在参数适合时，加到电动机绕组上的电压会成倍增加，引起电动机绝缘损坏。所以这种变频器需要专用电动机。在相同输出电压等级前提下，采用三电平结构输出的 du/dt 有所下降，但还要加输出滤波器。

单元串联多电平变频器最大的相电压跳变等于一个单元的直流母线电压，以 6 kV 电压变频器为例，若跳变约为 900 V，电压上升时间为 0.3 μs，du/dt 则达到 3000 V/μs，对 6 kV 电动机而言，标准允许的范围约为 3919 V/μs。所以这类变频器输出不会使得电动机绝缘受到影响，可以使用普通的异步电动机。

9.5.4　中压变频器技术发展

随着电力开关器件的发展，变流电路主电路结构和控制技术不断改进。今后的中压变频器研究集中于以下领域：

(1) 多电平结构是未来时期中压变频主电路的首选结构。多电平逆变器电路结构中，二极管钳位多电平变流器更有发展前途。与单元串联多电平变流器和浮动电容器变流器相比，二极管钳位多电平变流器可以组成能量双向流动系统，以实现四象限运行，电路结构简单，更有竞争力。

(2) 单元串联方案仅可用于电流源逆变器。如果单元方面取得突破，使单元串联非常容易，应用才会有大的市场。

(3) 采用有输出变压器的中—低—中方案会占有一定的市场。目前中压大功率传动在风机和泵类负载电动机中占有相当大的比例，对传动系统要求不高，中—低—中方案价格有优势，投资小，维护容易。

(4) 控制策略和控制方法是中、高压变频技术的关键技术之一，变频器主电路元器件的增加，要求控制策略和方法具有优化、可靠、多样性，最终达到电动机高性能调速要求。

经过分析中压变频技术方案知，多电平结构是中压变频主电路的优选结构。中压变频器目前还没有统一的电路结构，伴随着电力电子技术的进步，器件性能不断提高，新的控制策略和控制方法等会出现各种各样的电路结构，也会给电动机变频技术带来新的变化。

9.6　实现电动机带载启动的 AC/AC 变频技术

矿山企业中异步电动机是主要的动力设备，在全压直接启动时需要很大的电流，可达电机额定电流的 5～7 倍。电机越大，电网电压波动率也越大，对电机及机械设备的危害也越大。因此，对大型电动机不允许全压直接启动，如何减少异步电动机启动瞬间的大电流的冲击，是电动机运行中的首要问题。为此必须设法改善电动机的启动方法，使电动机达到平滑无冲击启动，于是各种限流启动方法也就应运而生。

传统启动方案(见表 9-3)均不能带负载启动。一般场合下，软启动不能适用矿山企业的重负载如空压机、水泵、起重机、破碎机等设备的启动。为保证恒力矩输出，方法之一就是在降低电压的同时减小电压频率，即保持电压和频率不变。在大多数如果仅作启动而无调速要求的场合，采用变频器变频启动这种方法浪费极大，高压大容量的通用变频器价格极为昂贵，而感应电动机的重载启动仅是短时间的过程，所以人们研究感应电机的重载安全启动方法很有必要。本节分析一种基于 80C196KC + DSP 控制的 AC/AC 变频系统，该系统具有良好的动态和静态特性，可以应用于异步电动机的重载启动。

表 9-3 传统启动方案

启动方案	优 点	缺 点
自耦变压器启动	定子电压可调，当限定的启动电流相同时，启动转矩损失少	变压器的容量和耐压提高，体积增大，成本高，且不允许频繁启动
定子串电阻/电抗器	降低定子电压，减少启动电流	启动转矩随电压成平方关系下降，启动特性不平滑，电抗器功耗大
星形/三角形连接启动	电动机电流仅为三角形连接的 1/3	转矩仅为三角形接线时的 1/3，转换过程中出现二次冲击电流
频敏变阻器启动	绕线式异步电机，限制启动电流，增大启动转矩	在频繁启动下，易发生温升，设备结构复杂

9.6.1 系统原理与组成

1．AC/AC 变频结构

图 9-24 为 AC/AC 变频主电路结构图，三组单相 AC/AC 变频电路的输出端和电动机的三个绕组均采用星形连接。主变压器的二次端有三个绕组，分别单独为一相的主回路供电。每相电路有独立的变换器，由 6 只晶闸管构成正组半桥 P 和反组半桥 N 反并联电路。当正组 P 处于整流状态，输出电压为正半周，提供输出电流，负组 N 则处于逆变状态；反之，负组 N 处于整流状态，输出电压为负半周，正组 P 则处于逆变状态。

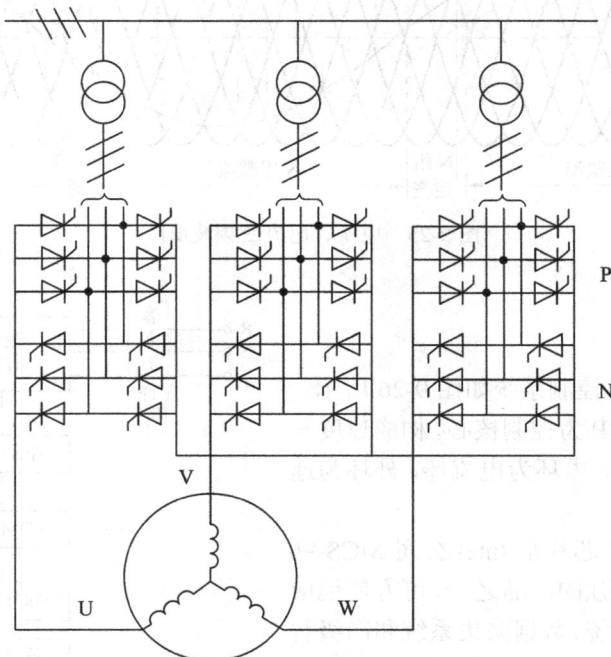

图 9-24 AC/AC 变频主电路结构图

2．AC/AC 变频工作原理

正组 P 和负组 N 两组变流电路按某一频率 f_o 交替工作，向负载输出交流电。通过改变两组变流电路的切换频率，可改变输出频率 f_o；改变变流电路工作的控制角 α，可改变交流输出电压的幅值 U_o。若 α 角为非固定值，在半个周期内使正组 P 的 α 角按正弦规律从 90°逐渐减小到 0°，然后再逐渐增大到 90°，则正组整流电路在每个控制间隔内的平均输出电压按正弦规律从零逐渐增至最大，再逐渐减小到零。在另外半个周期内，对负组 N 进行同样的控制，即可以得到接近正弦波的输出电压，见图 9-25 所示。由于变频器输出端中点不和负载中点相连接，在构成三相变频器的六组桥式电路中，至少要有不同相的两组桥中的两组晶闸管同时导通才能构成回路。为使两组桥之间晶闸管同时可靠导通，应保证有足够的脉冲宽度。为了抑制环流，在环路中串联了环流电抗器 L。输出相采用三角形连接，易于连接负载。

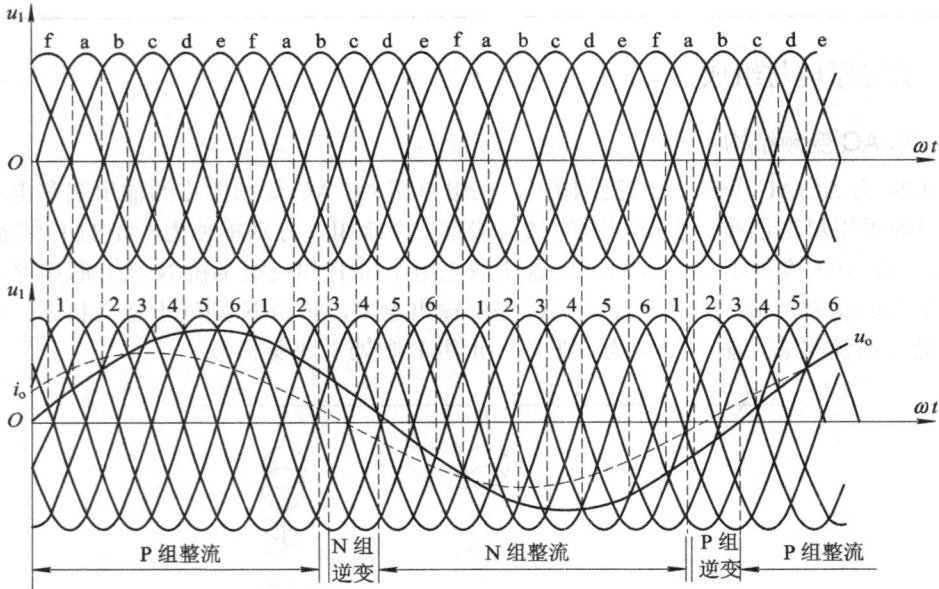

图 9-25　电压、电流变频波形图

9.6.2　系统构成

AC/AC 变频电路控制系统如图 9-26 所示。基于 80C196KC＋DSP 为控制核心，构成速度—电流双闭环控制系统，内环为电流环，外环为速度环。

16 位 80C196KC 芯片是 Intel 公司 MCS-96 系列单片机中性能较强的产品之一，可方便地应用于各类自动控制系统、数据采集系统和高级智能仪器中。ADMC401 芯片是基于单片 DSP 的控制器，适合工业应用领域中高性能控制。详细

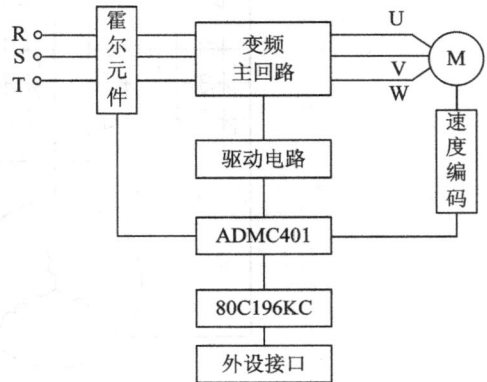

图 9-26　控制系统图

的性能参数和特点请参见有关文献。控制系统中 80C196KC 主要担负人机界面的运行以及向上位机发送信号等功能，ADMC401 用于运算，内部高速 8 路 A/D 采集完成数字滤波计算、触发控制信号的产生发送等功能。

1. 同步信号电路

微机进行 AC/AC 变频的移相控制时，为实现移相控制的目的，要求系统产生的触发脉冲信号能在交流电压的每个周期内均重复出现，需要给微机提供控制角起点定时的方波脉冲，这一信号的频率与电源频率相同，此方波信号称之为同步信号。本系统同步脉冲信号产生电路原理图如图 9-27 所示。同步变压器初级接三相供电电源，次级按 Y/△-6 接法，使交流同步信号的零点与主回路线电压的 6 个自然过零点同步。交流同步信号分压后通过电压比较器 LM339 产生三个方波电平，再经门电路 74LS54 异或运算，产生一个边沿与线电压自然过零点相对齐的信号，该信号再经过整形电路 74LS123 和或门处理后，作为申请同步中断的脉冲信号，在主回路线电压的每个过零点向单片机申请中断，进行数据采集。

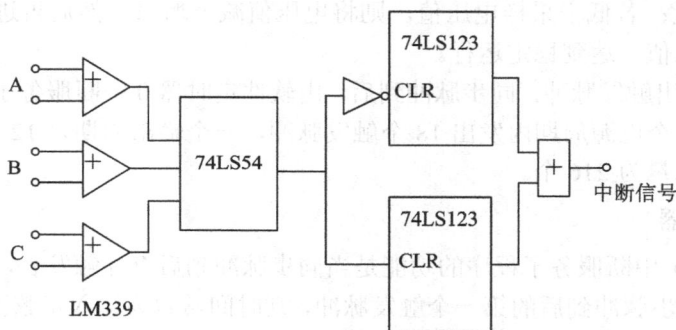

图 9-27 同步脉冲信号产生电路原理图

2. 零电流检测电路

对 AC/AC 变频的正、反组变流器换向时，均须在零电流状态下进行，此时变流器的触发脉冲处于封锁状态。为此一定要准确、可靠地检测电流值。其方法基于晶闸管导通时其端电压为管压降，近似等于零，而阻断时端电压等于其所接交流电压(电网线电压或相电压)的特点，同时检测变频器主电路中每一相上的六个晶闸管，如有一管导通说明此相有电流，如六管全关断则说明此相无电流，也就是电流过零点。这种方法直接检测零电流，不需要对电流波形进行整形，其输出信号完全对应着电流波形中的零电流，使检测电路更加准确、可靠。图 9-28 为零电流检测电路。在晶闸管阻断期间，电流流过发光二极管使其发光，光敏三极管导通，输出高电平，在晶闸管导通期间输出低电平。

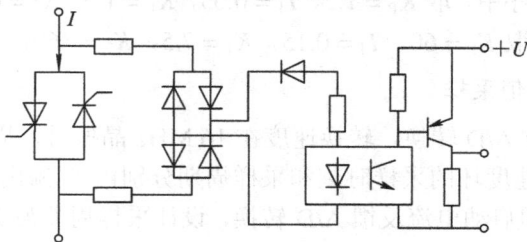

图 9-28 零电流检测电路

9.6.3　系统软件

控制系统的程序主要包括主程序、脉冲触发中断子程序、同步信号中断子程序和电流过零检测中断子程序，以及分配触发脉冲时序表和对触发脉冲相位进行延时控制的时间常数表等。控制程序占 4 KB，触发角表含触发顺序表和时间常数表占 16 KB，对应 16 级输出电压。

1．主程序

主程序完成的功能是初始化、PI 调节运算、反馈误差运算和输出触发脉冲。

(1) 初始化：包括自诊断，对各个相关寄存器复位，设给定值等。

(2) PI 调节运算：确定电流环、速度环采样周期和比例积分系数，进行速度 PI 调节运算和电流 PI 调节运算。

(3) 反馈误差运算：电压采样值与电压设定值比较，若设定值等级高于采样电压值，则将电压值加一增量；若低于采样电压值，则将电压值减一增量。然后再进行比较，直到设定值等于采样电压值，达到稳定运行。

(4) 中断和输出触发脉冲：同步脉冲到后，由软件定时器 0 中断服务子程序输出脉冲到相应的晶闸管。一个电源周期内发出 18 个触发脉冲，一个输出周期含 12 个输入电源周期，所以发出脉冲数总量为 216 个。

2．软件定时器

软件定时器 0 中断服务子程序的功能是当同步脉冲到后查寻触发表，输出脉冲到对应的晶闸管。如为同步脉冲到后的第一个触发脉冲，则时间常数为输入正弦波过零点 $\omega t = 2n\pi$ 与触发脉冲间的时间间隔，将时间常数字和相应的触发顺序字送至数字触发器。

3．电流环和速度环数字调节计算

电流调节器和速度调节器都采用 PI 调节，以增量式控制算法编程，其特点是计算速度快。若存在计算误差或精度不够时，对控制量计算的影响较小。计算机只输出控制量的增量，误动作小，保证了系统安全运行，同时手动/自动切换时冲击比较小。PI 调节的计算公式为

$$u(k) = u(k-1) + \frac{K_P}{T}\left[\left(1 + \frac{T}{T_I}\right)e(k) - e(k-1)\right] = u(k) + K_1 e(k) - K_2 e(k-1) \qquad (9\text{-}7)$$

式中：$u(k)$ 为调节器的输出量；$e(k)$ 为偏差；T 为控制周期；K_P 为比例系数；T_I 为积分常数。

设计电流调节 PI 程序中，取 $K_P = 1.2$，$T_I = 0.05$，$K_1 = 1.9$，$K_2 = 60$，采样周期 $T = 2$ ms；速度调节器 PI 程序中，取 $K_P = 60$，$T_I = 0.15$，$K_1 = 7.5$，$K_2 = 360$，采样周期 $T = 20$ ms。

4．电流和速度的数值采样

ADMC401 选用 8 位 A/D 转换，转换速度在 16 MHz 晶振时，周期为 0.125 μs，转换时间小于 32 μs。电流环和速度环的采样时刻和采样周期分别由 T_1 溢出中断和同步脉冲的到来时刻确定。同步脉冲到即启动电流反馈 A/D 转换，设计采样周期为 20 ms。该设计能完全满足系统的控制精度要求，可以保证数字触发脉冲的有效工作。

5．数字触发器的实现

数字触发器可用多种方法来实现，考虑为提高控制系统的动态响应，本设计采用离线计算和在线查表的方法。

每相电路输出电压表达式为

$$U_\text{d} = U_\text{d0} \cos \alpha_+ = -U_\text{d0} \cos \alpha_- \tag{9-8}$$

式中：α_+ 为正组整流器控制角；α_- 为负组整流器控制角；U_d0 为 $\alpha = 0$ 时的输出电压平均值。

AC/AC 变频器输出电压的基波为正弦波，即

$$U_\text{d} = U_\text{dm} \sin \omega_1 t \tag{9-9}$$

得

$$\cos \alpha_+ = \frac{U_\text{dm}}{U_\text{d0}} \sin \omega_1 t = m \sin \omega_1 t \tag{9-10}$$

式中：m 为输出电压比；ω_1 为输出电压基波的角频率。

式(9-10)就是用余弦交点法求变流电路 α 角的基本公式。采用单片机来实现上述运算，将计算所得数据存入存储器中，运行时按照所存的数据进行实时控制。

9.6.4 应用方案

控制装置应用于一台 380 V、2.2 kW、额定转速为 1400 r/min 的交流异步电动机上，分别设定在 25 Hz、50 Hz 条件下的启动电压(100～380 V)及电流上升时间(0～300 s)两个参数。实测电流波形与仿真结果相符。另一台 17 kW、额定转速为 1460 r/min、额定电压为 380 V、额定电流为 32.9 A 的大电机进行了实验，主回路的晶闸管为 400 A。实验表明，电机启动电流小，启动平滑，系统运行稳定，控制效果良好。

本系统的 AC/AC 变频器通过两组反并联的晶闸管交替工作，产生低频的交流电压供给负载，这与可逆直流传动类似，存在有环流问题，必须采用相应的保护措施。在可逆直流传动中采用的有效保护方式，在 AC/AC 变频器中同样适用。采用无环流控制方式，有换流死区，所以输出波形有一点畸变，为此可采用快速的、比较好的零电流检测方法来减小死区时间。AC/AC 变频电路的输出电压波形由若干段电网电压叠加而成，若输出频率升高，输出电压在一个周期内电网电压的段数就减少，所含谐波分量增加。这种输出电压的波形畸变是限制输出频率提高的主要原因之一。设计要求设备最高输出频率应低于电网频率，以方便电动机的低频启动，一旦速度接近额定转速，可以控制相应的切换装置，使电动机进入工频运行状态，完成启动过程。此时电压相对较小，变频过程不会有很大的冲击电流。

采用 80C196KC+DSP 为核心的 AC/AC 变频装置具有结构简单、无触点、重量轻、启动电流及启动时间可控、启动过程平滑等优点，对电网无冲击，不会造成大的电压降落，保证了电网电压的稳定，有效地减小了电机启动时的电流冲击，也保护了驱动机构。

思考与复习

1. 变频技术主要用途是什么？
2. 实现 VVVF 的基本调制方法是什么？
3. 三电平变换的基本电路有什么特点？
4. AC/AC 变频的特点是什么？
5. 变频器对电动机的主要影响是什么？

第 10 章　　提高电源质量的新技术

10.1　交错并联技术

大功率电源采用交错运行，可以较好地解决输出纹波问题。本节以 N 模块运行为例，从理论上分析减小输出纹波、降低电压、减小电磁干扰的原理以及相关计算方法。

10.1.1　交错并联结构

交错运行属于并联运行方式，若 N 个模块并联交错运行，要求各模块同频率运行，开关导通时刻依次滞后 $1/N$ 个开关周期。这种方式具有并联运行变换器的多种优点，输出电流、电压纹波峰值大为减小，从而减小所需的滤波电感值以及整个变换器的尺寸，提高变换器的功率密度。下面以图 10-1 所示的 N 只 Buck 变换器并联组成的电源系统为例进行分析。

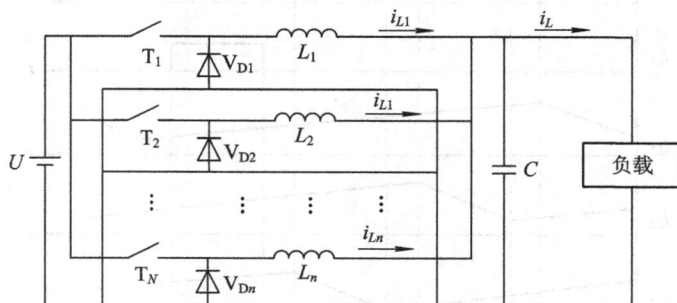

图 10-1　N 个 Buck 变换器并联组成的电源电路

设图 10-1 电路工作于 CCM(电流连续)模式，当 $T_i(i = 1，2，\cdots，N)$ 管导通时，电感电流 i_{Li} 上升，设占空比为 D，电路工作周期为 T，则有

$$U_i - U_o = L\frac{di}{dt} \tag{10-1}$$

得到

$$\Delta I_{up} = \frac{U_i - U_o}{L}D \cdot T \tag{10-2}$$

当 T_i 管关断时，电感电流 i_{Li} 下降，则

$$\Delta I_{down} = \frac{U_o}{L}(1-D)T \tag{10-3}$$

在一个工作周期中，$\Delta I_{up} = \Delta I_{down}$，得出：

$$U_o = U_i \cdot D \tag{10-4}$$

单 Buck 电路模块电感电流的变化率表示为

$$\Delta I_i = \frac{U_o}{f \cdot L}(1-D) \tag{10-5}$$

由图 10-2 电流波形示意图可见，对于 N 模块系统并联交错运行在 CCM 模式时，有如下结论：

(1) 并联交错的模块数量越多，并联后总的电流纹波与单一模块的纹波相比减小得越多，交错带来的效果越明显。

(2) 当占空比 D 接近于 0 或 1 时，降低纹波幅值的效果不明显；当占空比在 0.5 附近时，降低纹波幅值的效果明显。

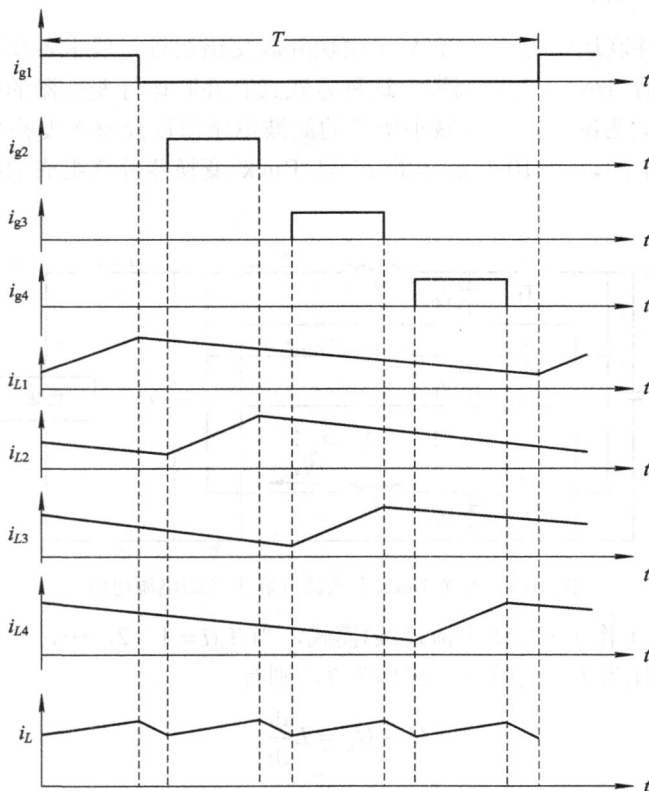

图 10-2　电流波形示意图

上述分析说明，当系统工作在 CCM 模式或 DCM(电流断续)模式，占空比为 $D \geq 1/N$(电感电流不为零)时，交错运行均能使输出电流的纹波幅值与单个模块相比大为减小，频率上升为原来的 N 倍；而当系统工作在 DCM 模式，占空比为 $D < 1/N$(电感电流不为零)时，交错运行仅能提高输出的纹波频率，不能降低纹波幅值。

10.1.2　设计方案

下面以图 10-3 交错并联($N = 2$)的电路结构为例，通过分析初级电路开关与次级电路开关控制信号的不同组合，了解电路工作原理和开关控制方法，分析开关驱动信号(见图 10-4)与输出纹波电流波形之间的关系，了解如何实现减小输出电流纹波的过程。

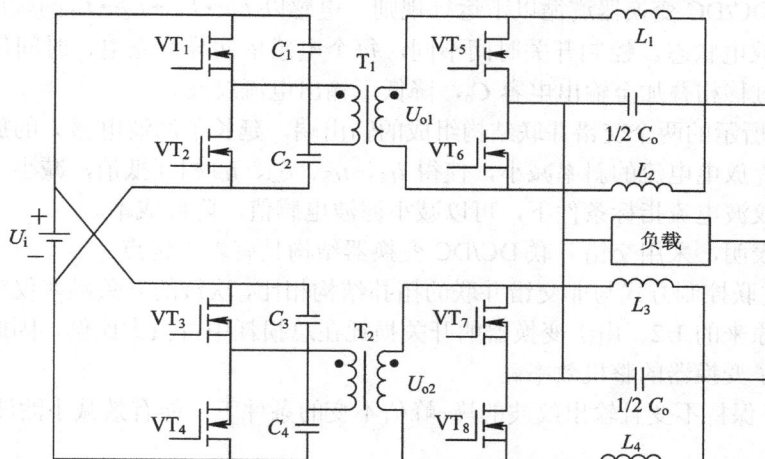

图 10-3　电路结构图

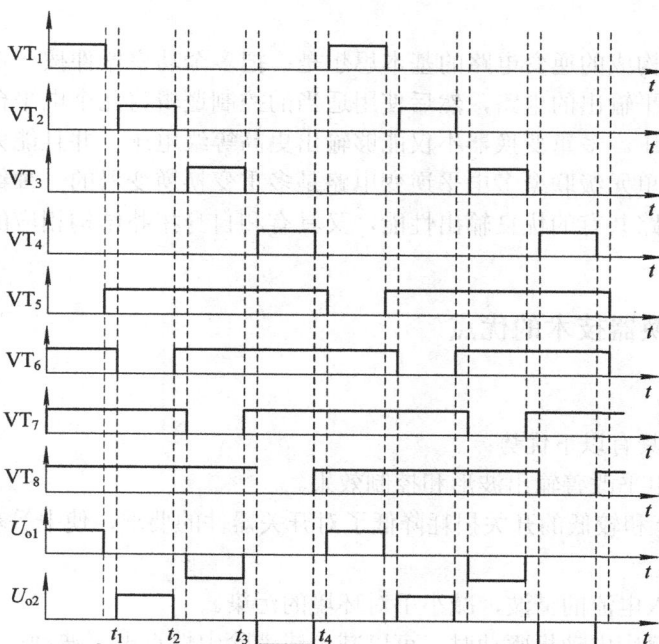

图 10-4　开关控制信号波形

(1) $0 \sim t_1$ 时刻：VT_1、VT_6、VT_7、VT_8 导通，VT_2、VT_3、VT_4、VT_5 关断，变压器 T_1 次级下端和变压器 T_2 次级为零电位，电感电流 i_{L1} 上升，i_{L2}、i_{L3}、i_{L4} 下降。

(2) $t_1 \sim t_2$ 时刻：VT_3、VT_5、VT_6、VT_8 导通，VT_1、VT_2、VT_4、VT_7 关断，变压器 T_1

次级和变压器 T_2 次级下端为零电位，i_{L3} 上升，i_{L1}、i_{L2}、i_{L4} 下降。

(3) $t_2 \sim t_3$ 时刻：VT_2、VT_5、VT_7、VT_8 导通，VT_1、VT_3、VT_4、VT_6 关断，变压器 T_1 次级上端和变压器 T_2 次级绕组为零电位，i_{L2} 上升，i_{L1}、i_{L3}、i_{L4} 下降。

(4) $t_3 \sim t_4$ 时刻：VT_4、VT_5、VT_6、VT_7 导通，VT_1、VT_2、VT_3、VT_8 关断，变压器 T_1 次级绕组和变压器 T_2 次级上端为零电位，i_{L4} 上升，i_{L1}、i_{L2}、i_{L3} 下降。

此种并联 DC/DC 变换器遵循以下运行规则：电感以 $L_1 \rightarrow L_3 \rightarrow L_2 \rightarrow L_4$ 的顺序依次充电，其余电感处于放电状态。控制开关时间不同，每个电感依次导通充电，时间保持一致；每只电感电流经过移相叠加至输出电容 C_0，降低了输出电流纹波。

由图 10-3 所示的两个交错并联结构组成的输出端，延长了滤波电感 L 的放电时间。因充电时间不变，放电电流的斜率减小，使得 i_{L1}、i_{L2}、i_{L3}、i_{L4} 相互抵消，减小了叠加电流纹波。在同样的纹波电流指标条件下，可以减小滤波电感值，降低成本。

以上分析表明，采用交错并联 DC/DC 变换器结构具有以下优点：

(1) 交错并联控制方式与非交错并联的拓扑结构相比，次级的开关频率仅为原来的 1/2，开关损耗亦为原来的 1/2。由于变换器的开关损耗在总损耗中占很大比例，因此交错并联技术极大地提高了变换器的整机效率。

(2) 在频率保持不变且输出纹波的峰-峰值不变的条件下，能有效减小滤波电感值。

10.2　多重变换在电源中的应用

多重变换技术构成的逆变电路的基本思想是：把多个功率器件按一定的拓扑结构连接成可以提供多种电平输出的电路，然后使用适当的控制逻辑将几个电平台阶合成阶梯波，以逼近正弦输出电压。多重变换器不仅能够输出更高等级电压，并且能大大降低输出波形的谐波含量。其中单元级联型多电平逆变电路是多重变换逆变器的一种结构形式，它既有多电平功率变换电路共有的优良输出性能，又具有和自身拓扑结构相应的特点，因而应用前景广阔。

10.2.1　多重变换器技术的优点

1．技术优势

级联型逆变器具有以下优势：

(1) 多种输出电平改善输出波形和控制效果。

(2) 低的 du/dt 和较低的开关损耗降低了对开关器件的要求，使中等功率的开关器件可用于高电压场合。

(3) 降低了输入电流的谐波，减小了对环境的污染。

(4) 用于三相感应电动机驱动时，可以减小或消除中性点电平波动。

(5) 安全性更高，母线短路的危险性大大降低。

2．技术特点

除此之外，级联型逆变器还有自己独到的技术特点：

(1) 其结构易于模块化和扩展。级联型逆变器是一种串联结构，每个 H 桥臂结构相同，易于模块化生产。逆变器拆卸和扩展都很方便，这是其他多电平逆变器所不具有的。

(2) 级联型逆变器每相某一输出电压存在多种级联单元的状态组合。各级联单元的工作是完全独立的，其输出只影响输出总电压，不会对其他级联单元造成影响。

(3) 便于实现软开关技术。通过对 H 桥加入谐振电感、电容，采用适当的控制策略，比较容易实现软开关，从而可以去除缓冲电路，减少散热装置的体积。

(4) 级联型逆变器是多电平逆变器中输出同样数量电平而所需器件最少的一种。

10.2.2　多重级联变换器的结构

对于 N 重相同的 H 桥臂串联的级联型变换器，若能输出 M 个电平，则该变换器称为 N 重 M 电平级联型逆变器，其中，$M = 2N + 1$。由此可知，由两个级联单元组成的级联型逆变器，可输出 +2E、E、0、-E、-2E 五种电平，由 H 型全桥逆变电路作为功率单元级联而成。例如图 10-5 就是一个三重七电平级联型逆变器，此种拓扑结构的特点是：

(1) 每个功率逆变单元直流侧采用相互独立的直流电源，不存在电压不平衡问题，易于实现 PWM 控制。

(2) 每一个功率单元结构相同，给模块化设计和制造带来方便，而且装配简单。

(3) 系统可靠性高。若某一功率单元发生故障时可以被旁路掉，其他单元仍可以正常工作，不间断供电。

(4) 由于没有钳位二极管或钳位电容器的限制，这种结构的功率变换器输出电平数可以更多，在输出电压提高的同时，谐波含量更小。

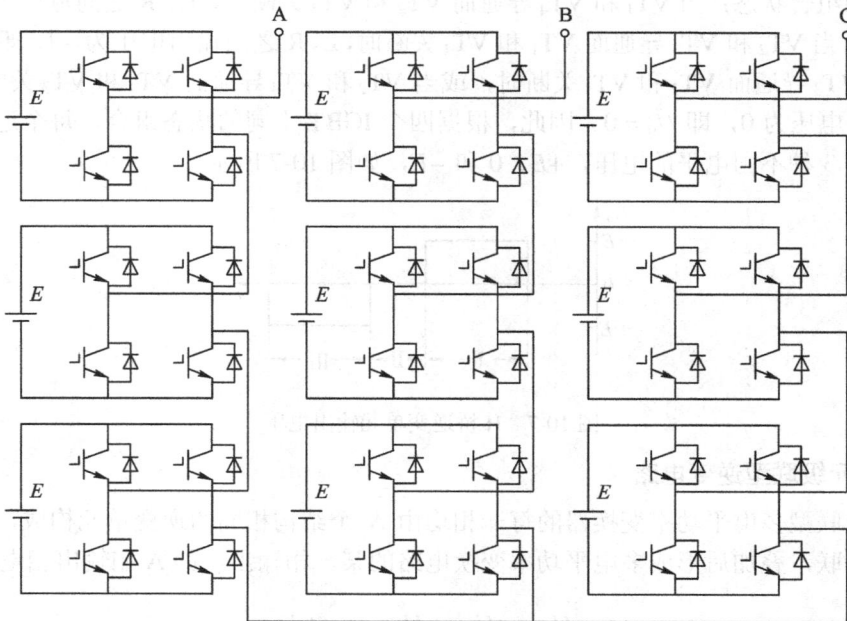

图 10-5　级联型逆变器的通用结构

10.2.3　变换电路工作原理及数学模型

下面以二重五电平逆变器为例，分析级联多电平功率变换电路的工作原理。在分析单元级联型逆变电路工作原理的基础上建立其数学模型。

1. 单元级联型功率变换电路的工作原理

逆变单元主电路为电压型单相全桥逆变器，亦称 H 桥逆变单元。图 10-6 为 H 桥逆变单元的主电路拓扑结构。

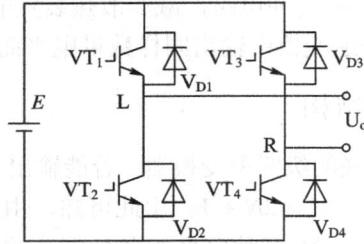

图 10-6　H 桥逆变单元的主电路拓扑结构

H 桥逆变单元的直流电压源由三相或单相交流电压整流成脉动的直流电压，经电容滤波后获得。H 桥由 VT$_1$、VT$_2$、VT$_3$ 和 VT$_4$ 四只 IGBT 及反并联二极管组成。每两个 IGBT 串联构成一个桥臂(VT$_1$ 和 VT$_2$ 串联构成左桥臂，VT$_3$ 和 VT$_4$ 串联构成右桥臂)，两个桥臂并联后连接到直流母线上。通过对逆变桥进行 PWM 控制，使左、右桥臂的中点(L、R 之间)输出幅值和频率可变的交流电压。

为防止直流母线发生短路，同一桥臂的两个 IGBT 不能同时导通，因而来自控制系统的 IGBT 的触发信号中 VT$_1$ 和 VT$_2$ 触发信号反相，VT$_3$ 和 VT$_4$ 触发信号反相。四个 IGBT 共有四种有效的组合状态：当 VT$_1$ 和 VT$_4$ 导通而 VT$_2$ 和 VT$_3$ 关断时，L、R 之间输出电压为 $+E$，即 $U_o = +E$；当 VT$_2$ 和 VT$_3$ 导通而 VT$_1$ 和 VT$_4$ 关断时，L、R 之间输出电压为 $-E$，即 $U_o = -E$；当 VT$_1$ 和 VT$_3$ 导通而 VT$_2$ 和 VT$_4$ 关断时，或当 VT$_2$ 和 VT$_4$ 导通而 VT$_1$ 和 VT$_3$ 关断时，L、R 之间输出电压为 0，即 $U_o = 0$。因此，根据四个 IGBT 不同的状态组合，每个逆变功率单元能够输出 3 种不同电平的电压，$+E$、0 和 $-E$，如图 10-7 所示。

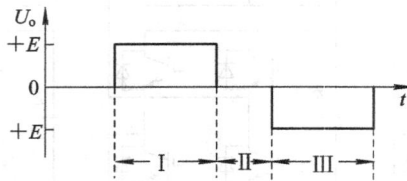

图 10-7　H 桥逆变单元输出电压

2. 单元级联型逆变电路

单元级联型多电平功率变换器的每一相均由 N 个结构相同的逆变单元构成，逆变单元的输出为串联，叠加后形成多电平功率变换电路的某一相输出，如 A 相输出相电压 U_{AN} 为

$$U_{AN} = U_{o1} + U_{o2} + \cdots + U_{oN} \tag{10-6}$$

多电平功率变换器的每相输出电压是 N 个级联的功率单元输出电压之和，每一功率单元可以输出 $+E$、0 和 $-E$ 三种电压，故每一相可以输出 M 电平：$-NE$、$-(N-1)E$、$\cdots$、$-E$、0、E、$\cdots$、$(N-1)E$、NE。

多电平的功率变换电路中输出电压的合成方式灵活，每种电平的输出电压对应多种开关组合方式。图 10-8(a)为两单元级联功率变换器电路 A 相电路结构图，输出相电压 U_{AN} 由不同的开关组合方式合成五种电平输出，如图 10-8(b)所示。表 10-1 列出了 A 相不同电平输出对应的各种开关组合及开关状态。其中，"0"代表对应的功率元件处于关断状态，"1"代表对应的功率元件处于导通状态。

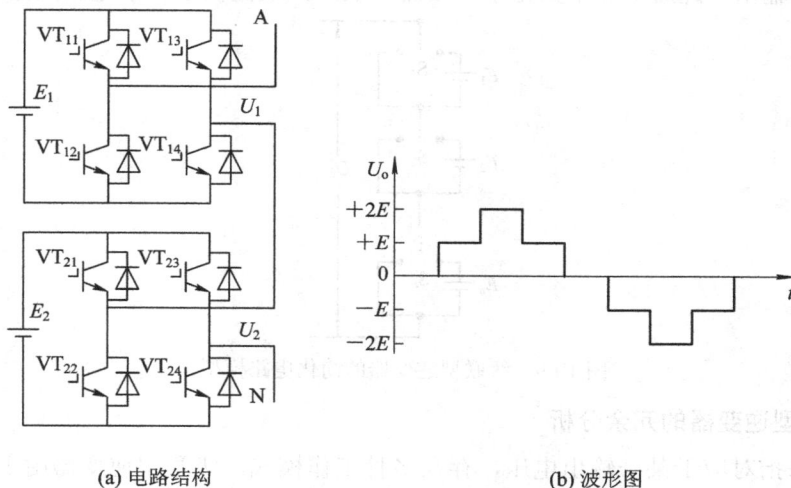

(a) 电路结构　　　　　　　　　　　　　　　　(b) 波形图

图 10-8　两单元级联功率变换器 A 相电路结构图及输出电压波形

表 10-1　输出电压组合与开关状态表

输出相电压 U_{AN}	开 关 状 态							
	VT_{11}	VT_{12}	VT_{13}	VT_{14}	VT_{21}	VT_{22}	VT_{23}	VT_{24}
$U_{AN} = +2E$	1	0	0	1	1	0	0	1
$U_{AN} = +E$	1	0	0	1	1	0	1	0
	1	0	0	1	0	1	0	1
	1	0	1	0	1	0	0	1
	0	1	0	1	1	0	0	1
$U_{AN} = 0$	1	0	0	1	1	0	1	0
	0	1	0	1	1	0	1	0
	1	0	1	0	0	1	0	1
	0	1	0	1	0	1	0	1
	1	0	0	1	1	0	1	0
	0	1	1	0	1	0	0	1
$U_{AN} = -E$	0	1	1	0	1	0	1	0
	0	1	1	0	0	1	0	1
	1	0	1	0	0	1	1	0
	0	1	0	1	0	1	1	0
$U_{AN} = -2E$	0	1	1	0	0	1	1	0

3. 简化模型分析

级联型逆变器的简化电路模型如图 10-9 所示。该电路中一组相互隔离的直流电源串联起来，开关所处的位置决定直流电源是否参与能量的输出。当 S 开关处于左侧，则表明直流电源为总输出提供了能量，此时级联单元处于"输出"状态；当 S 开关处于右侧，直流电源不参与总输出，此时级联单元处于"续流"状态，仅提供了一个电流回路。

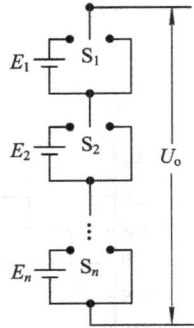

图 10-9　级联型逆变器的简化电路模型

4. 级联型逆变器的冗余分析

冗余状态指对应于某一输出电压，存在多种工作模式。级联型逆变器由于采用了较多的电源和器件，发生故障的概率增大了。但和同等容量的单重逆变器相比，故障的危险性大大降低了，这是因为内部输出回路经过了多个开关器件，多个器件同时短路的可能性极小。而对于单个 H 桥而言，由于输入直流源的电压较低，H 桥短路的危险性大大降低了。级联单元由直流电源和 H 桥臂组成，因此将冗余状态分为直流电源冗余状态和 H 桥臂冗余状态。如以级联单元为基本单元，则逆变器存在线电压冗余和相电压冗余状态。

5. 线电压冗余与相电压冗余

三相多电平逆变器存在线电压冗余状态。以五电平逆变器为例，可输出电压 2、1、0、−1、−2，则可知当 $(u_a, u_b, u_c) = (1, 1, 0)$ 与 $(u_a, u_b, u_c) = (2, 2, 1)$，或者 $(0, 0, -1)$ 时，空间矢量是一致的。线电压冗余存在于各种三相多电平逆变器中。

级联型逆变器不仅存在线电压冗余，还存在相电压冗余。相电压冗余是针对单相而言，当某相输出某一电压时，对应于多种级联单元的状态组合。如对于五电平逆变器，不同输出电平与级联单元的状态如表 10-2 所示。由表可见，当输出 E 时，有两种冗余状态；而对于零电平，则有三种冗余状态；当输出 $2E$ 时，则对应于确切的工作模式。

表 10-2　五电平逆变器冗余状态

U_o	U_{o1}	U_{o2}
	E	$-E$
0	$-E$	E
	0	0
E	0	E
	E	0
$2E$	E	E

对于 N 重级联型逆变器，可输出 NE, $(N-1)E$, …, 0, $-(N-1)E$, $-NE$。对于各单元输出电平 E_i $(i>0)$而言，级联单元的冗余状态数量 n_i 用数学组合方式表达为

$$n_i = C_N^i N \tag{10-7}$$

表明有 i 个级联单元输出电平 E。而对于其他的 $N-i$ 个单元，输出电压为零。由前面的分析可知，级联单元当输出电压为零时，对应两种不同续流方向，即向上续流或向下续流。因此冗余开关组合的数量 n_2 的数学组合方式表达为

$$n_2 = C_N^i 2^{N-i} \tag{10-8}$$

6．冗余状态存在对电路的影响

冗余状态和冗余开关组合是级联型逆变器的一个重要特点，其优点在于：

(1) 降低了对元件的要求。状态和开关组合可交替轮换，避免了某一工作单元长时间工作的情况，从而可降低对元件的要求，并可避免系统工作时局部过热。

(2) 提高了系统的可靠性。在某一元件失效时，系统可通过重组将故障元件旁路，继续运行。

冗余状态存在所带来的负面影响在于需要均衡各单元的使用。为使各单元具有相同的寿命周期，提高系统的可靠性和使用寿命，各单元的利用率应趋于相同，因此需要引入均衡控制。

10.2.4　单元级联型变换电路的数学模型

1．基本功率单元

级联型功率变换电路是由基本功率单元组成的，因而基本功率单元的数学模型是建立完整功率变换电路数学模型的基础。

对基本功率单元 H 桥逆变单元，为获得基本功率单元的数学描述，引入开关变量 S，并分别用 S_L 和 S_R 作为控制左、右桥臂的开关变量。

定义：

$$S = \begin{cases} 1 & (S_1 导通 S_2 截止或 S_3 导通 S_4 截止) \\ 0 & (S_2 导通 S_1 截止或 S_4 导通 S_3 截止) \end{cases} \tag{10-9}$$

对于左桥臂，L 点对 n 点的输出电压为 $U_L = S_L E$，左桥臂的电流为 $I_L = S_L I$；同理，对于右桥臂，R 点对 n 点的输出电压为 $U_R = S_R E$，右桥臂的电流为 $I_R = -S_R I$。

根据基尔霍夫电压和电流定律，有

$$\begin{cases} U_o = (S_L - S_R)E \\ I_o = I_L + I_R = (S_L - S_R)I \end{cases} \tag{10-10}$$

式(10-10)即为基本功率单元的数学模型。

2．三相单元功率变换电路

三相单元功率变换电路如图 10-10 所示。电路由三个基本功率单元组成，每相数学模型

可依上述分析过程建立，结果为

$$U_{ao} = (S_{La} - S_{Ra})E \tag{10-11a}$$

$$I_{ea} = (S_{La} - S_{Ra})I_a \tag{10-11b}$$

$$U_{bo} = (S_{Lb} - S_{Rb})E \tag{10-11c}$$

$$I_{eb} = (S_{Lb} - S_{Rb})I_b \tag{10-11d}$$

$$U_{co} = (S_{Lc} - S_{Rc})E \tag{10-11e}$$

$$I_{ec} = (S_{Lc} - S_{Rc})I_c \tag{10-11f}$$

其中：S_{La}、S_{Lb}、S_{Lc} 和 S_{Ra}、S_{Rb}、S_{Rc} 分别为 A、B、C 三相功率单元左桥臂和右桥臂的开关信号；U_{ao}、U_{bo}、U_{co} 分别为 A、B、C 三相功率单元的输出电压；I_{ea}、I_{eb}、I_{ec} 分别为 A、B、C 三相功率单元电源 E 的输出电流。

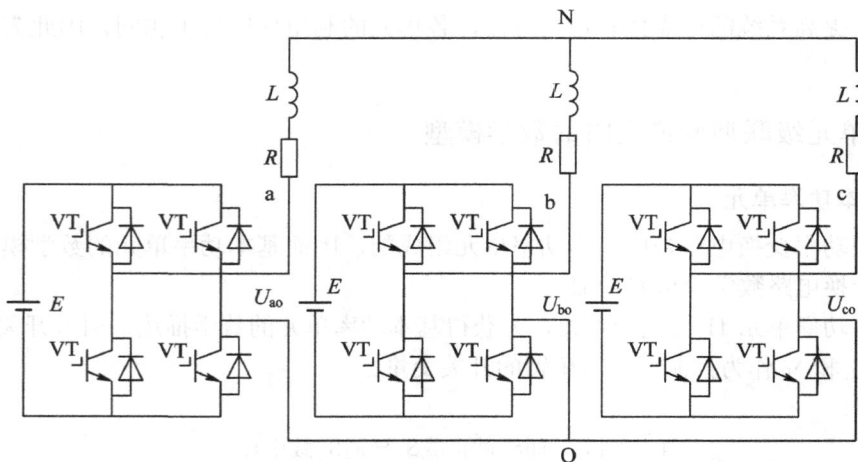

图 10-10　三相单元功率变换电路

3. 状态方程的建立

对 A、B、C 三相所在的三条支路利用基尔霍夫电压定律列写回路方程：

$$L\frac{dI_a}{dt} = U_{ao} + U_{on} - I_a R \tag{10-12a}$$

$$L\frac{dI_b}{dt} = U_{bo} + U_{on} - I_b R \tag{10-12b}$$

$$L\frac{dI_c}{dt} = U_{co} + U_{on} - I_c R \tag{10-12c}$$

对于中性点不接地的三相系统有：

$$I_a + I_b + I_c = 0 \qquad (10\text{-}13)$$

对于三相对称负载，依据上式有：

$$U_{on} = \frac{1}{3}(U_{ao} + U_{bo} + U_{co}) \qquad (10\text{-}14)$$

由以上可得图 10-10 功率变换电路的状态方程：

$$\begin{bmatrix} L\dfrac{dI_a}{dt} \\ L\dfrac{dI_b}{dt} \\ L\dfrac{dI_c}{dt} \end{bmatrix} = \begin{bmatrix} -R & 0 & 0 \\ 0 & -R & 0 \\ 0 & 0 & -R \end{bmatrix}\begin{bmatrix} I_a \\ I_b \\ I_c \end{bmatrix} + \frac{1}{3}\begin{bmatrix} 2S_{La} - S_{Lb} - S_{Lc} - (2S_{Ra} - S_{Rb} - S_{Rc}) \\ 2S_{Lb} - S_{Lc} - S_{La} - (2S_{Rb} - S_{Rc} - S_{Ra}) \\ 2S_{Lc} - S_{La} - S_{Lb} - (2S_{Rc} - S_{Ra} - S_{Rb}) \end{bmatrix} E \qquad (10\text{-}15)$$

10.2.5　三相单元级联功率变换电路

1. 三相单元级联功率变换电路

三相单元级联功率变换电路如图 10-11 所示。

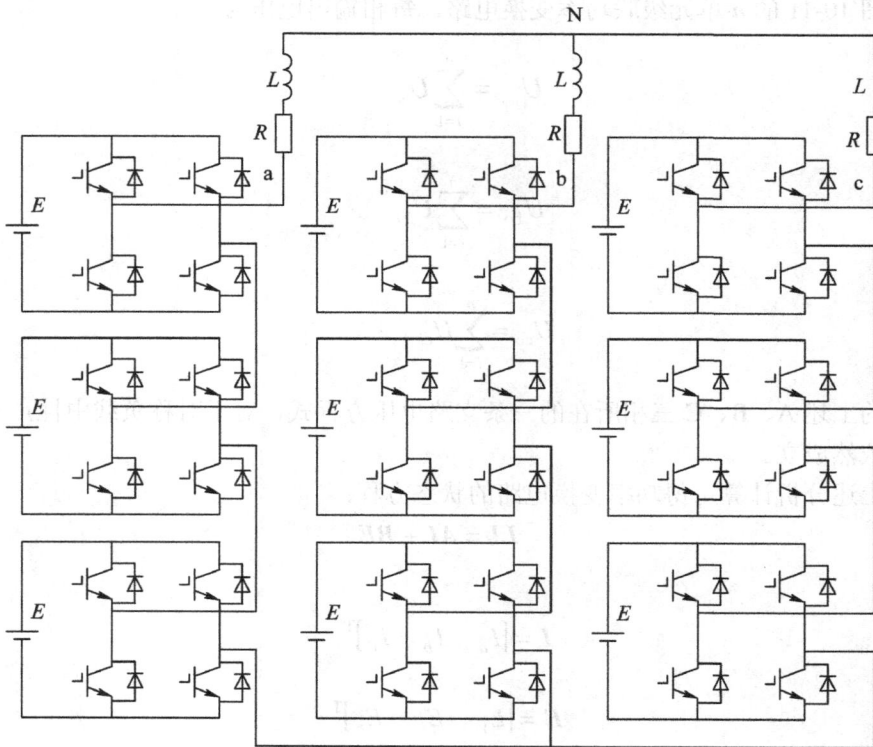

图 10-11　三相多电平功率变换电路

三相多单元级联功率变换器每相电路仍由基本功率单元级联而成，其数学模型仍可按上面的分析过程建立：

$$U_{ai} = (S_{Lai} - S_{Rai})E_i \tag{10-16a}$$

$$I_{eai} = (S_{Lai} - S_{Rai})I_a \tag{10-16b}$$

$$U_{bi} = (S_{Lbi} - S_{Rbi})E_i \tag{10-16c}$$

$$I_{ebi} = (S_{Lbi} - S_{Rbi})I_b \tag{10-16d}$$

$$U_{ci} = (S_{Lci} - S_{Rci})E_i \tag{10-16e}$$

$$I_{eci} = (S_{Lci} - S_{Rci})I_c \tag{10-16f}$$

其中：S_{Lai}、S_{Lbi}、S_{Lci} 和 S_{Rai}、S_{Rbi}、S_{Rci} 分别为 A、B、C 三相第 i 个级联功率单元左桥臂和右桥臂的开关信号；U_{ai}、U_{bi}、U_{ci} 分别为 A、B、C 三相第 i 个级联功率单元的输出电压；I_{eai}、I_{ebi}、I_{eci} 分别为 A、B、C 三相第 i 个级联功率单元电源 E_i 的输出电流。

2. 状态方程的建立

对于图 10-11 的 n 单元级联功率变换电路，每相输出电压为

$$U_{ao} = \sum_{i=1}^{n} U_{ai} \tag{10-17a}$$

$$U_{bo} = \sum_{i=1}^{n} U_{bi} \tag{10-17b}$$

$$U_{co} = \sum_{i=1}^{n} U_{ci} \tag{10-17c}$$

建立的上述 A、B、C 三相所在的三条支路电压方程式，对于对称负载中性点不接地的三相系统依然成立。

综合上述分析计算可得功率变换电路的状态方程：

$$\boldsymbol{LI} = \boldsymbol{AI} + \boldsymbol{BE} \tag{10-18}$$

其中：

$$\boldsymbol{I} = \begin{bmatrix} I_a & I_b & I_c \end{bmatrix}^T$$

$$\boldsymbol{E} = \begin{bmatrix} E_1 \cdots E_i \cdots E_n \end{bmatrix}^T$$

$$\boldsymbol{A} = \begin{bmatrix} -R & 0 & 0 \\ 0 & -R & 0 \\ 0 & 0 & -R \end{bmatrix}$$

$$B = \begin{bmatrix} \frac{2}{3}(S_{La1}-S_{Ra1})-\frac{1}{3}(S_{Lb1}-S_{Rb1})-\frac{1}{3}(S_{Lc1}-S_{Rc1})\cdots \\ -\frac{1}{3}(S_{La1}-S_{Ra1})+\frac{2}{3}(S_{Lb1}-S_{Rb1})-\frac{1}{3}(S_{Lc1}-S_{Rc1})\cdots \\ -\frac{1}{3}(S_{La1}-S_{Ra1})-\frac{1}{3}(S_{Lb1}-S_{Rb1})+\frac{2}{3}(S_{Lc1}-S_{Rc1})\cdots \\ \frac{2}{3}(S_{Lai}-S_{Rai})-\frac{1}{3}(S_{Lbi}-S_{Rbi})-\frac{1}{3}(S_{Lci}-S_{Rci})\cdots \\ -\frac{1}{3}(S_{Lai}-S_{Rai})+\frac{2}{3}(S_{Lbi}-S_{Rbi})-\frac{1}{3}(S_{Lci}-S_{Rci})\cdots \\ -\frac{1}{3}(S_{Lai}-S_{Rai})-\frac{1}{3}(S_{Lbi}-S_{Rbi})+\frac{2}{3}(S_{Lci}-S_{Rci})\cdots \\ \frac{2}{3}(S_{Lan}-S_{Ran})-\frac{1}{3}(S_{Lbn}-S_{Rbn})-\frac{1}{3}(S_{Lcn}-S_{Rcn}) \\ -\frac{1}{3}(S_{Lan}-S_{Ran})+\frac{2}{3}(S_{Lbn}-S_{Rbn})-\frac{1}{3}(S_{Lcn}-S_{Rcn}) \\ -\frac{1}{3}(S_{Lan}-S_{Ran})-\frac{1}{3}(S_{Lbn}-S_{Rbn})+\frac{2}{3}(S_{Lcn}-S_{Rcn}) \end{bmatrix}$$

式(10-18)适用于任何具有相同拓扑结构的级联型功率变换电路,不论是普通级联多电平电路还是混合多电平级联电路。

10.3 多电平变换器的控制方法

10.3.1 基于离散自然采样法的 PWM 控制方法

1. 离散自然采样法

级联型功率变换器拓扑结构较传统两电平结构复杂,控制繁琐。级联型逆变器由基本功率单元级联而成,每一个功率单元为全桥逆变电路左、右两个桥臂组成,每一桥臂高压端和低压端的两只功率元件不能同时导通。可以用一路 PWM 控制信号和它的反相信号,分别控制同一桥臂的两只功率元件,这样每一功率单元需要两路独立的 PWM 信号控制。

对于三相 N 级多电平逆变器,每相由 N 个功率单元级联构成,整个逆变器有 3N 个功率单元,每个功率单元需要 2 路独立 PWM 控制信号,故逆变器的控制器需要 6N 路 PWM 控制信号;对于三单元级联七电平输出电压 3 kV 逆变器,共有 9 个功率单元,需要 18 路独立 PWM 控制信号;若对于 6 kV 六单元级联多电平逆变器,功率单元将需要 18 个,相应的独立 PWM 控制信号路数也变为 36 路……如此数量庞大的 PWM 控制信号仅由微控制器中的硬件 PWM 生成单元采用计数器加比较单元的规则采样法产生,那么每一路 PWM 控制信号都需要一个独立的计数器和一个独立的比较单元。对于通用的信号处理器,使用硬件生成数目如此庞大的 PWM 信号十分困难,且在每个载波周期中都要重新计算 6N 路 PWM 控制信号的占空比,这对控制器的 CPU 是沉重的负担,且硬件利用率较低。

以三单元级联多电平功率变换电路的 PSPWM 为例,图 10-12 给出了生成级联三个单元左、右桥臂的 PWM 控制原理图。C_1、C_2、C_3 为级联三个功率单元左桥臂 PWM 控制三角载波信号,其反相为 $\overline{C_1}$、$\overline{C_2}$、$\overline{C_3}$ 与调制波比较产生三个功率单元右桥臂的 PWM 控制信号。图 10-12 中给出第一个功率单元左桥臂以自然采样法生成的 PWM 控制信号,比较器实时比较调制波和三角载波的幅值。在 t_1 时刻,调制波幅值大于载波幅值,输出高电平;t_2 时刻后,调制波幅值小于载波幅值,输出低电平;t_3 时刻,调制波幅值再次大于载波幅值,输出跳变为高电平。

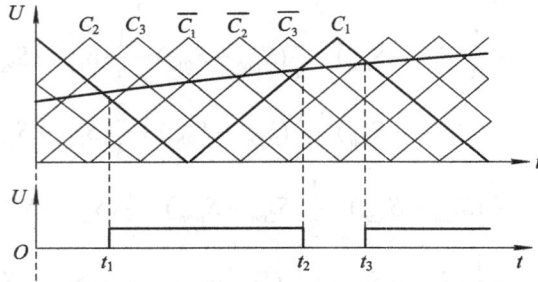

图 10-12　自然采样算法 PSPWM 原理图

设同一相级联的功率单元的参考波相同,两个相邻的功率单元载波有相位差。相位差 e 由以下公式计算:

$$e = \frac{180°}{N} \tag{10-19}$$

从自然采样法 PWM 生成原理可以看出,该算法需要实时跟踪三角载波和调制波,由比较器实时比较二者的幅值,按比较规则确定正确的输出电平。采用模拟器件生成调制波和载波,由模拟比较器比较输出的方法的结构复杂,受环境影响大。采用数字控制器可避免上述缺陷,但自然采样算法需要求解超越方程,并且含有三角函数和多次加法、乘法运算,工作量巨大,需离线计算。

2. 离散自然采样算法

鉴于以上分析,对自然采样法进行了改造,使其便于用数字控制器实现,解决了硬件产生 PWM 的困难及自然采样法运算量巨大的问题。规则采样法的特点是把调制波周期分解成多个载波周期,在一个载波周期内,只需一次计算调制波的幅值即可计算出占空比。自然采样法的特点是不需要计算占空比,实时对调制波和载波进行比较以决定输出。离散自然采样算法解决问题的基本思路是结合规则采样法和自然采样法的特点,把一个载波周期平均分成 N 个时间段 T,与自然采样法对载波和调制波幅值实时进行比较不同,离散自然采样算法只在 0, T, $\cdots$, $(N-1)T$ 时刻进行幅值比较,从而确定触发脉冲,生成 PWM 信号。图 10-13 是三单元逆变器某一相的 PSPWM 控制原理图。按式(10-19)可计算出相邻功率单元载波的相位差 e 为 60°,图中 C_1、C_2、C_3 为控制每个功率单元左桥臂的三角载波,在 0, T, $\cdots$, $(N-1)T$ 时刻调制波与载波比较,比较的结果用于控制每个功率单元的左桥臂;$\overline{C_1}$、$\overline{C_2}$、$\overline{C_3}$ 为 C_1、C_2、C_3 的反相,与调制波比较的结果用于控制每个功率单元的右桥臂。图中画出了一相的调制波,把调制波移位 120°,分别与图中的载波比较,可生成另外两相 PSPWM 控制信号。

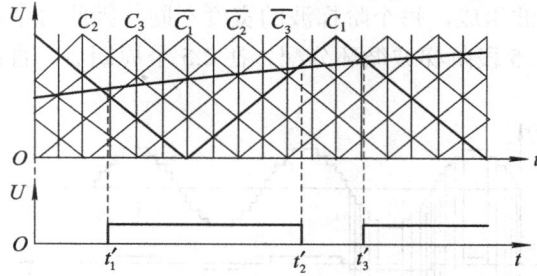

图 10-13　离散自然采样算法 PSPWM 原理图

3．误差分析

分析该离散自然采样算法生成 PSPWM 控制信号的过程表明，获得高质量输出的关键因素在于时间间隔 T 应足够小。比较图 10-12 和图 10-13，应用自然采样法时，输出 PWM 脉冲 t_1 时刻跳变为高；可对于离散自然采样法，由于 t_1 时刻没有处于 T 整数倍时刻上，所以要经过一段延时后，当 $t_1 = t_1'$，即 T 整数倍时刻，进行幅值比较，获得输出。在最不利的情况下，t_1 与 t_1' 最大误差为 T。

减小误差的最佳途径是使得时间间隔 T 足够小。为此应使用高速数字信号处理器并采用汇编语言编程，提高代码运行效率，以期在最短的时间内完成调制波和三角波幅值的运算。若 $T = 0$，则离散自然采样法演变为自然采样法。减小误差的另一个途径是在进行比较时，不是比较调制波和载波的幅值是否相等，而是两者的差在一个小的电压范围内，即输出相应的电平。

在实际应用中，将正弦波存储在波形表中，采用线性插值法以获得较为准确的幅值。在 T 时间间隔内，由 CPU 的算术逻辑单元对调制波的幅值与各载波幅值比较，依次生成 PWM 控制信号。离散自然采样算法只需使用定时器和算术逻辑单元等硬件资源，大大减少了对硬件的依赖性。使用这种方法生成 PWM 信号可以充分利用 DSP 高速运算的能力，不依赖于硬件的事件管理器生成多路控制信号。

与级联多电平逆变器容易扩充的结构特点相同，软件计算的离散自然采样法非常容易扩充。控制程序不需做任何修改，只改变存储的波形表，即可实现其他方式的 PWM 控制。例如，为提高电压利用率，应用中常采用准优化 PWM 技术，调制波为基波和三次谐波的叠加。基于软件计算的 PWM 生成算法方便、快捷，可缩短程序开发时间。

由于采用插值算法，与基于逻辑可编程器件的直接数字合成技术相比较，离散采样算法更适用于异步调制的方法，在逆变器低频输出时可获得高质量的电压波形，更适用于电机控制。

10.3.3　变换器的均衡控制技术

当各级联单元利用率一致时，逆变器的效能比最大。均衡控制主要包括直流电源的输出功率均衡和开关器件的利用率均衡。当直流电源为蓄电池组时，均衡蓄电池的放电具有特别重要的意义。为此提出了循环分配或交替分配法的均衡控制方法。

1．循环分配法

图 10-14 所示为 11 电平级联型逆变器应用循环分配技术的输出波形。在 0°～180°，每

半个正弦波由 5 段阶梯波组成，每个阶梯波的宽度不同，因此每个直流电源的充放电时间不同。为达到均衡控制，5 段阶梯波循环分配。在 2.5 个周期后，直流电源的充、放电总时间达到一致。

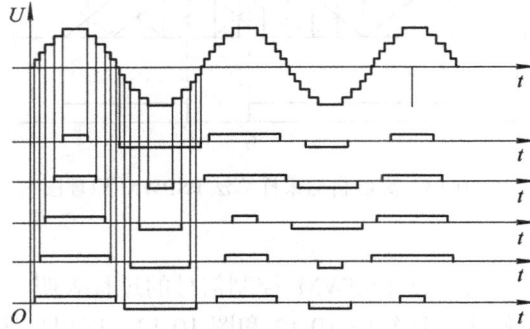

图 10-14　五重级联型逆变器的循环分配法

2．交替分配法

当调制系数较低时，只需一个直流电源提供能量。此时，可将控制器生成的 PWM 脉冲交替分配给各单元逆变器，从而改善利用率不均衡的情况。图 10-15 为三重级联逆变器采用脉冲交替分配后各个单元逆变器的输出情况。这种方法适用于低调制系数的控制。

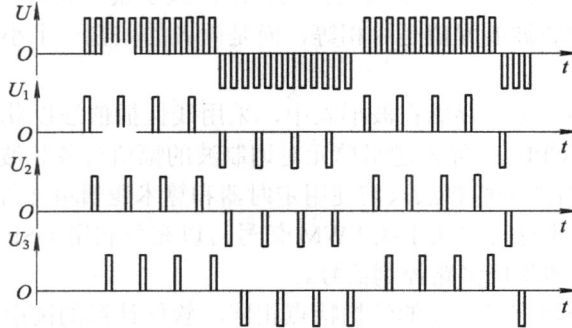

图 10-15　三重级联型逆变器的脉冲交替法

上述方法都是基于循环分配原理，只有当循环周期结束时，利用率才能达到一致。当参考信号变化较快时，循环分配的方法难以实现均衡控制。由于循环分配的方法只适应开环稳定输出，不适应闭环实时控制，当系统采用 SVC 控制时，循环分配法无法应用。具体应用请参考有关文献。

思 考 与 复 习

1．交错并联技术的特点是什么？
2．级联结构有哪些类型？
3．多重变换技术的特点是什么？

附录 1　国家与行业电源标准

电工术语基本术语　　　GB/T 2900.1—1992

电气图用图形符号　　　GB 4728.1—1985

电气简图用图形符号第 2 部分符号要求、限定符号和其他常用符号　　　GB/T 4728.2—1998

电气简图用图形符号第 3 部分导体和连接件　　　GB/T 4728.3—1998

电气简图用图形符号第 4 部分基本无源元件　　　GB/T 4728.4—1999

电气简图用图形符号第 5 部分半导体管和电子管　　　GB/T 4728.5—2000

电气简图用图形符号第 6 部分电能的发生与转换　　　GB/T 4728.6—2000

电气简图用图形符号第 7 部分开关、控制和保护器　　　GB/T 4728.7—2000

电气简图用图形符号第 12 部分二进制逻辑元件　　　GB/T 4728.12—1996

电气简图用图形符号第 5 部分模拟元件　　　GB/T 4728.13—1996

电气设备用图形符号绘制原则　　　GB/T 5465.1—1996

电气设备用图形符号　　　GB/T 5465.2—1996

碱性蓄电池型号命名方法　　　GB/T 7169—1987

铅酸蓄电池产品型号编制办法　　　JB/T 2599—1993

通信电源设备型号命名方法　　　YD/T 6383—1998

小型阀控密封式铅酸蓄电池产品分类　　　JB/T 6457.1—1992

电工电子设备防触电保护分类　　　GB/T 12501—1990

通信用电源设备通用试验方法　　　GB/T 16821—1997

通信用直流/直流变换器检验方法　　　YD/T 732—1994

电能质量供电电压允许偏差　　　GB/T 12325—1990

电能质量电压允许波动和闪变　　　GB/T 12326—1990

电能质量公用电网谐波　　　GB/T 14549—1993

微波无人值守电源技术要求　　　YD/T 501—2000

光缆通信无人值守电源技术要求　　　YDN 070—1997

程控交换基础电源技术要求　　　YD/T 693—1993

接入网电源技术要求　　　YD/T 1184—2002

高频开关电源监控单元技术要求和试验方法　　　YD/T 1104—2001

通信用半导体整流设备　　　YD/T 576—1992

通信用高频开关整流器　　　YD/T 731—2002

通信用太阳能供电组合电源　　　YD/T 1073—2000

通信用高频开关组合电源　　　YD/T 1058—2000

通信用直流/直流变换设备　　　YD/T 637—1993

通信用直流/直流模块电源　　　YD/T 733—1994

通信用逆变设备　　　YD/T 777—1999

不间断电源设备　　　GB/T 7260—1987

信息技术设备用不间断电源通用技术条件　　　GB/T 14715—1993

通信用交流不间断电源：UPS YD/T 1095—2000

移动通信手持机用锂离子电源及充电器　　　YD/T 998—1999

传输设备用直流电源分配列柜　　　YD/T 939—1997

通信用交流稳压器　　　YD/T 1074—2000

补偿式交流稳压器　　　JB/T 7620—1994

通信电源设备电磁兼容性限值及测量方法　　　YD/T 983—1998

附录 2　开关电源常用英文标识与缩写

AC　交流电
AC INPUT (AC IN)　交流输入
AC INPUT SOCKET　交流输入插座
AC/DC SWITCH　交/直流两用开关
AC LINE FILTER　交流线路滤波器
AC VOLTAGE SELECTOR　交流电压选择器
ADC (AUTOMATIC
DEGAUSSING CIRCUIT)　自动消磁电路
ADJ (ADJUST)　调整
AMP (AMPUFIER)　放大器
AUDIO　音频
AC-OK SIGNAL　交流电源正常信号
APPARENT POWER　视在功率
BATT (BATTERY)　电池
BAND PASS FILTER　带通滤波器
BAND WIDTH　频带宽度
BASEPLATE　基板
BLEEDER RESISTOR　泄漏电阻
BOBBIN　绕组骨架
BOOST CONVERTER　升压式变换器
BREAKDOWN VOLTAGE　击穿电压
BRIDGE CONVERTER　桥式变换器
BRIDGE RECTIFIER　桥式整流器
BURN-IN　老化
CAPACITOR(C)　电容器
CHROMINANCE　色度
CIRCUIT　电路
COIL　绕组
COM(COMMON)　公共点
CONNECTOR　连接器
CONTROL　控制

CONTROLER 控制器

CONSTANT VOLTAGE 恒定电压

CONVERTOR 转换器，变换器

CURRENT 电流

CURRENT LIMIT 限流

CENTER TAP 中心抽头

COMMON MODE NOISE 共模噪声

CONVERTER 变换器

CREST FACTOR 波峰因数

CROSS REGULATION 交叉调制

CROWBAR 杠杆电路

CURRENT MODE 电流型

CURRENT MONITOR 电流监控器

DC(DIRECT CURRENT) 直流电

DC AMP(DC AMPLIFIER) 直流放大器

DETECTOR 检测(波)器

DEW HEATER 驱潮电路

DIGITAL 数字的

DRIVE 驱动

DC-OK SIGNAL 直流电源正常信号

DERATING 降额

DEFERENTIAL MODE NOISE 差模噪声

DRIFT 漂移

DROPOUT 跌落电压

DYNAMIC LOAD 电源动态负载

EMITIER(E) 发射极

ERROR AMP 误差放大

ELECTRONIC LOAD 电子负载

EVER+12V 常规 12 V

EXT 外接

FINE TUNING 微调

FILTER 滤波器

FLOATING OUTPUT 悬浮输出

FOLDBACK CURRENT 折返限流

LIMITING 限制

FORWARD CONVERTER 正激变换器

GND 地

HEATER 加热

HV(HIGH VOLTAGE) 高压

HIGH-PASS FILTER　　高通滤波器
HARD SWITCH　　硬开关
HALF BRIDGE　　半桥
HAVERSINE　　叠加正弦波
HEADROOM　　输入/输出电压差
HOLDUP CAPACITOR　　保持电容器
HOLDUP TIME　　保持时间
HOT SWAP　　带电插拔
IC (INTEGRATED CIRCUIT)　　集成电路
IN (INPUT)　　输入
IND (INDICATOR)　　指示器
INRUSH CURRENT　　输入浪涌电流
LATCH　　锁存
LIGHT　　照明
LPF (LOW-PASS FILTER)　　低通滤波器
LUMINANCE　　亮度
LINE REGULATION　　电源电压调整率
LOW LINE　　最低电源电压
MAIN BOARD　　主印制电路板
MAINS　　主电路
VOLTAGE SELECTER　　电压选择器
MEASURING POINT　　测试点
MOTOR　　电机
NON SW　　非开关(电压)
OCP　　过流保护
ON/OFF　　开/关
OPERATING POINT　　工作点
OPERATOR　　按键，操作开关
OSC (OSCILLATOR)　　振荡器
OUT　　输出
OVP　　过压保护
OFF LINE　　离线
OVERSHOOT　　过冲
ORING DIODE　　或二极管
OUTPUT POWER RATING　额定输出功率
PCB　　印制电路板
INDICATING LAMP　　信号灯，指示灯
POTENTIOMETER　　电位器
POWER INDICATOR　　电源指示

POWER SW　　电源开关

POWER TRANSFORMER　　电源变压器

POWER OUTPUT　　功率输出

POWER SUPPLY　　电源(供给)

POWER ON/OFF　　电源通/断

PULSE CLIP　　脉冲限幅

PRIMARY SIDE　　初级(绕组)

PROTECTOR　　保护器

PARALLEL BOOST　　并联扩流

PARALLEL OPERATION　　并联工作

POST REGULATOR　　二次稳压

PRELOAD　　预置负载

RATED POWER OUTPUT　　额定输出功率

RECT(RECTIFIER)　　整流器

REFERENCE VOLTAGE　　基准电压

REGULATOR　　稳压器

REGULATION　　调整率

REFLECTED　CURRENT　　反射电流

REVERSE PROTECTION　　反接保护

SW　　开关

SWR　　开关稳压电源

SECONDARY SIDE　　次级(绕组)

SERVO　　伺服

SHOWER　　指示器

SHUT OFF　　关断

SOCKET　　插座

SOUND OUT　　伴音输出级

TO MAIN JACK　　至主插孔

TO MAIN　　到主电路

TRANSFORMER　　变压器

TRANSISTOR　　晶体三极管

TRIGGER　　触发(器)

TSP　　过热保护

START　　启动(电路)

STANDARD VOLTAGE　　基准电压

SOFT SWITCH　　软开关

TERMINAL　　终端

TIMING STANDBY SWITCH　　定时开关

TOPOLOGY　　拓扑结构

UNREG　非稳压

UNIVERSAL INPUT　　通用交流输入电压

VIDIO　视频

VOLT(V)　　伏(特)

VOLTAGE　　电压

VOLTAGE SELECTOR　　电压选择器

VOLTAGE MODE　　电压型

WAVEFORM　　波形

CAPACITOR　　电容器

ZVT　　零电压过渡

ZCT　　零电流过渡

ZVS　　零电压开关

ZCS　　零电流开关

参 考 文 献

[1] 王兆安，黄俊．电力电子技术．4 版．北京：机械工业出版社,2006.

[2] 丁道宏．电力电子技术．北京：航空工业出版社,2006.

[3] 林中．电力电子变换技术．重庆：重庆大学出版社，2007.

[4] 杨兴州．新颖开关变换技术．北京：国防工业出版社，2006.

[5] 张占松，蔡宣三．开关电源的原理与设计．北京：电子工业出版社,2005.

[6] 周志敏，周纪海，纪爱华．开关电源实用技术．北京：人民邮电出版社，2007.

[7] 刘凤君．现代高频开关电源技术及应用．北京：电子工业出版社，2008.

[8] 景占荣．通信基础电源．西安：西安电子科技大学出版社，2005.

[9] 刘凤君．逆变器用整流电源．北京：机械工业出版社，2008.

[10] 林谓勋．现代电力电子技术．北京：机械工业出版社，2006.

[11] 陈坚．电力电子学：电力电子变换和控制技术．2 版．北京：高等教育出版社.2007.

[12] 陈国呈．PWM 变频调速及软开关电力变换技术．北京：机械工业出版社，2006.

[13] 刘凤君．现代逆变技术及应用．北京：电子工业出版社，2006.

[14] 王兆安，杨君，刘进军．谐波抑制与无功补偿．北京：机械工业出版社，2005.

[15] 李颖，朱伯立，张威．Simulink 动态系统建模与仿真基础．西安：西安电子科技大学出版社，2006.

[16] 周志敏，周纪海，纪爱华．IGBT 和 IPM 及其应用电路．北京：人民邮电出版社，2006.

[17] 张占松，汪仁煌，谢莉萍．开关电源手册．北京：人民邮电出版社，2006.

[18] 王志强．开关电源设计．北京：电子工业出版社，2005.

[19] 李定宣．开关稳定电源设计与应用．北京：中国电力出版社，2006.